# 新中国治淮 70 年纪念文集

水利部淮河水利委员会　编
中 国 水 利 学 会

黄 河 水 利 出 版 社
·郑 州·

**图书在版编目(CIP)数据**

新中国治淮 70 年纪念文集/水利部淮河水利委员会,中国水利学会编.—郑州:黄河水利出版社,2020.12
ISBN 978-7-5509-2836-7

Ⅰ.①新… Ⅱ.①水… ②中… Ⅲ.①淮河-流域综合治理-纪念文集 Ⅳ.①TV882.3-53

中国版本图书馆 CIP 数据核字(2020)第 189828 号

策划编辑:母建茹　电话:0371-66025355　E-mail:273261852@qq.com

出 版 社:黄河水利出版社
网址:www.yrcp.com
地址:河南省郑州市顺河路黄委会综合楼 14 层
邮政编码:450003
发行单位:黄河水利出版社
发行部电话:0371-66026940、66020550、66028024、66022620(传真)
E-mail:hhslcbs@126.com
承印单位:河南瑞之光印刷股份有限公司
开本:787 mm×1 092 mm　1/16
印张:21.25　插页:8
字数:381 千字　印数:1—1 000
版次:2020 年 12 月第 1 版　印次:2020 年 12 月第 1 次印刷

定价:188.00 元

# 《新中国治淮70年纪念文集》
# 编　委　会

（一）纪念新中国治淮七十周年座谈会

（二）水利部副部长魏山忠讲话

（三）河南省人民政府副省长武国定讲话

（四）安徽省人民政府副省长张曙光讲话

（五）江苏省人民政府副省长赵世勇讲话

（六）山东省人民政府副省长于国安讲话

（七）水利部总规划师汪安南主持会议

（八）水利部淮河水利委员会主任肖幼致辞

（一）考察佛子岭水库

（二）参观治淮陈列馆

（三）考察扬州运河三湾湿地

（四）院士专家淮河行座谈会

（五）原国务院南水北调工程建设委员会办公室副主任宁远发言

（六）中国工程院院士张建云发言

（七）中国工程院院士缪昌文发言

（八）中国工程院院士郭仁忠发言

（九）中国工程院院士胡春宏发言

（十）中国工程院院士王复明发言

（十一）中国工程院院士邓铭江发言

（十二）中国工程院院士马军发言

（十三）水利部总规划师汪安南发言

（十四）水利部淮河水利委员会主任肖幼致辞

（十五）河海大学党委书记唐洪武作专题报告

# 前 言

淮河是新中国第一条全面系统治理的大河。1950 年 10 月 14 日，中央人民政府政务院做出《关于治理淮河的决定》，开启了新中国治淮的伟大征程。70 年来，在“一定要把淮河修好”的伟大号召的指引下，在“蓄泄兼筹”科学方针的指导下，沿淮人民持续开展了声势浩大的淮河治理开发与保护工作，初步建成了现代化的防洪、除涝和水资源综合利用体系，谱写了盛世治水、兴水惠民的淮河篇章。

七秩既往，任重道远；不忘初心，再启新程。为深入贯彻习近平新时代中国特色社会主义思想和治水重要论述精神，积极落实“水利工程补短板，水利行业强监管”水利改革发展总基调，深入研讨淮河保护治理和高质量发展的根本性、方向性、全局性重大问题，2019 年 12 月，水利部淮河水利委员会（以下简称淮委）与中国水利学会发出《关于举办新中国治淮 70 年（高层）研讨会的通知》，拟定于 2020 年 10 月召开新中国治淮 70 年（高层）研讨会，并正式启动新中国治淮 70 年征文活动。此后，受新冠肺炎疫情影响，淮委将新中国治淮 70 年（高层）研讨会调整为纪念新中国治淮 70 周年座谈会，继续开展新中国治淮 70 年征文活动，以正式出版纪念文集和论文集的方式代替新中国治淮 70 年（高层）研讨活动内容。并于 2020 年 4 月印发《关于成立新中国治淮 70 年征文活动组织委员会的通知》，成立了由淮委、中国水利学会和豫、皖、苏、鲁等四省水利厅及青岛市水务管理局等单位领导组成的组织委员会，征文工作有序推进。

2020 年 8 月 18 日，在新中国治淮 70 周年的关键节点，习近平总书记亲临淮河，视察治淮工程，查看淮河水情，充分肯定 70 年来淮河治理取得的显著成效，做出要把治理淮河的经验总结好、认真谋划“十四五”时期淮河治理方案的重要指示。在这样一个历史性的关键节点，继续开展好新中国治淮 70 年征文活动，凝聚各方共识、集聚各界智慧、汇聚广泛力量共同推动今后治淮工作开展，意义重大，影响深远。

此次征文分为纪念文章和科技论文两部分。2020 年 5 月，淮委主任肖幼发出纪念文章约稿函，得到了治淮老领导、老专家的高度重视和倾力支持。作为新中国治淮的亲历者、见证者与奉献者，他们欣然应约、积极撰稿，在字里行间回忆治淮的峥嵘岁月，关注治淮的每一步进展，展望幸福淮河的美好前景。文章内容涉及聊天记录、诗词、散文、回忆录和工作建议等，虽内容体裁不同，但来自他们治淮记忆中的每一个片段、基于治淮经历的每一个感悟、对当代治淮人的每一个期待和推进治淮的真诚建议，都是推进新时代治淮事业高质量发展的宝贵财富。撰稿期间，有老领导因与病魔抗争，无法手写，口述后由家人记录整理完成约稿文章；有老专家在提交文稿后仍然反复思考，历经多次修改与完善，精益求精；还有领导和专家一人撰写多篇稿件，从不同角度展示老一辈治淮人的初心和使命……这些征文活动过程中的一件件事情都令编者感动并记忆深刻。

科技论文征集活动得到淮委和豫、皖、苏、鲁四省及社会各界关心淮河水利事业的专家、学者的积极响应，共收到论文328篇。论文作者以严谨细致、认真负责、求实创新的学术态度，立足各自专业领域，围绕防灾减灾与新技术应用、水资源管理与水生态文明建设、水利工程建设与运行管理、民生水利与改革发展等主题，发表了很多具有前沿性的学术观点、创新性的技术方案和建设性的见解建议。2020年7月，本着客观、公正的原则，聘请有关专家通过匿名评审方式评选出198篇入选论文，其中49篇为优秀论文。

淮委、中国水利学会和豫、皖、苏、鲁等四省水利厅及青岛市水务管理局对纪念文集和论文集的出版工作给予了大力支持，参与评审和编辑的专家与工作人员付出了艰辛工作，在此一并表示感谢。同时，对所有应征投稿的作者致以诚挚的谢意。由于编辑出版的工作量大、时间仓促，且编者水平有限，疏漏和不当之处在所难免，敬请广大读者批评指正。

**编　者**

2020年9月

# 目 录


## 领导讲话 (1)

在纪念新中国治淮 70 周年座谈会上的讲话 ……………… 魏山忠 (3)
在纪念新中国治淮 70 周年座谈会上的讲话 ……………… 武国定(11)
在纪念新中国治淮 70 周年座谈会上的讲话 ……………… 张曙光(16)
在纪念新中国治淮 70 周年座谈会上的讲话 ……………… 赵世勇(21)
在纪念新中国治淮 70 周年座谈会上的讲话 ……………… 于国安(25)
在纪念新中国治淮 70 周年座谈会上的致辞 ……………… 肖 幼(29)

## 媒体报道 (33)

国务院新闻办就治理淮河 70 年有关情况举行发布会 …………… (35)
下好先手棋,开创发展新局面 ………… 杜尚泽 朱思雄 张晓松(48)
鉴往知来——跟着总书记学历史 | 淮河治理继往开来…… 王立彬(56)
中国在持续治淮 70 年中收获全方位“治水成果”
…………………………………………… 马姝瑞 汪海月(59)
七十年治理,淮河发生这些变化 ………………………… 陈 晨(62)
70 年治淮,成就一条“高质量”的幸福河 …………………… 唐 婷(65)
总投入 9241 亿元,直接经济效益 47609 亿元 ……………… 吴 阳(69)
安徽之行,习近平为何先看淮河? ………………………… 郁振一(71)
长淮新“斗水”记 ……………………… 刘 菁 杨玉华 刘美子等(74)
治淮 70 年:“数”说淮河新变化 …………………………… 刘诗平(78)
淮河治理还存在哪些突出问题和薄弱环节? 水利部回应 ………… (80)
牢记殷切嘱托 书写新时代淮河保护治理新篇章 ………… 肖 幼(82)
看大河变迁 述治淮辉煌 …………………………………… 张雪洁(84)
淮河安澜泽万家 ……………………… 吴 涛 赵洪涛 蒋雨彤等(88)
千里长淮披锦绣 ……………………… 蒋雨彤 赵洪涛 吴 涛等(91)

智“汇”淮河波浪宽 …………………… 杨　东　赵洪涛　蒋雨彤等(95)
智汇淮河　擘画未来|新中国治淮 70 年院士专家淮河行调研活动圆满结束 …………………………………… 张雪洁　杜雅坤(98)

纪念文章 (101)

分期实施　先通后畅 ………………………………… 宁　远(103)
代代安澜心所系　世世富民日可期 ……………… 袁国林(111)
统筹五个关系　提高淮河水安全保障水平 ……… 汪安南(113)
创新始终是淮河治理的不竭动力 ………………… 段红东(119)
亲历治淮:淮河入海水道淮安枢纽工程建设二三事 ……… 曹为民(127)
对新时代治淮的思考 ……………………………… 赵武京(131)
浅谈淮河和治淮文化蕴含的时代价值 …………… 赵武京(140)
河南治淮历程回顾与展望 ………………………… 刘正才(149)
贯彻习近平总书记重要指示精神　加快推进淮河安徽段治理进程 ………………………………………………… 安徽省水利厅(155)
创新治淮任重道远 …………………………… 金问荣　刘福田(160)
洪泽湖水情调度成效、问题与建议 ……………… 叶　健(166)
治淮为民七十载　守定初心再出发 ……………… 刘中会(175)
治淮兴淮七十载　砥砺奋进谱华章 …………… 邢仁良　杜贞栋(179)
哪得沽河安澜在　为有源头活水来 ……………… 刘明信(186)
参加治淮工作初期经历及感悟 …………………… 王玉太(192)
我们的微信聊天记录 ……………… 谭福甲　陈　鲁　戴永铭等(196)
对淮河中游洪涝治理的再认识 …………………… 万　隆(199)
我国防汛水情信息的首次共享 …………………… 罗泽旺(203)
改革大潮中那几朵难忘的浪花 …………………… 李良义(212)
弘扬治淮文化　建设幸福淮河 …………………… 李宗新(224)
前途光明　道路曲折 ……………………………… 王先达(232)
淮河入海　百年梦圆 ……………………………… 何华松(242)
治淮、南水北调工程设计与科学研究和“四新”应用 ……… 胡兆球(257)
扎根基层,在灌溉试验工作中出彩 ……………… 冯跃华(266)
火热艰辛的治淮时代 ……………………………… 徐善焜(269)
大河润城 …………………………………………… 刘中欣(274)

治淮丰碑　防洪王牌 …………………………………… 陈富川(280)
励精图治兴水　奋发有为治淮 ……………………………… 陶　春(290)
新中国治淮 70 年谱写华章　淠史杭 60 余载成就辉煌
…………………………………………………… 陆永来　李纯宇(297)
长淮碧水赋华章 ………………………………………………… 夏宝国(301)
“沂沭安澜”中国共产党初心使命的生动实践 ……………… 李　军(308)
风雨铸辉煌 ………………………… 屈建春　刘洪霞　臧志美等(314)
青岛市原胶南西水东调工程建设纪实 ……………………… 马步功(323)
淮河历史变迁以及治理发展措施 …… 刘丰启　于　睿　张亚萍(330)

# 领导讲话

# 在纪念新中国治淮 70 周年座谈会上的讲话

水利部副部长　魏山忠

（2020 年 10 月 22 日）

同志们：

今天，我们在这里召开纪念新中国治淮 70 周年座谈会，主要目的是深入学习贯彻习近平总书记视察淮河时的重要指示精神，回顾总结 70 年治淮成就和宝贵经验，共同展望淮河流域发展蓝图和美好愿景。刚才，肖幼同志代表淮委发表了致辞，河南省人民政府国定副省长、安徽省人民政府曙光副省长、江苏省人民政府世勇副省长、山东省人民政府国安副省长发表了很好的讲话，四位副省长的讲话都充分肯定了 70 年淮河治理取得的辉煌成就和宝贵经验，分析了当前淮河保护治理面临新的形势，对下一步工作提出了很好的意见和建议。大家的意见和建议对我们贯彻落实好习近平总书记的重要指示精神，总结好 70 年淮河治理的宝贵经验，谋划好“十四五”时期淮河治理方案必将起到非常重要的借鉴作用。受鄂竟平部长委托，下面我讲几点意见。

## 一、充分认识做好新时代淮河保护治理工作的重大意义

淮河地处中原腹地，是中华民族重要的发祥地之一，在我国经济社会发展和生态安全全局中具有十分重要的地位。历史上，淮河流域产生了管、老、孔、墨、庄、孟等伟大思想家，形成了百家争鸣的文化盛景，奠定了中华民族灿烂文化的重要根基。几千年来，淮河流域始终是中国农耕文明的核心地区，两岸的千里沃野哺育生命、滋养万物，维系着淮河流域的兴盛富强，素有“江淮熟、天下足”“走千走万，不如淮河两岸”的美誉。同时，淮河又是一条极为特殊和十分复杂的河流，南北气候、高低纬度和陆地海洋三种过渡带重叠的地理气候条件，地势低平、尾闾不畅的蓄排水条件，复杂的水系河性特征及黄河夺淮的深重影响，导致淮河流域成为极易孕灾地区，做好新时代淮河保护治理工作具有特殊重要意义。

——淮河流域是我国极具发展潜力的重要经济带。淮河流域人口密集、

自然禀赋优越、区位优势明显、发展潜力巨大。流域总人口约1.91亿，约占全国的13.7%，平均人口密度是全国的4.8倍，人力资源丰富。流域内耕地面积2.21亿亩，约占全国的11%，是国家重要的粮食生产基地。全国5个粮食净调出省中，有河南、安徽2省位于淮河流域。流域内矿产资源丰富，其中煤炭探明储量700亿吨，两淮煤电基地通过“皖电东送”工程每年可外送超500亿度(kW·h)电量。流域内铁路、公路、水路纵横交错，是长江三角洲向中西部产业转移和辐射最便捷的地区，是新兴的现代化制造业基地。做好淮河保护治理工作，直接关系到沿淮地区经济社会发展和民生改善，直接关系到国家粮食安全和国家能源安全，直接关系到国民经济发展与社会和谐稳定大局。

——淮河流域是我国自然地理南北差异的生态过渡带。“橘生淮南则为橘，生于淮北则为枳”。淮河是中国南北方的重要分界线，流域内生物多样性丰富，生态系统质量稳定。上游桐柏山、大别山、伏牛山筑起了一道水土保持、水源涵养、生物多样性维护的安全屏障；中下游及沂沭泗地区水系发达，洪泽湖、骆马湖、高邮湖、南四湖等湖泊密布；沿海滩涂是中国面积最大的滩涂湿地，为丹顶鹤、麋鹿等珍稀生物繁衍生息提供了良好的自然条件。淮河流域也是大运河主要流经的区域，保护淮河流域生态廊道对推进大运河文化带建设，提升南水北调东线生态净化能力和涵养功能具有重要作用。

——淮河流域是多个重大国家战略实施的高度重叠区。淮河流域北邻黄河、南连长江，通江达海，是长三角一体化、长江经济带、黄河流域生态保护和高质量发展等国家重大战略实施的高度重叠区域，在我国社会经济发展大局中具有十分重要的地位。其中，长三角一体化发展战略中，位于淮河流域的苏北、皖北就占到规划范围的36.6%。随着一系列国家战略深入实施，产业转型升级、区域协同发展、生态环境保护修复等任务加快推进，对淮河流域保护与治理提出了新的更高的要求。

## 二、全面总结70年治理淮河的宝贵经验

淮河治理有着悠久的历史，从《禹贡》中的“导淮自桐柏，东汇于泗沂，东入于海”，到潘季驯“束水攻沙、蓄清刷黄”，再到孙中山《建国方略》中的“修浚淮河，为中国今日刻不容缓之问题”，治理淮河始终是安民兴邦的大事。沿淮人民同水旱灾害斗争了数千年，但受生产力水平和社会制度的制约，流域灾害频发的局面始终没有根本改观。

新中国的成立使古老的淮河重获新生。1950年10月14日，中央人民政府政务院做出《关于治理淮河的决定》，翻开了淮河治理的崭新一页。淮河成

为新中国第一条全面系统治理的大河。70年来,在党中央、国务院的坚强领导下,治淮从一穷二白起步,栉风沐雨、砥砺奋进,建成了一大批标志性水利工程,取得了一大批举世瞩目的伟大成就。特别是党的十八大以来,在习近平新时代中国特色社会主义思想指引下,淮河流域深入贯彻"节水优先、空间均衡、系统治理、两手发力"的治水思路,积极践行"水利工程补短板、水利行业强监管"的水利改革发展总基调,引江济淮、南水北调东线二期等工程建设加快推进,河湖监管、水资源监管、工程建设运行监管、水土保持监管等全面加强,淮河保护治理工作迈开新步伐,再上新台阶。

经过70年的全面、系统、持续治理,淮河流域基本理顺了紊乱的水系,改变了黄泛数百年来恶化的局面,实现了淮河洪水入江畅流、归海有道,初步构筑了水清、河畅、岸绿、景美的新淮河,为淮河流域经济社会发展、人民幸福安康提供了强有力的水安全支撑和保障。治淮实践在取得显著成效的同时,也积累了宝贵经验:

第一,坚持党对治淮工作的领导是做好淮河治理的根本保证。党中央历来高度重视治淮工作。1950年7~9月,短短两个月时间内,毛泽东主席4次对淮河治理做出重要批示。1951年5月,毛泽东主席发出"一定要把淮河修好"的伟大号召,掀起了新中国第一次大规模治淮的高潮。党的几代最高领导人都曾亲临淮河视察,对淮河治理做出重要指示。今年8月18日,习近平总书记实地察看淮河水情,听取关于淮河治理和淮河流域防汛抗洪工作情况的汇报,对淮河保护治理、防汛救灾、行蓄洪区、水利工程建设、生态文明建设做出重要指示,为做好当前和今后一个时期淮河治理工作提供了科学指南和根本遵循。实践证明,只有在中国共产党领导下,坚持发挥社会主义制度的优越性,才能彻底扭转淮河流域"大雨大灾,小雨小灾,无雨旱灾"的落后面貌。

第二,坚持科学统一规划是做好淮河治理的重要遵循。新中国治淮伊始,中央就制定了"蓄泄兼筹"的治淮方针,成为淮河治理的重要指导原则。按照这一方针,先后编制了五轮流域综合规划,为各时期流域治理奠定了坚实基础。党的十八大以来,在"十六字"治水思路指引下,编制了南水北调东线二期工程规划、大运河水系治理管护规划、岸线保护和开发利用等规划,更加注重人水和谐、生态保护和流域高质量发展,治淮工作呈现出监管加强、投资加大、建设加快、改革加速的良好态势,水利发展的生机不断迸发、活力不断增强、质量不断提高。

第三,坚持完善水工程体系是做好淮河治理的重要基础。国务院先后12次召开治淮工作会议,掀起三次大规模治淮高潮,持续加大和稳定投入,为完善治淮水工程体系提供了重要保障。70年治淮总投入9000多亿元,直接经济效益47000多亿元,投入产出比约1:5.2,建成各类水库6300余座,兴建加固各类堤防6.3万公里,修建行蓄洪区27处,建设各类水闸2.2万座,建成了江都水利枢纽、三河闸、临淮岗、刘家道口等一大批控制性枢纽工程,完成了入海水道近期工程,基本建成了防洪减灾、水资源配置与保护的水安全保障工程体系,为流域水旱灾害防御、水资源开发利用和保护奠定了坚实基础。

第四,坚持依法科学调度是夺取淮河防汛抗旱胜利的关键所在。坚持人民至上、生命至上,不断深化尊重自然规律、主动给洪水以出路的科学防洪理念,实现了从被动抢防到控制洪水,再到洪水管理的转变。不断完善防洪除涝减灾工程体系和监测预报调度非工程体系,大幅提升流域洪水预报精度,依法科学调度水利工程,采取"拦、蓄、泄、分、行、排"等综合措施,最大程度发挥防洪工程整体效益。2020年淮河防汛抗洪中,全面贯彻落实习近平总书记"两个坚持、三个转变"防灾减灾新理念,洪水预测报得准,水库拦洪效果好,堤防高水位挡得住,行蓄洪区运用及时,实现了无一人因洪伤亡,无一水库垮坝,主要堤防未出现重大险情,防汛抗洪工作有力有序有效,以较小的代价赢得了全局性胜利。

第五,坚持合理保护和开发利用水资源是建设幸福淮河的关键举措。淮河保护与治理坚持以保障水安全为重心,合理开发利用水资源,加强河湖管控、水生态保护与修复,走出了一条人水和谐之路,书写了生态文明建设新篇章。针对20世纪80年代河湖萎缩持续加剧、河流自净能力降低、生态系统失衡的状况,有效开展跨区域、跨部门水污染联防联治,淮河干流水质长期保持在Ⅲ类,水环境污染和水生态损害趋势初步得到遏制。合理开发和利用水资源,依托"四纵一横多点"的水资源配置体系,科学调配水资源,为流域经济长期平稳健康发展提供了坚实的水安全保障。不断强化河湖监管,全面建立了河长制、湖长制,有力推进水土流失综合防治,流域生态显著改善,流域人民群众的安全感、获得感和幸福感明显上升。

第六,坚持流域团结治水,是做好淮河治理的重要保障。淮河治理是一个有机整体,上下游互为一体,左右岸唇齿相依。治淮始终坚持兴利与除害相统筹,推动上下游、左右岸、干支流协调发展,形成了团结治河、合力兴水的生动局面。淮委从流域全局出发加强顶层设计和统筹协调,妥善处理好全局与局部、近期与长远的关系,努力实现全流域综合效益的最大化;流域各省充分发扬团结治水的优良传统,顾全大局,精诚合作,各有关部门和衷共济、互谅互让,协同推进治淮工程建设、水资源配置及开发利用、水污染联合防控和水旱灾害防御等工作，凝聚了淮河保护治理的强大合力，铸就了淮河治理的巍巍丰碑。

70年治淮的伟大成就令人欢欣鼓舞，新时代淮河保护治理依然任重道远。我们在总结经验的同时，也要清醒认识到治淮中存在的一些不足：流域防洪减灾工程体系尚不完善，还有不少短板要补；水资源配置格局与经济发展布局不匹配，水资源供需矛盾仍然突出；水生态损害和水环境污染问题依然存在，与满足人民对美好生活的向往相比仍有差距；水利各领域监管相对薄弱，流域治理体系和治理能力现代化水平有待提高。要充分认识这些问题的艰巨性和复杂性，进一步增强进取意识、机遇意识、责任意识，把握发展机遇，精准施策发力，在新的历史起点上不断开创治淮事业新局面。

## 三、认真谋划好“十四五”时期治淮方案

“十四五”时期，是我国全面建成小康社会、实现第一个百年奋斗目标之后，乘势而上开启全面建设社会主义现代化国家新征程、向第二个百年奋斗目标进军的第一个五年，我国将进入新发展阶段。习近平总书记视察淮河时明确提出，要认真谋划“十四五”时期的治淮方案。围绕落实好总书记的要求，这里我提几点想法，供大家参考。

一是坚持安全至上，全面提高流域防洪除涝减灾能力。按照“两个坚持、三个转变”防灾减灾新理念，适应流域洪水新特点，根据经济社会发展总体布局和区域发展功能定位，分级分类完善防洪标准，明确不同标准洪水的防洪思路和举措，完善超标洪水防御预案，强化洪涝灾害社会风险管控。坚持“蓄泄兼筹”的方针，在上游统筹推进建设袁湾、张湾、晏河等大中型水库，进一步提高淮河上游拦蓄洪水能力；在中游继续实施并全面完成淮河干流行蓄洪区调整和建设，打通淮河直接入洪泽湖通道，谋划推进淮北大堤、保庄圩堤防提标改造等工程；在下游尽快开工建设入海水道二期工程；在沂沭泗地区开工建设沂沭泗河洪水东调南下提标工程等。针对今年汛情暴露的问题和不足，全面实施防汛抗旱水利提升工程，优先补齐补强病险水库、中小河流、山洪灾害防治等薄弱环节，加快淮河干流及重要支流防洪达标建设，加强重点涝区排涝能力建设，形成布局合理、功能完备的防洪减灾工程体系。深化信息技术运用，综合采用大数据、卫星遥感、导航定位等新技术，加强洪水预测预报、水库联合调度、风险损失评估、应急响应处置等信息平台建设，不断提高洪水监测预报和调控的信息化、智能化水平，全面提升水旱灾害综合防治能力。

二是坚持以节水优先，大力推进流域水资源节约集约利用。研究制定淮

河流域不同区域不同行业用水定额等节水标准，实施全面节水控水行动，强化农业节水增效、工业节水减排、推进城镇节水降损等，充分挖掘各行业取、输、用、排水等各环节的节水潜力，落实节水评价制度，推动各领域、各行业提高用水效率。推进合理分水，加快重点河湖生态流量确定工作，制订河湖生态流量保障实施方案，健全生态流量监测与预警机制，落实监管措施，切实做好河湖生态流量保障工作。加快开展跨省江河水量分配，立足全流域，按照“应分尽分”的原则，指导督促各省加快开展跨市、县河流水量分配。严格管住用水，在需求侧强化水资源刚性约束，抑制不合理用水需求，在供给侧加强科学配置和有效管理，控制用水总量和用水强度，完善全过程用水监管体系。实施科学调水，充分发挥淮河流域水系发达、水网密布、通江达海的优势，按照确有需要、生态安全、可以持续的原则，加快推进引江济淮、南水北调东线二期等重大跨流域调水工程建设，统筹研究临淮岗水资源综合利用，进一步完善水资源配置格局，从根本上缓解淮河流域水资源空间分布不均的问题。

三是坚持保护为重，进一步加大流域水生态水环境保护力度。牢固树立人与自然是生命共同体的理念，加强上游生态修复和涵养，开展桐柏山、伏牛山、大别山水土流失综合治理，实施小流域综合治理及生态清洁型小流域治理。加强南湾、出山店、佛子岭等水库水源涵养和保护，积极推进淮河源头区生态保护补偿研究，完善生态保护补偿、资源开发补偿等区际利益平衡机制。坚持水陆统筹、联防联控和流域共治，加快实施水污染防治行动计划，加强饮用水水源地保护，深入开展水资源承载能力评价和监测预警，对水资源超载地区暂停新增取水许可。加大地下水超采治理力度，按照“一减一增”综合治理思路，进一步细化淮河流域地下水超采治理的目标任务与对策措施，严格地下水管理与保护，实现地下水采补平衡。严格管控河流湖泊水域岸线，重塑自然健康的河湾、岸滩，营造多样化的生物生境，积极推进重点河流与区域水生态保护与修复。加快完善南北气候过渡区域重要的生态廊道，统筹抓好河湖生态流量调度、示范河湖建设等，有效衔接南水北调东中线、大运河、黄河故道等生态廊道，打造连续完整、功能多样、景观多彩、绵延千里的绿色长廊。

四是坚持治理为要，全方位提高流域水利行业监管水平。深入落实水利改革发展总基调特别是“强监管”的主调，强化流域水资源统一规划、调度和监管，构建综合专业相统筹、流域区域相协调、部门行业相协同的流域综合管理体系。聚焦行业全面监管，健全权威高效的制度执行机制，发挥好水资源管理、河湖管理、水土保持等各领域现有规划制度震慑效力，进一步加强常态化行业监管，实现查、认、改、罚各环节工作有效衔接。认真总结强监管实践经验,举一反三、形成概念,把行之有效的监管做法固化为制度,探索实现从“事”到“制”和“治”的转变,用制度固化优势、推进改革、破解深层次体制机制问题,并转化为治理效能。坚持目标导向和问题导向,持续加强对超标洪水应急处理、淮干排涝与防洪影响、行蓄洪区水生态修复、流域水系大联通大联动等新时代治淮重大问题研究,进一步丰富完善淮河保护治理的内涵要义,统筹谋划好更长远的愿景。

## 四、全面提高淮河流域保护治理的现代化水平

习近平总书记视察淮河时强调指出,全面建设社会主义现代化,抗御自然灾害能力也要现代化。如何实现这个宏大愿景,是一个时代命题,需要展现时代担当。我们要坚持久久为功,保持历史耐心和战略定力,发扬抓铁有痕、踏石留印的作风,通过接续努力,力争到 2025 年基本建成较完善的现代化防洪除涝减灾体系,基本建立完备的流域行业监管体系,基本形成合理开发、高效利用的水资源开发利用和保护治理体系;到 2035 年建成与基本实现社会主义现代化相匹配的流域现代水治理体系,促进流域生态环境根本好转,幸福淮河的目标基本实现。

提高淮河流域保护治理的现代化水平,要注重把握好以下几个方面的关系:

一是处理好绿水青山和金山银山的关系。绿水青山就是金山银山,保护生态环境和发展生产力是辩证统一的关系,保护生态环境就是保护生产力,改善生态环境就是发展生产力,两者统一于高质量发展。淮河保护治理既要不断提升流域水安全保障能力,为流域经济社会发展提供坚实的水利基础;又要把握“把水资源作为最大的刚性约束”的重要原则,坚持“以水而定、量水而行”,以水资源节约集约利用倒逼经济社会发展转型,推动经济发展质量变革、效率变革、动力变革,为全国大河流域绿色发展积累新经验、探索新路径。

二是处理好风险管控和应急处置的关系。牢固树立底线思维,强化风险意识,妥善应对防洪、水资源、水生态环境、水利工程等领域风险,最大程度预防和减少突发水安全事件造成的损害。要加强水文监测预警体系建设和防洪调度,强化对河道堤防、水库、蓄滞洪区的统一管理,实施行蓄洪空间治理,逐步推进居民迁建和村庄搬迁;要开展城市水源风险评估,优化完善应急预案,加大应急备用水源维护和养护,确保应急状态下的供水安全;要科学防范河湖关系演变带来的水生态风险,推进小水电生态环境影响评价,健全水污染风险防控机制,稳妥处置突发水污染事件;要加强水利工程安全风险监测监控,强

化隐患排查和信息互联互通，及时发现、识别、预警和处置工程安全风险。

三是处理好治水与治山、治林、治田、治草的关系。山水林田湖草是一个生命共同体，人的命脉在田，田的命脉在水，水的命脉在山。新时代治水思路必须遵循自然规律，用好用活“水”这一最核心的生态要素，推进山水林田湖草综合治理、系统治理、源头治理。要统筹治水与治山的关系，促进山清与水秀相统一；要统筹治水与治林、治草的关系，促进绿廊和水网相辉映；要统筹治水与治田的关系，促进粮食安全与水安全相协调。既要治山理水，又要显山露水，让流动的水再次塑造现代文明，让流动的文明润泽流域城乡全境。

四是处理好流域统筹和区域治理的关系。要树立大局观、整体观和“一盘棋”思想，充分发挥流域机构“统”的优势和地方政府“管”的效能，自觉把淮河保护治理放到党和国家事业大局中谋划和推进。在规划上，要树立系统思维、抓住主要矛盾，正确处理保护与开发的关系，推动经济社会发展与水资源水环境承载能力相适应；在建设上，要科学布局水利工程体系，不断提高水资源调控、配置和保障能力；在调度上，要兼顾上下游、左右岸、干支流，充分发挥水利工程防洪、供水、生态、发电、航运等综合效益；在体制机制上，要探索建立各方参与、民主协商、共同决策、分工负责的流域议事协调机制和高效执行机制，协调好流域和区域关系，形成团结治水合力，维护河湖健康生命。

五要处理好干在当下和谋划长远的关系。大江大河保护治理非一朝一夕之功，重大机遇面前，既要奋勇担当、只争朝夕，又要保持足够的历史耐心。既要面向今后五年，扎实做好“十四五”期间各项工作，从看准的事情抓起，在突出重点中开局起步，在不断探索中深化提升，在贯彻落实国家重大战略中率先突破；又要充分认识淮河保护治理的长期性、复杂性，在打基础、增后劲、利长远上下功夫，积极对接国家战略制定，站位国家区域经济布局，把握流域经济社会发展大势，用全局的观念、发展的理念、长远的眼光，为加快现代化建设提供水安全保障。把谋划长远和干在当下相衔接，一张蓝图绘到底，一锤接着一锤敲，逐步把规划蓝图变成美好现实，接续把淮河的事情办好。

同志们，站在新的历史起点，让我们更加紧密地团结在以习近平同志为核心的党中央周围，牢记殷切嘱托，勇担时代使命，志不求易、事不避难，知重负重、锐意进取，切实把淮河保护治理抓实抓好，真正让淮河成为沿淮人民的幸福源泉，为中华民族永续发展贡献出淮河力量！

# 在纪念新中国治淮70周年座谈会上的讲话

河南省人民政府副省长　武国定

（2020年10月22日）

今天我们相聚在淮河之畔，纪念新中国治淮70周年，回顾治淮历程，总结治淮经验，谋划治淮未来。首先，我谨代表河南省人民政府，向座谈会的召开表示热烈祝贺！向治淮70年所取得的伟大成就致以崇高的敬意！向一直以来关心支持河南治淮事业的水利部、淮委、沿淮兄弟省份表示衷心的感谢！

淮河发源于河南，是我国南北气候分界线，是河南省重要的生态屏障，干流流经河南长达427公里，省内流域面积8.83万平方公里，占全省总面积的53%，覆盖全省11个省辖市83个县（市、区），承载了全省64%的人口和60%的耕地，贡献了全省62%的粮食和54%的GDP，在河南经济社会发展中的地位十分重要，可以说，淮河安澜事关河南大局。

## 一、河南70年的发展史也是一部治淮史

受南北过渡性气候、东西过渡性地形影响，历史上淮河水旱灾害频发，常常是“大雨大灾、小雨小灾、无雨旱灾”，给两岸人民群众带来深重灾难。新中国成立以来，历届河南省委、省政府高度重视治淮工作，河南的发展史从一定意见上讲，也是一部治淮史。70年来，我们始终坚持“蓄泄兼筹”的治淮方针，先后掀起五次治淮高潮。

1950年，政务院发布《关于治理淮河的决定》，响应毛泽东主席“一定要把淮河修好”的伟大号召，全省百万大军投入治淮建设，陆续修建了石漫滩、板桥、白龟山水库等一大批治淮骨干工程，兴建了泥河洼、老王坡等一批大型蓄滞洪工程。

1991年，淮河发生了新中国成立以来第二次流域性大洪水，国务院做出《关于进一步治理淮河和太湖的决定》，确定19项治淮骨干工程，河南抢抓机遇，复建了被“75·8”大水冲毁的板桥、石漫滩等水库，加高加固了淮干堤防，初步治理了洪汝河、沙颍河等支流。

2003年,淮河流域发生较大洪水后,河南全面落实国务院提出的“19+3+1”的加快治淮建设新任务,加大财政投入,加快工程建设。到2007年底,涉及河南省的12项治淮骨干工程全面完成,特别是燕山水库的建成,结束了澧河上游干江河无控制性工程的历史。

2011年,新中国成立以来第一个关于水利改革发展的1号文件印发,河南全面实施了大中小型病险水库水闸除险加固、蓄滞洪区建设、平原洼地治理、山洪灾害防御系统建设,进行了史灌河、北汝河、贾鲁河等重要支流治理,开展了农田水利和农村饮水安全、大中型灌区续建配套建设等。

党的十九大以来,河南积极践行习近平生态文明思想和一系列治水兴水重要讲话精神,实施水资源、水生态、水环境、水灾害“四水同治”,开启了新时代治淮新篇章。投资近100亿元,有“淮河第一坝”之称的出山店水库提前发挥防洪效益,投资近50亿元的前坪水库下闸蓄水,以十大水利工程为代表的一大批水利工程相继开工,2020年全省共谋划7大类837个“四水同治”项目,年度计划投资936亿元,河南实施“四水同治”的做法,受到国务院第五次大督查通报表扬。

## 二、河南70年治淮取得辉煌成就

淮河是新中国第一条全面系统治理的大河。河南70年治淮成就辉煌:

一是防灾减灾成效显著。建成各类水库1651座,总库容133.58亿立方米;骨干防洪河道5级以上堤防1.2万公里;主要蓄滞洪区4处,总蓄滞洪能力6.68亿立方米;除涝面积2100多万亩。先后战胜了2003年、2005年、2007年、2018年洪水,同时还抗御了1985~1988年连续4年大旱、1998~1999年大旱、2009年大旱、2011~2014年4年连旱等。2004年以来,实现了粮食产量“十七连丰”。

二是水资源利用体系逐步完善。初步建成水库塘坝灌区、河湖灌区、机电井灌区、引黄灌区四大灌溉体系,有效灌溉面积达5022万亩,蓄、引、提、调等供水工程门类齐全,年供水能力达145亿立方米。实现向工农业、城乡生活和生态供水全覆盖,年均供水117亿立方米。

三是生态环境持续好转。累计治理水土流失面积2329.1万亩,建设河道绿廊5471万立方米,累计年压采地下水5.36亿立方米,2017~2019年为16条主要河流调度生态补水40.9亿立方米,河流水生态得到明显改善。强力开展河湖“清四乱”、黑臭水体治理、乱采河砂治理、水域岸线综合整治、入河排污口规范整治等专项行动,全省河湖环境持续改善,2020年1~9月,国考断面水质优良率达 77.7%。

四是经济社会发展水平大幅提高。据统计,70 年来,水利发电量 44.06 亿度,水产养殖效益 118 亿元,航运效益 23.18 亿元。2010~2019 年水利生态保护项目效益达 665.59 亿元;1991~2019 年,粮食亩均产量由 208 千克提高到 518 千克;农民人均纯收入由 694 元提高到 14855 元,增长近 20 倍。2019 年,34 个贫困县全部摘帽,到今年年底流域内 343 万贫困人口可以实现全部脱贫。

## 三、河南 70 年治淮积累了治水兴水的宝贵经验

一部治淮史,也是一部在党的领导下人民群众与自然灾害的斗争史。在波澜壮阔的治淮历程中,我们顺应自然、尊重规律,不断探索、勇于创新,积累了宝贵经验:

一是坚持"蓄泄兼筹"系统治理。70 年治淮之所以取得巨大成就,就是始终坚持"蓄泄兼筹"的治淮方针,坚持流域统筹,注重保护和治理的系统性、整体性、协同性,上下游协调、左右岸兼顾、干支流配合,全流域"一盘棋"一体化推进。

二是坚持兴利与除害并举。70 年治淮,既建设了一批以防洪除涝为主的减灾工程,保障了淮河安澜和人民群众生命财产安全,又兴建了一批集灌溉、供水、发电等多种功能为一体的水利基础设施,为工农业供水、城乡生活用水、发电、航运提供了充足水源。

三是坚持开源与节流并重。在兴建蓄引提调供水工程、扩展水源的同时,始终坚持节水优先,把水资源作为最大的刚性约束,强化水资源总量和强度双控,大力建设节水型社会,持续提升水资源利用效益,以有限的水资源支撑经济社会持续健康发展。

四是坚持工程措施与非工程措施结合。既着眼加强跨行政区河流水系治理保护和骨干工程建设,完善大中小微协调配套的水利工程体系,构建兴利除害的水利基础设施;又进一步深化水利改革,创新投融资体制和价格形成机制,发挥市场在资源配置中的决定性作用,健全管水治水的法规体系,实现制度治水、制度管水,推进水治理体系和治理能力现代化。

## 四、河南治淮任务依然艰巨繁重

尽管河南 70 年治淮建设取得了显著的成就,但与"幸福河"和"高质量"的要求相比,河南淮河治理还存在不少问题,突出表现在:

一是防洪减灾体系仍然存在短板。淮河右岸部分支流缺乏控制工程；部分水库、水闸病险问题突出，部分骨干河道和低洼易涝区、重点平原洼地未进行系统治理，防洪除涝标准低，淮河防汛仍面临重大挑战。

二是水资源短缺依然是制约高质量发展的瓶颈。流域内水资源总量与人口规模、耕地面积、粮食产量及经济总量不匹配，人均、亩均水资源占有量远低于全国平均水平，加上水资源时空调配能力不足，水资源供给与满足人民日益增长的美好生活需要之间仍有差距。

三是水生态环境仍然脆弱。河湖径流季节性特征明显，豫中、豫东、豫南平原河道生态流量保障不足，河湖水质总体不优，地下水超采严重，水土流失治理与建设项目建管仍需加强。

四是水治理体系需要进一步完善。水资源刚性约束机制尚不完善，规划水资源论证、用水过程和用途管控等制度还未有效建立，取水许可和水资源双控等制度执行不严，水域岸线空间管控、水利工程良性运行管理机制不健全，水权、水价、水市场改革滞后，水利投融资渠道单一，多元化改革任务艰巨。

## 五、奋力谱写新时代河南治淮崭新篇章

2020年8月18日，习近平总书记考察淮河时充分肯定70年淮河治理成效，并做出“要把治理淮河的经验总结好，认真谋划‘十四五’时期淮河治理方案”的重要指示，为新时代河南治淮提供了遵循，国务院关于淮河生态经济带的发展规划，为新时代河南治淮指明了路径。下一步，我们将深入贯彻落实习近平总书记“节水优先、空间均衡、系统治理、两手发力”的新时代治水方针，坚持生态优先，实施“四水同治”，奋力谱写新时代河南治淮新篇章。

一是科学防治水灾害。贯彻“两个坚持、三个转变”防灾减灾救灾理念，加大防灾减灾骨干工程建设力度，加快推进袁湾水库、洪汝河治理、淮河流域重点平原洼地治理等工程建设，加快补齐防汛抗旱短板，全面提升抵御水旱灾害的综合防治能力，确保淮河安澜。

二是高效利用水资源。大力推进节水型社会建设，完善水资源开发利用和节约保护体系，完善跨流域、跨区域水利基础设施网络，优化水资源战略配置格局，加快建成引江济淮（河南段）、大别山革命老区引淮供水灌溉工程，积极推进出山店水库供水工程、周商永运河修复等一批引调水工程建设，全面提升水资源利用效益。

三是综合治理水环境。坚持污染减排和生态扩容两手发力，加快工业、农业、生活污染源整治，从源头控制水环境污染。加强水源地保护，保障饮用水

安全。持续开展河湖“清四乱”行动，打好水污染防治攻坚战。严格水功能区监管，实施入河污染物限排减排，全面完善水环境治理监管体系，创新水污染治理和水环境保护体制机制。

四是系统修复水生态。实施山水林田湖草综合治理、系统治理、源头治理。统筹上下游、左右岸、地上地下、城市乡村，扩大森林、湖泊、湿地面积，涵养水源，实施河湖基本生态水量调度，建设河湖绿色生态廊道，持续推进水土流失和地下水超采综合治理，加快推进河湖生态修复与保护，建设人水和谐的沿淮水生态文明示范带。

七十载春华秋实，七十年栉风沐雨。迈入新时代，在新的历史起点上，治淮事业再次扬帆起航！我们坚信，在以习近平总书记为核心的党中央坚强领导下，在水利部、淮委的正确指导下，在兄弟省份一如既往的帮助和支持下，河南一定能够实现安全淮河、美丽淮河、幸福淮河的建设目标。

# 在纪念新中国治淮70周年座谈会上的讲话

安徽省人民政府副省长　张曙光

（2020年10月22日）

水利部淮河水利委员会召开纪念新中国治淮70周年座谈会，这是淮河治理历史上的一件盛事，也是沿淮人民的一件喜事！借此机会，受李国英省长委托，我谨代表安徽省人民政府，向水利部、水利部淮河水利委员会以及兄弟省份长期以来对安徽治淮工作给予的大力支持表示衷心的感谢，向多年来为治淮付出辛勤劳动的水利工作者表示诚挚的敬意！

今年8月，习近平总书记亲临安徽考察，首站就来到淮河王家坝闸，察看淮河水情，并对淮河治理做出重要指示，强调要把治理淮河的经验总结好，认真谋划"十四五"时期淮河治理方案，为我们做好新时代治淮工作指明了前进方向、提供了根本遵循。对安徽来说，贯彻落实好习近平总书记考察安徽重要讲话指示精神，切实把习近平总书记的亲切关怀和殷切期望转化为推进新时代淮河治理的具体措施，关键是要全面总结70年来淮河治理经验，深入分析当前淮河治理面临的新形势新要求，认真谋划新时代淮河治理方案，在巩固已有治淮成果的基础上，持续推动淮河治理保护工作，努力建设人民满意的幸福河，为淮河流域高质量发展提供有力保障和支撑。

## 一、70年治淮建设成效显著、经验宝贵

安徽地处淮河中游，是淮河治理的主战场。70年来，在党中央、国务院的高度重视下，在水利部等国家部委及淮河水利委员会的大力指导下，历届安徽省委、省政府带领全省人民不断深入探索淮河治理的有效举措，努力走出一条符合安徽实际的治淮路子，铸造了治水安民的巍巍丰碑。

一是防洪减灾体系基本形成。1950年10月，中央人民政府政务院做出了《关于治理淮河的决定》，淮河成为新中国第一条系统治理的大河。江淮儿女积极响应中央号召，艰苦奋斗，顽强拼搏，推动淮河治理取得了举世瞩目的成就。特别是1991年大水后，国务院部署加快治淮工程建设，我省如期建成

以临淮岗洪水控制工程为代表的14项治淮骨干工程,基本形成由堤防、行蓄洪区、分洪河道、枢纽控制工程、防汛调度指挥系统组成的防洪减灾体系,淮北大堤保护区以及蚌埠、淮南城市防洪标准提高到百年一遇。2003年、2007年淮河大水后,实施进一步治淮工程,流域防洪抗灾能力得到进一步提升。

二是防洪灌溉效益充分显现。新中国成立之前,淮河干支流经常决口破堤,民不聊生,干旱年份饮水、灌溉困难,民生多艰。70年来,安徽省包括群众筹资投劳在内的治淮总投资约1989亿元,完成土石方约157亿立方米,各类治淮工程发挥了显著的防洪除涝、灌溉供水等效益,产生净经济效益约1.27万亿元。得益于大别山区水库群、淠史杭灌区、临淮岗、淮北大堤、茨淮新河等防洪除涝灌溉工程,我们先后战胜了1954年、1991年、2003年、2007年和今年的大洪水,1959年、1966年、1978年、1994年、2001年、2019年的旱灾,有力保障了防洪安全、供水安全。

三是水生态水环境不断改善。河长制湖长制纵深推进,省政府主要负责同志担任淮河干流安徽段省级河长,分级分段河长均由党委、政府主要负责人担任,五级河湖长体系覆盖淮河流域。实施最严格的水资源管理制度,加大水资源节约保护力度,万元GDP用水量、万元工业增加值用水量逐年下降,地表水水质逐年好转。加强河湖水域岸线管护,严厉打击非法采砂,河湖管护面貌焕然一新。大力开展水土流失综合治理,全面加强生态修复,新时代水生态文明建设迈出坚实步伐。

四是流域经济社会蓬勃发展。淮河的深入治理为流域经济社会发展夯实了坚实基础,淮河两岸从倍受水害困扰的重灾区,已成为全国重要的粮、棉、油生产基地。安徽省淮河流域累计增产粮食约2569亿千克,增产棉花约59亿千克,增产油料约131亿千克。淮河流域防洪减灾能力的整体提升,极大改善了沿淮地区发展条件,促进了煤炭、电力、重化工等工业发展,"走千走万,不如淮河两岸"逐步成为现实。

回顾70年来治淮工作实践,我们积累了宝贵经验,获得了深刻启示。一是必须坚持党的坚强领导。淮河流域发生的历史性巨变,正是我们党领导人民兴修水利、治理江河的缩影,充分证明了中国特色社会主义制度的优越性。二是必须坚持蓄泄兼筹的治淮方针。遵循淮河流域气候地理、河流水系和经济社会发展规律,丰富完善"蓄泄兼筹"的治淮方针,不断创新治淮工作理念,努力推进从单纯控制洪水向有效管理洪水转变。三是必须坚持人水和谐的治淮思路。牢牢把握治水矛盾发生的深刻变化,从改造自然、征服自然转向调整人的行为、纠正人的错误行为,既加快解决淮河水旱灾害频发的老问题,又同步有效治理水资源短缺、水生态损害、水环境污染的新问题。四是必须坚持团结治水的优良传统。始终把安徽治淮工作置于流域全局之中，自觉服从流域总体规划，主动作为，甘于奉献，紧密协作，团结治水，推动形成治淮的强大合力。这些70年来不断探索积累的经验做法，为进一步推进治淮事业奠定了坚实基础。

## 二、新时代淮河治理责任重大、机遇难得

当前，淮河治理迈入新的历史阶段，面临新的重大机遇。特别是在新中国治淮70周年之际，习近平总书记亲临淮河王家坝考察，对淮河治理工作做出重要指示，在治淮史上具有极其重大的里程碑意义。必须充分认识新时代淮河治理的重大责任、重要机遇和实践要求，高起点、高标准推进新时代治淮建设，努力在新时代淮河治理中展现安徽担当、做出更大贡献。

一是充分认识新时代治淮的重大责任。淮河特殊的地理、气候和社会条件，决定了治淮必然是一项艰巨复杂、长期持久的系统工程。安徽治淮虽然已经取得阶段性重大成就，但仍存在淮河中游行洪能力不足，淮河下游洪水出路不畅，沿淮平原洼地"关门淹"现象严重，生产圩内群众安全发展问题亟待解决，沿淮淮北干旱缺水与水生态环境亟待改善等问题。当前，安徽省正处在奋力冲刺"十三五"、阔步迈向"十四五"的关键时期，推进新时代淮河治理，提高流域防御自然灾害现代化水平，与强化"两个坚持"、实现"两个更大"的奋斗目标紧密契合。我们要坚决扛起新时代淮河治理的重大责任，以"建设造福人民的幸福河"为目标，加快解决淮河流域防洪排涝减灾的薄弱环节，建设人水和谐、蓄泄合理、保障有力的防洪排涝减灾体系，促进流域经济社会高质量发展。

二是充分认识新时代治淮的重要机遇。党中央高度重视水利工作。党的十八大以来，习近平总书记多次对水利工作发表重要讲话，提出一系列新思想新战略新要求，特别是在考察安徽期间，强调要坚持以防为主、防抗救相结合，结合"十四五"规划，聚焦河流湖泊安全、生态环境安全、城市防洪安全，谋划建设一批基础性、枢纽性的重大项目。李克强总理在今年政府工作报告中提出重点支持"两新一重"建设，其中"一重"就包括重大水利工程建设。安徽省委、省政府正大力推进灾后恢复重建"四启动一建设"，其中"一建设"就是重大水利基础设施建设。我们必须抢抓机遇，坚持问题导向，积极争取国家支持，按照"推进一批、谋划一批、储备一批"的工作思路，接续谋划淮河治理重大项目，全力推进重大工程建设，坚决打赢新时代淮河治理攻坚战。

三是充分认识新时代治淮的实践要求。进入新时代，随着我国社会主要矛盾发生转变，治水主要矛盾也发生深刻变化，从人民群众对除水害兴水利的需求与水利工程能力不足的矛盾，转变为人民群众对水资源水生态水环境的需求与水利行业监管能力不足的矛盾。在新时代淮河治理中，我们必须深入学习贯彻习近平总书记生态文明思想，坚持“绿水青山就是金山银山”的理念，统筹推进山水林田湖草系统治理，正确处理好水与生态系统中其他要素的关系，按照防洪保安全、优质水资源、健康水生态、宜居水环境、先进水文化的目标要求，既要着力解决淮河水旱灾害频发的老问题，又要有效治理水资源短缺、水生态损害、水环境污染的新问题。

## 三、新时代淮河治理任务艰巨、任重道远

新时代淮河治理要求更高、任务更加艰巨，安徽将深入贯彻落实习近平总书记考察安徽重要讲话指示精神，按照党中央、国务院的决策部署，紧扣“幸福河”和“高质量”两个关键，奋力打好“十三五”治淮攻坚战，精心谋划推进“十四五”淮河治理，加快建设完善淮河流域水安全保障体系。

一是加快推进流域重点工程建设。加快重点水利工程建设，提升防洪除涝抗旱减灾能力。抓紧建成淮河干流正峡段、峡涡段等行蓄洪区调整和建设工程，扩大淮河中游行洪通道，提高行蓄洪区启用标准。有序开展淮河行蓄洪区安全建设，解决好群众安全居住与行蓄洪水的矛盾。加快建设怀洪新河水系洼地治理、淮河行蓄洪区等洼地治理工程，逐步提高重点平原洼地排涝标准。持续实施包浍河等主要支流以及中小河流治理，建设城市防洪除涝设施，开展病险水闸、水库除险加固等防洪减灾薄弱环节建设性治理。加快建设引江济淮工程，推进南水北调东线二期配套工程，提高水资源保障能力。

二是加快构建完善流域防洪减灾工程体系。谋深谋细谋实“十四五”流域防洪减灾举措，突出推动实施淮河治理“六大工程”，加快补齐工程体系短板。推动实施尾闾畅通工程，构建淮河入海为主、入江为辅的排洪格局，解决中游洪水下泄不畅、下游洪水出路不足的问题。加强河湖水系连通，构建区域互济、丰枯互补的水网体系。加快排涝设施建设，提高沿淮湖泊洼地抽排能力，解决沿淮“关门淹”问题。综合采取居民迁建、安全区提标建设、生产圩分类治理等措施，解决淮河行蓄洪区、干支流滩区生产圩群众防洪安全问题。建设蓄洪滞洪工程，减少行蓄洪区数量，提高行蓄洪区启用标准，完善进退洪设施，保障及时有效运用。完善系统调度手段，建立流域统一数据服务平台，构建多目标工程调度系统，最大限度发挥工程综合效益。

三是全面加强水生态环境治理保护。坚持生态优先、绿色发展，以全面推行河湖长制为抓手，大力推进淮河流域水资源保护、水污染治理和水生态修复“三水共治”。实行最严格的水资源管理制度，大力实施国家节水行动，深化节水型社会建设。加强淮河以北地区地下水资源保护，大力推进地下水压采。加强流域重要控制断面、重要湖泊等水质监测，提高水质达标率。加强水土流失综合治理，构建水土保持综合防护体系。依法依规明确划定河湖管理范围，严格河湖岸线用途管制，推进“清四乱”常态化，强力监管河道采砂，进一步完善河湖管理保护机制，持续改善流域河湖面貌。

四是坚持全流域一盘棋团结治水。我们将以这次纪念新中国治淮70周年座谈会为契机，在党中央、国务院的坚强领导下，在水利部及淮河水利委员会的精心指导下，进一步提高政治站位，坚持全流域一盘棋思想，加强对全省治淮工作的组织领导，加大政策支持力度，与流域兄弟省团结协作、携手共进，全力加快推进新时代治淮工程建设，共同谱写淮河治理的崭新篇章。

# 在纪念新中国治淮 70 周年座谈会上的讲话

江苏省人民政府副省长　赵世勇

（2020 年 10 月 22 日）

尊敬的魏山忠副部长，各位领导、同志们：

在全国上下决胜全面小康、谋划开启全面建设社会主义现代化国家新征程的关键时期，夺取防汛抗洪抢险救灾全面胜利、研究“十四五”水利建设规划的重要时刻，今天水利部淮河水利委员会在这里召开纪念新中国治淮 70 周年座谈会，学习贯彻习近平总书记视察淮河重要指示精神，系统总结治淮 70 年的辉煌成就与宝贵经验，深入推进淮河治理与保护工作，具有特殊而又重要的意义。

治淮是新中国大规模治水事业的开端。江苏地处淮河流域的下游，是淮河入江入海的“洪水走廊”，境内淮河流域面积 65300 平方公里，占全流域面积的 24%，始终是治淮建设的主战场。70 年来，在毛泽东主席“一定要把淮河修好”的伟大号召下，在党中央、国务院的坚强领导下，在水利部等国家有关部委的科学指导下，在流域兄弟省份的大力支持下，江苏全省上下坚持不懈推进淮河治理，治淮事业取得工作成果。

70 年来，江苏淮河流域治理累计投入资金 2600 多亿元，基本建成了较高标准的防灾减灾工程体系，江苏省淮河流域防洪标准达到 100 年一遇，沂沭泗水系防洪标准达到 50 年一遇，战胜了新中国成立以来历次洪涝灾害，保障了区域安全；全面建成了淮水北调、江水北调和江水东引工程，实现长江与淮河，沂沭泗水系的互联互通、互调互济，提升了淮北地区经济社会发展的水资源保障能力，累计建成了旱涝保收农田面积 3268 万亩，有效灌溉农业面积 3598 万亩，节水灌溉空间面积 2374 万亩，农业生产水平大幅提高，苏北地区已经成为江苏最重要的米粮仓、菜园子；探索建成了流域特色的绿色生态屏障，以洪泽湖为圆心建设绿色生态环，打造绿色生态廊道，积极构建跨区域环境保护机制，流域生态环境加快改善。治淮取得的辉煌成就，推动苏北地区和全省经济社会发展，生态文明建设发生了翻天覆地的变化，载入史册。

一是英明决策，为70年治淮指明了正确方向。历史上淮河流域曾有“走千走万不如淮河两岸”的美誉。但黄河夺淮以后，淮河流域水患肆虐，民不聊生。新中国成立以后，在百废待兴的情况下，党中央、国务院毅然做出根治淮河的决定。毛泽东主席先后4次做出批示，并发出“一定要把淮河修好”的伟大号召；周恩来总理亲自主持召开治淮会议，研究制定“蓄泄兼筹”的治理思路。新中国治淮，从此拉开了大幕。此后，在淮河历经1991年历史罕见的特大洪涝灾害，2003年和2007年流域性大洪水之后，每一次党中央、国务院都及时做出重大决策部署，团结带领广大干部群众艰苦奋斗、不懈努力，掀起一轮又一轮的治淮热潮。今年，淮河流域再次发生大洪水，习近平总书记高度重视，十分牵挂，8月份亲临淮河视察，强调要把治理淮河的经验总结好，认真谋划“十四五”时期淮河治理方案。江苏省委、省政府认真贯彻总书记的重要指示，全面落实党中央、国务院决策部署，一任接着一任干，持之以恒、久久为功，不断把淮河治理推向深入。

二是科学规划，为70年治淮提供了重要的遵循。新中国成立初期为解决淮河流域洪涝灾害突出的矛盾，按照“蓄泄兼筹、以泄为主”的治理思路，重点编制实施以流域防洪和水系整治为重点的规划体系，奠定了治淮的四梁八柱。20世纪六七十年代，着眼于淮河流域经济社会发展，进行了以江水淮水北调、区域分片治理和农田基本建设为中心的全面规划，之后相继完成了沿海地区水利等专项规划，修订完善了淮河下游水利规划，规划布局和体系日趋完善。在治理淮河的一系列水利规划中，尤其是扎根长江的江水北调规划，淮河入海水道规划，沂沭泗洪水东调南下规划的实施，为淮河流域经济社会持续快速发展奠定了坚实的基础。江苏始终以科学规划为先导，统筹上下游、左右岸、干支流、流域与区域，水上和岸上建设，统筹水安全、水环境、水资源、水生态，引领江苏省治淮成效不断拓展和深化。

三是综合治理，为70年治淮实现了最大的效益。自1949年的“导沂整沭”开启治淮序幕，1991年江淮大洪水拉开全面治淮帷幕，2003年淮河大洪水掀起新一轮治淮高潮，我们综合开展区域洪涝灾害治理、农田水利建设、实施跨流域调水工程，建成了较高标准的防洪减灾工程体系、实现现代农业发展的农田水利工程体系、跨流域调度的水资源工程体系和安全运行的工程管理体系。70年来，全省淮河流域累计建成流域性骨干堤防4994公里，修建各类水库433座，建设大中型水闸354座，大中型灌溉泵站215座，有效保障了流域防洪安全、供水安全、粮食安全和生态安全。特别是近年来，我们坚持人与自然和谐共生，大力实施淮河生态系统保护与修复，扎实推进洪泽湖治理和保护，着力把生态优势转化为发展动能，努力实现产业兴、百姓富、生态美的有机统一，让沿淮人民共建共享生态成果。治淮的经济、社会、生态综合效益不断显现。

抚今追昔，我们深刻体会到，做好新时代水利工作，必须坚持党的全面领导，坚持人民至上、生命至上，坚持“节水优先、空间均衡、系统治理、两手发力”的治水思路，不断完善水工程体系，打牢调控洪水、抵御灾害的坚实基础。江苏省将以纪念新中国治淮70周年为契机，深入学习贯彻习近平总书记视察淮河时的重要指示精神，认真总结好淮河治理的经验，科学谋划好“十四五”淮河治理方案，在巩固已有治淮成果的基础上，进一步加快治淮兴水进程，以更大的力度推进系统治理、综合治理。我们的初步考虑是：

一是筑牢淮河安然屏障。加快推动入海水道二期工程立项建设，尽快组织实施洪泽湖周边滞洪区建设工程，鲍集圩堤防加固、城根滩保庄圩建设等灾后应急治理项目，进一步扩大淮河下游泄洪能力，加快上中游洪水下泄，提高流域防洪标准。到2025年，淮河水系洪泽湖及下游防洪保护区防洪标准达到100年一遇并向300年一遇过渡，区域除涝标准达到5~10年一遇；沂沭泗水系巩固50年一遇的防洪标准。

二是发挥淮河整体效益。紧扣淮河生态经济带发展战略，发挥水利在服务经济社会发展中的基础性作用。进一步完善田间排涝体系，全面推进大中型灌区改造，加强农田水利建设，打造旱能灌、涝能排的粮食生产安全保障体系，实行最严格的水资源管理制度，对淮河流域水资源合理开发、高效利用、综合治理、优化配置、全面节约保护。完善江苏省淮河流域高等级航道网，增加苏北等内陆地区通江达海的水运能力，充分发挥淮河黄金水道航运效益。

三是扮靓淮河生态颜值。围绕美丽江苏建设，着力推进洪泽湖、高邮湖、微山湖、骆马湖等地区生态安全屏障建设，让淮河百川清流成为支撑江苏可持续发展的“绿心地带”。深入实施生态河湖行动，推进河湖系统治理，加强生态修复和空间管控，保护河湖公益性功能，实现河湖资源永续利用，持续抓好水土流失防治，着力构建生态良好、功能协调的水生态治理保护体系。

四是厚植淮河璀璨文明。把淮河文化建设摆在大运河文化带发展国家战略中去谋划，突出文化为魂，一体建设高品位、高水平的文化长廊，打造浸润人心的现代淮河文化名片。全力推进淮河文化遗产系统保护，扎实开展文化研究，把淮河文化的历史价值发掘和提炼好、宣传和利用好，讲好“淮河故事”，延续历史文脉，坚定文化自信，让淮河文化在新时代焕发生机活力，发挥独特的作用。

淮河是中国七大江河之一，淮河流域涉及河南、安徽、江苏、山东4省，在推进新一轮淮河流域治理中，我们建议国家层面要加大统筹协调力度，给予更大的支持。一是作为国家流域性骨干工程的淮河入海水道二期工程，恳请水利部、淮委帮助向国家相关部门协调，提高中央的投资比例。这个工程我们也知道上游、中游都希望尽快上，我们也希望尽快上，但投资太大，500亿元的投资，按照现在的投资比例，我们地方要出300多亿元，确实压力巨大。因为之前魏部长还有水利部的领导都一直在帮我们呼吁，近期我们也到北京去做了汇报，希望继续帮我们协调，能够尽最大的可能把这种流域性的骨干工程投资比例提高。二是研究巩固提升东调南下防洪能力，提高洪泽湖及下游地区防洪标准，为渠北地区不再分洪创造条件。三是围绕推进淮河生态改善，建议加大对洪泽湖等湖泊退圩还湖项目的支持和河湖生态修复的投入。四是当前洪泽湖出湖能力和预测预报水平明显提高，为汛限水位动态调整提供了保证，我们建议洪泽湖调度方案中要明确汛限水位动态调整的意见。

实现淮河安澜，建设造福人民的幸福河，是沿淮人民的热切期盼。在新的发展阶段，我们将坚持以习近平新时代中国特色社会主义思想为指导，坚决贯彻习近平总书记关于淮河治理的重要指示精神和党中央、国务院决策部署，以新中国治淮70周年为新的起点，科学谋划、精心组织、强力推进，在淮河治理新的伟大征程中再创辉煌，再立新功。

谢谢大家。

# 在纪念新中国治淮70周年座谈会上的讲话

山东省人民政府副省长　于国安

（2020年10月22日）

尊敬的魏山忠副部长、肖幼主任，各位领导、同志们：

在党的十九届五中全会即将胜利召开之际，水利部组织此次纪念新中国治淮70周年座谈会，深入学习贯彻习近平总书记关于治淮工作重要指示批示精神，总结治淮历史经验，研究谋划“十四五”及今后一个时期淮河治理保护工作，意义重大而深远。我代表山东省政府，对会议的召开表示祝贺，向水利部和淮委及兄弟省市对山东的关心支持表示感谢。

山东淮河流域位于鲁南和鲁西南地区，流域水系主要由沂沭河、南四湖、运河、滨海四大水系组成。有以下几个特点：一是流域面积大。流域面积5.1万平方公里，涉及7市、46个县（市、区），面积和人口均占全省的1/3；加上代管的山东半岛地区，总面积达11.21万平方公里，占全省的71.4%。二是干支河流多。其中沂河仅一级支流就有36条，南四湖入湖河流有53条。三是防洪任务艰巨。降水量时空分布极为不均，特别是沂、沭河均为山洪河道，历史上就是水旱洪涝灾害多发区、重发区。四是战略地位重要。淮河流域是山东乃至全国重要的粮、棉、油、蔬菜产地和能源基地。其中，南四湖是我国北方最大的淡水湖，是南水北调东线的重要输水通道，战略地位举足轻重。

治淮初期，山东淮河流域水系紊乱，水利基础薄弱，洪、涝、旱、渍灾害频发。新中国治淮70年来，山东在水利部、淮委及流域各省的大力支持下，开展了规模空前的治淮建设，彻底扭转了淮河流域“大雨大灾、小雨小灾、无雨旱灾”的落后面貌，为淮河流域经济社会发展提供了强有力的水利支撑和保障。

（1）多轮治淮，水利工程短板加快补齐。坚持兴水利、除水害、惠民生，开展多轮治淮建设，着力提高流域防洪能力。着眼解决沂沭泗河中下游洪水出路问题，累计投入超过400亿元，先后实施治淮东调南下及续建、进一步治淮等工程建设，相继建成了分沂入沭、刘家道口枢纽、南四湖及沂河沭河治理等一批骨干工程，使沂沭泗河洪水就近入海的构想变为现实。2018年、2019年，山东省又先后启动实施灾后重点防洪减灾工程和新一轮重点水利工程建设,全省治理河道136条,水库1605座、水闸264座,其中治理洙赵新河、泗河等淮河流域各类河道120条(段),除险加固水库1217座、水闸251座。目前,沂沭泗流域重点河道总体达到20年一遇防洪标准,骨干工程防洪标准提高到50年一遇,流域防洪除涝减灾工程体系基本形成,在抗御历次洪水中发挥了重要作用。特别是今年8月中旬,沂河发生1960年以来最大洪水,沭河发生有水文记录以来最大洪水,防汛形势一度十分危急,在水利部和淮委的统一指挥下,我们通过联合调度,拦蓄洪水3.36亿立方米,水库最大削峰率达97.6%,将沂河最大洪峰流量控制在12000立方米每秒以内,避免了启用邳苍分洪道,将灾害损失降到了最低,实现了人员伤亡、工程重大险情"双零"目标。省委、省政府认为,这是水利工程调度的一次成功案例。

(2)完善水网,水资源配置能力显著提升。根据"上蓄、中疏、下排"的原则,加大雨洪资源利用和区域水资源调配能力建设,相继建成南水北调配套、日照沭水东调等一批跨区域水网,实现了长江水、黄河水、淮河水和当地水的联合调度、优化配置。枣庄市庄里水库是改革开放以来山东省规划建设的首座大型水库,已于去年建成蓄水,将有效缓解枣庄市水资源紧缺状况。目前,沂沭泗流域内已建成水库1915座,总库容75.99亿立方米,各类水利供水设施设计年供水能力达到125.36亿立方米,为保障粮食安全和农村饮水安全提供了有力支撑。据测算,1949年山东淮河流域粮食总产量不过30亿公斤,人均不足200公斤;1950年至去年底,山东淮河流域通过建设各类水利工程,累计增产粮食1750.21亿公斤、棉花79.76亿公斤、粮油作物68亿公斤。特别是通过平原涝洼地治理和农田水利设施建设、灌区节水技术改造等,为淮河流域农民脱贫致富奠定了基础,对培育出苍山大蒜、鱼台大米、微山湖湖藕等农产品地域品牌来说功不可没。

(3)强化监管,水利工程运行日趋规范。坚持建管并重,持续深化水利工程管理体制改革,初步建立了权责明确的安全管理体系。高度重视小型水库安全运行工作,落实管护责任主体,明确乡镇(街道)政府对辖区内小型水库实施统一管理,把水库大坝安全鉴定纳入政府年度工作计划,积极排查整治风险隐患,今年以来,先后对675座小型水库进行"四不两直"暗访检查,以检查促整改,以整改促安全运行。全力规范水利工程调度,对有防洪任务的大中型水库汛限水位进行重新校核,水库调度运用实行"线上"实时监管。今年汛期,累计组织100余座大中型水库预泄水量6.01亿立方米,科学调度沂沭泗、南四湖等流域71座大中型水库,累计拦蓄洪水17.58亿立方米,有效发挥了水利工程拦洪、削峰、错峰作用。当前,正在重点推进水利工程标准化工作,明年底,全省大中小型水库、大中型水闸、大中型河道堤防等重点水利工程将完成标准化管理评价,建立起标准化管理体系和工作秩序。

(4)综合施策,流域生态环境明显改善。近年来,山东治淮坚持“绿水青山就是金山银山”的理念,加强领导、强化措施,综合施策,着力维护河湖健康生命,努力促进人水和谐。一是压实管护责任。重点推进河长制湖长制从“有名”到“有实”、从全面建立到全面见效,全省淮河流域落实五级河(湖)长4.5万人,构建起责任明确、协调有序、监管严格的河湖管护机制。前段时间,省委书记、省长召开了省总河长会议,昨天,省政府在日照市又召开了全省河长制湖长制工作现场推进会议,李干杰省长出席会议,提出要构建河湖共治共享新格局,推进河湖治理体系和治理能力现代化,打造河长制湖长制“升级版”。二是重拳清违治乱。连续开展河湖清违清障行动,去年对所有河流、湖库实行清违清障全覆盖,整治“四乱”问题近1.9万处,其中淮河流域及山东半岛地区共1.2万处。三是强化污染防控。全部完成区域水功能区划,实现重点水功能区水质监测评价全覆盖,开展入河排污口综合整治。经过综合施策,河湖面貌大为改观,生态环境有效净化,沂河、沭河水质在淮河流域率先达标,成为山东水质改善最明显、出境断面水质最好的河流之一;南四湖水质提升到Ⅲ类,位列全国水质优良湖泊行列;临沂成为全国首批水生态文明建设试点城市,沂河入选全国首批示范河湖建设试点。当前,我们正在加快推进美丽示范河湖建设,力争用3~5年时间,基本实现每个县、乡都有美丽河湖。

可以说,新中国治淮70年来,历程波澜壮阔,成绩来之不易。一是得益于党和政府的高度重视,党中央、国务院始终把治淮作为江河治理的重点,做出一系列重大决策部署,水利部及淮委强化顶层设计和工作指导,省委、省政府持续加大投入,社会主义制度集中力量办大事的优势得到充分体现,为治淮事业不断发展提供了根本保证。二是得益于治淮思路不断完善,坚持并不断完善以“蓄泄兼筹”为核心的治淮方略,科学修编治淮规划,先后完成了南四湖流域治理、山东淮河流域综合规划、山东省实施淮河生态经济带发展规划工作方案等10余项大型水利规划,为治淮事业不断发展提供了科学前提。三是得益于流域各省团结治水,坚持上下游、左右岸“一盘棋”,兄弟省份密切协作配合,一代又一代治淮工作者薪火相传、接续奋斗,为治淮事业不断发展提供了强大合力。

下一步,山东将认真贯彻落实习近平总书记重要指示和党中央、国务院关于治淮的战略部署,在水利部及淮委的指导下,持续推进治淮事业,为流域经济社会又好又快发展提供更加有力的支撑和保障。一是持续提升防洪减灾能力。以“根治水患、防治干旱”为目标，加快实施南四湖片平原洼地治理、湖东滞洪区建设等工程，使南四湖地区整体防洪标准达到50年一遇；系统治理东鱼河、洙赵新河、万福河等河道，规划实施湖西水系连通工程，统筹提高湖泊洼地滞蓄能力、滨河洼地排涝能力。二是持续改善生态环境质量。坚持“山水林田湖草”系统治理，加强河湖水系连通、河湖清淤降污、河道生态修复和河湖水资源科学调度，统筹推进水生态保护和水环境治理；全面落实水利行业强监管措施，巩固河湖清违清障成果，加快推进美丽示范河湖建设。三是持续优化水资源配置格局。结合“十四五”规划编制，在保证防洪安全的前提下，按照确有需要、生态安全、可以持续的原则，有序谋划推进一批水资源配置工程和雨洪资源利用工程，统筹破解资源性缺水和工程性缺水问题。近期，我们重点谋划推进黄山闸、双堠水库、南四湖水资源利用北调等一批事关长远的骨干工程，进一步优化水系、完善水网，提高淮河流域水资源统筹调度配置能力。借此机会，恳请水利部及淮委在项目规划、资金补助、技术指导等方面给予大力支持。

各位领导，治淮70年提供的经验弥足珍贵，谱写的治淮史诗催人奋进，为下一步全域治淮提供了不竭动力。山东将继承和发扬治淮精神，认真贯彻落实本次会议精神和魏部长、肖主任讲话要求，坚定信心、勇于担当、苦干实干，确保将水利部及淮委的一系列治淮部署落实落细落地，扎实做好山东新时期治淮工作！

# 在纪念新中国治淮 70 周年座谈会上的致辞

水利部淮河水利委员会主任　肖　幼

（2020 年 10 月 22 日）

尊敬的魏山忠副部长，各位领导、同志们：

金风送爽，硕果累累。在这个满载收获的美好日子里，我们在这里召开纪念新中国治淮 70 周年座谈会，深入学习习近平总书记视察淮河重要讲话指示精神，系统回顾总结 70 年治淮奋斗历程、辉煌成就和宝贵经验，共同谋划展望新时代淮河保护治理发展思路、目标举措和美好前景。这是一次凝聚力量和信心的会议，也是一次擦亮初心、筑牢使命、整装再发的会议。在此，我谨代表淮河水利委员会，向出席今天座谈会的各位领导和嘉宾，向来自治淮战线的同志们表示热烈的欢迎和衷心的感谢！

淮河横贯中原，和合南北，融通古今。千百年来，淮河生生不息地哺育着两岸人民，孕育了灿烂辉煌而独具特色的淮河文化，在中华文明发展史上始终占有极其重要的位置。然而，淮河又是一条极为特殊和十分复杂的河流，地处我国南北气候过渡带，历史上受黄河长期夺淮的影响，淮河流域水旱灾害频发，沿淮人民饱受灾害之苦。

新中国的成立开启了淮河治理开发保护的新纪元。1950 年 10 月 14 日，中央人民政府做出《关于治理淮河的决定》，翻开了淮河治理历史性的崭新一页。在“蓄泄兼筹”方针指引下，中国共产党领导沿淮人民掀起了三大历史阶段的治淮高潮。1951 年 5 月，毛泽东主席发出“一定要把淮河修好”的伟大号召，掀起了第一次大规模治淮高潮。1991 年，国务院召开治淮治太会议，做出《关于进一步治理淮河和太湖的决定》，确定实施以防洪除涝为主要内容的治淮 19 项骨干工程，再次掀起治淮建设高潮。2011 年 3 月，国务院办公厅印发《关于切实做好进一步治理淮河工作指导意见的通知》，明确了进一步治理淮河的目标和各项任务。2020 年 8 月 18 日，在即将迎来新中国治淮 70 周年的关键节点，习近平总书记亲临淮河视察治淮工程，查看淮河水情，详细了解淮河治理历史和淮河流域防汛抗洪工作情况，对淮河治理给予充分肯定、做出重要指示，为我们进一步做好新时代淮河保护治理工作注入了强大动力、提供了根本遵循，在治淮史上具有极其重大的里程碑意义。

70年来，我们基本建成了与全面建成小康社会相适应的水安全保障体系，为流域经济发展、社会进步、人民生活改善和社会主义现代化建设提供了重要支撑，谱写了盛世治水的淮河篇章。

一是基本建立了防洪除涝减灾体系。70年来，我们始终秉持“蓄泄兼筹”方针，上游兴建水库拦蓄洪水，中游利用湖泊洼地建设行蓄洪区滞蓄洪水、整治河道畅流洪水，下游扩大入江入海能力下泄洪水，建成一大批控制性枢纽工程。这些水利工程和防汛指挥系统等非工程措施一起，组成了较为完善的防洪除涝减灾体系，可有效抗御新中国成立以来流域性最大洪水。依靠这个体系和先进的防洪理念，我们成功应对了2003年、2007年等多次流域性大洪水，最大程度减轻了洪涝灾害损失。刚刚过去的2020年淮河、沂沭河洪水是对70年治淮成就的一次大考，淮委和流域四省强化预测预报预警，精准调度、联合运用水库、行蓄洪区及闸坝等工程，充分发挥水利工程集成效应，实现了无一人伤亡、水库无一垮坝、主要堤防未出现重大险情，夺取了防汛抗洪工作的又一次全面胜利。

二是初步形成了水资源开发利用和配置体系。70年来，建成南水北调东线、中线一期工程，加快建设引江济淮工程，不断完善苏北引江工程，它们与流域内星罗棋布的河、湖、闸、坝一起，构成了流域“四纵一横多点”的水资源开发利用和配置网络，年供水能力达995亿立方米，是新中国成立初期的10倍。淮河流域以不足全国3%的水资源量，承载了大约13.6%的人口和11%的耕地，贡献了全国9%的GDP，生产了全国1/6的粮食，有效支撑了流域经济社会的可持续发展。此外，淮河流域高效的水资源配置还为长三角一体化高质量发展、京津冀一体化发展、大运河文化保护传承利用等重大国家战略提供了充沛的“水动能”。

三是逐步构建了水资源与水生态环境保护体系。20世纪80年代，由于过度开发，流域河湖萎缩加剧，自净能力降低，生态系统失衡。1995年，国务院颁布第一部流域性水污染防治法规《淮河流域水污染防治暂行条例》，此后陆续开展了“零点行动”、淮河水体变清等重大防污治污行动，持续开展水污染联防工作，成功处置多起跨省河流水污染事件。自2005年以来，淮河干流已连续15年未发生大范围突发性水污染事故，淮河干流水质长期保持在Ⅲ类。党的十八大以来，按照“把水资源作为最大的刚性约束”的原则，我们全面落实最严格水资源管理制度，积极开展跨省河流水量分配，率先启动实施流域生态流量调度试点。统筹山水林田湖草系统治理,聚焦管好"盛水的盆"和"盆里的水",强化水域、岸线空间管控与保护,有效提升上游水源涵养和水土保持生态保育功能,流域水生态文明建设取得显著成效。

四是不断加强流域综合管理体系建设。我们持续深化对淮河自然规律和社会发展规律的认识,坚持流域管理与区域管理、统一管理与分级管理相结合,坚持把各项水事活动纳入法治化轨道,初步形成多层次、多领域、相互配套的水法规体系和流域区域管理相结合的管理体制机制。进入新时代以来,更加注重统筹水的全过程治理与管理,更加注重调整人的行为、纠正人的错误行为,更加注重实现淮河保护治理的高质量发展,全面强化水利行业监管,逐步健全监管网络体系,深入开展河湖"清四乱"和河湖违法陈年积案清零行动,流域监管力度由弱变强,取得了小水库、农村饮水安全、河湖等领域监管重大突破,监管效果实现了从有名到有实的重大转变。

70 年治淮,我们创造了一项又一项享誉海内外的治水奇迹:建成了气势恢弘的大别山水库群,创造了中国第一座连拱坝、第一座大头坝、第一座自行设计的重力拱坝等一系列首创性成果,兴建了新中国成立后全国最大灌区——淠史杭灌区,建成了亚洲最大的水上立交工程——入海水道淮安枢纽工程。党的十八大以来,在全国重要江河湖泊水功能区全覆盖监测、生态流量调度、水生态文明城市建设、推行河湖长制等多个方面走在全国前列,发挥了巨大的示范引领作用。

70 年治淮,我们实现了治理水平和治理能力的迭代更新,从洪水管理到还河流以空间、给洪水以出路,从人定胜天到人水共生,人与自然和谐相处的科学理念不断深化。依法治水有力有效,科技管水与时俱新,智慧兴水蒸蒸日上,"河畅、水清、堤固、岸绿、景美"的目标正从美好的愿景一步步走向现实。

70 年治淮,我们培养造就了一大批水利人才和精英。在治淮实践中诞生的"佛子岭大学",成为新中国第一批现代坝工英才成长的摇篮;在历次治淮高潮中走出了一大批院士、专家和行业领军人物,为淮河持续的开发保护治理乃至全国治水兴水提供了重要支撑。

这些成就的取得,离不开水利部党组、各司局的关心和厚爱,离不开流域四省各级党委、政府的鼎力合作,凝聚了几代治淮人和沿淮群众的无悔奉献与默默付出。在此,我代表淮委表示最崇高的敬意和最诚挚的谢意!

时间新故相推,奋斗永不止步。昂首走在千帆竞发、百舸争流的新时代,我们将沿着习近平总书记视察淮河时指明的发展方向,牢记嘱托、积极作为,奋力书写好新时代淮河保护治理新篇章。

——我们将致力于“安心淮河”建设,更加强调流域人民的亲身体验,更加注重流域人民的心理感受,着眼于全球气候变化和历史最大洪水,谋划构建更加完备的现代化防洪除涝减灾体系,让流域人民安心放心、高枕无忧。

——我们将致力于“清澈淮河”建设,把水资源作为最大的刚性约束,充分发挥河长制湖长制这一治水管水的利器,管好“盛水的盆”和“盆里的水”,还老百姓清水绿岸、鱼翔浅底的美景。

——我们将致力于“生态淮河”建设,坚定不移走“生态优先、绿色发展”之路,加快构建南北气候过渡区域重要生态廊道,让流动的水再次塑造现代文明,让流动的文明润泽流域城乡全境。

——我们将致力于“富庶淮河”建设,进一步做好流域水利发展战略与国家重大发展战略的衔接,加快推进重大跨流域调水工程建设与后续规划,进一步提高流域水系互联互通水平,推动经济发展质量变革、效率变革、动力变革,为全国大河流域绿色发展积累新经验、探索新路径。

——我们将致力于“共享淮河”建设,以基本公共服务均等化为目标,以流域为单元,以水为纽带,推动上下游、左右岸、山区平原、沿海内陆协调发展,推进城乡一体化发展,营造共建共治共享治水新格局,持续提升治淮发展带给流域人民的获得感。

——我们将致力于“智慧淮河”建设,积极推进以智慧淮河为核心的流域综合管理能力体系建设,构建水灾害防御水资源科学配置物理网、水循环立体监测信息网、水事活动多目标管理网于一体的流域智能水网系统,以水利数字化、网络化、智能化驱动流域水利现代化。

各位领导、同志们,奋斗在27万平方公里的淮河大地上,传承着一代又一代治淮人砥砺而成的优秀传统,承载着亿万沿淮人民对幸福生活的热切期盼,新时代淮河保护治理事业具有无比广阔的时代舞台,具有无比强大的前进动力。我们将更加紧密地团结在以习近平同志为核心的党中央周围,在水利部党组的坚强领导下,一茬接着一茬干、一年接着一年干,以尺寸之功,积千秋之利,力争在新的浩荡征程中跑出好成绩、实现新突破、迈上新台阶,奋力谱写淮河保护治理新篇章,为实现中华民族伟大复兴的中国梦贡献力量!

谢谢大家!

# 媒体报道

# 国务院新闻办就治理淮河 70 年有关情况举行发布会

国务院新闻办公室于 2020 年 10 月 20 日(星期二)上午 10 时举行新闻发布会,请水利部副部长魏山忠、总规划师汪安南、淮河水利委员会主任肖幼介绍治理淮河 70 年有关情况,并答记者问。

国务院新闻办新闻局　寿小丽:

女士们、先生们,大家上午好。欢迎出席国务院新闻办新闻发布会。淮河是新中国第一条全面系统治理的大河。70 年来,淮河治理取得了举世瞩目的成就。为帮助大家了解更多情况,今天我们非常高兴邀请到水利部副部长魏山忠先生,请他为大家介绍淮河治理 70 年有关情况,并回答大家感兴趣的问题。出席今天发布会的还有:水利部总规划师汪安南先生,淮河水利委员会主任肖幼先生。

下面,请魏山忠先生作介绍。

水利部副部长　魏山忠:

各位媒体朋友,女士们、先生们,大家上午好。非常高兴在这里向大家介绍治淮工作,也感谢各位媒体朋友对治淮工作的关心和支持。我这两天已经看到网上有好几家媒体对治淮 70 年工作做了很全面深入的报道,非常感谢大家。

淮河是新中国第一条全面系统治理的大河。70 年来,党和政府高度重视淮河治理。新中国成立之初,毛泽东主席发出了“一定要把淮河修好”的伟大号召,国务院先后 12 次召开治淮会议,做出一系列重大决策部署。今年 8 月,习近平总书记考察淮河时充分肯定 70 年淮河治理成效,并做出“要把治理淮河的经验总结好,认真谋划‘十四五’时期淮河治理方案”的重要指示。水利部会同有关部门与流域四省采取有力措施推进治淮工作。

下面,我向大家简要介绍 70 年治淮取得的主要成效。

一是洪涝灾害防御能力显著增强,具备抗御新中国成立以来流域性最大洪水的能力。70 年来,佛子岭水库、蒙洼蓄洪区、临淮岗洪水控制工程、淮河入海水道近期工程等一大批治淮工程的相继建成,使淮河流域基本建成以水库、河道堤防、行蓄洪区、控制性枢纽、防汛调度指挥系统等组成的防洪除涝减灾体系。淮河流域防洪除涝标准显著提高,淮河干流上游防洪标准超10年一遇,中游主要防洪保护区、重要城市和下游洪泽湖大堤防洪标准已达到100年一遇;重要支流及中小河流的防洪标准已基本提高到10~20年一遇以上。在行蓄洪区充分运用的情况下,可防御新中国成立以来发生的流域性最大洪水。淮河防御洪水已由人海防守战术,逐步转变为科学调度水利工程的从容应对局面。

二是水资源保障能力大幅提高,有效支撑了流域经济社会的可持续发展。历经70年建设,淮河流域已经建成6300余座水库,约40万座塘坝,约8.2万处引提水工程,规模以上机电井约144万眼,水库、塘坝、水闸工程和机井星罗棋布。南水北调东、中线一期,引江济淮、苏北引江等工程的建设,与流域内河湖闸坝一起,逐步形成了“四纵一横多点”的水资源开发利用和配置体系。“四纵”就是南水北调东线、中线,引江济淮、苏北引江工程。“一横”就是淮河,“多点”就是一大批水利工程。淮河流域以不足全国3%的水资源总量,承载了全国大约13.6%的人口和11%的耕地,贡献了全国9%的GDP,生产了全国1/6的粮食。

三是水环境保障能力明显提高,流域性水污染恶化趋势已成为历史。通过调整产业结构、加快污染源治理、实施污水集中处理、强化水功能区管理、限制污染物排放总量、开展水污染联防和水资源保护等一系列措施,入河排污量明显下降,河湖水质显著改善,淮河干流水质常年维持在Ⅲ类。淮河流域水污染防治和水资源保护工作取得显著进展。2005年至今淮河未发生大面积突发性水污染事故,有效保障了沿淮城镇用水安全。

四是水生态保障能力持续提升,推进流域生态环境进入良性发展轨道。积极开展水土保持、重要河湖保护修复、地下水保护和河湖生态流量(水位)保障等工作。截至2018年底,淮河流域累计治理山丘区水土流失面积5.3万平方公里,桐柏大别山区、伏牛山区、沂蒙山区水土流失普遍呈现好转态势,水土流失面积减少六成以上。依托已初步形成的江河湖库水系连通体系多次成功实施生态调水,有效保障了南四湖等缺水地区生态环境安全。

70年治淮总投入共计9241亿元,直接经济效益47609亿元,投入产出比1:5.2。淮河的系统治理、开发与保护,有力地促进了人与自然和谐相处、水资源可持续利用和水生态系统的有效保护,为流域经济社会发展、人民生命财产安全和生活水平提高提供了重要保障。

下一步,我们将深入贯彻落实习近平总书记重要指示精神,紧扣“幸福河”和“高质量”两个关键词,科学谋划“十四五”时期淮河治理和2035年远景目标，加快构建现代化水利基础设施网络，谋划建设一批基础性、枢纽性、流域性的重大项目，全面提高淮河流域抗御自然灾害的现代化水平，不断强化河湖管理，持续提升水资源和水生态环境安全保障能力，推动淮河流域生态经济带高质量发展。

以上是我做的简要介绍。下面，我和我的同事愿意回答大家的提问。

寿小丽：

请记者朋友们提问，提问前请通报一下所在的新闻机构。

人民网记者：

今年 8 月 18 日，习近平总书记视察淮河时，对淮河的保护治理给予了充分的肯定，并指示：要把治理淮河的经验总结好。请问，70 年治淮都取得了哪些主要经验？谢谢。

魏山忠：

谢谢。历史上淮河可以说是水患严重，常常是大雨大灾、小雨小灾、无雨旱灾。新中国成立以来，经过 70 年的治理，淮河的面貌发生了彻底改变，取得了辉煌的成就，为流域经济社会发展提供了有力的保障。按照习近平总书记“要把治理淮河的经验总结好”的指示，水利部正在组织淮河水利委员会和淮河流域四省进行全面系统的总结。

回顾 70 年治淮的历程，我觉得至少有六条宝贵的经验：

一是坚持党的领导。这是做好淮河治理的根本保证。70 年来，党和国家高度重视淮河的治理工作。1950 年新中国成立之初，淮河发生了一场大洪水，当时河南、安徽 1300 万人受灾，毛泽东主席当时两个月内就做出了 4 次重要的批示，在当时国家经济一穷二白、内忧外患交织的情况下，仍然决定全面系统地治理淮河。所以在 1950 年 10 月 14 日，中央政府做出了关于治理淮河的决定。党的几代最高领导人都对治理淮河做出了重要的指示。今年 8 月，习近平总书记亲临淮河视察，了解淮河治理和防汛抗旱工作情况，充分肯定治淮工作取得的成效，对于“十四五”的规划、防汛救灾、行蓄洪区的运用都做出了重要的指示，为今后的治淮工作把脉定向，提供了科学的指南。

二是坚持统一规划。这是做好淮河治理的重要遵循。无论是淮河还是其他江河，可能是世界的一种惯例，河流的治理既有江河水资源干支流相互影响的自然属性，更有经济社会发展、各个相关部门需求的社会属性，是综合性的，所以是一个系统工程，必须做好顶层设计，做好综合规划。无论是在世界还是中国七大江河，都是遵循这样一种科学的治水之道。中国的大江大河到目前基本都经历了三轮综合规划，20 世纪 50 年代一次，淮河是第一条全面治理的河流,所以1950年中央就做出了关于治理淮河的决定。20世纪90年代七大江河都做过一轮修订,本世纪2012年左右做过第二轮修订,因此我们国家江河的综合规划一般是三轮,而淮河到目前先后编制了五轮综合规划,说明中央对淮河的综合规划更加重视,说明淮河难治、淮河复杂,说明国家更加重视。淮河这五轮规划都是在中央确定的"蓄泄兼筹"治淮方针的指导下,统筹考虑上下游、左右岸、流域与区域的系统治理,来确定流域治理工程的总体布局,为构建防洪除涝、水资源开发利用等体系奠定了科学的基础,有力推动了流域的治理工作。特别是在党的十八大以来,我们在治淮的规划中更加注重人水和谐、生态保护、造福人民,特别是高质量发展这样一些新的理念、新的要求,治淮工作也呈现出高质量发展的良好态势。2018年11月,国务院批准专门印发了《淮河生态经济带发展规划》,所以淮河治理规划不断向科学、不断向高质量的方向在发展。

三是坚持完善工程体系。这是做好淮河治理的重要基础。淮河治理复杂,必须要有一定的工程基础,中央政府给予特别的重视,70年来,国务院先后12次召开治淮工作会议,这在其他江河可能也是绝无仅有的。掀起了三次大规模治淮的高潮,持续稳定加大投入,坚持一张蓝图绘到底,久久为功,目前已经基本建成了布局合理、措施匹配、调度灵活的治理和保护工程体系,我们有工程,手上有"硬件",来了洪水有工程可以运用,这些为保障流域水安全奠定了坚实的物质基础。前面我已经发布了,我们初步测算,70年治淮总投入近1万亿元,直接经济效益接近5万亿元,投入产出比是1:5.2,这些工程建设效益是非常显著的。

四是坚持依法科学调度。这是取得淮河防汛抗旱胜利的关键所在。70年来,我们的流域防灾减灾理念也在不断升华,可以说实现了从控制洪水到管理洪水的转变。我们依法科学灵活调度水利工程,发挥这些工程"拦、蓄、泄、分、行、排"方面的作用,一次次战胜了淮河流域发生的洪涝灾害,夺取了一次次防汛斗争的胜利。特别是今年,今年淮河发生了流域性较大洪水,我大致查了一下,可能和1950年淮河大水相当,1950年河南、安徽两省受灾人口1300多万人,我印象当时倒塌房屋八九十万间。今年面对这场洪水,我们没有一个人因为洪灾伤亡,效益是巨大的。所以,我们今年做到了行蓄洪区的及时运用,高水位依靠大堤能挡住,没有出现大的险情,当时王家坝分洪我在现场,开闸分洪之后,下游堤防的巡堤查汛,汪安南总规划师在现场,我们两人都在安徽待了8天,没有大的险情,也没有一个水库垮坝,主要堤防都没有出现重大险情,所以防汛抗洪工作真正做到了有力、有序、有效。

五是坚持统筹保护与治理。这是建设幸福淮河的关键举措。习近平总书记去年9月18日发出“让黄河成为造福人民的幸福河”,我想这些也是对其他江河的要求。淮河同样要建成幸福的淮河,20世纪80年代淮河水污染问题十分严重,社会反响也很强烈,通过开展淮河水体变清这些重大行动,充分利用水利工程体系,统筹保护与治理,实施跨区域跨部门的水污染联防,取得了明显的成效,也改变了河湖萎缩、生态失衡的状况。目前淮河已经连续15年没有发生突发性的水污染事故,干流水质长期保持在Ⅲ类,南水北调东线受到北方包括北京的极大欢迎,因为水质好了,现在北京、天津主要都是靠南水北调中线在供水,所以未来东线可能也是可选之一,水质改善了,这对我们整个国家水资源的配置都会带来新的变化。近年来,全面建立河长制湖长制,进一步强化河湖监管,河湖生态显著改善,所以广大人民群众的安全感、获得感和幸福感都明显上升。

六是坚持团结治水。这是做好淮河治理的重要保障。淮河治理是一个有机的整体,上下游互为一体,左右岸唇齿相依,兴利除害相辅相成,我们修一个水库等水利工程,都是综合利用,既有防洪也有供水的效应,综合利用。70年以来,治淮始终坚持统一规划,上中下游、左右岸兼治,加强顶层设计和统筹协调,妥善处理好全局与局部、近期与长远的关系,平衡各方的利益,走出了一条顾全大局、团结治水的经验之路。

我们初步梳理总结,至少这六条经验我觉得是值得肯定的。下一步,我们将按照习近平总书记的重要指示,继续全面系统地进行总结。

中国新闻社记者:

20世纪八九十年代淮河水曾经污染严重,一度成为社会关注的焦点问题。淮河水资源保护工作形势严峻,国家将淮河水污染防治作为重点进行了综合治理。请问,咱们主要采取了哪些措施,取得了哪些成效?谢谢。

魏山忠:

这个问题提得非常好,请淮河水利委员会主任肖幼先生回答。

水利部淮河水利委员会主任　肖幼:

谢谢。新中国成立以来,淮河流域的水资源保护工作经历了水质的保护、水功能区保护和河湖生态保护的发展历程。在党中央、国务院的正确领导下,水利部门协同环境保护部门和流域各地的党委、政府,经过多年的不懈努力,流域性水污染恶化趋势已成为历史,流域水资源保护工作取得了显著成效。这里主要表现在:

一是入河排污量大幅减少。20世纪80年代后期,淮河流域水污染凸显,进入90年代以后，水污染加剧。当时淮河的干流都是黑臭水体，还有白沫、死鱼，像蚌埠、淮南附近河边的老百姓吃水都是自己拿桶到井里取水，自来水也不能用了，因为当时的自来水也是从淮河里面取的，因为水源污染严重，自来水处理也不能达到要求，所以老百姓都是用水桶到井里取水饮用，污染的形势相当严重。党中央、国务院对淮河水污染问题高度重视，1995年，国务院发出了《淮河流域水污染防治暂行条例》，拉开了淮河流域水污染综合治理的序幕。《淮河流域水污染防治暂行条例》也是第一条以流域为单元系统治理水污染的条例。通过连续实施淮河流域水污染防治的五年规划，以及各地采取了“关、停、禁、改、转”等措施，关闭“五小”污染企业，调整结构，落实工业污染源达标排放，建设城镇污水处理厂，集中处理污水，有效减少了污染物的排放，全流域入河排污量明显减少。2018年与1993年比，淮河流域主要污染物入河排放量COD从150万吨减少到21万吨，削减率86%，氨氮由9万吨减少到1.8万吨，削减率80%。污染物的削减率还是比较大的，污染物入河排污量明显减少。

二是河湖水质明显改善。通过加强水功能区的管理和入河排污口的监督管理，限制污水排放，淮河的水质有了明显改善。2018年与1994年比，淮河流域主要跨省河流省界断面水质Ⅴ类和劣Ⅴ类比例由77%下降到20%，好于Ⅲ类水的比例由13%上升到38%。2018年与2011年比，水功能区水质达标率由49%上升到71%，淮河干流和南水北调东线一期输水干线的水质长期维持在Ⅲ类。

三是水污染联防成效显著。自20世纪90年代以来，我们组织河南、安徽、江苏三省开展淮河水污染联防，采取枯水期污染源限排，水闸防污调度及水质水量动态监测和预警预报等措施，实现了跨区域、跨部门联防联治，改善了枯水期河流的水质，降低了淮河干流发生重大水污染事件的风险。2005年以来，我们开展防污调度200多次，淮河干流连续15年未发生突发性水污染事件。

四是饮用水水源地的保护成效显著。我们科学规划、合理布局饮用水水源地，加强管护和治理，特别是河长制湖长制实施以来，我们将饮用水的保护与管理列为河长、湖长的责任，由河长、湖长负责。流域内，全国重要饮用水水源地基本实现“水量保证、水质合格、监控完备、制度健全”的目标。2011年开始对重要饮用水水源地开展安全保障达标建设的评估，评估的结果优秀等级比例连续8年稳定在90%以上。所以，目前淮河流域的饮用水水源的水质总体是有保障的。

下一步，我们还将继续协同生态环境部门做好淮河流域水资源的保护工作。谢谢。

中央广播电视总台央广记者：

新中国治淮70年取得了举世瞩目的成就，请问当前治淮方面还存在哪些突出问题和薄弱环节？谢谢。

魏山忠：

谢谢，这个问题请总规划师汪安南先生回答。汪安南先生“出身”于淮河水利委员会，所以他非常了解淮河的情况。

水利部总规划师 汪安南：

谢谢记者的提问。新中国治淮70年的成就是举世瞩目的，不仅仅是流域的防灾减灾能力大幅提高，在水资源保障、水生态保护和水环境改善等各方面都成效显著。应该说，淮河流域水安全保障的能力大幅度提高。但是淮河特殊的自然地理条件、流域生态保护和经济社会高质量发展的要求，都决定了治淮仍然是长期复杂的过程。站在新的起点上，认真分析水资源、水生态、水环境、水灾害等“四水”问题的淮河表现，治淮仍面临一些突出问题和薄弱环节。初步分析看，主要有以下三个方面：

第一，防洪体系上仍有短板。淮河防洪任务重是有原因的，一是因为地处我国南北气候过渡带，气候复杂多变，水旱灾害频繁。二是因为流域地形地貌总体上很“平”，90%以上的河流平均比降小于5‰。“平”带来一个什么问题呢？上游山丘区洪水汇聚速度快，很快就挤占了干流河道，中游地势平缓，下游淮河入江入海能力不足，所以治理难度就非常大。三是因为流域经济社会发展对防洪的要求高，特别是人口聚集，需要保护1.9亿人口、2.2亿亩耕地，包括众多的城镇、村庄的防洪安全。27万平方公里聚集了1.9亿人口，单位平方公里的人口超过700人，远远高于全国平均数，带来的防洪责任和压力非常大。70年来，按照“蓄泄兼筹”治淮方针，持续大规模建设，淮河流域基本上构建了上游拦蓄洪水、中游蓄泄并重、下游扩大泄洪能力的蓄泄格局。今年发生了流域较大洪水，实践证明，淮河的防洪工程体系发挥了巨大作用。当然，我们在这场洪水中也看到了暴露出来的突出短板问题，比如淮河干流洪泽湖以下的入江入海能力不足问题，非常突出。中游河段，特别是入洪泽湖的河段，泄流不畅，大家可能关注到，入洪泽湖水位持续居高不下，淮北大堤等重要堤防仍有险工险段，建设标准不高。媒体朋友更多关注的行蓄洪区数量比较多，今年我们用了8个行蓄洪区，其中不安全居住的人口仍然较多。同时还有淮河的特点，上游水库控制面积比较小，拦蓄能力不够，这是防洪的一些短板。

第二，水资源总体短缺。从水资源总量来看，淮河流域多年平均水资源总量只有812亿立方米，不到全国的3%，与我们刚刚讲的人口规模、耕地面积、粮食产量和经济总量相比，很不均衡。特别要注意一点，淮河流域的丰枯变化剧烈，特枯年份地表水资源量只有多年平均的50%，在这种情况下，不均匀性就更加凸显。虽然70年来持续建设，流域供水保障有了坚实的基础，但是按照自身流域区域经济高质量发展、满足人民群众对日益增长的美好生活的需要，还是有不少的短板弱项，比如我们在用水效率上有短板，农业、工业、城镇生活重点领域的节水还是有潜力的。我们在资源管控上仍有短板，我们的取、用、耗、排监管还是不够、不到位的，落实水资源刚性约束作用上还是有差距的。我们的供水能力上也有短板，南水北调东线二期等骨干工程尚未实施或建成，我们的河湖、水库的调蓄能力也需要提高，供水保障格局还不完善，水资源还是总体短缺的。

第三，水生态、水环境需要改善。淮河流域是一个特殊的南北过渡地带，构成了我国南北分界独特的生态廊道，保护好淮河生态环境是非常重要的。目前，淮河流域水资源开发利用程度还是比较高的，超过了60%，部分地区水资源开发利用程度已经超过了当地水资源、水环境承载能力，这就导致水生态环境的问题，有的地方生产生活用水挤占了河湖生态用水，部分支流一些断面生态流量保障面临一些突出问题。淮河流域还有一部分地区依赖地下水，造成地下水超采问题比较突出。淮河流域河湖水质，刚才肖主任介绍了，总体呈现一种好转的趋势，但是部分支流、部分河段的水污染问题还是时有发生。坚持问题导向，持续解决淮河的现实问题，是新中国治淮的显著特征。

下一步，我们要按照习近平总书记提出的“节水优先、空间均衡、系统治理、两手发力”的治水思路，坚持问题导向，下大力气解决好存在的突出问题和薄弱环节。谢谢。

中国日报记者：

水工程调度是水利部门的重要职责。请问，今年咱们在水利工程调度方面采取了哪些措施抵御洪水？谢谢。

肖幼：

谢谢。淮河流域分为两大水系，一个是淮河水系，一个是沂沭泗河水系，今年两大水系都发生了大洪水。由于时间的关系，今天我只介绍淮河洪水的防御调度情况。

今年，淮河发生了流域性较大洪水和正阳关以上区域性大洪水，今年淮河的水雨情、汛情有四个特点：一是梅雨期长，长达51天，是常年平均的2倍。

二是梅雨量大,多达510毫米,是常年平均的1.4倍。三是降雨期特别集中,6次强降雨,全部集中在王家坝、正阳关以上淮河南岸的大别山区。四是来水快、涨势猛,特别是7月14日特大暴雨之后,很快导致淮河干流息县至浮山段500公里全线超警,王家坝到鲁台子150公里全线超保。小柳巷出现历史最高水位,鲁台子出现历史第二高水位,还有其他一些支流也出现历史最高水位。所以,今年淮河的洪水比较特殊。

面对严峻复杂的防汛抗洪形势,我们认真贯彻落实习近平总书记、李克强总理的重要指示批示精神和党中央、国务院决策部署,始终坚持把人民群众生命安全摆在第一位,充分发挥水利部门、流域管理机构具有协调上下游、左右岸关系的职能和第一时间掌握流域的水情、汛情和预测预报结果的优势,统筹协调全流域的水利工程,科学调度,联合运用,发挥集成效应。可以说,今年淮河的防汛我们打出了水利工程运用的漂亮组合拳。

具体在水利工程调度方面,我们的措施主要有:

一是超前部署,扎实做好水利工程调度的基础准备工作。我们在汛前就组织编制和修订完善了超标准洪水、水库安全、山洪地质灾害和行蓄洪区运用的预案,特别是行蓄洪区运用的预案,在汛前必须要完善。进一步细化实化重要河道和大中型水库的调度运用计划,今年我们还首次绘制了淮河洪水防御作战图,实现挂图作战。入汛以后,我们严格监控流域323座大中型水库和大型湖泊洪泽湖在汛限水位下运行,严禁擅自超汛线水位蓄水。淮河水利委员会还精心组织河南、安徽、江苏三省开展了模拟流域性大洪水调度演练,为实战洪水调度做好热身。今年的热身非常必要,因为演练完了后面就来了实战。

二是严密监视水雨情、汛情,加强预测预报预警。入汛以后,我们密切监视天气和汛情的变化,加密预报频次,强化滚动预报,及时为防汛会商和调度决策提供技术支撑。预测预报非常重要,因为水利工程调度就是依据对水雨情的预测预报做出的调度决策。

三是调度上游骨干水库拦蓄洪水。我们提前预泄出山店、鲇鱼山水库泄洪流量,腾出防洪库容20亿立方米,用于拦洪削峰。其次是科学联合调度梅山、响洪甸、佛子岭等水库适量控泄,拦蓄洪水21亿立方米,削峰率达80%,降低淮河干流洪峰水位0.15~0.6米,避免了泥河洼、老王坡蓄滞洪区的分洪运用。板桥、薄山水库几乎拦蓄了上游全部洪水,有效削减了史灌河、淠河、洪汝河洪峰流量,降低了淮河干流的水位。

四是适时调度中游的行蓄洪区蓄滞洪水。行蓄洪区的调度运用一直是淮河防汛调度的一个焦点和难点问题。我们必须明确,行蓄洪区是淮河防洪工程体系的重要组成部分，它的功能定位就是用于蓄滞洪水，而且是由洪水泛滥到有序调蓄的重要手段。中游洪水走不掉怎么办，没有行蓄洪区就任意泛滥，有了行蓄洪区，我们可以有序将超额洪水装进行蓄洪区，有序管理洪水。所以，行蓄洪区该用的时候坚决要用，因为它的功能就是行蓄洪，这也是调度计划里设定的。但是，行蓄洪区一旦启用，必然要造成区内人口的转移安置，还有财产损失等，这将引起社会的关注，这是一个焦点问题。所以，当我们在综合研判各种因素的时候，如果行蓄洪区处于可用可不用的时候，那我们就尽量不用，减少损失，减少给老百姓带来的麻烦。因为一旦蓄洪就要转移，但是该用的时候必须要用，所以行蓄洪区的运用要解决好这个焦点问题。

其次是行蓄洪区一旦决定要用，达到了分洪水位，选择什么时机开闸进洪，这是一个难点问题。我们以蒙洼行蓄洪区为例，蒙洼行蓄洪区的调度规则是，当王家坝水位涨到29.30米且继续上涨，视水情、雨情和工程情况，适时蓄洪，所以按照这个规则，并不是说王家坝水位达到了29.30米就必须要泄洪，还要考虑其他因素。王家坝闸本身的保证水位是29.30米，它的安全挡水位是29.76米，因为王家坝闸的闸顶高层就是29.76米，如果超过29.76米，水就从闸顶上漫上去了，如果漫进去就不安全了。所以今年当王家坝水位涨到29.30米，也就是7月20日00:06的时候，涨到29.30米，随后我们综合考虑未来来水及王家坝闸和蒙洼蓄洪区堤防的安全，以及行蓄洪区内王家坝区内人员转移的情况，尽可能避免在夜间行洪。综合考虑这么多因素，经过科学研判，依规依程序，最后慎重决定，于20日早上08:34开闸蓄洪，这时候王家坝的水位是29.75米，在29.76米的安全水位以内。实践证明，王家坝今年的开闸时机的选择是科学的、是适时的。

今年我们一共启用了蒙洼、姜唐湖等8处行蓄洪区，总蓄洪量20.5亿立方米，有效降低了淮河干流洪峰水位0.2~0.4米。

五是调度控制性枢纽全力排泄洪水。我们提前开始了蚌埠闸预泄，调度洪泽湖三河闸大流量的敞泄、二河闸及时排洪，有效利用分淮入沂、苏北灌溉总渠排泄洪水，尽可能控制洪泽湖水位的上涨，为加快中游洪水的下泄创造条件。

总的来说，今年依托淮河较为完善的水利工程体系和相对丰富的防汛抗洪、防灾减灾的资源手段，通过科学调度和各方面的共同努力，有序应对和战胜了今年的淮河洪水。谢谢。

经济日报记者：

习近平总书记在考察淮河时要求认真谋划好“十四五”时期淮河治理方

案,请问下一步治淮的总体思路是什么?接下来将谋划实施哪些基础性、枢纽性、流域性的项目?谢谢。

魏山忠:

谢谢。按照习近平总书记的重要指示,我们正在全面总结治淮经验,结合“十四五”规划的编制,针对今年大洪水暴露出的防汛薄弱环节,还有新时代中央提出的新时期高质量发展的要求,认真谋划“十四五”的淮河治理方案。

初步考虑,我们总体的思路是:深入贯彻习近平总书记关于治水的重要论述,按照“节水优先、空间均衡、系统治理、两手发力”的治水思路,提出“四个坚持”,就是坚持人民至上、造福人民,坚持生态保护和高质量发展,坚持“蓄泄兼筹”的治淮方针,坚持“水利工程补短板、水利行业强监管”的水利改革发展总基调。把握一个底线、一个红线,把洪水风险防控作为底线,把水资源作为刚性的约束红线,按照这样一些思路来谋划实施一批基础性、枢纽性、流域性的重大工程,以及“有温度的”民生项目,加快流域水利基础设施网络的建设,强化涉水事务的监管,全面提高水安全保障能力。

下一步,治淮重大工程建设方面,我们主要是统筹突出三个字:蓄、泄、调。因为我们国家属于季风气候,江河治理、工程建设基本都得考虑这三个字。蓄、泄就是要处理好洪水和河道泄流的关系,除通过河道排洪入海外,把多余的洪水蓄起来,蓄主要利用水库,如果再发生较大的洪水,要用行蓄洪区。泄就是尽可能泄洪入海,所以淮河讲的蓄泄兼筹。同时,水资源开发利用还要解决空间不均衡的问题,就需要“调”。

一是要增加“蓄”的能力,继续在上游加强水土保持,修建水库,提高拦蓄能力,利用现有水库扩容挖潜,还要实施临淮岗水资源综合利用工程,提高水资源综合利用的水平,还要进一步调整中游的行蓄洪区,充分发挥蓄的能力。下一步,还要研究完善相关的政策体系,解决好行蓄洪水和当地群众发展需求之间的矛盾问题,更多从政策上给予解决,比如我们可以通过运用之后的及时补偿,还有洪水保险等政策,进一步提高群众的保障能力。

二是要扩大“泄”的能力,加快河道综合整治,重点实施入海水道二期工程,提高泄洪能力,扩大淮河入江入海的出路。还要进一步提高淮北大堤等重要堤防工程建设标准,提高高水位运行时的安全保障能力。

三是提升“调”的能力,要加快南水北调东线二期工程、引江济淮等重大工程建设,东线二期工程正在加快前期工作,引江济淮正在加快建设,完善国家和流域的水资源配置骨干网络。还要实施一批水系联通、供水网络化工程,提高城乡供水的保障水平。当然,我们还要落实淮河生态经济带战略,启动实施一批水生态保护和治理的重大项目。

这就是我们目前在谋划“十四五”淮河治理中初步的思路和对重大工程的考虑。谢谢。

寿小丽：

最后一个问题。

新华日报记者：

今年是脱贫攻坚工作的收官之年，又遇到疫情和淮河洪水的双重考验。在这样严峻的形势下，水利部是如何推进治淮工程建设，促进流域经济社会发展的？谢谢。

汪安南：

谢谢你的提问。今年确实是一个特殊的年份，疫情、洪水接踵而至。在党中央的坚强领导下，经过有关部门和地方政府的共同努力，在做好疫情防控的同时，取得了防汛工作的全面胜利。在疫情、洪水的双重考验和严峻形势下，水利部认真贯彻落实习近平总书记的重要指示批示，按照政府工作报告和扎实做好“六稳”工作、落实“六保”任务的部署要求，采取针对性措施，加快灾后恢复和治淮建设，重点做好三方面的工作。

第一，做好灾后重建工作。及时组织各省核实灾情，依据国家法规，做好行蓄洪区的运用补偿，使受灾群众加快生产自救，恢复生产。同时，及时制订灾后重建实施方案，全力以赴开展水毁修复工作，保障灾区供水安全和防洪安全。据初步统计，今年淮河流域的河南、安徽、江苏、山东四省有1.8万多处水利设施受损，直接经济损失超过46亿元，各省已投入水毁修复资金21亿元，正在加快水毁水利设施的修复，确保明年汛前全面完成。

第二，紧盯脱贫攻坚目标。淮河流域因水致贫问题相对比较突出，脱贫攻坚的水利任务十分艰巨。今年我们虽然有疫情、有洪水，但脱贫攻坚的水利工程建设丝毫没有放松。一是在今年6月底前，流域内的180万贫困人口的饮水安全问题全部解决，“十三五”期间累计提升了5000多万农村人口的供水保障水平，为流域脱贫攻坚和小康社会建设做出了贡献。二是有序实施行蓄洪区和滩区的居民迁建，逐步将不安全居住人口外迁，远离洪水威胁，防止因灾返贫等问题发生。以安徽为例，今年共安排实施10.7万人搬迁任务。三是继续实施行蓄洪区庄台和安全区建设，在保障群众居住安全的同时，改善生活环境和生产条件。今年运用的蒙洼等行蓄洪区，庄台和安全区内的受灾群众基本生活不受影响。

第三，推进重大工程建设。今年新冠疫情对治淮工程建设带来一定影响，水利部贯彻落实中央关于疫情防控的部署要求，指导各地以问题为导向，分区分级精准施策，采取视频会商、部门联动等措施，创新工作方式方法，加快治淮工程建设。一是紧抓复工复产，在做好疫情防控工作的前提下，3 月初治淮工程全部复工。二是紧抓前期工作，认真落实习近平总书记的重要指示，结合“十四五”规划编制，谋划实施一批基础性、枢纽性、流域性的治淮项目。今年新批复立项重大水利工程 6 项，汛后新开工重大工程 3 项。三是紧抓建设进度，在确保质量和安全的前提下，加快治淮工程建设进度。汛前基本建成河南出山店、前坪和山东庄里等 3 座大型水库，并在今年的防汛中发挥了重要的拦洪削峰作用，引江济淮等重大工程全面加快实施。目前国务院确定的进一步治淮 38 项工程，已累计开工 32 项，其中 10 项已全面完成。今年的前 9 个月，共落实治淮投资 770 亿元，超过了去年同期，实属不易。

当前，水利工程建设已进入黄金施工季节。下一步，要在做好常态化疫情防控的基础上，加快治淮工程建设，在建项目在保证质量、安全的前提下进一步提速，拟开工项目要加快前期工作和开工准备，争取早开工、多开工，促进流域经济社会发展。谢谢。

寿小丽：

谢谢各位发布人，谢谢各位记者朋友们，今天的发布会到此结束。

# 下好先手棋，开创发展新局面

## ——记习近平总书记在安徽考察

记者　杜尚泽　朱思雄　张晓松

八月的江淮大地，骄阳似火。

8月18日至21日，习近平总书记深入安徽考察调研，并在合肥主持召开扎实推进长三角一体化发展座谈会。

此次考察，两大重点：一是防汛救灾和治河治江治湖，二是长三角一体化发展。

入汛以来，长江、淮河、巢湖等一度处于超警戒水位。安徽南北三线作战，防汛救灾任务艰巨。如何加强防汛救灾和灾后恢复重建，加强淮河和巢湖治理，加强长江生态环境保护修复，习近平十分关心，尤其惦念灾区群众，“这是我最牵挂的事情之一”。

长三角一体化发展上升为重大国家战略以来，取得了哪些进展，面对新形势新任务，如何育新机、开新局，习近平总书记实地调研、掌握最新情况。“长江经济带的上游、中游地区我都看过了，并开了座谈会，这次要到下游看看，也开个座谈会。”

国内外形势纷繁复杂，安徽之行，重在回答两大课题：

为了谁、依靠谁？“人民”二字重如千钧。习近平总书记强调：“任何时候我们都要不忘初心、牢记使命，都不能忘了人民这个根，永远做忠诚的人民服务员。”

面对全球市场萎缩的外部环境，面对新一轮科技革命和产业变革加速演变，习近平总书记强调：“最重要的是必须集中力量办好自己的事，任凭风浪起，稳坐钓鱼台。”

### 一、治水之患，兴水之利

2020年注定不平凡。疫情汛情叠加，一场又一场的大考。在全国防汛救灾形势最吃紧的时候，习近平总书记多次研究部署，做出重要指示批示。

安徽是汛情最严重的省份之一。境内长江、淮河干流全线超警戒水位，巢湖遭遇百年未遇高水位。王家坝闸时隔13年再次开闸蓄洪,巢湖主要圩口也实行了开闸分洪。入秋后,持续浸泡的湖堤坝圩险情隐患增多,防汛形势依然严峻。

这次到安徽,总书记就是要实地察看灾区情况,看看灾区群众生产生活恢复得怎么样。淮河之滨、长江岸线、巢湖堤坝……炎炎烈日下,他辗转奔波。

第一站,王家坝闸,被誉为千里淮河“第一闸”和淮河防汛的“晴雨表”。王家坝闸之下,是180平方公里的蒙洼蓄洪区。如今,洪水退去,河水波澜不惊,同7月20日的惊心动魄形成鲜明比照。

当地负责同志向总书记汇报了开闸蓄洪情况。

大雨滂沱,河水汹涌。王家坝闸从警戒水位到保证水位只用了51小时。7月19日傍晚,他们接到开闸蓄洪和撤离群众指令。风雨中,群众赶牛羊、扛家当,扶老携幼……从指令下达到蒙洼蓄洪区2000多位非安全区群众全部转移安置,只用了7小时。

在王家坝防汛抗洪展厅,习近平总书记仔细端详防汛图。60多年来,王家坝闸曾16次开闸泄洪。从2007年以来,这里一直安澜无事,如今要一夜间撤离!蒙洼人发扬王家坝精神,识大体、顾大局,舍小家、顾大家,主动配合、紧急转移,为防汛救灾做出重大贡献。

“虽然不少群众受了灾,但总的看,一批重大水利设施发挥了关键作用,防洪体系越来越完善,防汛抗洪、防灾减灾能力不断提高,手段和资源也越来越丰富,在科学调度下,不再手忙脚乱。”习近平总书记要求,“要把70年来治理淮河的经验总结好,认真谋划‘十四五’时期的治淮方案。”

洪水浸泡过的田野还没有排干,蒙洼已经开始复苏,尚未从防汛中喘口气的乡亲们已经忙碌了起来。

附近的红亮箱包有限公司,是在当地政府支持下办的一家扶贫车间。在家门口就业,员工张丽每月能赚2000多元,还能照顾家。洪水来时,她很担忧会不会淹了“饭碗”。在党委和政府帮助下,扶贫车间很快复工了。

总书记十分关心因灾致贫返贫问题,详细询问扶贫政策、防汛补助落实情况,要求各级党委和政府加大扶持力度,帮助企业渡过难关,保障受灾群众、贫困群众就业。

离开扶贫车间,他赶往蒙洼蓄洪区曹集镇利民村西田坡庄台。看到乡亲们在田里劳作,总书记下了车。

池塘里,几位村民在采摘芡实;退水地块上,乡亲们正在补种包菜。看到总书记来了,乡亲们兴奋地围了上来。

“我这次是专程来看望灾区乡亲们,看看灾后恢复重建情况……”总书记话音未落,大家就抢着汇报:“请总书记放心！头伏萝卜二伏菜,三伏饽饽种荞麦,水退到哪里,我们就跟到哪里,种子就种到哪里,尽量把损失抢回来。”

习近平倾听着,汗水顺着脸颊滴落到脚下的泥土里。“看到乡亲们生产生活都有着落、有希望,我的心就踏实。”

“实施乡村振兴,必须以确保行蓄洪功能作为前提。要因地制宜安排生产生活,扬长避短。同时引导和鼓励乡亲们逐步搬出去,减存量、控增量,不搞大折腾,确保蓄洪区人口不再增多。”

蓄洪时,西田坡庄台被洪水围困了20多天。

总书记关切地问:“闹这么大的洪水,乡亲们的生活怎么样?”

“过去发洪水时,庄台东头舀水喝,西头涮马桶。”“原来的变压器都在庄台下面,洪水一来就断电。”乡亲们你一言我一语,“如今电不断,水照供,船来船往吃穿不愁……”

听说总书记来了,乡亲们都围拢了过来。总书记动情地对大家说:“愚公移山、大禹治水,中华民族同自然灾害斗了几千年,积累了宝贵经验,我们还要继续斗下去。这个斗不是跟老天爷作对,而是要尊重自然、顺应自然规律,积极应对自然灾害,与自然和谐相处。”

“全面建设社会主义现代化,抗御自然灾害能力也要现代化。制定‘十四五’规划,要考虑这方面工作,坚持问题导向,总结问题和短板,不断改善我们的工作。”

总书记来到马鞍山市,察看长江水情水势,了解岸线整治和渔民退捕工作落实情况。

薛家洼生态园地处长江岸边,曾面临十分突出的生态环境问题,经过综合整治,已成为百姓亲江亲水亲绿的生态岸线和城市生态客厅。总书记看了十分高兴。

“实施长江经济带发展战略,一开始我就强调要坚持共抓大保护、不搞大开发,先给大家泼泼冷水,这恰恰体现了有所为有所不为的哲学思想。经济发展要设定前提,首先要保护好生态环境。高质量发展的基础,就是生态环境。生态环境保护不好,最终将葬送经济发展前景。”

“长江生态环境保护修复,一个是治污,一个是治岸,一个是治渔。长江禁渔是件大事,关系30多万渔民的生计,代价不小,但比起全流域的生态保护还是值得的。长江水生生物多样性不能在我们这一代手里搞没了。”

总书记特别强调:“长江禁渔也不是把渔民甩上岸就不管了,要把相关工作做细做实，多开发就业渠道和公益性岗位，让渔民们稳得住、能致富。”

在扎实推进长三角一体化发展座谈会上，习近平总书记语重心长地对三省一市的负责人说：“长三角地区是长江经济带的龙头，不仅要在经济发展上走在前列，也要在生态保护和建设上带好头。”

巢湖，是安徽防汛救灾的又一个主战场。由于连续超警戒水位，合肥面临巨大危险。合肥市主动启用巢湖周边的生态湿地蓄洪区，上拦、下排、边分、固堤，有效缓解了合肥市的防汛压力。

在合肥市肥东县十八联圩生态湿地蓄洪区巢湖大堤罗家疃段，习近平总书记详细了解巢湖防汛救灾和固坝巡堤查险工作。他强调，要坚持生态湿地蓄洪区的定位和规划，防止被侵占蚕食，保护好生态湿地的行蓄洪功能和生态保护功能。“巢湖是安徽人民的宝贝，是合肥最美丽动人的地方。一定要把巢湖治理好，把生态湿地保护好，让巢湖成为合肥最好的名片。”

大堤上战旗猎猎，防洪沙袋一眼望不到头，防汛救灾一线人员和依然坚守在一线的部队官兵整齐列队。他们身后，八百里巢湖蔚为壮观。

三位牺牲同志的家属，站在队伍最前面。陈陆、甘磊、帖克艳，就在这个夏天，他们在防汛救灾中谱写了悲壮的英雄之歌。

习近平总书记神色凝重，走上前向三位牺牲同志的家属一一问候。

他深情地说：“你们的亲人也是我们的亲人，是祖国和人民的亲人，他们是我们心目中的英雄。每当危难时刻总有英雄挺身而出，这是中华民族伟大精神的体现。你们要把工作生活安排好，保重身体，以最好的方式来告慰他们。”

习近平总书记对大家表示亲切慰问，并向全国奋战在防汛救灾一线的同志们致以诚挚的问候。他关切地说：“汛情还在继续，党和政府一定要关心关爱奋战在第一线的同志们，特别是他们的饮食、休息，有的同志身上起了燎泡，有的脚上发炎化脓了，要关心他们的安全和健康。”

## 二、下好先手棋，开创发展新格局

4%的国土面积，不到10%的人口，创造了近四分之一的经济总量。在全国经济版图中，长三角地区是经济最活跃、开放程度最高、创新能力最强的区域之一。

20 日下午，习近平总书记主持召开了扎实推进长三角一体化发展座谈会。

面对长三角地区负责同志，总书记开宗明义：“在当前的国内国际形势下，要深刻认识长三角区域在国家经济社会发展中的地位和作用，结合长三角一体化发展面临的新形势新要求，紧扣一体化和高质量两个关键词，坚持目标导向、问题导向相统一，真抓实干、埋头苦干，推动长三角一体化发展不断取得成效。”

“一体化”在历史的厚重积淀中谋势酝酿，在新时代的创新发展中投子布局。曾在长三角地区工作过的习近平总书记回忆：“我也曾深入思考和积极推动长三角发展的问题。”

那时候，沪苏浙一体化大势渐明，首次长三角发展座谈会就由习近平任职的浙江省担任“东道主”。邻省的安徽也举目瞻望。安徽省负责同志风趣地说：“那时候我们是旁听生。在总书记批准和推动下，我们变成了插班生，现在成为正式生。”

笑声里，习近平总书记娓娓道来：“当时主要考虑是拉兄弟一把。从安徽来讲，加进来后，就犹如种地，改良了土壤和墒情，加上优质的种子，庄稼就长旺盛了。”

从区域实践到国家擘画，长三角一体化发展势如破竹。2018 年在首届中国国际进口博览会上，习近平总书记宣布将长三角一体化发展上升为国家战略。一年后，《长江三角洲区域一体化发展规划纲要》出炉。

一年一个大手笔，一年一个大台阶。这次座谈会开启了长三角一体化发展的又一个“加速度”。习近平总书记强调，谋划长三角一体化发展要站在两个大局的高度上看，一个是中华民族伟大复兴的战略全局，一个是世界百年未有之大变局。党中央对长三角一体化发展的战略定位是“一极三区一高地”：“全国发展强劲活跃增长极、高质量发展样板区、率先基本实现现代化引领区、区域一体化发展示范区、改革开放新高地。”

“在当前全球市场萎缩的外部环境下，我们必须集中力量办好自己的事，发挥国内超大规模市场优势，加快形成以国内大循环为主体、国内国际双循环相互促进的新发展格局，这是深入分析国内国际形势做出的重大判断，也是一个长期的战略部署。”习近平总书记高瞻远瞩。

二季度，长三角交出了一份不错的成绩单。三省一市地区生产总值由一季度的下降 5.7%转为增长 0.2%，经济总量占全国比重由上年底的 23.9%提高到 24.2%，在扎实做好“六稳”工作、全面落实“六保”任务上走在全国前列。长三角一体化发展新格局正在形成。

在上海市委负责人发言时，习近平总书记询问：“现在进博会筹备进度怎么样？”

"企业展位比上一届还多了6万平方米,疫情有影响,但谁都不愿意放弃中国这个大市场。"

江苏、浙江、安徽的负责人也汇报了进出口贸易和外来投资继续增长的情况,他们讲述了共同的感受:国外看好长三角、看好中国经济发展的预期没有改变。

一体化和高质量,长三角一体化发展的两个关键词。

一体化旨在打破行政壁垒,提高政策协同,让要素在更大范围畅通流动,有利于发挥各地区比较优势,实现更合理分工,凝聚更强大的合力。

"断头路",过去的一个老大难问题。挨着的两个县,分属两个省,各自规划不同,难以一体建设,通车前绕路走得花40分钟,通车后为5分钟。一体化潜力巨大。

高质量发展,长三角地区最有条件、最有能力率先实现,在全国发挥示范作用。这也是国家交付给长三角的一份沉甸甸的责任。

高质量发展,关键在创新驱动。

"新中国成立后很长时期内,上海产品和技术在很大程度上支撑了全国经济建设。今天,上海和长三角区域不仅要提供优质产品,更要提供高水平科技供给,支撑全国高质量发展。"总书记对上海和长三角地区寄予厚望。

一位省市负责同志讲述了当地中小微企业的"意外收获":"过去没有机会和国际化大企业合作的省内小企业,现在纷纷接到国内的'橄榄枝',反而多了发展契机。"

习近平总书记感触颇深:"创新驱动发展,我们有主力军、集团军,有时候也要靠中小微企业的'一招鲜',要支持中小微企业创新发展。"

前一天,他调研了安徽创新馆。新技术、新材料、新产品、新产业荟萃。刚刚融入长三角的安徽,这些年来创新成绩突出。"安徽要实现弯道超车、跨越发展,在'十四五'时期全国省(区、市)排位中继续往前赶,关键靠创新。要继续夯实创新的基础,锲而不舍、久久为功。"

马鞍山市是安徽融入长三角一体化发展的前沿阵地,因钢而设、因钢而兴。马钢是这座城市的亮丽名片。

60多年来,马钢创造了我国钢铁行业的许多"第一",具有光荣的历史,但新时代马钢发展也面临许多新挑战。2019年末,马钢和宝武集团实施战略重组,更名为中国宝武马钢集团,一跃成为世界级钢铁企业。

优质合金棒材车间里,铁花飞溅,一片忙碌。习近平总书记从马钢看到了中国经济发展的强大韧性和区域合作的巨大潜力:

“希望你们在深化国有企业改革中，特别是在长三角一体化发展中，能够把握机遇、顺势而上，和长三角有机衔接，进一步发展壮大。机遇就在你们手里。”

总书记叮嘱安徽的负责同志，要深化体制机制改革，加强城市基础设施、生态环境和营商环境建设，畅通与长三角中心城市连接的交通网络，提高生产生活便利化、舒适化程度，更好地吸引和承接长三角地区资金、技术、产业、人才等的转移。

座谈会持续了3个多小时。大家谈成绩、说问题、谋共识、献良策，意犹未尽。总书记的重要讲话，更是给长三角发展指明了方向。

“长三角一体化发展不是一日之功，我们既要有历史耐心，又要有只争朝夕的紧迫感，既谋划长远，又干在当下。三省一市和有关部门要按照党中央决策部署，勇于担当，主动作为，大胆突破。要从实际出发，制订‘十四五’时期长三角一体化发展规划实施方案，不断取得更加丰硕的成果。”

## 三、永远做忠诚的人民服务员

在近百年波澜壮阔的奋斗历程中，我们党之所以能够由小变大、由弱变强，根本原因是始终坚持和践行为中国人民谋幸福、为中华民族谋复兴的初心和使命，始终保持同人民群众的血肉联系。

考察期间，习近平总书记不论走到哪个地方，讲得最多的是老百姓的事。在王家坝闸和蒙洼蓄洪区，他最关心的是受灾群众生产生活恢复和困难群众就业情况；在马鞍山薛家洼生态园，他谆谆叮嘱要保障退捕渔民上岸后能够稳得住、能致富。

他走进巢湖之滨的渡江战役纪念馆，更是有着特殊的寓意。

71年前，解放战争最后一场大战役即将在长江边展开。为阻止人民解放军渡江，国民党军队把沿岸的船只强行拉往江南，来不及拉走的就地破坏或沉入江底、湖底。在人民群众支持下，仅半个月时间，人民解放军就征集到1万余只船、2万多名船工，人民解放军一举突破国民党反动派苦心经营的长江防线。

习近平总书记十分感慨：“淮海战役的胜利是靠老百姓用小车推出来的，渡江战役的胜利是靠老百姓用小船划出来的。任何时候我们都要不忘初心、牢记使命，都不能忘了人民这个根，永远做忠诚的人民服务员。”

在听取安徽省委和省政府工作汇报时，总书记再次强调人民的力量。“鄂豫皖苏区能够28年红旗不倒，新四军能够在江淮大地同敌人奋战到底，刘邓大军千里跃进大别山能够站住脚、扎下根，淮海战役能够势如破竹，百万雄师过大江能够气吞万里如虎，根本原因是我们党同人民一条心、军民团结如一人。”

“抗击新冠肺炎疫情、防汛救灾斗争再次表明，只要我们党始终为人民执政、依靠人民执政，就能无往而不胜。”

（原载于2020年8月24日人民日报客户端）

# 鉴往知来——跟着总书记学历史|淮河治理继往开来

记者　王立彬

2020年是人民治淮事业70周年。

习近平总书记18日赴安徽考察调研。当天下午,他先后来到阜阳市阜南县王家坝闸、红亮箱包有限公司、蒙洼蓄洪区曹集镇利民村西田坡庄台,察看淮河水情,走进田间地头,了解当地防汛救灾和灾后恢复生产等情况,看望慰问受灾群众。

从新中国成立后的“约束洪水”“控制洪水”,到改革开放后“管理洪水”,再到新时代谋求“人水和谐”……中国人民70年致力淮河安澜,在战胜灾难、再造山河的过程中,锻造出淮河儿女激流勇进、历经磨难而自强不息的精神。

## “一定要把淮河修好”

淮河与黄河、长江、济水,在古代并称“四渎”。这是一条美丽的河流,甲骨文中“淮”字意为飞鸟掠过河流。《说文解字》中,“淮”字从意而形,释为“从水隹声”。“隹”本指“鸟儿”。

淮河与秦岭构成中国地理南北分界线,这里地处南北气候过渡带,沃野千里,是传统农业生产基地,历史上经济富庶、文化灿烂,是中华文明的重要发祥地。由于地处中原腹地、南北要冲,自古为兵家必争之地,特别是宋代黄河夺淮入海后,“走千走万,不如淮河两岸”的鱼米之乡,水灾频发,演变为历史上多灾多难的区域之一。

据淮河水利委员会介绍,明清至新中国成立初期的450年间,这里每百年平均发生水灾94次。“两头高,中间低”的流域地形,使淮河成为中国最难治理的河流之一,一度被老百姓称为“坏河”。凤阳花鼓里“十年倒有九年荒”唱词,从侧面记载了“大雨大灾、小雨小灾、无雨旱灾”的淮河写照。

新中国成立后着手根治淮河水患。1950年10月14日,在百废待举、百业待兴的情况下,中央人民政府就做出《关于治理淮河的决定》,淮河治理翻开历史新页,淮河成为新中国第一条全面系统治理的大河。

1951 年 5 月,毛泽东同志发出“一定要把淮河修好”的号召。以“蓄泄兼筹”为方针,淮河儿女团结拼搏、艰苦奋斗,持续开展大规模治淮建设,取得举世瞩目的辉煌成就。新中国第一任水利部部长傅作义将军感叹:“历史上没有一个政府,曾经把一个政令、一个运动、一个治水的工作,深入普及到这样家喻户晓的程度!”

70 年来,党中央、国务院多次召开治淮会议,对淮河治理做出一系列决策部署,淮河百姓安居乐业的美好夙愿,正在变成现实。

## 这就是“王家坝精神”

鼓钟将将,淮水汤汤,讲述着淮河人民的无私奉献精神。特别是“千里淮河第一闸”王家坝一闸千钧,多次分洪保障淮河中下游安全,锻造了感人肺腑的王家坝精神。

王家坝闸位于淮河上游和中游交接点,是蒙洼蓄洪区进洪闸。这是淮河干流中游第一座蓄滞洪区,设计蓄洪量 7.5 亿立方米。

从 1954 年至 2020 年,王家坝闸累计 13 个年份 16 次开闸蓄洪,为削减淮河洪峰,确保两淮能源基地、京九和京沪交通大动脉安全立下了汗马功劳。

今年 7 月以来,淮河流域经历了一次严峻的汛情考验。遭遇史上最长的 60 天梅雨期,安徽降水总量为有完整气象记录以来同期最多、范围最广。“舍小家,保大家”,时隔 13 年后,王家坝闸再次开闸放水,阜阳市同一天启用沿淮蒙洼等四个行蓄洪区。蓄洪区一片泽国,庄台上的百姓又一次为大局无怨奉献。

改革开放以来,1991 年、2003 年、2007 年以及今年淮河发生较大洪涝灾害,其间干旱缺水、水污染同样威胁着流域经济社会发展。淮河治理从防洪防涝向解决“水多、水少、水脏”问题一体化推进。1977 年至 1991 年,实施淮河干流上中游河道整治及堤防加固、黑茨河治理、新沂河治理等工程,开展流域水污染防治。1991 年至 2010 年,实施治淮 19 项骨干工程,开展淮干行蓄洪区和滩区居民迁建、农村饮水安全、大中型病险水库除险加固等一大批民生水利工程建设。

2003 年淮河大水后,治淮骨干工程建设步伐明显加快,淮河干流上中游河道整治及堤防加固、临淮岗洪水控制工程、入海水道近期工程等骨干工程全面建成。

# 新时代治淮开启绿色新征程

滔滔淮水,让淮河儿女爱恨交织。人们在寻找人水和谐之路。进入新时代,治水矛盾发生深刻变化、治水思路调整转变,对弘扬治淮精神提出更高要求。

习近平总书记强调,人与水的关系很重要。世界几大文明都发源于大江大河。人离不开水,但水患又是人类的心腹大患。人类在与自然共处、共生和斗争的进程中不断进步。和谐是共处平衡的表现,但达成和谐需要有很多斗争。中华民族正是在同自然灾害做斗争中发展起来的伟大民族。

生态优先,构建高质量发展的绿水青山。立足山水林田湖草是一个生命共同体,新时代治淮开启绿色新征程。

2018年10月6日,淮河治理打开新篇章——《淮河生态经济带发展规划》获国务院批复,上升为国家战略。按规划时间表,2020年淮河流域与全国同步建成小康社会;2025年淮河水道基本建成,现代化经济体系初步形成。

2020年6月,引江济淮安徽亳州供水段试机成功,标志着工程局部开始发挥效益。这是继三峡、南水北调之后又一大水利工程。预计2022年底前主体工程基本建成后,沟通长江、淮河两大水系,跨流域配置水资源,我国南北调配、东西互济的水网格局将进一步完善。

水是生命之源,协调生产、生活、生态用水是绿色发展的必然要求。为保护白头鹤等珍稀濒危鸟类,引江济淮工程多投入数亿元,使航道远离鸟类越冬湿地,还增设多个“鱼道”等,保障长江、菜子湖、巢湖等水系之间鱼类洄游畅通。

“收了淮河弯,富甲半边天”。这是淮河儿女自豪的传唱,这是对淮河安澜的由衷向往。见证兴衰与荣辱,流动着梦想和追求,千里扬波的淮河正涌入“新航道”,奔腾不息、泽被万代。

(2020年8月19日新华社发布)

# 中国在持续治淮70年中收获全方位“治水成果”

记者　马姝瑞　汪海月

金秋，在安徽阜南县的淮河蒙洼蓄洪区，86岁的刘克义望着洪水退去后重新播种的农田，布满皱纹的脸上露出了笑容。

经历了16次蓄洪的老人如今面对洪水来去已没有了往日的“提心吊胆”。

全长约1000公里的淮河被称为中国“最难治理”的河流，也是新中国第一条全面系统治理的大河。

自1950年10月14日中央人民政府做出《关于治理淮河的决定》开始，中国的治淮之路已持续走过了70年。

刘克义至今对1950年的那场洪水难以忘怀。

“堤坝溃决，汹涌的洪水淹没了村庄和农田，很多人无家可归。”他回忆说。据史料记载，1950年的洪水导致489人死亡，约89万间房屋倒塌。

今年，淮河再次发生流域性较大洪水，8个行蓄洪区启用，转移疏散5000余人，无一人伤亡。

“在防洪除涝减灾方面，大型水利工程设施，以及精准迅速的调度指挥体系，都发挥了重要作用。”水利部淮河水利委员会水旱灾害防御处处长刘国平说。

70年间，中国治淮总投入9000多亿元，建成各类水库6300余座，堤防6.3万公里，各类水闸2.2万座，行蓄洪区27处，直接经济效益4.7万亿元。

通过上游兴建水库拦蓄洪水，中游利用湖泊洼地滞蓄洪水，同时整治河道承泄洪水，下游扩大入江入海能力下泄洪水等系统治理，淮河已经形成以水库、河道堤防、行蓄洪区、分洪河道、防汛调度指挥系统等组成的防洪除涝减灾体系，在充分运用行蓄洪区的情况下，可防御新中国成立以来发生的流域性最大洪水。

非工程体系的成效同样显著。已经建成的淮河防汛通信系统、水文自动测报和实时雨水情信息传输系统、防洪工程远程监控系统等，基本实现了淮河流域气象、雨情、水情等实时信息的传输和共享,提高了防汛指挥的科学性。

"自动测报系统每六分钟收集并传输一次主要控制站水位数据。"淮河水利委员会水文局副局长徐时进说,"科技的应用提高了预报精度,为科学调度水利工程提供主要依据。"

在漫长的治淮中,中国人的治水理念和目标也日臻完善。

"无论何时,治理淮河必然是把人放在第一位,把人民的感受放在第一位。"淮河水利委员会副主任顾洪说。

在他看来,从治理水患、防灾减灾,到全方位的水环境治理、水生态保护和补偿,以及水资源利用等,治理淮河的目标正随着经济社会的发展变得更加全面。

下午3时,59岁的管凤祥走过栽满石榴、松柏、樟树、柳树的步道,来到位于安徽怀远县的荆山峡淮河岸边,热身、下水。

这个被称为"淮河小三峡"之一的著名河段,相传大禹在此"劈山导淮",经过多年治理,已经变成游泳爱好者们最喜爱的水域之一。

"这个季节水温20多度,是最适宜的时候。"管凤祥说,每天下午,他所在的怀远县铁人三项运动协会都有数十名会员来此游泳、训练。

20世纪八九十年代,从小就在淮河岸边戏水的管凤祥有很多年"望水兴叹"。那时,淮河正面临最严峻的治污形势,水质不断下降,水生态环境遭到严重破坏。

"现在好了,水清、岸美,又像回到了小时候的水中乐园!"管凤祥一脸笑容地说。

54岁的杨刚1987年毕业于武汉大学微生物系,一直从事淮河水质监测工作,现任生态环境部淮河流域生态环境监督管理局生态环境监测与科学研究中心副主任,这些年淮河水的变化,他在显微镜下看得最清楚。

"近三年变化最明显,一个样品里会出现几十种生物需要做种类和数量鉴定,说明生物多样性非常丰富,水生态系统迅速恢复。"杨刚说,就连曾经一度绝迹的银鱼等"土著鱼种"也重新出现。

经过持续的水污染综合防治,淮河扭转了20世纪八九十年代水污染恶化的趋势,河湖水质不断好转,水环境保障能力逐步提升。坚持山水林田湖草系统治理,流域水生态逐步恢复并持续向好。目前已经建立各级湿地型自然保护区32个,国家级水利风景区104处。

未来,淮河还将按照"三水统筹,系统治理"的原则,坚持山水林田湖草是一个"生命共同体"的科学理念,统筹水资源、水生态、水环境,系统推进污染治理,河湖生态流量保障,生态系统保护修复等任务。

“简单说,就是实现有河有水、有草有鱼、人水和谐,这是我们给淮河生态保护工作定下的最通俗易懂的目标。”淮河流域生态环境监督管理局监督管理处处长万野说。

(2020 年 10 月 19 日新华社发布)

# 七十年治理，淮河发生这些变化

记者　陈　晨

淮河是新中国第一条全面系统治理的大河。自1950年10月14日中央做出治理淮河的决定至今，70年过去，淮河发生了哪些变化？下一步治淮的总体思路是什么？10月20日，在国新办举行的治理淮河70年有关情况新闻发布会上，水利部副部长魏山忠、水利部总规划师汪安南、水利部淮河水利委员会主任肖幼对相关问题进行了解答。

## 淮河四大能力显著提升

今年淮河发生流域性较大洪水，但流域无一人因洪水伤亡，主要堤防未出现重大险情。谈及70年治淮的主要成效，魏山忠首先提到的便是淮河洪涝灾害防御能力显著增强——70年来，佛子岭水库、蒙洼蓄洪区、临淮岗洪水控制工程、淮河入海水道近期工程等工程相继建成，淮河流域基本建成由水库、河道堤防、行蓄洪区、控制性枢纽、防汛调度指挥系统等组成的防洪除涝减灾体系，防洪除涝标准显著提高，在行蓄洪区充分运用的情况下，可防御新中国成立以来发生的流域性最大洪水。淮河防御洪水已由人海防守战术，逐步转变为科学调度水利工程的从容局面。

水资源保障能力大幅提高，有效支撑流域经济社会可持续发展——历经70年建设，淮河流域建成6300余座水库、约40万座塘坝、约8.2万处引提水工程、规模以上机电井约144万眼。南水北调东中线一期、引江济淮、苏北引江等工程，与流域内河湖闸坝一起，逐步形成“四纵一横多点”的水资源开发利用和配置体系。淮河流域以不足全国3%的水资源总量，承载了全国约13.6%的人口和11%的耕地，贡献了全国9%的GDP，生产了全国1/6的粮食。

水环境保障能力明显提高，流域性水污染恶化趋势成历史——通过调整产业结构、加快污染源治理、实施污水集中处理、强化水功能区管理、限制污染物排放总量、开展水污染联防和水资源保护等一系列措施，入河排污量明显下降，河湖水质显著改善，淮河干流水质常年维持在Ⅲ类。

水生态保障能力持续提升，流域生态环境进入良性发展轨道——积极开展水土保持、重要河湖保护修复、地下水保护和河湖生态流量(水位)保障等工作。截至2018年年底，淮河流域累计治理山丘区水土流失面积5.3万平方公里。多次成功实施生态调水，有效保障了南四湖等缺水地区生态环境安全。

“70年治淮总投入9241亿元，产生直接经济效益47609亿元，投入产出比为1∶5.2，效益显著。淮河的系统治理、开发与保护，为流域经济社会发展、人民生命财产安全和生活水平提高提供了重要保障。”魏山忠表示。

## 仍面临水资源短缺等短板

治淮70年，淮河取得举世瞩目成就的同时，也面临一些薄弱环节。“防洪体系上仍有短板。”汪安南分析指出，今年面对流域性较大洪水，淮河的防洪工程体系发挥了巨大作用。“但洪水中也暴露出短板问题，如淮河干流洪泽湖以下的入江入海能力不足问题非常突出；淮北大堤等重要堤防仍有险工险段，建设标准不高；行蓄洪区不安全居住的人口仍然较多；上游水库控制面积较小，拦蓄能力不够等。”汪安南说。

水资源总体短缺也是淮河流域面临的突出问题，从水资源总量来看，淮河流域多年平均水资源总量只有812亿立方米，不到全国的3%，与其承载的人口规模、耕地面积、粮食产量和经济总量相比很不均衡。尽管70年持续建设使得淮河流域供水保障有了坚实基础，但在用水效率、资源管控、供水能力、调蓄能力等方面还存在短板。

肖幼介绍，新中国成立以来，淮河流域的水资源保护工作经历了水质保护、水功能区保护和河湖生态保护的发展历程，流域性水污染恶化趋势成为历史。“尽管总体呈现好转趋势，但部分支流、部分河段的水污染问题时有发生，水生态、水环境需要继续改善。”汪安南表示。

## 治淮重大工程建设将突出“蓄、泄、调”

“十四五”期间，如何补上淮河流域存在的短板？魏山忠表示，将把洪水风险防控作为底线，把水资源作为刚性约束红线，谋划实施一批基础性、枢纽性、流域性的重大工程及“有温度的”民生项目，加快流域水利基础设施网络建设，强化涉水事务监管。

“下一步，治淮重大工程建设方面要统筹突出‘蓄、泄、调’。”魏山忠透露。

具体而言，要增加“蓄”的能力——继续在上游加强水土保持，修建水库，提高拦蓄能力，利用现有水库扩容挖潜，实施临淮岗水资源综合利用工程，提高水资源综合利用水平，进一步调整中游行蓄洪区，研究完善相关政策，解决好行蓄洪水和当地群众发展需求间的矛盾。

扩大“泄”的能力——加快河道综合整治，重点实施入海水道二期工程，提高泄洪能力，扩大淮河入江入海的出路；进一步提高淮北大堤等重要堤防工程建设标准，提高高水位运行时的安全保障能力。

提升“调”的能力——加快南水北调东线二期工程、引江济淮等重大工程建设，完善国家和流域的水资源配置骨干网络；实施一批水系联通、供水网络化工程，提高城乡供水的保障水平；落实淮河生态经济带战略，启动实施一批水生态保护和治理的重大项目。

（原载于2020年10月21日《光明日报》）

# 70 年治淮，成就一条“高质量”的幸福河

记者　唐　婷

波光潋滟的湖水，随风起舞的芦苇，缓缓转动的风车……笼罩在晚霞之中的洪泽湖湿地，静谧悠然、如诗如画。

不语的洪泽湖，见证了新中国治淮 70 年来的壮阔历程，更是淮河流域“河畅、水清、岸绿、景美”的一个缩影。

淮河是新中国第一条全面系统治理的大河。10 月 20 日，在国新办举行的新闻发布会上，水利部副部长魏山忠用一组组数据，晒出了一份沉甸甸的治淮成绩单。

“70 年治淮总投入共计 9241 亿元，直接经济效益 47609 亿元，投入产出比为 1∶5.2。”魏山忠表示，淮河的系统治理、开发与保护，有力地促进了人与自然和谐相处、水资源可持续利用和水生态系统的有效保护，为流域经济社会发展、人民生命财产安全和生活水平提高提供了重要保障。

## 防洪能力显著增强，从人海防守转为科学调度水利工程

淮河原是一条独流入海的河流，自 12 世纪起，黄河夺淮近 700 年，极大地改变了流域原有水系形态。16 世纪至新中国成立初期的 450 年间，淮河平均每百年发生水灾 94 次，被称为是“最难治理的河流”。

新中国成立后，淮河治理翻开了历史性的崭新一页。1950 年 10 月，在百废待举、百业待兴的情况下，中央人民政府做出《关于治理淮河的决定》。70 年来，国务院召开 12 次治淮会议，对淮河治理做出一系列重大决策部署，多次掀起治淮热潮。

谈及 70 年治淮取得的主要成效，魏山忠首先指出的是，淮河流域洪涝灾害防御能力显著增强，在行蓄洪区充分运用的情况下，具备抗御新中国成立以来流域性最大洪水的能力。与此同时，淮河防御洪水已由人海防守战术，逐步转变为科学调度水利工程的从容应对局面。

从容应对的背后，是一大批治淮工程组成的“铜墙铁壁”。70 年来，佛子岭水库、蒙洼蓄洪区、临淮岗洪水控制工程、淮河入海水道近期工程等治淮工

程的相继建成,使淮河流域基本建成以水库、河道堤防、行蓄洪区、控制性枢纽、防汛调度指挥系统等组成的防洪除涝减灾体系。

“今年,淮河发生了流域性较大洪水和正阳关以上区域性大洪水,我们统筹协调全流域的水利工程,科学调度、联合运用,发挥集成效应。可以说,今年淮河防汛,我们打出了漂亮的‘组合拳’。”淮河水利委员会主任肖幼表示。

和过去相比,淮河流域防洪除涝标准也显著提高。目前,淮河干流上游防洪标准超10年一遇,中游主要防洪保护区、重要城市和下游洪泽湖大堤防洪标准已达到100年一遇;重要支流及中小河流的防洪标准已基本提高到10~20年一遇以上。

## 水环境改善明显 流域性水污染恶化趋势已成历史

广为流传的顺口溜“50年代淘米洗菜,70年代农田灌溉,80年代水质变坏,90年代鱼虾绝代”,是过去淮河水环境变迁的真实写照。

“当时淮河的干流都是黑臭水体,还有白沫、死鱼,像蚌埠、淮南附近河边的老百姓吃水都是自己拿桶到井里取水,因为水源污染,以淮河水为水源的自来水也不能用了,水污染的形势相当严峻。”肖幼回忆道。

1995年,国务院发布《淮河流域水污染防治暂行条例》,拉开了淮河流域水污染综合治理的序幕。令肖幼感到欣慰的是,经过多年的不懈治理,淮河流域性水污染恶化趋势已成为历史,流域水资源保护工作取得了显著成效。

通过采取调整产业结构、加快污染源治理、实施污水集中处理、强化水功能区管理、限制污染物排放总量、开展水污染联防和水资源保护等一系列措施,入河排污量明显下降。2018年淮河流域主要污染物(COD)入河排放量20.69万吨,氨氮入河排放量1.77万吨,相比1993年的150万吨和9万吨,分别削减了86.2%和80.3%。

入河排污量的下降,使得淮河的水质有了明显改善。1994年淮河流域主要跨省河流省界断面水质为Ⅴ类和劣Ⅴ类的比例占到77.0%,2018年Ⅴ类和劣Ⅴ类水比例为20.0%,比1994年下降57%;2018年好于Ⅲ类水的比例为38.0%,比1994年上升25%。

20世纪90年代以来,淮河水利委员会组织河南、安徽、江苏3省有关部门开展淮河水污染联防联治,降低了淮河干流发生重大水污染事件的风险。2005年至今,淮河干流再未发生大范围突发性水污染事故,水质持续改善,从20世纪90年代Ⅴ类及劣Ⅴ类水提高到常年保持在Ⅲ类水的水平。

## 水资源保障能力大幅提高，已建成6300余座水库

历经70年建设，淮河流域已经建成6300余座水库，约40万座塘坝，约8.2万处引提水工程，规模以上机电井约144万眼，水库、塘坝、水闸工程和机井星罗棋布。

据介绍，南水北调东线、中线一期，引江济淮、苏北引江等工程的建设，与淮河流域内河湖闸坝一起，逐步形成了“四纵一横多点”的水资源开发利用和配置体系，有效支撑了淮河流域经济社会的可持续发展。

“淮河流域以不足全国3%的水资源总量，承载了全国大约13.6%的人口和11%的耕地，贡献了全国9%的GDP，生产了全国1/6的粮食。”魏山忠指出。

在不断提高水资源保障能力的同时，淮河流域的水生态保障能力也持续提升。70年来，淮河流域积极开展水土保持、重要河湖保护修复、地下水保护和河湖生态流量（水位）保障等工作，推进流域生态环境进入良性发展轨道。

据统计，截至2018年年底，淮河流域累计治理山丘区水土流失面积5.3万平方公里，桐柏大别山区、伏牛山区、沂蒙山区水土流失普遍呈现好转态势，水土流失面积减少六成以上。依托已初步形成的江河湖库水系连通体系多次成功实施生态调水，有效保障了南四湖等缺水地区生态环境安全。

## 淮河治理仍存短板，谋划“十四五”突出“蓄、泄、调”

在水利部总规划师汪安南看来，新中国治淮70年的成就举世瞩目，但是淮河特殊的自然地理条件、流域生态保护和经济社会高质量发展的要求，都决定了治淮仍然是长期复杂的过程。

站在新的起点上，认真分析淮河的水资源、水生态、水环境、水灾害情况可以发现，治淮仍面临一些突出问题和薄弱环节。比如，防洪体系仍有短板，水资源总体短缺，水生态、水环境仍需要进一步改善。

“十四五”期间，如何补上淮河治理存在的短板？魏山忠表示，将把洪水风险防控作为底线，把水资源作为刚性约束红线，谋划实施一批基础性、枢纽性、流域性的重大工程及“有温度的”民生项目，加快流域水利基础设施网络建设，强化涉水事务监管。下一步，治淮重大工程建设方面要统筹突出“蓄、泄、调”。

具体而言，要增加“蓄”的能力——继续在上游加强水土保持，修建水库，提高拦蓄能力，利用现有水库扩容挖潜，实施临淮岗水资源综合利用工程，提

高水资源综合利用水平，进一步研究完善相关政策，解决好行蓄洪水和当地群众发展需求间的矛盾。

同时，扩大“泄”的能力——加快河道综合整治，重点实施入海水道二期工程，提高泄洪能力，扩大淮河入江入海的出路；进一步提高淮北大堤等重要堤防工程建设标准，提高高水位运行时的安全保障能力。

此外，还要提升“调”的能力——加快南水北调东线二期工程、引江济淮等重大工程建设，完善国家和流域的水资源配置骨干网络；实施一批水系联通、供水网络化工程，提高城乡供水的保障水平；落实淮河生态经济带战略，启动实施一批水生态保护和治理的重大项目。

魏山忠表示，水利部将紧扣“幸福河”和“高质量”两个关键词，科学谋划“十四五”时期淮河治理和面向2035年的远景目标，加快构建现代化水利基础设施网络，全面提高淮河流域抗御自然灾害的现代化水平，持续提升水资源和水生态环境安全保障能力，推动淮河流域生态经济带高质量发展。

（原载于2020年10月29日《科技日报》）

# 总投入9241亿元,直接经济效益47609亿元
## ——淮河治理70年取得辉煌成就

记者 吴 阳

经过新中国成立以来的70年治理,淮河面貌发生了彻底改变,取得了辉煌的成就。“70年治淮总投入共计9241亿元,直接经济效益47609亿元,投入产出比1:5.2。淮河的系统治理、开发与保护,有力地促进了人与自然和谐相处、水资源可持续利用和水生态系统的有效保护,为流域经济社会发展、人民生命财产安全和生活水平提高提供了重要保障。”10月20日,水利部副部长魏山忠在国新办治理淮河70年新闻发布会上如是说。

——洪涝灾害防御能力显著增强,具备抗御新中国成立以来流域性最大洪水的能力。70年来,佛子岭水库、蒙洼蓄洪区、临淮岗洪水控制工程、淮河入海水道近期工程等一大批治淮工程的相继建成,使淮河流域基本建成以水库、河道堤防、行蓄洪区、控制性枢纽、防汛调度指挥系统等组成的防洪除涝减灾体系。淮河流域防洪除涝标准显著提高,淮河干流上游防洪标准超10年一遇,中游主要防洪保护区、重要城市和下游洪泽湖大堤防洪标准已达到100年一遇;重要支流及中小河流的防洪标准已基本提高到10~20年一遇以上。在行蓄洪区充分运用的情况下,可防御新中国成立以来发生的流域性最大洪水。淮河防御洪水已由人海防守战术,逐步转变为科学调度水利工程的从容应对局面。

——水资源保障能力大幅度提高,有效支撑了流域经济社会的可持续发展。历经70年建设,淮河流域已经建成6300余座水库,约40万座塘坝,约8.2万处引提水工程,规模以上机电井约144万眼,水库、塘坝、水闸工程和机井星罗棋布。南水北调东线、中线一期,引江济淮、苏北引江等工程的建设,与流域内河湖闸坝一起,逐步形成了“四纵一横多点”的水资源开发利用和配置体系。淮河流域以不足全国3%的水资源总量,承载了全国大约13.6%的人口和11%的耕地,贡献了全国9%的GDP,生产了全国1/6的粮食。

——水环境保障能力明显提高,流域性水污染恶化趋势已成为历史。通过调整产业结构、加快污染源治理、实施污水集中处理、强化水功能区管理、限制污染物排放总量、开展水污染联防和水资源保护等一系列措施,入河排污量明显下降,河湖水质显著改善,淮河干流水质常年维持在Ⅲ类。淮河流域水污染防治和水资源保护工作取得显著进展。2005年至今淮河未发生大面积突发性水污染事故,有效保障了沿淮城镇用水安全。

——水生态保障能力持续提升,推进流域生态环境进入良性发展轨道。积极开展水土保持、重要河湖保护修复、地下水保护和河湖生态流量(水位)保障等工作。截至2018年年底,淮河流域累计治理山丘区水土流失面积5.3万平方公里,桐柏大别山区、伏牛山区、沂蒙山区水土流失普遍呈现好转态势,水土流失面积减少六成以上。依托已初步形成的江河湖库水系连通体系多次成功实施生态调水,有效保障了南四湖等缺水地区生态环境安全。

(原载于2020年10月21日《中国财经报》)

# 安徽之行，习近平为何先看淮河？

记者　郁振一

特殊之年的汛情牵动人心。习近平总书记曾连用“五个安全”来强调今年这件事的极端重要性：“防汛救灾关系人民生命财产安全，关系粮食安全、经济安全、社会安全、国家安全。”8 月 18 日，总书记赴安徽考察，首先就来到被视为中国地理南北分界线和防汛“风向标”的淮河。

## 看王家坝闸：尽最大努力保障人民群众生命财产安全

千里淮河，总落差 200 米，流到王家坝之前，落差就占了 178 米。位于淮河上中游分界点的王家坝，历史上就是经常决口进洪的地方。1953 年，王家坝闸建成，与 180.4 平方公里的蒙洼蓄洪区、曹台退水闸共同构成蒙洼蓄洪工程。

习近平当天考察的第一站就是被称为“千里淮河第一闸”的王家坝闸。

29.3 米，是王家坝闸的保证水位。一旦淮河水位超过保证水位且继续上涨，就需要视情开闸蓄洪，削减淮河干流洪峰，缓解上游洪水压力，护佑中下游人民生命财产安全。

自 1954 年至 2007 年，王家坝闸在 12 个年份 15 次开闸蓄洪，蓄洪总量达 75 亿立方米。而第 16 次开闸蓄洪，就发生在一个月前。

今年 7 月 20 日 8 时 30 分，王家坝闸水位已达 29.75 米，超过保证水位 0.45 米，王家坝闸接到了国家防总开闸蓄洪的命令。

开闸前一晚，蒙洼蓄洪区内住在低洼处的 681 户 2017 人，在 7 个小时内被紧急转移安置。3000 余头大型牲畜、近 10 万只家禽、15 个大型超市也得到妥善处理，将财产损失降到最低限度。

今年入汛以来，习近平多次做出重要指示批示，要求各地区和有关部门坚持人民至上、生命至上，统筹做好疫情防控和防汛救灾工作，尽最大努力保障人民生命财产安全。7 月 17 日，总书记主持召开中央政治局常委会会议，专门研究部署防汛救灾工作。他要求，各有关地区都要做好预案准备、队伍准备、物资准备、蓄滞洪区运用准备,宁可备而不用,不可用时无备。

王家坝闸,备而有用。一声令下,洪水滔滔。蓄洪区内,一片汪洋。截至7月23日13时闭闸,蓄洪区蓄水3.75亿立方米,相当于吞进了26个杭州西湖的年蓄水量。蒙洼蓄洪区群众舍小家、为大家,“王家坝精神”再次名扬全国。

就在总书记探访淮河这一天,8月18日0时,淮河干流水位全线退至警戒水位以下。淮河安澜,王家坝闸,厥功至伟。

在王家坝闸,总书记察看淮河水情,了解当地防汛救灾等情况。一个月前召开的中央政治局常委会会议提出,要全面提高灾害防御能力,坚持以防为主、防抗救相结合,把重大工程建设、重要基础设施补短板、加强防灾备灾体系和能力建设等纳入“十四五”规划中统筹考虑。望着眼前这条淮河,总书记有着更远的思虑。

## 看扶贫车间:<br>促复工复产 防致贫返贫

习近平随后来到王家坝镇的红亮箱包有限公司,了解灾后恢复生产等情况。

红亮箱包有限公司是当地返乡人士创办的劳动密集型扶贫车间,以生产销售和代加工拉杆箱、书包、防护隔离服等为主,现有员工97人,其中建档立卡贫困人口48人。据车间负责人介绍,这次开闸蓄洪导致公司停工15天,损失20多万元,但员工补贴仍照常发放。

35岁的张丽在红亮箱包公司工作,家里两个孩子由父母照看,老公在杭州务工,生活负担较重。这次开闸蓄洪,家里6亩地中有2亩玉米受灾。当地政府除了发放补贴,还免费提供绿豆和萝卜种子,现在已经完成补种。她也很快回到公司继续上班。

目前,红亮箱包有限公司已全面恢复正常生产经营,还新增就业10人,其中带动贫困人口就业6人。

7月17日召开的中央政治局常委会会议强调,要支持受灾的各类生产企业复工复产,统筹灾后恢复重建和脱贫攻坚工作,对贫困地区和受灾困难群众给予支持,防止因灾致贫返贫。今年是决胜全面建成小康社会、决战脱贫攻坚之年。总书记这次专程探访受灾地区的扶贫车间,表达的就是脱贫路上一个都不能少的坚定决心。

## 看西田坡庄台：<br>精心谋划实施灾后恢复重建

习近平当天考察的最后一站，是蒙洼蓄洪区曹集镇利民村西田坡庄台。

蒙洼蓄洪区内有近20万居民，除了转移的2000多人，绝大多数居民安心居住在有着牢固堤防的保庄圩或者在高地上建设的庄台上。蒙洼蓄洪区共有6个保庄圩和131个庄台，蓄洪期间靠着船筏与外界交通，如同洪水中的生命方舟。

总书记调研的西田坡庄台与王家坝闸“同龄”，建于1953年，是一个占地13.2亩、台高海拔30.6米的安全庄台，现有居民24户51人。

随着退水闸开闸退洪，蒙洼蓄洪区的道路目前已恢复畅通，农田也具备耕种条件。当地迅速改种补种绿豆、毛豆、早熟玉米和其他蔬菜。

在西田坡庄台，总书记走进田间地头，看望慰问受灾群众，了解农作物补种等情况。4年前的2016年5月24日，习近平在黑龙江考察时也曾来到遭受过特大洪灾的同江市八岔赫哲族乡八岔村，了解灾后重建情况。看到村民已经过上幸福的新生活，总书记说，我们共产党全心全意为人民服务，说到就要做到，今后党和政府还会关心支持大家。

正如总书记所言，防灾减灾救灾是衡量执政党领导力、检验政府执行力、评判国家动员力、体现民族凝聚力的一个重要方面。汛期仍未结束，防汛不可放松。中国在应对疫情大考的同时，也必定会交出防汛救灾的合格答卷。

（原载于2020年8月19日央视网）

# 长淮新“斗水”记

## ——写在新中国治淮70年之时

记者　刘　菁　杨玉华　刘美子　姜　刚　水金辰

它曾是“最难治理的河流”，历史上平均每百年发生水灾94次。

它是新中国成立后第一条全面系统治理的大河，70年间投入9000多亿元，从水患深重逐渐变为安心幸福河。

它见证着新时代“斗水”，尊重自然还道于洪，顺应规律让道于水，从人水相争迈向人水和谐。

它，就是千里淮河。

善治国者，必善治水。习近平总书记今年8月在安徽考察时强调，70年来，淮河治理取得显著成效，防洪体系越来越完善，防汛抗洪、防灾减灾能力不断提高。要把治理淮河的经验总结好，认真谋划“十四五”时期淮河治理方案。

70年治淮“斗水”，书写着党领导人民抵御洪灾、化害为利的恢宏治水史，标记下中华民族逐梦人与自然和谐共处的生态文明建设史。

### 70年初心不改追梦安澜

深秋的淮河北岸，依然满目葱绿。阜南县蒙洼蓄洪区内，两个多月前曾汪洋一片的土地已退水秋种，播下新一季希望。

今年7月，淮河发生流域性较大洪水，“千里淮河第一闸”王家坝闸时隔13年再次开闸泄洪。今年汛期，淮河无一人因洪伤亡，主要堤防未出现重大险情。

86岁的阜南县刘郢庄台村民刘克义打小就生活在蒙洼，历经多次洪水。“今年水来心里不慌，因为安全有保障！”老人说。

1950年那场淮河水灾，刘克义不堪回首：“平地水深丈余，村民攀树登屋呼喊救命，死伤惨重。”

水患水难，困扰沿淮儿女上千年。祈盼安澜，自古就是淮河百姓的梦想。

新中国成立以前的450年间，淮河平均每百年发生水灾94次。从大禹治水开始，历朝历代做过努力，但都难以有效治理淮河水患。

1950年夏，看完一份报告淮河灾情民生的电报，毛泽东流泪了。他发出号召：一定要把淮河修好！

1950年10月，中央人民政府做出《关于治理淮河的决定》。那一年，300万人走上治淮工地。1950年至今，国务院先后12次召开治淮工作会议，集中开展五轮淮河治理，一批重大水利工程建成使用。

党的十八大以来，淮河治理更加注重人水和谐、生态保护和流域高质量发展，治淮迈入绿色新征程。立足山水林田湖草生命共同体，国家先后编制淮河流域综合规划、淮河生态经济带发展规划等，全面推进新时期进一步治淮38项工程，开工建设引江济淮工程，流域建立河长制、湖长制……

沐浴在秋日的暖阳下，位于淮河干流的花园湖行洪区进洪闸格外引人注目。这座今年刚刚建成的水利工程投入使用后，将使花园湖行洪区从过去破堤行洪变为有闸控制行洪。

水患水难顶在淮河百姓头上，党中央把它放在心头；水忧水盼写在淮河百姓脸上，党中央攻坚克难不断推进治水行动。除害兴利、造福于民，70年治淮初心不改。

70年间，我国治淮总投入9000多亿元，建成各类水库6300余座，堤防6.3万公里，各类水闸2.2万座，行蓄洪区27处，直接经济效益4.7万亿元。

水利部淮河水利委员会主任肖幼说，淮河流域现已基本建成完善的防洪除涝减灾体系，防洪减灾能力显著增强。

昔日遇水灾就哀鸿遍野的淮河，如今滋养着全国九分之一的人口、十分之一的耕地，贡献着全国六分之一的粮食产量和四分之一的商品粮。

“现在旱涝不怕，正常亩产比其他地区高出50公斤以上。”正在秋种的沿淮寿县种粮大户顾广银说。

## “斗水”变迁彰显生态文明

阜南县王家坝镇和谐村村民张洪海这个月搬进了位于淮上社区的120平方米新房，社区内13栋楼房错落分布，中心花园小桥流水。

这是安徽省今年第一批庄台疏解降容工程的迁建行动，1204户4830位村民将陆续从行蓄洪区庄台迁出，告别提心吊胆、惧怕洪水的日子。

淮河流域人口密度高于全国平均水平4倍多，人水争地矛盾突出，人占水道加剧淮河水灾。越垒越高的不仅有堤坝，还有淮河特有的居住形态庄台。

违背自然规律，终要受到自然惩罚。尊重自然还道于水，才能构建人水共生的和谐生态。

近年来,沿淮河南、安徽、江苏等地开展了行蓄洪区及淮干滩区居民迁建,逐步将“水口袋”里的87万余人搬至安全地区,还行蓄洪区该有的生态功能。

“过去千军万马严防死守抗御洪水,现在该启用工程时果断开闸、精准调度。”淮委治淮工程建设管理局副局长闪黎介绍,随着花园湖进洪闸建成,行洪区内7个村约1.9万人未来将全部迁走,完全恢复花园湖的“水袋子”功能。

通过退建堤防、疏浚深挖河道,花园湖所在的这一段淮河行洪能力从7000立方米每秒扩大到13000立方米每秒。在花园湖的上下游,方邱湖等3个行洪区将随之变成防洪保护区。

“用治淮工程能力的提升保障沿淮人民的发展权。”闪黎说,方邱湖区域正规划建设一座集高端装备制造、现代物流服务和绿色生态产业于一体的临港新城。

从控制洪水到管理洪水,从人水相争到人水共生,从抗御自然到尊重规律,治淮“斗水”理念之变彰显着国家生态文明建设的进步。

“尊重自然,让道于水;给水出路,人有生路;兼顾发展,人水和谐。”阜南县县委书记崔黎说,沿淮百姓如今都懂这个道理。

走在蒙洼蓄洪区,除了“绿油油”的庄稼,更多是“白茫茫”的适水产业。通过发展芡实、杞柳等适水农作物,这里的百姓找到脱贫致富的“金钥匙”。

## 长淮新生奔向幸福河

碧波荡漾,花海斑斓。今年国庆中秋长假期间,淮河边的八里河景区日游客量最高近2万人。谁能想到,这里原先是“十年九淹”的水灾窝。

在淮河边颍上县八里河镇生活了20多年的居民汤纪前说,过去八里河一下雨就涨水,全县数这里最穷。

通过低洼河湖综合治理,颍上县逐步将这片水洼地变成国家级水生态旅游区。八里河镇也走上旅游富民之路,汤纪前开办了一家旅游纪念品店,每年营业收入10多万元。而沿淮水利生态景区已是星罗棋布,仅颍上县就有7个,每年吸引游客850万人次。

“泥巴凳,泥巴墙,除了泥巴没家当。”昔日沿淮百姓水患深重的场景早已改变。治淮降洪魔,更为淮河儿女带来“水红利”。沿淮贫困县相继摘掉“贫困帽”,其中安徽沿淮13个国家扶贫开发工作重点县已全部脱贫摘帽。

沿淮百姓有着新的幸福河梦想,既看得见清水,又望得见鱼鸟。

淮河畔曾有一段守着淮河讨水喝的日子。由于沿岸化工厂、造纸厂等污染严重，淮河一度成为“坏河”。1995年《淮河流域水污染防治暂行条例》出台，中国第一次为流域水体污染治理制定法规。

党的十八大以来，治淮更加注重水生态保障体系建设，试点推进了生态流量调度、全面建立淮河流域河长制湖长制，9.6万名河湖长直接对河湖水质负责，流域生态显著改善。

治污治岸治渔陆续进行。在蚌埠市居住的刘春玲祖祖辈辈以淮河打鱼为生，如今她收网上岸，打小“水上漂”的她住上了廉租房。她说，身为淮河人，要用行动守护好一江清水。

生态环境部淮河流域局监测与科学研究中心副主任杨刚说，淮河很多断面水质监测曾经找不到活鱼，现在银鱼、白鱼等对水质要求高的鱼种都游回来了。

再现的还有飞鸟。每到冬季，一批批南迁的白头鹤等候鸟飞抵安徽菜子湖觅食过冬。2016年国家重点工程引江济淮开工，菜子湖承担引江任务。为保护候鸟栖息生境，工程增加3.5亿元投资，为鸟改道，保证候鸟栖息滩涂面积。

水滋养人，人守护水，这就是幸福河。

淮河干流水质目前常年维持在Ⅲ类水标准，这是治淮民生福祉。淮河流域已有14个城市获得全国水生态文明城市称号。从空中俯瞰，水清岸绿的生态淮河正在逐步实现；无人机巡查、一键智控的智慧淮河正在建成；通江达海、产业兴旺的富庶淮河清晰可见……

作为国家战略的《淮河生态经济带发展规划》已经落地，探索大河流域生态文明建设新模式。安徽省不久前发布目标，到2035年全面建成美丽宜居、充满活力、和谐有序、绿色发展的淮河生态经济带。淮委表示，“十四五”治淮将瞄准短板，全面提高淮河流域抗灾现代化水平。

70年治淮斗水，记录了沿淮人民追梦安澜的艰苦历程，书写着新中国水利发展的辉煌成就，更践行着大河流域人水和谐的生态文明思想，铸起一座中国共产党为了人民、造福人民的巍巍丰碑！

（原载于2020年10月18日《新华网》）

# 治淮70年："数"说淮河新变化

记者 刘诗平

淮河是新中国第一条全面系统治理的大河。10月20日，国务院新闻办公室举行治理淮河70年有关情况新闻发布会，水利部副部长魏山忠在发布会上列举的一组组治淮数字，展现了70年间淮河治理发生的巨变。

## 防洪：洪灾损失大幅减少，干流中下游可防100年一遇洪水

历史上淮河水患严重，新中国成立前曾流传着这样一首民谣："爹也盼，娘也盼，只盼淮河不泛滥，有朝出个大救星，治好淮河万民安。"

魏山忠说，经过70年治理，淮河洪涝灾害防御能力显著增强，具备抗御新中国成立以来流域性最大洪水的能力。

"70年来，佛子岭水库、蒙洼蓄洪区、临淮岗洪水控制工程等一大批治淮工程相继建成，使淮河流域基本建成以水库、河道堤防、行蓄洪区、控制性枢纽、防汛调度指挥系统等组成的防洪除涝减灾体系。"魏山忠说。

目前，淮河干流上游防洪标准超10年一遇，中游主要防洪保护区、重要城市和下游洪泽湖大堤防洪标准可达到100年一遇。

以1991年、2003年、2007年、2020年淮河发生的流域性洪水为例，2003年和2007年洪涝灾害损失比1991年大幅减少；2020年转移疏散5000多人，比转移人口超百万的1991年减少了99.5%，社会安定程度明显提高。

从除水患到兴水利，70年治淮，见证着淮河由大水泛滥变大河安澜的历程。

## 民生：70年投入超9000亿元，直接经济效益4.7万亿元

历史上一遇到洪灾就哀鸿遍野的淮河，有民谣为证："泥巴凳，泥巴墙，除了泥巴没家当""一朝淹了大河湾，单被改做裤子穿"。

魏山忠说，历经70年建设，淮河流域已建成6300余座水库，约40万座塘坝，约8.2万处引提水工程，规模以上机电井约144万眼，水库、塘坝、水闸工程和机井星罗棋布。南水北调东线和中线、引江济淮、苏北引江等工程的建

设,与流域内河湖闸坝一起,逐步形成了水资源开发利用和配置体系。

“淮河流域以不足全国3%的水资源总量,承载了全国大约13.6%的人口和11%的耕地,贡献了全国9%的GDP,生产了全国1/6的粮食。”魏山忠说。

据介绍,按2010年不变价计算,70年治淮总投入9241亿元,直接经济效益47609亿元,投入产出比为1:5.2。淮河的系统治理、开发与保护,为流域经济社会发展、人民生命财产安全和生活水平提高提供了重要保障。

从受灾受难到安居乐业,70年治淮,见证着人民由贫穷变安康的历程。

## 治污:干流水质常年Ⅲ类,饮用水源质量总体有保障

曾几何时,一首流传于淮河边的民谣,唱出了淮河的沧桑:“六十年代洗衣灌溉,七十年代水质败坏,八十年代鱼虾绝代。”

魏山忠说,通过调整产业结构、加快污染源治理、实施污水集中处理、强化水功能区管理、限制污染物排放总量、开展水污染联防和水资源保护等一系列措施,入河排污量明显下降,河湖水质显著改善,淮河干流水质常年维持在Ⅲ类。

“淮河流域水污染防治和水资源保护工作取得显著进展。2005年至今淮河未发生大面积突发性水污染事故,有效保障了沿淮城镇用水安全。”魏山忠说。

据介绍,淮河流域水生态保障能力持续提升,推进流域生态环境进入良性发展轨道。截至2018年年底,淮河流域累计治理山丘区水土流失面积5.3万平方公里,桐柏大别山区、伏牛山区、沂蒙山区水土流失面积减少六成以上。

从流域性水污染恶化到水环境保障能力明显提高,70年治淮,见证着人们由污水围困变人水和谐的历程。

魏山忠说,下一步,将加快构建现代化水利基础设施网络,谋划建设一批基础性、枢纽性、流域性的重大项目,全面提高淮河流域抗御自然灾害的现代化水平,不断强化河湖管理,持续提升水资源和水生态环境安全保障能力,推动淮河流域生态经济带高质量发展。

(原载于2020年10月20日《新华网》)

# 淮河治理还存在哪些突出问题和薄弱环节？水利部回应

国务院新闻办公室20日举行新闻发布会，水利部总规划师汪安南表示，新中国治淮70年来，淮河流域水安全保障的能力大幅度提高。但治淮仍面临一些突出问题和薄弱环节，包括防洪体系上仍有短板、水资源总体短缺，以及水生态、水环境需要改善等。

发布会上，有记者提问：新中国治淮70年取得了举世瞩目的成就，请问当前治淮方面还存在哪些突出问题和薄弱环节？

汪安南表示，新中国治淮70年的成就是举世瞩目的，不仅仅是流域的防灾减灾能力大幅提高，在水资源保障、水生态保护和水环境改善等各方面都成效显著。淮河流域水安全保障的能力大幅度提高。

他也指出，淮河特殊的自然地理条件、流域生态保护和经济社会高质量发展的要求，都决定了治淮仍然是长期复杂的过程。站在新的起点上，认真分析水资源、水生态、水环境、水灾害等“四水”问题的淮河表现，治淮仍面临一些突出问题和薄弱环节。

据汪安南介绍，初步分析看，主要有以下三个方面：

第一，防洪体系上仍有短板。

淮河防洪任务重是有原因的，一是因为地处中国南北气候过渡带，气候复杂多变，水旱灾害频繁。二是流域地形地貌总体上很“平”，90%以上的河流平均比降小于千分之五。三是流域经济社会发展对防洪的要求高，特别是人口聚集，需要保护1.9亿人口、2.2亿亩耕地，包括众多的城镇、村庄的防洪安全。

汪安南说，今年发生了流域较大洪水，实践证明，淮河的防洪工程体系发挥了巨大作用。当然也暴露了短板问题，比如淮河干流洪泽湖以下的入江入海能力不足问题非常突出。中游河段，特别是入洪泽湖的河段，泄流不畅，入洪泽湖水位持续居高不下，淮北大堤等重要堤防仍有险工险段，建设标准不高。行蓄洪区数量比较多，其中不安全居住的人口仍然较多。同时还有淮河的特点，上游水库控制面积比较小，拦蓄能力不够，这是防洪的一些短板。

第二，水资源总体短缺。

从水资源总量来看，淮河流域多年平均水资源总量只有812亿立方米，不到全国的3%，与人口规模、耕地面积、粮食产量和经济总量来比很不均衡。特别要注意一点，淮河流域丰枯变化剧烈，特枯年份地表水资源量只有多年平均的50%，不均匀性更加凸显。

汪安南表示，虽然70年来持续建设，流域供水保障有了坚实的基础，但是按照自身流域区域经济高质量发展、满足人民群众对日益增长的美好生活的需要，还有不少的短板弱项，比如在用水效率上有短板，农业、工业、城镇生活重点领域的节水还是有潜力的。在资源管控上仍有短板，取、用、耗、排监管还有不够、不到位的，落实水资源刚性约束作用上还有差距。供水能力上也有短板，南水北调东线二期等骨干工程尚未实施或建成，河湖、水库的调蓄能力也需要提高，供水保障格局还不完善，水资源还是总体短缺的。

第三，水生态、水环境需要改善。

淮河流域是一个特殊的南北过渡地带，构成了中国南北分界独特的生态廊道，保护好淮河生态环境非常重要。

据汪安南介绍，目前，淮河流域水资源开发利用程度比较高，超过60%，部分地区水资源开发利用程度已经超过当地水资源、水环境承载能力，导致水生态环境问题，有的地方生产生活用水挤占河湖生态用水，部分支流一些断面生态流量保障面临一些突出问题。淮河流域还有一部分地区依赖地下水，造成地下水超采问题比较突出。淮河流域河湖水质，总体呈现一种好转趋势，但是部分支流、部分河段的水污染问题还是时有发生。坚持问题导向，持续解决淮河的现实问题，是新中国治淮的显著特征。

汪安南指出，下一步，要按照“节水优先、空间均衡、系统治理、两手发力”的治水思路，坚持问题导向，下大力气解决好存在的突出问题和薄弱环节。

（原载于2020年10月20日《中新网》）

# 牢记殷切嘱托　书写新时代淮河保护治理新篇章

作者　肖　幼

2020年是新中国治淮70周年。在承上启下、继往开来的关键节点，习近平总书记亲临淮河，详细了解淮河治理历史和淮河流域防汛抗洪工作，充分肯定淮河治理取得的显著成效，并指出淮河是新中国成立后第一条全面系统治理的大河，要把治理淮河的经验总结好，认真谋划"十四五"时期淮河治理方案。这是对所有治淮人的鞭策鼓舞，为新时代淮河保护治理指明了目标方向、注入了强大动力、提供了根本遵循，在治淮史上具有极其重大的里程碑意义。

今后一个时期，我们将按照习近平总书记指示，认真总结70年治淮经验，全面展示新时代治淮成果，同时立足当前、着眼长远，紧扣"幸福河"和"高质量"两个关键词，科学谋划"十四五"时期淮河治理和2035年远景目标，加快构建现代化水利基础设施网络；进一步增强忧患意识、风险意识和责任意识，坚持以防为主、防抗救相结合，聚焦河流湖泊安全、生态环境安全、城市防洪安全，谋划建设一批基础性、枢纽性的重大项目，全面提高淮河流域抗御自然灾害的现代化水平；深入贯彻习近平总书记实现人水和谐的重要指示，始终坚持人与自然和谐相处，实现"人民保护淮河、淮河造福人民"的良性循环；按照习近平总书记关于行蓄洪区要求，坚持行蓄洪区的定位和规划，突出抓好行蓄洪区调整和改造、安全建设和居民迁建，保护好行蓄洪功能和生态保护功能。

同时，我们将牢牢抓住淮河保护治理在重大国家战略实施中的重大机遇，着眼大局、勇于担当，落实好国家战略规划实施的淮委行动方案，引领推动淮河生态经济带协同发展，深度参与长三角一体化发展。在淮河流域高质量发展过程中，加快推进南水北调二期、引江济淮、沿海沿江等重大跨流域调水工程建设与后续规划，进一步提高流域水系互连互通水平，把握"把水资源作为最大刚性约束"重要原则，坚持"以水而定、量水而行"，不断强化流域水资源安全保障能力。

在新的历史起点上，我们将把习近平总书记的嘱托转化为推进工作的强大动力，知重负重、攻坚克难，为淮河保护治理凝聚行稳致远的磅礴力量，以更加昂扬的姿态书写新时代淮河保护治理新篇章。

（原载于 2020 年 10 月 14 日《中国水利报》）

# 看大河变迁　述治淮辉煌

## ——新中国治淮70周年综述

作者　张雪洁

淮河在古代与长江、黄河、济水并称为“四渎”。千百年来，淮河生生不息哺育着两岸人民，孕育了灿烂辉煌而独具特色的淮河文明，但由于特殊的地形、气候等因素和历史上黄河侵淮夺淮的影响，这条多难的河流也给流域人民带来心酸和痛苦。在漫长的历史时期，沿淮人民与水患灾害进行了不屈不挠的抗争，但期盼淮河安澜的梦想一直难以实现。一部延续数千年的流域发展史，在一定意义上，也是流域人民与水旱灾害持续抗争的奋斗史。

为政之要，其枢在水。新中国成立为淮河治理翻开了历史性的崭新一页。新中国成立之初，党和国家领导人心系沿淮人民，做出全面治理淮河的伟大决策，毛泽东主席发出“一定要把淮河修好”的伟大号召，掀开了新中国大规模治水的壮丽篇章。70年来，一代代治淮人在党中央、国务院的坚强领导下，顽强拼搏，艰苦奋斗，取得了举世瞩目的淮河治理成就，走出了一条生态优先、人水和谐的高质量发展之路。

2020年8月18日，习近平总书记亲临淮河，视察治淮工程，查看淮河水情，详细了解淮河治理历史和淮河流域防汛抗洪工作，充分肯定70年治淮成就，并对今后一个时期的淮河治理工作做出重要指示，为我们进一步做好新时代淮河保护治理工作注入了强大动力、提供了根本遵循。

### 从大雨大灾、小雨小灾到洪旱无虞、河湖安澜<br>淮河流域基本建成防洪除涝减灾工程体系

在“蓄泄兼筹”治淮方针的指引下，上游兴建水库拦蓄洪水，南湾、佛子岭、出山店等大型水库如明珠般散落在群山丘岗之中，拦洪削峰，蓄水利用。中游整治河道，利用湖泊洼地建成蒙洼等27处干支流行蓄洪区，在洪水中有效降低河道水位，减轻淮河中下游防洪压力。临淮岗洪水控制工程的建成，更是在淮河中游立起一道百年安澜屏障。淮干滩区及淮河行蓄洪区居民迁建的实施，使88万余人安居乐业，不再遭受洪水威胁。下游扩大下泄洪水的入江

入海能力，加固洪泽湖大堤，实施入江水道、分淮入沂整治。淮河入海水道近期工程的建成，结束了淮河800年无独立入海尾闾的历史。实施沂沭泗河洪水东调南下工程，整治紊乱水系，开辟入海新路，使沂沭和泗运洪水各有定槽，互不相扰。

70年来，流域内兴建加固堤防6.3万公里，开挖人工河道2100多公里，建成水闸2.2万座。淮河流域基本建成了以水库、河道堤防、行蓄洪区、控制性枢纽、防汛调度指挥系统等组成的防洪除涝减灾体系，在行蓄洪区充分运用的情况下，可防御新中国成立以来发生的流域性最大洪水。淮河防御洪水已由人海防守战术，逐步转变为科学调度水利工程的从容应对局面。淮河流域防洪除涝标准显著提高，干流上游防洪标准超10年一遇，中游主要防洪保护区、重要城市和下游洪泽湖大堤防洪标准可达到100年一遇；重要支流及中小河流的防洪标准已基本提高到10~20年一遇及以上。

70年来，在党和政府的领导下，军民团结抗洪，充分发挥水利工程的重要作用，淮河流域先后战胜历次洪水。1991年、2003年、2007年洪水量级基本相当，2007年直接经济损失分别比1991年、2003年减少54.3%和45.7%。2020年淮河洪水中启用8个行蓄洪区，转移疏散5000余人，与1991年转移人口超百万相比，减少了99.5%，社会安定程度明显提高。70年治淮，真正实现了淮河安澜、人民安宁的夙愿。

## 从十年就有九年荒到旱涝保收米粮仓<br>淮河流域初步形成水资源配置和综合利用体系

70年来，淮河流域水资源配置和综合利用取得了举世瞩目的成效，以不足全国3%的水资源总量，承载了大约12%的人口和11%的耕地，贡献了全国9%的GDP，生产了全国1/6的粮食，有效地支撑了流域经济社会的可持续发展。

如今，淮河流域内水库、塘坝、水闸工程和机井星罗棋布，建成水库6300余座，塘坝约40万座，引提水工程约8.2万处，规模以上机电井约144万眼。南水北调东、中线一期工程先后建成通水，对缓解广大北方地区和黄淮海平原的水资源供需矛盾、保障经济社会发展、改善生态环境发挥了重要作用。引江济淮工程2016年开工建设，建成后可有效解决沿淮、淮北地区及输水沿线工业和城乡生活供水不足问题，形成连接长江、淮河两大水系的第二条水运通道。20世纪50年代开始提出设想，并在之后逐步实施完善的苏北引江工程，不仅解决了长期困扰江淮百姓的涝旱灾难、盐碱荒地的问题，也缓解了我国北方水资源短缺的状况。建成了中国最大灌区——淠史杭灌区，彻底改变了江淮丘陵地区干旱缺水的农业生产条件，为超过1000万亩的良田提供了灌溉水源。这些工程构成了淮河流域“四纵一横多点”的水资源开发利用和配置工程体系，为长三角一体化高质量发展、京津冀一体化发展、大运河文化保护传承利用等国家重大战略提供了充沛的“水动能”。

## 从水质变坏、鱼虾绝代到清水绿岸、鱼翔浅底<br>淮河流域逐步构建水资源与水生态环境保护体系

新中国成立以来，淮河流域水资源保护工作经历了水质保护、水功能区保护和河湖生态保护的不断发展历程。经过多年不懈努力，流域性水污染恶化趋势已成为历史，入河排污量明显下降，河湖水质显著改善，水生态系统逐渐恢复，流域水资源保护工作取得了显著成效。

民间流传的“50年代淘米洗菜，70年代农田灌溉，80年代水质变坏，90年代鱼虾绝代”，就是淮河水环境变迁的真实写照。淮河水污染防治被列为“九五”时期“三河三湖”环境保护工作的重点，1995年国务院颁布《淮河流域水污染防治暂行条例》，这是我国第一部流域性水污染防治法规，此后陆续开展了“零点行动”、淮河水体变清等重大防污治污行动。通过积极推动产业结构调整、有效开展水污染联防等一系列措施，淮河流域污染防治工作取得显著进展，水环境污染和水生态损害趋势初步得到遏制。2018年淮河流域COD入河排放量20.69万吨，氨氮入河排放量1.77万吨，比1993年的150万吨和9万吨，分别削减了86.2%和80.3%。自2005年以来，淮河干流再未发生大范围突发性水污染事故，水质持续改善，从20世纪90年代Ⅴ类及劣Ⅴ类水提升到常年保持在Ⅲ类水的水平。党的十八大以来，按照“把水资源作为最大的刚性约束”的原则，淮河流域全面落实最严格水资源管理制度，积极开展跨省河流水量分配，率先启动实施流域生态流量调度试点。统筹山水林田湖草系统治理，推动河湖长制从“有名”到“有实”，强化水域、岸线空间管控与保护，有效提升上游水源涵养和水土保持生态保育功能。截至2018年年底，淮河流域累计治理山丘区水土流失面积5.3万平方公里，兴建梯田2380万亩、水土保持林草4960万亩。桐柏大别山区、伏牛山区、沂蒙山区水土流失面积减少六成以上。淮河流域水生态文明建设取得显著成效。

70年治淮，流域综合管理在探索中不断进步。淮河流域坚持流域管理与区域管理、统一管理与分级管理相结合的原则，坚持把各项水事活动纳入法治化轨道，初步形成多层次、多领域、相互配套的水法规体系和流域区域管理相

结合的管理体制机制。涉水事务社会管理、公共服务能力和水平不断强化和提高，流域治理和开发行为逐步规范。70 年来，淮河流域水利信息化的发展步伐也从未停止。新中国治淮初期，淮河流域水文测站仅 23 处。历经 70 年建设，淮河流域已建成各类水文测站 7449 处，水质监测网络和水土保持监测网络均已建成。淮河流域相继建成数字微波、行蓄洪区应急通信、卫星通信等系统。流域水利专网与通信网不断扩展完善，为数据视频会商、工程监控等提供了重要支撑。

走近 70 年治淮历程，翻开这饱含艰辛与探索、智慧与汗水的历史篇章，我们看到了千里淮河翻天覆地的变化，看到了党中央、国务院坚强的领导，看到了与时俱进、不断升华的治淮理念之变，看到了几代治淮人筚路蓝缕、顽强拼搏走出的胜利之路。今后，治淮工作将以习近平总书记视察淮河为契机，牢记殷切嘱托，继续深入贯彻习近平总书记治水重要论述精神，遵循“节水优先、空间均衡、系统治理、两手发力”的治水思路，全面落实“水利工程补短板、水利行业强监管”的水利改革发展总基调，自觉肩负起治淮人的历史使命，为淮河代言，为人民造福，为流域倾心守护，为淮河流域高质量发展提供更加坚实的水安全保障。

（原载于 2020 年 10 月 14 日《中国水利报》）

# 淮河安澜泽万家
## ——纪念新中国治淮70周年系列报道之安澜篇

作者　吴　涛　赵洪涛　蒋雨彤　杨　东　杜红志　张雪洁

金秋时节，淮河两岸处处是丰收的美景。在安徽省滁州市凤阳县黄湾乡保庄圩内，宽阔有序的街道，整齐漂亮的移民安置房，路边牌子上“搬得出、稳得住、能致富”几个大字格外引人注目，居民生活秩序井然，一派安静祥和的景象。

这里是建成不久的移民新镇。经历过多次蓄洪搬迁转移的百姓移居到保庄圩后，开始过上了安定的生活。

保庄圩内幸福生活的背后，是70年持续治淮铸就除害兴利、造福人民的巍巍丰碑！从“大水大灾、小水小灾、无水旱灾”，到江河安澜、人民安宁，广大治淮儿女励精图治，开拓进取，在“最难治理的河流”上书写了壮丽篇章。

### 从无到有，工程体系建设日渐完善

治淮史，就是一部人与水患抗争的奋斗史。

历史上淮河流域水灾频繁，动辄遍地汪洋，民生维艰。行走在蜿蜒的洪泽湖大堤上，有洪泽湖“活地图”之称的江苏省洪泽湖水利工程管理处湖泊监管科科长张敏告诉记者，洪泽湖大堤上的每一个弯道都代表着历史上的一次溃口，108个大大小小的弯道记载着千百年来沿淮百姓与洪水抗争的血泪苦痛。如今的洪泽湖，随着淮河入海水道、三河闸、淮安水利枢纽等一批水利工程的建成，洪水从此有了宣泄的出路。

“善治国者，必善治水。”1949年新中国成立，淮河也由此翻开了新的一页。

1951年，毛泽东主席发出了“一定要把淮河修好”的伟大号召，成为党和国家向淮河许下的铮铮誓言，淮河成为新中国第一条全面、系统治理的大河。

70年来，淮河流域奋力推进各项治淮工程建设，千里长淮掀起一轮又一轮的治淮高潮。“千里淮河第一闸”王家坝闸、“千里淮河第一坝”出山店水利枢纽、“治淮第一坝”石漫滩水库、“淮河明珠”蚌埠闸……一座座枢纽工程拔地而起,一道道堤坝蜿蜒而去,一项项保安澜、惠民生的水利工程成为流域人民兴水利、除水患的鲜活注解。

如今,淮河流域内水库、坝塘、水闸工程星罗棋布,建成各类水库6300余座,总库容329亿立方米,兴建加固各类堤防6.3万公里,建设各类水闸约2.2万座,基本建成了集防洪减灾、水资源配置与保护于一体的水安全保障工程体系,为流域水旱灾害防御、水资源开发利用和保护奠定了坚实基础,创造了治水兴水的人间奇迹。

## 从弱到强,防洪减灾效益日新月异

2020年7月20日上午8时34分,安徽省阜南县的淮河王家坝闸开闸分洪,滚滚淮河水流入蒙洼蓄洪区。随后不到两天时间,淮河水位接连下降,上游防汛压力大大缓解。

王家坝闸位于皖豫两省交界,由国家防总统一调度运行,被称为淮河防汛的“风向标”,也是防汛抗洪的重要“利器”,它同配套的蒙洼蓄洪区一起,共同组成了王家坝水利枢纽,是淮河防洪体系的重要组成部分。

从1954年到2020年,王家坝闸16次开闸蓄洪、削减洪峰,为淮河筑起了坚不可摧的防洪屏障,印证着70年治淮历程取得的巨大成就。

“今年的洪水是对新中国70年治淮成就的又一次大考。淮委加强预测预报,充分发挥水工程集成效用,实现了无一人伤亡、无一水库垮坝、主要堤防未出现重大险情的胜利,治淮综合效益大大凸显。”淮河水利委员会水文局副局长吴恒清自豪地说。

总投资53.81亿元的淮河干流蚌埠至浮山段行洪区调整和建设工程,是新中国治淮以来单项投资最大的工程。

“今年汛期有效避免了花园湖行洪区的启用,5万多名群众无须因行洪转移,实现防洪减灾效益约17亿元。”淮委建设管理局副局长闪黎介绍,这项工程建成后,淮河干流蚌埠至浮山段行洪能力将扩大到13000立方米每秒,防洪标准大大提高。

“有惊无险、紧张有序、忙而不乱”,这是今年应对淮河流域性较大洪水时治淮工作者们的共同感受。这份信心和底气源自于70年来一批批治淮骨干工程的建设投用,以及精准调度、科学防洪能力水平的显著提高。

水库、闸坝、分洪河道、行蓄洪区等骨干水利工程,成为淮河从容应对水旱灾害的关键“武器”。如今,淮河防洪已由人海防守战术,转变为依靠关键“武器”压阵,淮河流域从此告别了“大雨大灾、小雨小灾、无雨旱灾”的落后面貌,实现了彪炳史册的辉煌跨越。

## 从贫穷到富庶，沿淮人民群众安居乐业

让淮河安澜，让百姓安居乐业，始终是治淮人不变的目标。

在保庄圩内的移民新镇，学校、医院、水厂、银行、派出所等一应俱全，百姓安居乐业，因行洪而频频搬迁的日子成为过去。

这些巨大的变化，得益于淮河干流蚌埠至浮山段行洪区调整和建设工程。通过疏浚河道、加固及退建堤防、新建保庄圩等工程措施，淮河干流堤防防洪标准明显提高，部分行洪区不再承担行蓄洪任务，大大改善了被征迁群众的生产生活环境，促进了沿淮地区经济社会发展，为淮河沿岸百姓安居乐业提供了可靠保障。

"过去淮河一涨水，老百姓就得搬迁转移。如今工程建好了，大伙都搬进了保庄圩，以后再不用受洪水的侵扰。移民新镇还争取到了29亿元的国家规划投资用于基本建设，小镇面貌发生了翻天覆地的变化，大家都能过上和城里人一样的好日子了！"凤阳县黄湾乡党委书记陈树宝激动地说。

随着淮河工程体系日趋完善和防洪减灾综合能力不断提升，沿淮地区经济繁荣，流域百姓安居乐业。从惧水到亲水，从避水到临水，从除水患到兴水利，70年治淮事业硕果累累，见证着淮河由泛滥变安澜、人民由贫穷变安康的光辉历程。

七十载艰辛治理，看今朝安澜梦圆。悠悠治淮史，凝结着无数治淮儿女的血汗付出，寄托着千万沿淮群众的殷切期盼。

昂首迈入新时代，聚焦治水新矛盾。在新的历史起点，治淮事业必将扬帆再起航，与时代同频共振，为建设江河安澜、人水和谐的幸福淮河凝聚起行稳致远的强大力量！

（原载于2020年10月14日《中国水利报》）

# 千里长淮披锦绣

## ——纪念新中国治淮70周年系列报道之生态篇

作者　蒋雨彤　赵洪涛　吴　涛　杨　东　杜红志　张雪洁

雨后初霁，夕阳西下，洪泽湖湿地笼罩在晚霞之中。波光粼粼的湖水、色彩缤纷的花田、随风荡漾的芦苇、缓缓转动的风车……俨然一处诗情画意的人间仙境。

湖水悠悠，见证了新中国治淮70年来万顷波涛化安澜的壮阔历程，更诠释了淮河流域“河畅、水清、岸绿、景美”的美好蝶变。

“走千走万，不如淮河两岸。”这是两岸百姓对古老淮河的深深眷恋。70年的治理保护，沿淮儿女励精图治，在广袤的江淮大地上，谱写出一曲曲人水和谐生态美的盛世欢歌。

### 系统治理　举棋落子于绿水青山之间

1978年的夏天，对淮河来说，是个不安宁的夏天：淮河发生第一次特大污染事故。黝黑的污水蔓延40多公里，红虫孳生，蚊蝇成团，鱼虾绝迹，恶臭冲天，成为沿淮城市一个时期最惨痛的记忆。

1994年，淮河流域暴发了更为严重的污染，成为治淮史上一个重要的分界点。淮河生态治理保护，再也不容回避！

1995年8月8日，国务院颁布我国第一部流域性水污染防治法规《淮河流域水污染防治暂行条例》，由此拉开了淮河流域生态综合治理的序幕。

历史在前行，时代在召唤，人民在期待！

党的十八大以来，习近平总书记提出“节水优先、空间均衡、系统治理、两手发力”的治水思路，发出了建设“造福人民的幸福河”的伟大号召。进入新时代，我国治水主要矛盾发生深刻变化，人民群众对优质水资源、健康水生态、宜居水环境的需求更加迫切。

水利改革发展新的历史方位，呼唤治淮思路的转型升级！

“要统筹推进‘安心淮河、清澈淮河、生态淮河、富庶淮河、共享淮河、智慧淮河’建设。”2019年淮河规划治理与展望座谈会上，淮河水利委员会主任肖幼明确将水资源、水环境、水生态治理保护纳入“六个淮河”建设重点推进。千百年来一直以除水害、治水患为主的淮河,从此开启了系统治理、绿色发展的新征程。

70年治淮栉风沐雨,从“一定要把淮河修好”到“建设造福人民的幸福河”,淮河流域生态治理保护在艰难曲折中奋力前行——

2005年以来,淮河干流连续15年未发生因支流污染水体下泄导致的突发水污染事故;淮河干流和南水北调东线一期(黄河以南)输水干线水质长年维持在Ⅲ类;截至2018年年底,淮河流域累计治理山丘区水土流失面积5.3万平方公里;淮河沿岸,许昌、蚌埠、徐州、济南等14个全国水生态文明城市建设试点顺利通过验收……

一串串数字,一座座丰碑!

随着《国务院关于淮河生态经济带发展规划的批复》正式发布,淮河生态经济带建设上升为国家区域发展战略,治淮工作进入新的纪元。新时代治淮儿女向党和人民许下的,是山河锦绣、碧水长流的庄严承诺!

## 握指成拳 合力攻坚还河湖生态本色

2020年8月31日,伴随着挖掘机的轰鸣声,列入水利部陈年积案台账的南四湖畔最后一处违建旅游码头拆除完毕,标志着淮委86件河湖陈年积案全部“清零”,淮河流域河湖“清四乱”行动取得重要进展。

长期以来,乱占、乱采、乱堆、乱建等侵占河湖、破坏河湖的“老大难”问题成为河湖生态治理保护的最大掣肘。2018年,水利部部署开展全国河湖“清四乱”专项行动,将其作为推进河湖长制“有名”“有实”的第一抓手高位推动。自此,一场轰轰烈烈的河湖“清四乱”行动在淮河流域全面铺开。

从粉尘弥漫到空气清新,从污水横流到绿波荡漾,从噪声隆隆到安宁静谧……实施河湖“清四乱”行动以来,淮委联合沿淮各省齐抓共管,一大批违章建筑被拆除,乱堆乱占侵占河湖现象得到严厉打击,乱采乱挖行为已不复踪影。

江苏省洪泽湖水利工程管理处湖泊监管科科长张敏在洪泽湖工作了32年,他对此深有感触:“过去洪泽湖上采砂船林立、养殖围网密布,几乎看不到水面;非法圈圩、非法采砂行为屡禁不止。近年来,江苏省成立了洪泽湖管理委员会,组织相关部门和沿湖六县区协同治理,洪泽湖又恢复了当初碧波荡漾、水鸟成群的美景。”

河湖面貌的巨大变化,得益于“流域+区域”共管共治的良好局面,更加得益于水利行业强监管背景下河湖长制工作的全面落实。

目前,淮河流域各省全面建立了省、市、县、乡、村五级河(湖)长制体系,25.3万名河(湖)长上岗到位,充分发挥了河湖管理保护制度创新的体制机制优势,“刀刃向内”抓监督,“长牙带电”强监管,共同向河湖沉疴宿疾“宣战”,推动解决了一批长期想解决但难以解决的突出问题——2018年以来,淮河流域共清理“四乱”问题13243个;沂河违建“澜公馆”、淮干滩地江苏省欧力港口产业园、南四湖刘香庄违建码头群等一大批久拖未决的违建被彻底拆除;骆马湖边欢乐岛、沂河旁沂蒙乐园、南四湖畔今典光伏等多年遗留的数十件重大违法项目整改完毕,河湖管理保护秩序明显改善。

遏制损害河湖行为,增强河湖行洪能力,改善河湖环境面貌,还河湖以生态本色,“幸福淮河”开始从美好愿景走向现实。

## 和谐共享 绘就幸福淮河锦绣新画卷

周末一早,家住蚌埠市区的宋金平就出了门,开车半小时左右便到了蚌埠闸湿地公园。“十几年前这里还是一片荒废的洼地,后来改造成了湿地公园,有花有草,又能游览淮河风景,我们有空时都喜欢来这里转转。”宋金平笑着说。

据安徽省蚌埠闸工程管理处工程科科长罗虎介绍,蚌埠闸在建设新闸时就同步将北部洼地规划成为湿地公园旅游景点。“既可以改善蚌埠闸周边的生态环境,又可以为市民提供一个休闲娱乐的好去处,是一举两得的好事!”他动情地说。

变荒地为风景,化工程为景观。2005年,淮河蚌埠闸枢纽水利风景区被评为国家水利风景区。在淮河流域,像这样的国家水利风景区共有104处。

“过去建水利工程主要考虑防洪效益,现在群众对水环境的需求更高了,还要兼顾好生态、文化等综合效益。”淮河水利委员会治淮工程建设管理局副局长闪黎说。

建设一处工程,形成一道风景,美化一片环境,保护一片生态,使一方百姓受益。如今,一座座巍然屹立的水利工程,如一颗颗耀眼的明珠,在淮河两岸熠熠生辉,处处体现着人、水、工程和谐美的生态理念。

在安徽省凤阳县,以沿淮生态旅游观光为基础的“蓝色”走淮河项目成为凤阳县重点发展的“四色”旅游项目之一,大量游客慕名而来。

在江苏省淮安市洪泽区蒋坝镇,洪泽湖大堤等古老的水文化遗产、洪泽湖畔的快活岭湿地花田,让这个“因堤而兴”、拥有1400多年历史的古镇成为

“网红景点”,游人络绎不绝。

……

水工程、水生态、水文化与旅游产业、区域发展的有机结合,让“绿水青山”真正转变为“金山银山”。水美乡村成为现代版《富春山居图》,流域人民在70年治淮改革发展中看到变化、得到实惠,体验到了真真切切、实实在在的安全感、获得感、幸福感。

“唤醒了沉睡的高山,让那河流改变了模样……”在治淮工地上,这首《我的祖国》曾经被成千上万人传唱。而如今,经过几代治淮人的不懈努力,“一条大河波浪宽,风吹稻花香两岸”的美好愿景已经照进现实。

70载岁月如歌,70载砥砺前行。回望征途,“改天换地、重造河山”的豪言壮语言犹在耳;放眼未来,一幅幸福淮河的锦绣画卷已经磅礴展开!

(原载于2020年10月15日《中国水利报》)

# 智“汇”淮河波浪宽

## ——纪念新中国治淮 70 周年系列报道之智慧篇

作者 杨 东 赵洪涛 蒋雨彤 吴 涛 杜红志 张雪洁

“1991 年淮河大水,我们收集流域水情需要数个小时，人口转移手忙脚乱;2020 年这次洪水,我们很从容,只需要 10~15 分钟就能掌握全流域水情。”淮河水利委员会水文局副局长吴恒清说,信息化建设使淮河流域水情预警预报能力不断增强,“与过去相比,那真是天壤之别。”

70 年来,淮河流域水利信息化建设日新月异,监测指标体系不断完善,监测设备和技术日趋自动化，初步形成流域水利数据中心，洪水预报的预见期从一天延长到三天，重点站关键期洪水预报精度达 90%以上。一代代治淮人牢记“一定要把淮河修好”的伟大号召,积极探索,锐意创新,用水利信息化助力大河安澜。

### 监测预警
### 建构流域安全的“智慧大脑”

湖光绮丽,水天相接。行走在江苏淮安洪泽湖大堤上，眼前是宽广平静的水面。在洪泽湖控制工程之一的高良涧闸,管理所副所长宋佳对曾经的洪水记忆犹新:“我们这里有很多人都经历过 1991 年的大洪水,那时水利信息化水平还比较低，要通过电话、电报,经过几个小时才能将水情传输到淮委进行防汛会商,而洪水不等人。”

如今的高良涧闸早已“华丽转身”,中控室布设着现代化的智能管理系统。宋佳轻点鼠标,屏幕上实时更新着高良涧闸的水位、流速等数据,用手机登陆江苏省水文信息移动查询系统 APP,雨情、水情、水质等 9 大类信息一应俱全。

在淮委防汛抗旱指挥中心的大屏幕上,淮河水情综合信息系统正显示着全流域的水情,各项数据一览无余。

“像高良涧闸等淮河流域各工程的监控数据,通过交换系统即时传输,在我们这里可以随时浏览查询。这是我们防洪体系的‘智慧大脑’。”淮委水文局水情气象处水文情报员苏翠介绍。每到汛期,淮委通过淮河水情综合信息系统监视流域雨水情和未来天气变化,基于自主研发的洪水预报调度系统,综合流域水库、河道水位流量数据分析计算,及时发布预报预警信息,为科学调度水利工程提供了有力的技术支撑。

“最强大脑”强有力地支撑了会商研判、防汛调度等工作,防汛抗洪从经验调度向“智能调度”转变,变得智慧、精准、有序。

不仅是防洪,70年来,淮河流域从仅有23处水文站,优化扩大并增至7449处,流域水环境监测网络体系、水土保持监测网络体系不断完善,监测设备和技术日趋自动化。

## 科技赋能<br>全方位监管实现“金牌管护”

“江淮熟,天下足”,淮河流域是长江三角洲向中西部产业转移和辐射最接近的地区,极具高质量发展潜力,但存在诸多河湖水域治理管护短板。如何实现淮河河道、堤防工程巡查全覆盖?如何消除河湖“四乱”问题的管理“盲点”?如何精细化管护诸多水利工程设备?

在安徽省蚌埠闸的中控室,一组高空视频吸引了记者的注意。“这是无人机传回的实时画面,有了它们,河道管理工作‘如虎添翼’!”淮河河道管理局办公室主任路海涛介绍,无人机巡查系统反应速度快、巡查范围广,不受地形限制,不仅高效助力汛期防灾减灾工作,还实现天空地一体化巡查,通过卫星传输数据信息到地面平台,通过巡查数据资源共享,为强化河道、堤防监管,加快推进河长制从“有名”向“有实”转变提供强有力支撑。

在江苏省淮安抽水三站管理所,工作了20年的王翼把手机贴近墙面的巡查点装置,打开手机APP,变频机组的运行状态一目了然。“如果机器故障,巡检系统会自动报警。原来人工巡检一遍要1个多小时,夜班记录还容易出错,现在巡检新老员工都可以快速上手,便捷准确调阅过往的数据信息,实在是太方便了。”王翼兴奋地说。

人工智能、物联网、云计算、大数据……强大的信息系统,实现了智能智慧监管,可以对河湖进行动态监测,及时准确掌握各地河湖治理保护的真实情况,推动河湖治理保护由被动响应向主动作为转变,为河湖提供了“金牌管护”。同时,工作模式也发生变革,流域管理工作的智慧化及精细化水平得到提高,为“水利工程补短板、水利行业强监管”提供着重要的基础支撑。

## 锐意创新
## 描绘“智慧淮河”发展蓝图

在沿淮水利工程的展厅里，一张张老照片记载着70年前治淮大军肩挑、手挖、车推的劳碌身影，往事中的夯歌声、打硪声和铁锹车轮声被定格在历史的长河里。

从“谈水色变”到“忙而不乱”，从人工实测到“云平台、大数据、互联网+”，从电话电报到电脑加卫星……70年后的今天，淮河流域信息化基础设施与应用从无到有、从弱到强，基本实现了预报调度一体化、分析计算智能化、成果可视化。

一代代治淮人的攻坚克难，让淮河安澜一步步照进了现实！如今，淮河的现代化脚步不断加快，正如淮委主任肖幼所说：“立足新的历史起点，水利信息化亟待不断加强流域科技创新支撑体系建设。”

2019年，淮委提出“六个淮河”建设，其中的“智慧淮河”让千百年来一直以除水害、治水患为主的淮河，开启了建设水利现代化的新征程。

2020年5月20日，淮委审议通过《智慧淮河总体实施方案》。立足于完善流域层面的水治理体系和提升治理能力，明确提出将充分运用云计算、大数据、物联网、移动互联、人工智能等新一代信息技术，构建覆盖流域江河水系、水利工程设施体系、水利管理运行体系的基础大平台，建立服务流域水利业务应用的水利大数据分中心，建立涵盖洪水、干旱、水利工程建设和安全运行、水资源开发利用、城乡供水、节水、江河湖泊、水土流失和水利监督等水利主要业务的应用大系统，建立全面覆盖、主动感知、智能防御的网络体系，实现流域管理业务与信息技术的深度融合和智慧应用，为流域水治理体系和治理能力现代化提供有力支撑与强力驱动。

“期待淮河各个智能化系统集成为全自动智能化平台，为淮河治理开发、防汛抗旱、水资源配置调度和生态保护等流域管理工作提供智慧化及精细化支撑。”苏翠说道，这是每一位淮河水利信息化工作者的期待，也是智慧淮河的期盼。

（原载于2020年10月16日《中国水利报》）

# 智汇淮河　擘画未来|新中国治淮70年院士专家淮河行调研活动圆满结束

记者　张雪洁　杜雅坤

11月3~8日，中国工程院土木、水利与建筑工程学部和水利部淮河水利委员会主办，中水淮河规划设计研究有限公司、河海大学淮河研究中心承办的"新中国治淮70年院士专家淮河行"调研活动顺利举行。此次活动旨在深入学习习近平总书记视察淮河重要指示精神，总结回顾70年治淮辉煌成就和宝贵经验，谋划展望今后一个时期治淮发展思路和美好愿景，在更高起点推进新时代淮河保护治理高质量发展。

中国工程院张建云、缪昌文、郭仁忠、胡春宏、王复明、邓铭江、马军七位院士参加此次活动。国务院南水北调建设委员会办公室原副主任宁远，水利部总规划师汪安南，河海大学党委书记、淮河研究中心主任唐洪武，水利部发展研究中心原党委书记段红东，水利部水规总院副院长李原园作为特邀专家出席7日在扬州举办的座谈会议并发言。会上，淮委主任肖幼出席座谈并致辞，唐洪武、淮委副主任刘玉年分别围绕淮河中下游及洪泽湖系统治理、淮河保护与治理等有关情况做相关汇报。淮委副主任顾洪、副总工王世龙全程参加活动。河南省水利厅副厅长戴艳萍、安徽省水利厅总工程师王军、江苏省水利厅总工程师周萍、山东省水利厅副厅级干部王金建出席会议并发言。淮委沂沭泗局局长郑大鹏、副局长阚善光、淮委水文局(信息中心)局长钱名开、中水淮河规划设计研究有限公司董事长周虹参加会议。

座谈会前，院士、专家们开展了为期4天的沿淮考察调研，先后实地考察了上游水库、大型灌区、中游行蓄洪区、控制性工程、洪泽湖入湖出湖河段、淮河入海水道近期工程、运河三湾湿地等，详细听取了淮河中下游水系概况、防洪工程建设及运用、淮河治理及规划等情况介绍，就当前和今后一个时期淮河流域水利改革发展的战略目标、思路对策和重点任务等开展充分研讨。

座谈会上各位院士为治淮建言献策：

张建云院士主持座谈会并提出，要深入学习贯彻习近平总书记视察淮河重要指示精神，认真学习国民经济和社会发展第十四个五年规划和2035年远景目标纲要，抓住发展机遇，在流域规划中补足短板；要全面准确理解“幸福河”的理念，从国家发展整体着眼，统筹规划做好“十四五”时期治淮方案，更高更广地提高流域对国家经济社会发展的支撑能力和水平；要在流域规划当中充分考虑变化环境下的区域承载能力和水资源的刚性约束，通过有效举措促进流域经济社会的发展。院士们结合各自专业领域，针对淮河今后治理方向，提出了要跳出水利看水利、跳出水利发展水利的思路，建议将治淮放在社会发展的大格局中去考虑，统筹推进全流域的大数据平台建设；科学提升和构建流域防洪排涝减灾工程与管理保障体系，创新谋划重构蓄滞洪区生态、生活、生产“三生空间”；进一步补强防洪减灾工程体系短板；结合海绵城市建设，推进流域防洪水资源管理和生态系统建设有机结合。同时提出，要以开放的姿态，汇集各方资源，吸收先进成果，跨领域、跨学科探索淮河治理新模式。

水利部总规划师汪安南充分肯定了本次座谈会召开的重要意义，并围绕总结70年淮河治理宝贵经验，谋划“十四五”时期治淮方案提出建议：一是在总结经验方面，进一步研究分析总结淮河流域“四水问题”的根源及表现；二是在谋划当前和今后一个时期淮河治理方案方面，要突出弄清淮河安全风险底线，围绕让淮河成为造福人民的幸福河目标愿景发展水利，实现淮河保护治理事业高质量发展和流域经济社会的高质量发展。

淮委主任肖幼在致辞中对参会的各位院士、专家表示热烈的欢迎与衷心的感谢，他指出，本次活动是贯彻落实习近平总书记视察淮河重要指示精神、推动新时代淮河保护治理高质量发展的重要举措。他表示，加快推进新时代淮河保护治理各项工作，迫切需要进一步发挥科技创新引领和支撑保障作用，希望院士、专家能够发挥“领军”“智库”作用，为淮河保护治理及流域生态经济高质量发展提供战略性、全局性、前瞻性的指导意见和建议。

淮委及有关单位特邀代表100余人参加了会议。

（原载于11月10日《淮河水利网》）

# 纪念文章

# 分期实施　先通后畅

## ——南水北调东线工程的历程和经验

原国务院南水北调办公室副主任
水利部水利水电规划设计总院原院长　宁　远
水利部淮河水利委员会原主任

南水北调东线工程从长江下游的扬州江段取水，沿京杭运河经洪泽湖、骆马湖、南四湖、东平湖，过黄河向天津输水。如今，一期工程已完工，实现为江苏省北部、山东半岛和山东北部供水，并相继为河北生态补水，向河北东部和天津供水的北延工程也已开工。南水北调东线二期工程的规划工作已有成果，进一步的前期工程正抓紧进行。回顾工程的历程，总结其经验，具有承前启后、继往开来的重要意义。

### 一、规划酝酿

南水北调东线工程酝酿的时间较长。

毛泽东主席于 1952 年提出“南方水多，北方水少，如有可能，借点水来也是可以的”宏伟构想，水利部与有关部委和地方人民政府合作，开始组织规划、设计、科研、教育等有关单位开展了南水北调的研究论证。

1956 年淮河流域规划提出，从江苏扬州境内抽引长江水至南四湖，并研究了从裕溪口抽水经巢湖入淮河的线路。1958 年，水电部和中科院等提出，从长江下游提水经大运河到东平湖入黄河。江苏自 1961 年开工建设江都第一抽水站，之后江水北调工程不断扩大并向苏北延伸，可以说是南水北调的先声，也是东线工程的基础和镜鉴。

1969 年 10 月，国务院成立治淮规划小组，由李德生任组长，钱正英、彭冲等 5 人为副组长，规划小组第一次会议纪要中提出“继续扩大抽引江水工程，逐步实现更大规模的南水北调”。钱正英于 1969 年 12 月 1 日起，带队进行了淮河流域查勘。治淮规划小组于 1971 年 2 月向国务院提出修建一批战略性的大型骨干工程，其中包括“引外水—引江、引汉……‘四五’期间，继续进行江苏境内抽引江水工程。‘五五’期间进行更大规模的引江、引汉工程”。

1972年华北大旱后，水电部开展南水北调的规划工作，组织南水北调规划组（以下简称规划组）承担具体任务。规划组由治淮规划小组办公室副总工程师姚榜义担任组长，副组长分别为黄河水利委员会（以下简称黄委）副总工程师郝步荣和水电十三工程局（以下简称十三局）副总工程师郭起光；技术人员分别从淮办、黄委和十三局调配。

1973年7月，规划组研究了多处引黄方案，并提出北方需水100亿$m^3$，但黄委认为黄河最多只能调20亿~30亿$m^3$给北方。在听取汇报后，水电部领导钱正英认为：黄河水量太少，只能作为过渡性措施，要研究从长江下游调引水的南水北调规划，规划组随即进行相关研究，也考虑了从汉江丹江口调水。第二年7月，水电部向国家计委报送《南水北调近期规划任务书》，认为汉江虽可自流，但弱点是水量少，近期规划设想为东线调水方案。

1977年10月，由水电部、交通部、农业部和一机部联合向国务院报送《南水北调工程近期规划报告》。

1978年5月下旬至7月上旬，国家计委、建委、水电部、交通部、农业部、一机部、中科院、解放军总后勤部和江苏、安徽、山东、河北、天津5省（直辖市），以及有关部委科研单位的代表，对南水北调东线进行查勘，并在天津对《南水北调近期工程规划报告》进行初审，肯定了东线工程作为南水北调近期工程的规划。提出抽江1000 $m^3/s$、过黄河600 $m^3/s$、到天津100 $m^3/s$的方案，供水以农业为主。

1978年9月16日，中共中央副主席陈云同志就南水北调问题写信给水电部部长钱正英，赞成南水北调规划，同时提醒，为避免出现弊病，还应专门召开几次有不同意见的人的座谈会，让其充分发表意见，还要广泛听取广大人民群众的意见，不断完善规划方案，把南水北调工作做得更好。

1978年10月，水电部发出《关于加强南水北调规划工作的通知》。12月，水利部正式成立南水北调规划办公室（以下简称南办），组织协调全国的南水北调工作。

1979年，国家提出“调整、整顿、改革、提高”的方针，调整基本建设投资规模。南水北调东线工程未能及时上马。

1982年2月，国务院批转万里副总理主持的1981年治淮会议形成的《治淮会议纪要》，提出开展南水北调，应利用长江水源，补充淮河水源的不足，还可以进一步研究补充海河流域的可行性，并明确要求：在江苏省江水北调工程和扩建京杭大运河的基础上，增做必要的工程，抽引江水50~100 $m^3/s$入南四湖。第一步，先利用冬春非灌溉季节，补水到骆马湖和南四湖；第二步，再按工农业用水的正常要求,完善有关工程。

1982 年 6 月,钱正英听取南办汇报时要求,对为什么要调水、从哪儿调、原来什么方案、现在什么方案,以及“六五”期间要上的项目,写个材料上报。11 月,治淮委员会(以下与改名后的淮河水利委员会均简称淮委)提出东线第一期工程可行性研究成果。同月,时任淮委主任的李苏波写信给党和国家领导人胡耀邦、赵紫阳,提出南水北调东线工程分期实施、先通后畅的建议。12 月,国务院总理赵紫阳做出批示:“请水电部、计委研究,分期实施、先通后畅,似有道理。此事也请在充分论证基础上早下决心为好!”显然,李苏波建议中的“分期实施、先通后畅”即是前述治淮会议纪要中提出的方针,这个方针在之后的南水北调东线实践中也被证明是正确的。

## 二、曲折过程

1983 年 1 月,水电部在河北涿县召开会议,对淮委提出的《南水北调东线第一期工程可行性研究初步报告》进行审议,水电部部长钱正英、国家计委副主任吕克白和国务院农村发展研究中心副主任郑重出席会议。因当时国家的基建投资仍处于压缩状态,淮委提出的东线第一期工程规模较小,建议尽量利用江苏境内已初步形成的江水北调工程,尤其是江都抽水站工程,先实施抽江 500 $m^3/s$、进东平湖 50 $m^3/s$ 的方案。会议对可研报告做出了正面评价意见。1983 年 2 月,国务院批准南水北调东线第一期工程方案,认为是一项效益大又没有风险的工程,决定:第一步通水通航到济宁,争取当年冬天开工;同时着手第二期工程方案(调水到天津)论证,争取两年内提出可行性研究报告;第一期工程的设计任务书及各个建设项目的设计,水电部、交通部应立即着手编制,由国家计委审批。此外,对投资包干、长江口北支封堵和水利工程省际纠纷的处理等相关问题,也提出了明确的意见。但据《淮河志》记载:“后因江苏省对江都站的抽水规模持不同意见,虽经多次协调,仍难统一,贻误了机遇。”

1985 年 3 月,国务院副总理万里、李鹏主持召开治淮会议,会议纪要中指出,由于种种原因,东线第一期工程设计任务书提出的时间推迟了,现应抓紧。会议基本同意淮委提出的任务书,由水利部报国家计委审批。

受国家计委委托,1986 年 9 月,中国国际工程咨询公司开始对南水北调东线第一期工程设计任务书进行评估,任务书提出的方案是抽江 600 $m^3/s$、进东平湖 50 $m^3/s$。经过一年多的工作,认为补充提出的送水到天津的方案修改后,再行审批。

1988 年 5 月,李鹏总理对国家计委《关于南水北调东线第一期工程设计任务书审查情况的报告》做出批示：同意国家计委的报告，南水北调必须以解决京、津、华北用水为主要目标。南水北调东线工程回到规划阶段。

1990年5月，水利部南办组织编制了南水北调东线工程修订规划报告，增加了城市工业用水，调整了灌溉面积，2020年抽江1000 $m^3/s$、过黄河400 $m^3/s$、到天津180 $m^3/s$；当年又提出修订设计任务书，提出2000年抽江600 $m^3/s$、过黄河200 $m^3/s$、到天津100 $m^3/s$。经过一段时间的工作，1993年9月，水利部组织审查了南水北调东线第一期工程修订规划报告及相应的可行性研究修订报告，认为两个报告的方案合理，第一期工程技术可行、经济合理，是缓解北方缺水的工程措施。此时的第一期工程修订为以输水到天津为目标。

然而，当时随着淮河流域尤其是南四湖水污染问题显露，成为东线工程的焦点；中线南水北调工程前期工作取得进展，北方有些受水区兴趣转移，主管机关关注重点也发生变化，不同地区、有关机构和领域专家众说纷纭，南水北调一时陷入了争议，这场争议在南水北调工程论证和审查会议期间达到高潮。

1995年6月，国务院总理李鹏主持召开了第71次总理办公会议，研究南水北调问题，决定成立南水北调工程论证委员会，以及进行审查的工作安排。1995年11月，水利部成立南水北调工程论证委员会（简称论证委员会），主任由水利部部长钮茂生担任。淮委牵头海委参加的工作组于1996年1月提交了东线论证报告，提出的分期建设工程规模为：第一步，抽江500 $m^3/s$、到东平湖100 $m^3/s$，打通一条穿黄隧洞，西水东调工程50 $m^3/s$（山东半岛供水）；第二步，抽江700 $m^3/s$、穿黄250 $m^3/s$、到天津150 $m^3/s$；第三步，抽江1000 $m^3/s$、穿黄400 $m^3/s$、到天津180 $m^3/s$，西水东调扩大到85~90 $m^3/s$。

1996年3月，成立南水北调工程审查委员会（简称审查委员会），由国务院副总理邹家华任主任，国务院副总理姜春云、国务委员陈俊生、全国政协副主席钱正英为副主任。审查委员会召开第一次会议，正式开始了南水北调工程的审查工作。论证委员会向审查委员会报送了《南水北调工程论证报告》（简称《论证报告》），报告的主导意见是：建议实施南水北调工程的顺序为中线、东线、西线；建议将中线工程列入"九五"建设计划，早日兴建；如国家财力允许，加高丹江口水库大坝，调水145亿 $m^3$ 方案，可作为近期实施方案。

审查期间，不同意见主要集中在中线工程前期工作是否尚有不足和东线工程是否具备实施条件两个方面。认为中线工程前期工作深度不够主要是提交的方案中对受水区缺水估计是否偏大，汉江丹江口水库可调水量是否偏大，工程量、技术难度及投资规模估计是否不足等三类问题，因此需要再做深入的工作，不要仓促确定方案开工建设；对于东线工程，认为前期工作扎实，又有江苏江水北调数十年的实践为基础，水污染是发展中的问题，是可以治好的，应该尽早决策建设。

1998 年 3 月，国家计委向国务院报送了《南水北调审查报告》（简称《审查报告》），主要内容是：同意《论证报告》关于我国北方地区关于缺水情况及影响的分析，同意《论证报告》的主要结论。国务院没有批准《审查报告》和《论证报告》。

## 三、开花结果

1998 年汪恕诚任水利部部长后不久，新组建南水北调规划设计管理局，水利部南水北调的前期工作重启。作为总体规划的附件，淮委会同海委提交《南水北调东线工程规划（二〇〇一年修订）》，目标和任务调整为补充沿线城市生活、环境、工业用水，适当兼顾农业和其他用水。一、二、三期的规模分别为抽江 500 $m^3/s$、入东平湖 100 $m^3/s$，山东半岛和鲁北各抽江 50 $m^3/s$；抽江 600 $m^3/s$、入东平湖 170 $m^3/s$、到九宣闸（天津）50 $m^3/s$；抽江 800 $m^3/s$、入东平湖 325 $m^3/s$、到九宣闸（天津）100 $m^3/s$。

经各方共同努力、深入工作、凝聚共识，2000 年 9 月，由水利部提出了《南水北调工程实施意见》。当月 27 日，朱镕基总理主持召开南水北调工程座谈会，邀请钱正英、张光斗、潘家铮、何璟等专家参加。次年 3 月出版的由钱正英、张光斗主编的《中国可持续发展水资源战略研究》中，论述并提出了南水北调工程的方案，主要观点和内容与水利部的方案相通。

2002 年 7 月，水利部与国家计委联合向国务院呈报《南水北调工程总体规划》，其中关于东线，拟分三期实施，同时提出了东线治污规划；10 月，受国务院委托，国家计委和水利部向中央政治局常委作汇报，江泽民总书记主持中央政治局常委会审议并通过了《南水北调工程总体规划》；12 月 23 日，国务院批复了该报告；27 日上午，朱镕基总理宣布南水北调工程开工，东线一期工程江苏境内的宝应泵站和山东境内的济平干渠当日率先动工。2013 年 11 月南水北调东线一期工程正式通水，输水以来，运行良好，水质也稳定达标。

为缓解海河流域严重的水生态形势，利用东线一期工程潜力，2019 年 4～6 月期间向河北东部应急送水，11 月，东线一期北延应急工程开工。目前，东线南水北调二期工程规划已有成果，后续前期工作正抓紧推进。

经过 70 年的历程，南水北调东线工程扎根长江、干支配套，终于开花结果。

## 四、主要经验

### (一)分期实施、先通后畅

综观南水北调东线工程的研究、规划、决策、建设、运营过程,历经起落,步履艰难,目标任务和规模不时调整,究其原因,大致有以下几点:

(1)供水区域跨北亚热带和南暖温带,降水量从南到北从1000 mm至535 mm,年际、年内变化大,连丰与连枯交替出现,年内旱涝也常急转,水情变幻难测。当地都有相当的水资源及黄河、海滦河补充,沿海尚有海水可资利用,南水北调只是补充水源,枯水时需求紧迫,丰水时就不太着急,造成外调水常消纳困难。

(2)20世纪80年代中期以后,淮河流域水质问题趋于严重,东线沿线水污染一度成为主要制约问题,以致有受水区曾提出不要东线的水。

(3)随着节水技术的进步,节水优先理念深入人心,用水增长不断趋缓。这也反映在用水结构的变化和其他水源的开发上,生活用水在增加,生产用水有减少;生态环境用水增加,但再生水、非常规水的使用也有发展,这些都对调水规模的认识产生影响。

(4)相当长的时期供水主要着眼于灌溉,远距离调水成本高,抑制了需求;即使是城市和工业用水,成本也愈益成为制约因素。

(5)不同时期发展水平不同,财力不同,各级政府关注的重点也不同。

以上问题相互交织,加上水事纠纷,对东线工程在不同时期的工作造成了影响。

南水北调东线工程时有起落,但仍在不断推进。

从江苏修建江都抽水泵站起,利用运河等水道和湖泊逐步延伸扩大,形成江水北调体系;在此基础上,南水北调工程在不同时期调整供水目标和规模,不断完善方案,终于实现了第一期工程;这两年又因势利导,利用现有工程,实现向河北东部应急供水,并开工向河北、天津补水的一期北延应急工程,目前还在筹谋二期工程,以分期实施、先通后畅的思路和实践走出了一条化解问题、形成共识、分步实现目标的道路,其经验在后续工程的工作中也很有借鉴意义。

### (二)在发展中推动工程进展

东线工程很长时间面临两个特殊问题:水事纠纷和水污染。

东线工程利用已有的河道、湖泊和水利工程,是其优势,但因此使防洪排涝、原有水资源利用及航运问题与新建调水工程交集、历史问题与新出现问题互相影响，很长时间里成为推进工程的主要难点，集中表现为江苏和山东的水事纠纷难解，几度发生尖锐冲突，直接影响南水北调东线方案的形成和推进。这个问题随着边界地区经济社会的发展及双方在此条件下产生的良性互动，包括沂沭泗水系治理中团结治水局面的形成，在2000年前后得到化解。

淮河流域一度是国内水污染问题最严重的流域之一，苏鲁边境的南四湖污染尤为突出，而其却是东线南水北调必经的输水线路和主要调蓄湖泊之一。水污染问题一段时间成为拒绝东线供水的理由。随着国家的发展和进步，淮河流域污染治理成为国家治理的重点，国务院批转《南水北调东线工程治污规划实施意见》，治污与东线一期工程同步实施，互相推动，水质从Ⅳ、Ⅴ和劣Ⅴ类提升至Ⅲ类，通水以来稳定达标。

### （三）体制机制日益成为核心问题

南水北调东线工程的实质性推进是与改革开放同步的，随着改革的全面深化，体制机制日益成为东线工程的核心问题。

国务院成立南水北调工程建设委员会，决定工程建设的重大方针、政策、措施和其他重大问题，下设办公室作为办事机构，各级地方政府也成立相应机构；组建项目法人作为建设的主体，负责具体的建设管理任务，一期工程的顺利建成通水，证明这套体制是有效的。但在新的形势下，也需要改进和创新。东线工程最大的特点是利用已有的河道、湖洼和水利工程，不能形成独立的供水体系。这些河道、湖洼和水利工程多由地方分级管理，且和部分流域机构管理的工程一样，管理单位都是事业性质，这与新建工程管理单位的公司法人如何在体制上的协调，加之新建工程也有相当的地方投入，如何更好地发挥地方的积极性，使工程的建管运营更为通顺有效，需要稳妥周详的方案。

体制机制的另一个问题是水价的制定和交纳，水价集中体现了不同利益主体相互间的关系，是工程长期稳定运营的根本保证。

应该说，一期工程在以上两个方面是需要改进的。由中央和地方共同投入资本金，以资产为纽带组建建设和运行管理的项目法人，共同制定水价政策，形成有内在经济责任和利益的关系，管理上有内生动力，可能是破解体制机制难题的较好思路。

体制机制还与筹资有很大关系，南水北调工程已确定为国家独有资本的工程，法人是国有独资的国有企业（公司），一期工程的建设资金来源有三块，中央资本金主要是重大水利工程基金，地方主要是专项的基金，还有银行贷款，后续工程需以改革的办法，扩大社会资金的引入，这就会影响包括水价政策在内的体制机制的建立，也是需要深入研究的问题。

**（四）集思广益，沟通协调，凝聚共识，推动工程进展**

东线工程情况复杂，利益攸关的方面和层次也多，做好方案，充分交换方案意见，多沟通协调，并贯彻于规划设计、决策、建设、运管的全过程，是保证工程顺利开展的必要和有效的方式方法。

**（五）持续开展科学研究，推动东线工程的技术进步**

自20世纪50年代东线南水北调工程提出起，就开始了持续不断的有针对性的科研工作，项目课题涉及水文、地质、水资源配置、经济结构、高效灌溉、优化调度、系统选线、优化设计、污水底泥处理、水泵机组研制等多个方面，为工程规划设计建设运行提供了引导和支持。需要着重提及的有两个方面，即治污和泵站机组的效率提升。东线治污的技术进步和成效是全面的，前已述及，而尤其突出的是南四湖治理，结合自身特点，形成包括不同特色湿地的成套技术方法，多次获得省级科技奖励，与政策性措施配套，经过多年治理，使水体严重污染的南四湖达到地表水Ⅲ类标准，满足了南水北调要求。东线南水北调从长江提水到黄河北岸的东平湖，扬程60 m，需13级泵站，因输水线路的水系和用水条件，需要选用大流量低扬程泵型。经过建设、研究、设计和制造等多家单位持续的共同努力，泵站装置的效率从20世纪60年代的60%提高到现在的78%左右，有的甚至高达82%以上，产生了重大的效益，处于国内和国际领先水平，并获得多个省部级科技奖励和两个国家科技进步二等奖。

东线南水北调工程双向沟通了江淮沂沭泗河，补充和合理配置了流域（包括山东半岛）水资源，支持了排涝和航运，并实现向黄河以北供水，是淮河治理重大成就的组成部分。时值新中国治理淮河70周年之际，谨以此文表达纪念。

# 代代安澜心所系　世世富民日可期

## ——治淮人的初心与使命

水利部淮河水利委员会原主任
中国长江三峡集团原副总经理　袁国林

今年是新中国治淮70周年,淮委组织征文活动。由主任肖幼签发的邀请函早就交到我手中,当时我病重住院,甚至人事不省。当我看到红彤彤的邀请函,顿时热泪盈眶,一连串淮委人的名字出现在脑海里,一千公里的淮河再次呈现在我眼前,这就是淮河神奇的力量。

从1989年5月到1992年9月,我来到了治淮的第一线,像所有的治淮人一样,开始了作为共和国的水利人新的治淮使命和生涯。三年多时间里,我走遍了淮河流域153个县(市)的重点水利工程,与淳朴耐劳、艰苦奋斗的淮河儿女和广大的治淮工作者结下了深厚的情谊。30年过去了,治淮经历一直是我值得骄傲和自豪的人生轨迹,无论此前、此后我从事何种为祖国水利、水电事业工作的岗位,治淮始终是我心中萦绕不去的心路历程。

毛主席"一定要把淮河修好"的宏伟蓝图,使得淮河成为新中国百废待兴的艰苦创业中,第一条大规模、有计划、全面治理的大江大河,激励着一代又一代治淮人筚路蓝缕、孜孜以求、锲而不舍地在27万$km^2$的淮河大地上书写着壮丽的治淮篇章,取得了辉煌的成就!

回顾新中国成立70年来淮河规划治理的伟大实践与光辉业绩,在"蓄泄兼筹"治淮方针的指导下,经过所有治淮人的不懈努力,全流域兴建了大量的水利工程,初步形成了一个比较完整的涵盖防洪、除涝、灌溉、供水等功能的工程体系,大大改变了昔日"大雨大灾,小雨小灾,无雨旱灾"的面貌,淮河流域已成为我国重要的粮棉油生产基地和重要的能源基地,交通也较发达,在我国现代化建设中占有重要的战略地位。

70年来,治淮始终坚持规划先行,建成了一大批标志性水利工程,取得了一大批影响深远的开创性成果;防洪除涝减灾工程体系持续完善,科学防控了2003年、2007年两次流域性大洪水,2020年汛期又战胜了较大的洪水,洪涝灾害损失大幅度减少,社会安定程度明显提高;水资源配置和综合利用体系逐步建立，基本形成“四纵一横多点”的水资源配置大格局；水资源水环境水生态保护取得显著进展与明显成效，淮河干流水质持续改善，常年保持Ⅲ类水质；流域综合管理不断进步，初步形成了多层次、多领域、相互配套的水法规体系和流域、区域管理相结合的管理体制机制，监管能力显著提升。

特别值得欣慰的是，治淮事业以人为本，民生为上。如今，1.6亿的淮河儿女，伴随着国家改革发展、不断进步的行程，靠着自己的双手、靠着奋斗的人生，改变了几千年历史积贫积困的面貌，逐步脱贫致富，走上了奔小康的广阔大道。这不正是我们一代代治淮人的初心和使命吗？这也正是每一个治淮工作者的荣耀和梦想！

70年治淮的奋斗历史和实践真理告诉我们，淮河流域由于地理区位、水系水流、历史缘由，以及人口众多、分布密集，土地集中，加之它位于我国东部的中间地带，所处地理位置非常重要等因素，决定了治淮事业仍然将是不断努力、永续奋斗的事业，没有一劳永逸的宏大举措，也没有毕其功于一役的超级工程，只有一步一个脚印的拼搏。

淮河流域人民对美好生活的向往，是我们持之以恒前行的目标。

治淮事业，就像是一代代大禹传人，前赴后继地在祖国大地上精雕细琢一块巨型璞玉，每一锤、每一钎下去，都将出现灿烂的辉煌！

最近习近平总书记视察了淮河，充分肯定了这种继往开来的治淮精神，为进一步治理好淮河指明了方向，也为我们开辟了淮河治理的新阶段。

新中国成立以来，党和国家始终把淮河作为大江大河治理的重点，持续开展了大规模的治理开发与保护。把这一大片国土进一步综合开发治理好，将其资源优势与经济潜力充分发挥出来，对我国社会、经济的发展做出更多更大的贡献，仍然是我们一代代治淮人不变的初心和使命。

有人问，淮河今后还会有什么大动作？我估计近期不会有大兴土木的事，但治淮任务却不减反增，例如淮河中游的疏浚闸，“千里淮河杨柳腰”总是要解决的；再有淮河的工程存在着老化的问题；第三是最难的，行蓄洪区人口有100多万，如何疏解，何时疏解？这都是淮河进一步治理的关键，需要新一代治淮人发挥最大的才智，使淮河的明天更美好、更安全、更幸福。

淮河流域，中华民族的风水宝地；淮河儿女，中国人民的优秀儿女，世世代代生于斯、长于斯、奋斗于斯，激励着我们所有的治淮人不忘初心，牢记使命，以人民为中心，心系淮河安澜，致力于“一定要把淮河修好”的伟大蓝图！

祝愿淮委和豫皖苏鲁的治淮工作者幸福。

# 统筹五个关系　提高淮河水安全保障水平

水利部总规划师
水利部淮河水利委员会原副主任　汪安南

党中央、国务院高度重视淮河治理工作。习近平总书记指出,淮河是新中国成立后第一条全面系统治理的大河,70 年来,淮河治理取得显著成效,防洪体系越来越完善,防汛抗洪、防灾减灾能力不断提高,要把治理淮河的经验总结好,认真谋划“十四五”时期淮河治理方案。

新中国治淮不仅开启了我国大江大河治理的崭新篇章,而且凝炼丰富了对治水规律的认识,取得了历史性的辉煌成就,形成了较为完善的水安全保障体系,彻底改变了旧中国水患灾害频繁深重的局面,为流域经济社会发展提供了坚实的水利支撑保障。但淮河特殊的自然、地理和人文条件决定了治淮仍然是长期复杂的过程,仍面临诸多相互交织的新老水问题。步入新时代,展望新时代治淮工作,必须坚持以习近平新时代中国特色社会主义思想为指导,坚持人民至上、生命至上,深入贯彻“节水优先、空间均衡、系统治理、两手发力”的治水思路,以“水利工程补短板、水利行业强监管”水利改革发展总基调为主线,围绕水资源水生态水环境水灾害系统治理和高质量发展要求,统筹处理好五个关系,全面提高淮河流域水安全保障水平,建设人水和谐的幸福河。

## 一、统筹“蓄”与“泄”的关系,保障防洪安全

过渡地带复杂的气候是淮河流域水旱灾害频繁的决定性自然因素。地形地貌上,山丘区占 1/3,源短流急,平原区占 2/3,河道平缓,流域面积 100 $km^2$ 以上河流平均比降小于 5‰的占 93.4%(全国平均 33%),且下游入江入海不畅,治理难度极大。统筹蓄与泄,是淮河防洪治理的关键。从治淮初期“蓄泄兼筹,以达根治之目的”,到 1991 年提出“蓄泄兼筹,近期以泄为主”,“蓄泄兼筹”一直是坚持的治淮方针。新中国开展了五轮治淮规划和持续大规模建设,已基本构建了上游拦蓄洪水、中游蓄泄并重、下游扩大泄洪能力的蓄泄格局。

根据《淮河流域防洪规划》,正阳关 100 年一遇 30 天设计洪量为 386 亿

m³,其洪量安排:下泄洪水232.8亿m³,占60%;蓄滞洪水153.2亿m³,占40%,其中上游水库拦洪15.5亿m³,行蓄洪区及洼地、临淮岗洪水控制工程滞蓄洪量137.7亿m³。在统筹蓄泄关系上,“泄”的关键不仅是要确保设计洪水安全下泄,还要提高中常洪水的下泄能力;“蓄”的重点在行蓄洪区及时有效运用上,同时充分发挥山区水库拦洪削峰作用。2020年的洪水充分暴露出淮河防洪工程体系中的短板弱项,突出问题是:洪泽湖以下入江入海能力不足和淮干中游特别是入洪泽湖泄流不畅;淮北大堤等重要堤防仍有险工险段,建设标准不高;行蓄洪区居住在不安全区域的人口仍然较多等。

根据淮河流域自然特征和洪水特点,近期及今后一段时期,应坚持蓄泄兼筹、以泄为主的防洪策略,在完善工程体系方面,重点做好四个方面工作:一是河道泄流能力扩大。加快入海水道二期工程建设,实施三河越闸,增加洪泽湖中低水位时的泄洪能力;开挖冯铁营引河,使干流洪水能够通畅进入洪泽湖;结合中游行蓄洪区建设与调整,实施淮干河道治理,提升淮河中游河道泄流能力,减缓堤防高水位运行压力。二是重要堤防加固提升。对淮北大堤等重要堤防实施加固提升,适度提高防洪标准和建设标准。针对巡堤查险手段、条件落后问题,加强堤防巡查点位建设,结合“新基建”,提升堤防巡查体检、监测预警的技术手段。协调干支流关系,加强重要支流和中小河流防洪薄弱环节建设。三是行蓄洪区调整完善。根据区内人口、经济规模和行蓄洪水的能力、作用,进一步提出调整建设的意见。对于确需保留的行蓄洪区,将不安全区域内的人口全部迁建安置到安全区域,补齐进退洪闸设施,做到能够及时有效行蓄洪水。研究完善行蓄洪区管理政策体系,解决好行蓄洪水与群众发展需求矛盾突出的问题。四是上游水库新建扩容。根据淮河流域综合规划,尚有张湾、袁湾等大型水库未开工建设,应加快前期工作,争取尽早开工建设,提高上游水库拦蓄能力。同时,可研究通过水库扩容等措施,对现有水库工程防洪能力进一步挖潜,增加削峰、错峰能力。

## 二、统筹“减”与“增”的关系,保障水资源安全

淮河流域水资源总体短缺,根据第三次全国水资源调查评价初步成果,1956~2016年淮河区(含山东半岛)多年平均水资源总量926.8亿m³,仅占全国的3.3%,与区内人口规模、耕地面积、粮食产量和经济体量不相均衡。且在年内、年际丰枯变化下,水资源不均衡性更为凸显,淮河区地表水资源量的60%~80%集中在汛期(6~9月),75%和95%保证率年份地表水资源量分别只有493.8亿m³和316.6亿m³,仅为多年平均的72%和46%。新中国治淮

70年,致力于解决流域水资源供需矛盾,持续加强节水,建设水库、拦河闸坝、引提水及跨流域调水等工程,基本形成流域水资源开发利用工程体系,供水能力和用水效率显著提升。

从淮河流域供水保障的基础和特点来看,因流域中下游平原河网的地形条件,水库工程供水比重小,河湖引提水比重大。以江苏省为例,统计水库工程供水能力占比仅4%,而河湖引水、泵站工程供水能力则占75%。流域引江引黄具有自然区位优势,淮河区是跨流域调入水量最多的水资源一级区,2019年调入水量达155.8亿$m^3$。山东、河南和安徽淮北地区依赖地下水,局部地区地下水超采问题突出,且未来仍面临较大的用水缺口。因此,“增”的重点在于提升河湖调蓄、推动跨流域调水补缺口、调结构;而“减”是前提,以水而定、量水而行,强化水资源刚性约束作用,全面节水提效率、增效益。

近年来,长江经济带、长三角一体化、大运河文化带等国家重大战略实施和淮河生态经济带建设,对保障淮河水资源安全提出了更高要求,需进一步做好“减”与“增”的加减法。一是推进实施国家节水行动。推进农业节水,重点应放在田间节水减排,大力发展规模化高效节水灌溉,加强灌区骨干渠系节水改造,发挥干支渠输水的生态功能,建设生态灌区。推进工业和城镇节水,控制高耗水产业发展,加快城乡供水管网降损。二是健全水资源管控体系。明确流域和区域水资源可利用量上限,包括可用的地表水、地下水和外调水量,建立一整套水资源刚性约束指标体系,健全水资源监测计量和监督考核,将各项经济社会用水控制在可用水量之内。通过总量控制+定额管理+准入清单的管控机制,倒逼引导产业布局、结构和规模,推动向高质量、高效益、低消耗方向发展。三是加快供水骨干工程建设。加快引江济淮工程建设,推动南水北调东线二期等重大引调水工程建设,实施流域水系连通、供水网络化工程,加强重点水源和城市应急备用水源等工程建设,提高水资源调配能力和现代化水平。四是提升江河湖库调蓄能力。在确保防洪安全的基础上,提高河湖、水库的调蓄能力。实施临淮岗工程水资源综合利用工程,对重点区域蓄泄关系进行优化调整,应对丰枯变化剧烈的水资源情势。

## 三、统筹“盆”与“水”的关系,保障水生态安全

淮河流域地处我国南北气候过渡带,特殊的地理条件和气候特征,构成我国南北分界独特的生态廊道,也是重要的生态系统。保障淮河生态安全,需要不断加深对淮河生态系统的认识,突出水生态保护,重点在于保护好“盛水的盆”和“盆中的水”。

“盆”的角度，淮河流域河湖水系众多，是生态系统良好的基础。据全国第一次水利普查成果，淮河区流域面积50 $km^2$ 和100 $km^2$ 及以上河流密度均为全国10个一级流域区的第一，分别达75条/万 $km^2$、38条/万 $km^2$；1 $km^2$ 及以上湖泊水面总面积达4910 $km^2$。维护和提升淮河生态系统功能，需要重点保护修复“盆”的形态和功能。“水”的角度，按照河湖生态和生物多样性保护要求，需要重点把握河湖生态流量（水位）、地下水控制水位等关键控制要素，守住生态安全的“底线”和“生命线”。根据2020年6月全国重点河湖生态流量保障目标控制断面监测情况，仅有3个控制断面日均流量满足程度小于90%，均在淮河流域，为淮河干流蚌埠、沙颍河周口、史灌河蒋家集，生态流量保障面临突出问题。

统筹好“盆”与“水”的关系，聚焦要素、空间和系统，重点做好三个方面工作：一是加强水生态要素管控。把河湖生态流量（水位）和地下水控制水位作为水生态基本要素，合理确定河流基本生态流量和湖泊生态水位，细化到重点河湖、河段和控制断面，落实到时间节点，科学调度水库、闸坝、引调水工程等水利设施并加强监管，保障河湖生态流量（水位）。加强地下水超采区水位、水量双控制，维持地下水合理控制水位。二是加强涉水空间管控。结合国土空间管控，划定水源涵养区、水土保持区、河湖水域岸线等涉水空间，明确涉水空间管控和保护要求。以稳定河湖水域空间范围、布局和提升水域空间形态、功能为重点，推进河湖生态保护与修复。保护河湖岸线资源，科学合理利用，加强河道采砂监管。优化沿淮行蓄洪区“三生”空间，严格管控，统筹利用。三是加强水生态系统治理。上游山丘区，以提升水源涵养能力和防治水土流失为重点，开展伏牛山–桐柏山水土流失防治区保护与治理。中下游河网区，以加强河湖水力联系、增加水交换和提高水动力为重点，通过工程措施和调度措施，完善以干支流河道为通道，洪泽湖、骆马湖、南四湖等湖泊为节点的河湖生态廊道，提升流域水生态系统质量。

## 四、统筹“岸”与“河”的关系，保障水环境安全

“八十年代水质变坏，九十年代鱼虾绝代”，淮河水环境污染曾是一段时期的深刻记忆，1994年淮河流域Ⅴ类和劣Ⅴ类水比例高达77%，引发严重的水环境危机，不仅让群众“守着大河没水吃”，更严重威胁沿岸百姓正常的生产生活和生命健康。“表象在河里，根子在岸上”，1993年淮河流域COD和氨氮入河排放量曾高达150万t和9万t，水环境问题背后是高污染的生产生活方式、密集的污染型产业和大量的污染物排放。

从1995年提出“淮河还清”，颁布实施《淮河流域水污染防治暂行条例》，开展关停“十五小”企业、“零点行动”等一系列专项行动；2005年再次针对重大水污染事件，提出“让人民喝上干净水”。到目前，持续多年治理淮河水环境取得显著成绩，2018年流域COD、氨氮入河排放量分别较1994年削减了86.2%和80.3%；主要跨省河流省界断面水质符合Ⅲ类水比例38.0%，较1994年提升25个百分点；Ⅴ类和劣Ⅴ类水比例20.0%，下降57个百分点；全国重要江河湖泊水功能区水质达标率达到70.8%。且自2005年来，淮河干流连续15年未发生大范围突发性水污染事件。

流域河湖水质状况总体呈好转趋势，但治理形势也逐渐有新变化，工业企业和城镇生活污水的治理减排限排有效控制住了COD和氨氮，但是由于农业和农村面源污染治理滞后，导致水体总磷和总氮的污染仍较严重，需要警惕湖泊富营养化问题，以及突发性水污染风险。淮河水环境治理仍任重道远，需要不断抓好“岸”与“河”，持续加强流域水环境治理，保护好水资源和水生态。一是全面控制污染物排放。严格环境准入，限制高耗水、高污染项目和产业的沿淮布局；提升废污水处理标准、能力和规模，控制造纸等行业污染排放强度，持续削减入河污染物总量。强化城镇和农村生活污染治理，提高收集处理率，做到稳定达标排放。控制农业面源污染，推广先进的农业灌溉技术和耕作方式，降低农药、化肥使用；加大畜禽和水产养殖污染防治。二是实施河湖生态环境整治。以河长制湖长制为抓手，加强河湖水域岸线用途管控、河道采砂监管、河湖监督执法，持续推进河湖“清四乱”专项行动，持续改善河湖面貌。加强淮河干流、南水北调东线输水干线及城镇供水水源地等水资源保护。加强河湖污染水体治理，深入开展排污口整治，强化内源治理。消除饮用水水源地环境安全隐患，提高突发水污染事件应急处置能力。三是提升河湖水环境容量。充分发挥淮河流域河湖水网密布的有利条件，以及现有闸坝群控制调度的能力，科学实施生态调度和生态补水，改善河网水动力条件，提升水环境容量。

## 五、统筹“补”与“强”的关系，保障高质量发展

新时代治淮要立足新形势、新目标、新要求，聚焦补短板、强监管，加快流域水利基础设施和水治理体系治理能力现代化建设，促进淮河生态经济带建设和流域高质量发展，让淮河更好地造福人民。

围绕水利基础设施网络、生态水利、智慧水利等建设目标，补齐工程短板，加快建立现代化的流域水利基础设施体系。一是建设水利基础设施网络。

“十四五”期间将全面加强水利基础设施网络建设,成网条件较好的淮河流域应率先布局建设流域水利基础设施网络,加快南水北调东线二期、淮河入海水道二期、引江济淮等一批骨干工程建设,围绕防洪蓄泄兼筹、供水减增相济的思路,构建干支协同、调配有力、设施可靠、功能完善、绿色智能的水网工程体系,提高抗御自然灾害能力和水安全保障水平。二是建设生态水利工程。以认识自然规律、生态规律、经济规律和社会发展规律为基础,坚持尊重自然、顺应自然,与自然和谐相处,统筹流域生态保护和高质量发展需求,从工程水利、资源水利向生态水利转变,推进生态水利建设。加快实施重点河湖综合治理、水土保持生态建设、地下水超采区综合治理、农村河湖水系综合整治等水生态保护修复重大工程,推进水利工程生态化改造。三是建设智慧水利工程。把智慧水利建设作为推进流域水利现代化的着力点和突破口,建设“智慧淮河”工程。通过改造和建设现代信息技术与水利业务相融合的水利设施,实现网格化、全要素、多方位动态感知涉水信息,建设上联下达、广泛共享的流域水利大数据平台,推进自动识别、动态模拟、实时分析、预测预警和快速响应的多目标智慧应用,提高流域精细化、智能化管理水平。

围绕体制机制创新,强化行业监管,建立务实、高效、管用的监管体系。一是健全“总量控制+定额管理+准入清单”的水资源刚性约束机制。建立精细化用水总量控制指标体系和管理制度,用水总量控制指标分解到县级行政区、各行业,落实到具体河流河段和水源。在此基础上,加强取水许可管理,严控用水户的取用水量。二是健全“涉水空间+基本生态流量(水位)”的水生态保护管控机制。充分发挥河长制湖长制作用,建立涉水空间用途管控与保护制度,管好水域岸线;建立流域区域生态水量和河湖主要控制断面生态流量(水位)管控制度,管好生态需水;确定地下水开采范围、可开采量和地下水水位控制指标,管好地下水。三是健全“监测预警+监督考核”的水资源水生态监管机制。完善取用水动态监测网络,强化最严格水资源管理制度的监督考核,发挥好监督考核追效问责的重要作用,重点加强用水总量控制、生态流量(水位)保障、地下水水位及定额和负面清单管理等情况督查考核,加强用水户取水许可执行、用水定额落实、用水计量、排水水量水质监控等情况的监督管控。

# 创新始终是淮河治理的不竭动力

## ——纪念新中国治淮70周年

水利部发展研究中心原党委书记
水利部淮河水利委员会原副主任　段红东

在长期的治国理政实践中,习近平总书记深刻认识到创新的巨大作用。他指出:“创新是一个民族进步的灵魂,是一个国家兴旺发达的不竭动力,也是中华民族最深沉的民族禀赋”,并始终要求“必须把创新摆在国家发展全局的核心位置”“必须坚持走中国特色自主创新道路”“把创新驱动发展战略作为国家重大战略”。淮河是我国七大江河之一,由于特殊的自然、地理条件,历史上淮河流域水旱灾害频繁发生,也被称为“中国最难治理的河流”。1950年10月14日,中央人民政府颁布《关于治理淮河的决定》,开创了新中国治理大江大河的新纪元,淮河成为新中国第一条全面系统治理的大河。70年来,党和国家始终把淮河作为全国江河治理的重点,摆在关系国家事业发展全局的战略地位,做出一系列重大决策,领导人民开展了波澜壮阔的治淮事业,淮河治理取得了举世公认的伟大成就。治淮在保障淮河流域防洪安全、供水安全、粮食安全、生态安全和能源安全等方面发挥了日益显著的作用,为促进淮河流域经济发展、社会稳定安宁和人民生活水平提高做出了巨大贡献。新中国治淮70年来,创新始终是引领淮河治理的第一动力。抓住了创新,就抓住了治淮全局的“牛鼻子”。从某种意义上来说,新中国治淮70年的宏伟过程就是一部淮河治理创新的历史篇章!

### 一、“蓄泄兼筹”治淮方针是我国治水理念创新的重大标志

据文献记载,1950年夏,淮河发生大水,堤防溃决82处,淮北几成大湖,群众无处藏身,灾情异常严重,受灾人口1300万人,死亡489人,淹没耕地3400余万亩,倒塌房屋89万间。严峻水情与严重灾情,引起以毛泽东主席为首的中国共产党和中央人民政府的高度重视,迅速把治理淮河提上议事日程。

8月5日,毛泽东主席在看到中共皖北区党委书记曾希圣等致电华东局、华东军政委员会并转中央的电报时,落下了眼泪。他在“不少是全村沉没”

“被毒蛇咬死者”“今后水灾威胁仍极严重”等处都画了横线，并给政务院周恩来总理批语：“周：请令水利部限日做出导淮计划，送我一阅。此计划八月份务须作好，由政务院通过，秋初即开始动工。如何，望酌办。”8月17日，党中央指出：“如不认真治水根治水害，政权就无法巩固”，体现了党中央对治理淮河洪水的高度重视。8月25日至9月11日，周恩来总理在北京主持召开政务院治淮会议，研究淮河水情、治淮方针及1951年工程。治理淮河关系到上、中、下游不同地区的切身利益，治淮会议期间，河南、安徽、江苏三省在治淮解决办法上存在着意见分歧。安徽有内涝，要求把水排到下游苏北去；苏北担心上游把洪水泄到苏北不能顺利入海，将加深苏北水患。8月28日，华东军政委员会向周恩来转报了中共苏北区委对治淮意见的电报。电报说：“鉴于今年浮山仅7000多流量，已使洪湖大堆、运河及新淮河非常吃紧，运河南段二度出险，几乎决口。若上游导淮后浮山流量较现在增加，即无其他意外，今后洪湖大堆、运河及新淮河必会更加吃紧。”苏北区党委认为：“如今年即行导淮，则势必要动员苏北党政军民全部力量，苏北今年整个工作方针要重新考虑，既定的土改、复员等工作部署必须改变，这在我们今年工作上转弯是有困难的；且治淮技术上、人力组织上、思想动员上及河床搬家，及其他物资条件准备等等，均感仓促，下年农业生产及治沂均受很大影响。如果中央为挽救皖北水灾，要苏北改变整个工作方针，服从整个导淮计划，我们亦当竭力克服困难，完成治淮大计。”8月31日，毛泽东在这封电报上批示：“周：此电第三项有关改变苏北工作计划问题，请加注意。导淮必苏、皖、豫三省同时动手，三省党委的工作计划，均须以此为中心，并早日告诉他们。”周恩来总理认真执行毛泽东主席关于三省工作以治淮为中心的指示，并针对土改与治淮的突出矛盾，阐明了为什么要集中力量抓治淮。周恩来总理说：“要修水利。不然，一下淹了，一淹就是几千万亩，农村土地改革的成果也难以巩固。”为了以治淮为中心，统一豫、皖、苏三省的行动，周恩来总理做了许多深入细致的协调工作。在治淮会议期间，为解决安徽和江苏的蓄泄之争，周恩来总理反复召集各单位负责干部讨论、协商，开大会达6次之多，会下还与同志个别谈话，征求意见。在综合各方面意见的基础上，周恩来总理兼顾上、中、下游的利益，运用唯物辩证法和现代科学技术的观点，提出了“蓄泄兼筹”的治淮方针。治淮会议坚决贯彻执行党中央关于根治淮河的重大决策，提出了“蓄泄兼筹，以达根治之目的”的治淮方针，豫、皖、苏“三省共保，三省一齐动手”的团结治淮原则，做出了淮河上游以蓄洪发展水利为长远目标，中游蓄泄并重，下游则开辟入海水道的重大部署，解决了治淮事业中蓄洪与泄洪、上游与下游、近期与远期、除害与兴利等一系列重大的关系问题,科学决策兴建了治淮初期一系列大型骨干工程。8~9月两个月之内,毛泽东主席接连在淮河水灾及治淮情况的电报上写了四封批示信给周恩来总理,在前三封电报的批示中,均使用的是“导淮”一词,但在9月21日的批示中,却改用了“治淮”。“导”“治”一字之差,揭示着治淮战略思想的一个重大转变,增加了在上游修建水库、中游修建行蓄洪区的“蓄”的方针。

1950年10月14日,周恩来总理主持中央人民政府政务院会议,通过并发布了《关于治理淮河的决定》。从此,“蓄泄兼筹”这一治水理念的重大创新,不仅一直引领着治淮事业的可持续发展,而且成为全国大江大河治理必须遵循的先进治水理念。

## 二、佛子岭水库是我国水利工程建设技术创新的人才摇篮

佛子岭水库位于安徽省霍山县境内、淮河支流淠河东源上,于1952年1月动工兴建,1954年11月建成,以防洪、灌溉为主,结合发电、供水、航运等功能,总库容4.96亿$m^3$,在70年的淮河防洪抗旱、保障城乡供水、促进流域经济社会可持续发展等方面发挥出了重要作用。佛子岭水库是新中国成立后淮河治理的第一个大型水利枢纽工程,也是当时我国自行设计的第一座具有国际先进水平的大型连拱坝水库,在新中国水利事业发展史上具有里程碑的意义,被誉为“新中国第一坝”!

据史料记载,大坝建设时期,佛子岭工地被誉称为“佛子岭大学”,广大建设者创造了“分区平行流水作业法”等400多项技术革新,为我国水库工程建设积累了丰富的经验和储备了大量人才。水库建成后,由“佛子岭大学”培养出的一大批技术干部和技术工人足迹遍布祖国大地,涌现出了中国连拱坝之父汪胡桢,全国政协原副主席、水利部原部长、中国工程院院士钱正英,中国工程院院士曹楚生等一大批著名水利专家,为新中国的水利事业发展和进步做出了重要贡献。

据央视总台“国家记忆”栏目《一定要把淮河修好》第三集《蓄水筑坝》报道,1950年冬,在抗美援朝战争已经打响的同时,治理淮河也拉开了序幕,美国等西方国家对我国实行了经济封锁和禁运,钢筋、水泥等建筑材料在建设工地上严重缺乏。在保证水库建设质量的同时,如何减少人力、物力的支出,是治淮前辈汪胡桢老先生首要考虑的重大问题。而水库坝型的设计决定着建筑材料的用料多少,因此对于坝型设计的选择,汪胡桢尤为重视。当时,他做出了一个大胆的设想:将佛子岭水库大坝修成钢筋混凝土连拱坝。1951年冬的

大别山，异常寒冷，在佛子岭工地会议室里，会集了茅以升、钱令希、黄文熙、谷德振等16位国内顶尖的水利水电方面的专家，对于坝型设计，他们讨论了整整三天三夜。找到这样一个在好、快、省方面具有突出的优势，既节约建材又缩短工期的佛子岭水库连拱坝的坝型设计方案，令中国专家们无不欢欣鼓舞。但是，当他们满怀期待地请苏联专家提出意见时，迎来的却是一票否决！时任治淮委员会主任的曾山同志听完汪胡桢老先生对设计方案的充分论证汇报后说："既然中国专家认为连拱坝方案有道理、有把握，就应当相信我们自己的专家。"他还表示："汪胡桢是有胆识的专家，今后要全力支持他，克服困难，早日建成大坝。"那时，虽然施工条件简陋，但汪胡桢始终一丝不苟，带领大家解决一个个难题，保证了水库的工程质量。赶在来年汛期前完工，已经是个死命令，然而一场突如其来的洪水，让佛子岭工程被迫停工。据淮委原主任蔡敬荀回忆："那时候我们也不知道这个工程到底可靠不可靠。我们就问汪老，这个工程有把握没有？汪老笑着说：'你们要觉得没信心的话，这个工程就没有把握。'"1953年11月27日，工地上气氛紧张，人们肩挑手抬，奋勇抛石，终于在太阳落山之前完成了一次性合龙。在围堰合龙的几个月后，佛子岭水库终于建设成功。1954年6月，也就是水库刚刚完工不久，淮河流域就发生了新中国成立以来的大洪水，淮河流域瞬间告急。一个月后，佛子岭水库首次接到拦蓄洪水的命令，而此时水位离坝顶仅有5 m，水位不断上升，大坝随时都有溃决的风险。如果水库此时决口，淮河下游势必会发生严重水灾，所有人的心都悬了起来，但最终让人惊喜的是，大坝安然无恙！它巍峨屹立，保住了一方百姓的安宁稳定。而今，经过除险加固的佛子岭水库，依然持续发挥着重要作用。

## 三、淮河入海水道工程是规划设计创新的重大实践

从1194年至1855年，黄河夺淮，彻底打乱了淮河流域的原有水系，将淮河分成淮河水系和沂沭泗水系，淤塞了淮河下游云梯关的入海通道，形成今日的废黄河，其间淮河时常决堤，被迫改道向南入长江。黄河夺淮的660多年间，淮河灾难深重，每遇大水，洪水在下游平原恣意横行。1921年、1931年大洪水，造成了淮河下游的巨大灾难，当时有很形象的话比喻道：里下河地区"船行树梢，鱼游城关"！淮河下游2000万人口、3000万亩耕地的防洪安全直接受到威胁，迫切需要开辟淮河直接入海的通道。自从黄河夺淮以来，还直接入海通道于淮河成为历朝历代和亿万民众一个跨越8个世纪的梦想。历史上虽有众多仁人志士欲兴直接入海之梦，但终因诸多的复杂原因，一直不能

如愿。

新中国成立后的历次淮河规划,均要修建淮河入海水道,但每到决策时均有反复。1950 年 10 月 14 日,中央政府政务院发布的《关于治理淮河的决定》中指出,“下游,应即开辟淮河入海水道,加强运河堤防及建筑三河活动坝等工程”;11 月 12 日,治淮委员会召开第一次全体委员会议,决议指出:“惟因目前资料缺乏,时间迫促,勘测需时,加以苏北人力调度困难,因此需呈请中央批准,本期工程暂缓开辟入海水道及缓办三河活动坝”。1951 年 7 月 26 日至 8 月 10 日的第二次治淮会议,认为入海水道可以不再开辟,改自洪泽湖至黄海修筑一条以灌溉为主结合排洪的干渠,分泄流量 700 $m^3/s$。由此,淮河入海水道就由开挖苏北灌溉总渠代替。1954 年 7 月 10 日,治淮委员会召开第三次全体委员会议,着重研究入海水道是否需要开辟等问题。会后在《关于治淮方略的补充报告》中指出:入海水道在“第二次淮委会议已肯定不需开辟,但为照顾 1921 年之最大洪水流量(入洪泽湖 10755 $m^3/s$),故有重新考虑的必要。”12 月 21 日,水利部党组向中央农村工作部报告了《关于入海水道的意见》,认为“增辟入海水道是需要的”。1978 年 9 月,江苏省向水利部、国家计委上报了《淮河入海水道工程设计任务书》,计划在灌溉总渠以北开辟入海水道,设计行洪 14000 $m^3/s$,外堤脚距 1300~2500 m,筑堤“束水漫滩”行洪方式,作为淮河特大洪水的“太平门”,近期按行洪 3000 $m^3/s$ 实施,需要占用 30 万亩耕地,搬迁 15 万人,这对当时来说也是一个巨量工程。所以,为什么入海水道迟迟下不了决心,跟渠北地区人口稠密、人多地少,是有很大关系的。1991 年淮河大水后的 1994 年,水利部淮河水利委员会上报的《淮河入海水道工程项目建议书》中,洪泽湖防洪标准按 300 年一遇洪水设计、2000 年一遇洪水校核,设计流量 7000 $m^3/s$、校核流量 7920 $m^3/s$;近期工程设计标准为 100 年一遇,设计流量 2270 $m^3/s$、校核流量 2540 $m^3/s$,这一流量恰好和 1951 年治淮委员会向中央报告的《关于治淮方略的补充报告》中提出的安排 2550 $m^3/s$ 的流量非常接近,所以历史就是这么冥冥之中碰上了,虽说纯属巧合,但也不是巧合,因为到 1994 年做淮河入海水道规划设计的时候,水文系列和当年相比延长了 40 多年。这也能说明一些问题,治淮的前辈们,或者说我们水利的前辈们和我们当年这些刚参加工作十几年的人不但想法一致,有些数值计算或研究论证上,也是殊途同归的。近远期工程外堤脚距 750 m,运东局部 1100~1300 m,远期河底宽 210~324 m。近期工程运河以西开挖单泓、运河以东布置南北双泓,筑堤结合渠北排涝,滩槽共同行洪,搬迁的人口数量 6.3 万人、拆迁房屋 6.8 万间、征用耕地 6.8 万亩,大数 3 个 6,六六大顺!和原来占地、搬迁人口、拆迁房屋数量相比,减少了50%以上。淮河入海水道工程于1998年10月开始建设,1999年10月全面动工,2003年6月28日实现全线通水,2006年10月21日,淮河入海水道近期工程全面建成,通过了水利部和江苏省人民政府共同主持的竣工验收。在2003年和2007年两次淮河大洪水中及时分泄洪泽湖洪水,2003年通水后的第7天开始行洪,据估算,当年就发挥出28亿元的巨大防洪减灾效益,一次行洪就收回了41.17亿元工程投资的约2/3,以及显著的社会效益和生态环境效益。

入海水道工程在规划设计创新上有几大特色:一是创造性地改变了长期的"漫滩行洪"的规划设计理念,尽最大可能地减轻了征地拆迁的巨大压力;二是南北两泓布设实现了排泄渠北地区涝水的高低水分排,以及与城市排污的清污水分流的功能要求;三是淮安枢纽的立交形式是亚洲同类工程规模最大且极具特色的上槽下洞的水上立交工程,实现了同时满足东西向的入海泄洪和南北向的京杭运河通航;四是淮安枢纽7层塔式仿古建筑,用悬索桥连接,桥头堡内设有观光电梯,外观设计上充分展现了现代工程美学、融合了大运河水文化、传承和弘扬了淮扬历史文化,并集三者于一体。登塔远眺,北边是历史悠久的古城淮安,南边是气势宏伟的运南闸群,入海水道与京杭大运河犹如两条长龙,一条横贯东西,一条纵跃南北,交相辉映,并已成为淮安地区别具特色的人文景观和旅游休闲场所,为古城淮安增添了新的亮点。淮河入海水道近期工程被评为国家优秀设计金质奖,又在新中国成立60周年的时候,入选新中国成立60周年国家100项经典暨精品工程之一,得到全社会的好评和充分肯定,成为京杭大运河上的一颗灿烂明珠,成为行业内外一个标志性的水利工程名片,成为水文化与水工程有机融合的典型作品!这是我们80年代治淮人站在治淮前辈们的厚实肩膀上的莫大幸运和巨大荣耀!

## 四、身历其境才能深刻体会出开拓创新的弥足珍贵

淮河入海水道工程彻底结束了淮河800多年来没有独流入海通道的辛酸历史,圆了淮河入海的百年之梦,创造了世纪辉煌。它凝聚了我们几代治淮人的心血和智慧。我有幸从20世纪90年代初开始全程参与其中,那时缩窄堤距、南北双槽、滩槽行洪、高低分排、清污分流、淮安立交,都是经过反复论证,甚至激烈争论出的结果。如淮安立交枢纽原来的规划设计是在京杭大运河上南北建两个闸,在运河东西侧建2个闸,共布置4个水闸,并在院党委会上统一思想认识确定的平交方案。这样的方案,在行洪期间,要中断大运河航运,要漫滩行洪,也要临时搬迁、临时转移,还有大量的基础设施会受到损坏。所

以,我觉得淮安立交方案对京杭大运河有很大的贡献。

当时,我任淮委设计院副院长并作为项目负责人,具体主持入海水道工程的规划设计工作。当年,大多数人都认为淮安枢纽立交投资大、技术难题多,设计建设这么大的一个和京杭运河立交的枢纽在国内是没有先例的,风险太大,因为上面要行船并防撞,下面同时要行洪,设计上遇到一系列难题,当时我们多方请教有关院士、专家,并在工程结构上首次采用了三维空间计算,最后建成的淮河入海水道工程淮安立交枢纽是薄壁式的,节省了工程投资。然而,在淮委正式上报的《淮河入海水道近期工程项目建议书》中,淮安枢纽还是平交方案。记得时任水利部水规总院副院长的曾肇京前辈主持项目建议书的技术审查,我先汇报了平交方案,然后再向曾院长请示,说:淮安枢纽还有一个立交方案,能不能让我再花点时间汇报一下。他同意后,我就把淮安枢纽立交方案做了汇报。曾院长及姚邦义、何孝球等老领导、老专家对立交方案纷纷予以充分肯定,工程方案就是它了。淮安枢纽立交方案,就是在平交与立交方案的这么个长期论证的环境中,得以脱颖而出的。

此外,1994 年,为了加快入海水道的前期工作,淮委和江苏省水利厅决定成立现场设计联合组,淮委设计院和江苏省设计院各出一名副院长带队到现场开展工程规划设计。淮委设计院由我带队,江苏省设计院由张建华副院长带队,我们聚集到当时的淮安市,也就是周恩来总理的老家。春节刚过,我们两个院就选调精兵强将,开展现场设计,两个院在设计思想或者具体设计上有过许多争论、争议,但更多的是团结协作,共同推进前期工作。我们从节后一直干到 6 月初,找了个小招待所,吃住环境和工作条件也较差。冬天寒冷,夏天蚊虫叮咬,我们身上时不时长出一个个水泡,鼓起一个个包。但是,好在我们靠近伟人的纪念馆,在一些重大节庆日,两个院还联合去周恩来纪念馆缅怀革命先辈,学习周恩来总理工作勤恳、奋斗不息的革命精神,这极大地激励了我们的工作热情。我清楚地记得,我们是 6 月 3 日基本完成现场设计任务,撤回各自单位的。后来有人告诉我,时任水利部副部长张春园当时正在淮河检查防汛,6 月 4 日来到我们联合设计的场所看望我们,但没有见到我们这个联合设计团队,因为当时通信条件不好,还少有手机,我们不知道部领导在淮河,更不知道张春园副部长要专程到设计现场来看望慰问大家,所以也成为一个小遗憾。在淮河入海水道工程前期工作过程中,我记忆中的现场设计这一段时光是最难忘、最珍贵、最美好、最值得回味的。

虽然淮河入海水道近期工程建成了,但它和入江水道一道,毕竟只能保证洪泽湖防御 100 年一遇的洪水。对于洪泽湖这么一个巨型水库而言,它的防洪标准显然还是偏低的。热切希望入海水道二期工程能够按7000 $m^3/s$的工程规模,早日决策批复,早日开工建设,早日让淮河人民受益,进一步解除淮河流域,尤其是洪泽湖的防洪压力。

在当前和今后的治淮事业中,我们要继续坚持和弘扬“蓄泄兼筹”的治水理念,不断加强创新意识,持续提高创新能力,并在贯彻落实“节水优先、空间均衡、系统治理、两手发力”的新时代治水思路、深化“水利工程补短板、水利行业强监管”的水利改革发展总基调中予以充分体现,让淮河成为一条让人民放心的安心河,成为一条造福于人民的幸福河!

# 亲历治淮:淮河入海水道淮安枢纽工程建设二三事

南水北调中线干线工程建设管理局原副局长
水利部淮河水利委员会原总工程师　　曹为民

时光荏苒,一晃离开淮河水利委员会已十多年了。回首那段风风雨雨、酷暑严寒的治淮岁月,想起自己常年奔波于各个治淮工地的场景,心中不免五味杂陈,感慨万千。

在淮委工作期间,我曾参与过多项治淮骨干工程建设,这些亲历的工程中,最让我难忘的是淮河入海水道淮安枢纽工程。

淮河入海水道工程是治淮工程体系中进一步打通淮河洪水入海通道、根本解决淮河下游洪水威胁的一项关键工程。入海水道全长 163.5 km,布置有二河、淮安、滨海、海口四大枢纽,淮阜控制工程及 29 座穿堤建筑物,设计行洪流量 2270 $m^3/s$。淮委建设局承担淮安枢纽、二河枢纽工程及 3 个穿堤建筑物建设管理任务,其余河道堤防及枢纽工程由江苏省水利厅负责组织实施。2000 年,当得知淮委任命我担任淮委入海水道工程建管局局长时,我顿感压力,深知肩上的担子更重了。江苏水利建设管理水平很高,处于全国水利行业前列,淮委建管局和江苏省建管局两个建设单位在淮河入海水道工程上同时组织建设,无形中营造了一种互相比较、相互竞争的氛围。好在淮安枢纽工程参建单位都斗志昂扬、信心满满,淮委建管局从全委抽调业务骨干组建了一支责任心强、技术过硬、善打硬仗的建设管理队伍。施工单位是中水十一局,这是一支长期奋战在中国水电战线上技术力量雄厚、施工经验丰富、作风顽强的施工队伍。他们调配了全局的优势资源组建了项目部,立下军令状,誓创精品工程。设计单位中水淮河规划设计研究有限公司也是第一次承接这么大的工程,非常重视,派出最强技术骨干常驻工地现场,提供技术服务。建设过程中,参建单位配合得非常融洽,大家默契地形成了周例会制度,通报上周建设情况,安排部署下一阶段工作,遇到难题,一起想办法解决。大家自觉拧成一股绳,铆足一股劲,朝着建设精品工程的目标努力。

作为新中国成立以来江苏省规模最大的单项水利工程,淮河入海水道工程建设得到了水利部、江苏省各级政府及水利部门的关心支持。时任水利部部长汪恕诚亲临淮安枢纽工程视察工作,时任江苏省副省长姜永荣,现任江苏省政协主席、时任水利厅厅长黄莉新,时任水利厅厅长吕振霖等领导多次来工地视察指导,协调解决有关问题,江苏省各级水利等部门也在建设过程中给予了莫大的支持。工程建设同样得到了淮委领导和广大干部职工的关心与支持,委领导宁远、钱敏、肖幼等多次来工地检查指导,慰问工地干部职工,积极帮助解决实际困难。很多淮委干部职工来工地调研学习、体验生活,他们戏称建管局为"海道(盗)局",吃住在工地,和建管局职工们打成一片,给平淡的工地生活带来了很多欢声笑语。

为营造良好的施工外部环境,我们十分注重与地方关系的协调。工程一开始就主动上门与地方政府、相关部门沟通,听取他们的意见和建议,以诚意赢得他们的理解与支持。进场初期,建管局就与工程管理单位江苏省灌溉总渠管理处建立了良好关系,得到了他们的大力支持和热情服务,解决了临时办公、生活用房等燃眉之急。建设过程中,总渠管理处全程参与,双方相互协作,实现了工程建设与运行管理的"无缝"对接。在设计前期阶段,就解决渠北运西地区排涝和清安河排污问题,组织相关单位进行认真勘查和调研,根据地方意见优化相关设计,满足了当地实际需求。在淮安枢纽上部建筑外观设计中,我们广泛征求地方意见,拿出多种设计方案供比选,最终选定的方案体现了淮安古运河文化与现代工程的完美交融,建成后的淮安枢纽工程典雅美观,与周边环境和谐统一,为当地打造了一道靓丽的标志性景观,得到了各方的高度评价,并跻身国家水利风景区。为了相互促进、共同提高,我们与入海水道工程上的其他几个枢纽工程建管处也经常联系,相互交流,总结经验与教训,取长补短,几年来结下了深厚的友情。

在淮安枢纽工程的建设过程中,出现过一个又一个技术难题,经过大家的不懈努力、积极钻研,这些难题都被我们一一攻克了。

淮安枢纽工程中的立交地涵号称当时亚洲规模最大的水上立交工程,结构复杂、技术含量高、施工难度大,特别是特大型深基坑施工降水和大跨度薄壁钢筋混凝土防裂等是施工中的重点和难点,极具挑战性。立交地涵涵址附近水网稠密，地下水特别丰富，有两层承压水，如果降水不成功，将无法进行基坑开挖及地涵混凝土施工。由于缺少类似水文地质条件的特大型深基坑降水的成功经验可以借鉴，在建设过程中，我们十分谨慎，进行大量细致的研究与分析，先期做抽水试验，确定了关键技术参数，并咨询了资深专家。最后根据试验结果综合考虑制订了降水方案，实施效果非常好，整个基础施工实现了旱地作业。

立交地涵涵身混凝土防裂是淮安枢纽工程建设施工中的头等技术难题。涵身混凝土体量大，既有大体积混凝土浇筑，又有大面积薄壁结构混凝土，大体积薄壁结构混凝土防裂一直是工程界公认的施工技术难题，如混凝土发生裂缝，就会给立交地涵工程日后运行带来安全隐患。为攻克这一技术难题，大家集思广益、多次试验。首先，为解决混凝土水平、垂直运输及布料入仓问题，进行了多种浇筑设备比选，最终根据工程技术要求和施工条件，决定引进美国ROTEC公司高速混凝土运输皮带机和胎带机进行地涵主体混凝土的浇筑，这也是继小浪底和三峡枢纽工程后第三个采用胎带机浇筑混凝土的国内工程。ROTEC胎带机的应用不仅极大提高了混凝土浇筑强度，节约了施工成本，还保证了混凝土运输环节的质量控制，实现了低塌落度混凝土浇筑，有利于地涵混凝土裂缝控制。其次，我们将地涵混凝土裂缝控制作为一项重点科研课题进行攻关，与河海大学合作，进行建模与仿真计算，邀请国内知名专家多次到工地现场进行咨询，组织参建单位反复论证、试验方案。最后，采取了行之有效的混凝土防裂技术措施并实施，取得了重大成功，立交地涵涵身混凝土未出现一条结构性裂缝。立交地涵涵顶多道防渗层施工也非常成功，上部大运河渡槽通水后，下部地涵滴水不漏。行走在涵洞里，船只在头顶运河上来回穿梭，而涵洞周边万无一“湿”，到淮安枢纽工地的参观者无不赞叹称奇。

繁忙的业务工作之余，工地的日常生活十分枯燥单调，大家都远离家乡和家人，有时几个月也难得回一次家。不过，大家也都在苦中寻乐，空闲之余会下下棋、打个纸牌。后期条件改善，也组织开展一些文体活动。最让我记忆犹新的是我们自己动手平整场地、铺设草坪，在办公院区旁的弃土场开辟了一个标准足球场，每周日下午施工例会后，大家一起上场挥洒汗水，直到精疲力尽、天黑方休，暂时忘却了思乡情绪。

近20年过去了，淮安枢纽工程也经历了两次大流量行洪，经受住了洪水的严峻考验，发挥了巨大的防洪减灾效益。正因工程质量优良，淮安枢纽工程先后获得了水利部大禹奖、国家优质工程银质奖、詹天佑土木工程奖、水利部优秀工程设计金质奖等一系列奖项，包括淮安枢纽工程在内的淮河入海水道工程荣获中国建筑工程鲁班奖、新中国成立60周年“百项经典暨精品工程”荣誉称号。

千里扬波的淮河奔腾不息，在一代代治淮人的薪火相传、接续奋斗下，如今日益完善的防洪工程体系，使我们应对洪灾变得更加坚韧、有力。淮河百姓安居乐业的美好夙愿正在变成现实。此刻，回首那段筚路蓝缕、激情燃烧的岁月，那些难以忘怀的人和事，不禁感慨万千，所有的付出都是值得的。期冀新时代治淮事业从岁月回望中汲取不断前行的力量。

# 对新时代治淮的思考
## ——礼赞新中国治淮70年

水利部淮河水利委员会原主任　赵武京

耄耋之年心不闲,治淮之愿仍未眠。习近平总书记在黄河流域生态保护和高质量发展座谈会上的重要讲话,不仅为新时代加强黄河治理保护提供了根本遵循,也为其他流域做好新时代治水管水工作提供了科学指南。在新中国治淮70周年到来之际,回望新中国治淮,特别是见证并参与20世纪90年代治淮历史,联系退休后对进一步修好淮河的持续思考和学习体会,我认为新时代治淮应肩负起流域生态文明建设的神圣使命,要“五水”同治同兴,“六策”并举。

### 一、只有新中国才能彻底根治淮河水患、修好淮河

淮河地处我国南北气候、海陆相和高低纬度三个过渡带重叠地区,加之黄河夺淮700年,自古以来,淮河水旱灾害频繁,危害甚重。欲兴国,必治水,此乃华夏千古垂训。从大禹导淮到孙叔敖修芍陂,从“黄河阳武决口”到潘季驯“蓄清刷黄”,从“鱼米之乡”到“十年九年荒”……一部艰辛的治淮史,浓缩出中华民族的苦难史、奋斗史、治国史。受自然条件、生产力水平、社会制度、人为破坏等制约,淮河水患没有得到系统治理和控制。

治理淮河水患的千古难题历史性地交给了中国共产党缔造和领导的新中国。1949年,中华人民共和国刚成立,一穷二白、百废待兴。1950年夏,淮河遭受严重水灾,3400多万亩良田被淹没,1300多万农民再次沦为灾民。灾区的惨状,引起毛泽东主席的强烈悲痛,他语调铿锵地说:“不解救人民,还叫什么共产党!”周恩来总理夜以继日地召开政务院会议,于10月14日签署了政务院《关于治淮的决定》,并成立治淮委员会。1951年,毛泽东主席发出“一定要把淮河修好”的伟大号召,掀起了新中国第一次治淮高潮!这次人民治淮运动持续了8年之久,取得了巨大的成就。淮河洪涝旱灾害得到遏制,人民群众生产生活条件得到初步改善。

随后治淮进入常态化,经过30多年的持续治理,淮河抗灾能力有一定增

强，但淮河水患并未根除，洪涝旱灾害仍制约流域经济社会发展。1991年5月中旬至6月初，淮河流域连续出现两次强降雨过程，平原积水严重，大面积小麦倒伏霉烂减产；随后暴雨又接二连三袭击江淮，淮河两岸老百姓苦不堪言。洪涝灾情，再次引起党中央、国务院的高度重视。洪水尚未退尽，国务院于8月中旬召开治淮、治太会议，做出了《关于进一步治理淮河和太湖的决定》。明确用10年时间、投入120多亿元，兴建19项防洪骨干工程，要求“八五”初见成效、“九五”整体推进。继20世纪50年代第一次治淮高潮以来，第二次声势浩大的治淮高潮在中原大地迅速展开了。为了推动治淮深入持久地进行，国务院成立了治淮领导小组，又于1992年末、1994年初和1997年4月相继召开第二、三、四次治淮会议；水利部把治淮放在更加突出的位置；流域四省分别成立了治淮领导小组，由一名副省长任组长。经过不懈努力，19项防洪骨干工程相继完成，淮河抗灾能力进一步提高，流域防洪除涝工程体系和非工程体系基本形成，经受了1996年、1998年洪水和1997年大旱的考验，实现了“八五”初见成效、“九五”整体推进的目标。复建板桥水库和石漫滩水库，抹掉了“75·8”洪灾的阴影。兴建临淮岗水库，使淮河干流特大洪水得到有效控制。开通入海水道，结束了淮河800年无入海尾闾的历史。治淮取得显著的社会、经济效益和环境效益。

进入新时代，治理淮河进一步发力。2011年国务院召开治淮会议，国办颁发了发改委和水利部《关于切实做好进一步治理淮河工作指导意见》。2013年国务院批复《淮河流域综合规划（2012—2030年）》，发改委和水利部联合印发《进一步治理淮河实施方案》，明确实施38项治淮工程。目前已开工实施29项，其中8项已全面完成，出山店水库、前坪水库、江港水库、庄里水库和淮干蚌埠至浮山段整治等重大项目主体工程基本完成，引江济淮等工程顺利推进。

淮河是中国第一条被全面治理的河流，70年来治淮取得了举世瞩目的辉煌成就，国家和流域四省付出巨大投入，仅20世纪90年代以来实施的19项防洪骨干工程和38项进一步治淮工程，总概算近2000亿元。建成了由6000余座水库（其中大型水库38座）、各类水闸6600余座、行蓄洪区30多处、人工新河2100 km、各类堤防6万km、各类电力抽水站5.5万处和引黄、江水北调工程组成的比较完善的防洪除涝、供水灌溉工程体系和非工程体系。现已具备防御新中国成立以来流域性最大洪水的能力，为淮河水安全和国家粮食安全提供了可靠的治淮支撑和保障。

同时，党中央、国务院历来重视淮河水污染防治，把淮河列为国家重点治理“三河三湖”的重点，1995年国务院颁布了《淮河流域水污染防治暂行条例》，使淮河水污染防治步入法制轨道。以壮士断腕的决心关停“十五小”企业近5000家，1998年实现工业企业达标排放。紧接着五次批复实施淮河流域水污染防治五年规划。自2005年以来，淮河流域水质持续向好，淮河干流已连续15年未发生大面积突发性水污染事故，水质基本保持在Ⅲ类水，沿淮城镇用水安全得到有效保障。

经过70年不懈努力，旧中国淮河那种多灾多难、民不聊生的悲惨景象一去不复返，一个生态优美宜居、繁荣昌盛的新淮河逐渐展现在祖国中原腹地！看到淮河的沧桑巨变，作为老治淮工作者感到十分欣慰！这不仅彰显出中国共产党立党为公、执政为民的政治本色，社会主义集中力量办大事的优越性，改革开放带来的强大国力；而且启示告诉人们：只有中国共产党缔造和领导的新中国，才能彻底根治淮河水患，修好淮河！

## 二、新时代治淮面临的新挑战、新机遇和新要求

（1）典型孕灾基因没有改变，又遇到新情况。淮河流域孕灾的自然地理气候条件没有变，也不可能有根本性变化，水旱灾害老问题依然存在，且出现新情况。一是全球气候变暖，引起台风周而复始地来袭，暴风雨更加猛烈，使淮河流域雨洪灾害更加厉害；二是随着城镇化水平提高，不透水地表增加、径流系数提高，抗洪排涝压力增大，洪涝灾害风险逐年上升；三是入海水道一期工程虽已实施，入江水道得到治理，但不能说黄河夺淮的后遗症就消失了，黄河夺淮的后遗症难以在短时期内彻底消除。

（2）低水平工业化、城镇化的加速推进，在带来巨大社会财富的同时，使水生态环境受到严重冲击。由于人们对经济规律、自然规律和生态规律认识不足，一味追求经济效益，没有考虑水资源、水环境、水生态环境承载能力，无序低效发展，有的甚至采取“杀鸡取卵”“竭泽而渔”的发展方式，造成水资源短缺、水生态损害、水环境污染。有的用水浪费，过度开发水资源、侵害水域岸线、挤占生态用水，导致部分河道断流、湖泊萎缩、生态功能降低、地下水位下降等，遭到大自然无情的报复，带来严重的生态问题和安全隐患。

（3）新时代社会主要矛盾的变化，对治淮提出新要求。随着我国主要矛盾的变化，治淮矛盾也由人民对除水害、兴水利的需求与治淮工程功能不足的矛盾，转化为人民对水资源、水环境、水生态的需求与治淮工程监管不力的矛盾。暴雨洪水是一种自然现象，不可能避免，既不能一味提高防洪标准激化人水矛盾，也不能不作为，使人民群众经常遭受损害，而要深入研究把握其规律，

补齐治淮工程短板，适度积极应对。水资源、水污染、水生态问题主要是由社会因素、人为造成的，要靠依法强监督，改变人对水的认识，规范人的行为，纠正人的错误行为。要将治淮思路从改变自然、征服自然，转变为尊重自然、顺应自然和保护自然。要将求发展、建设美丽家园作为治淮的主要目标，合理适度进行水资源配置、开发、利用；以管好盛水的“盆”、保护“盆中水”为核心，科学谋划生态治淮工程，把治淮工程建设成防洪减灾安全可靠、水资源配置高效有用、生态环境修复保护有益管用、人民群众满意的民生工程。

(4)进一步深化对水的认识。水是自然资源中最复杂、最灵动、支撑经济社会发展和生态文明建设最关键的控制因素，水多则洪涝，水少则干旱，水脏则污染、失去使用功能，并遗害子孙后代。水是最重要的生态环境要素，不论河湖水库生态系统，还是由山水林田湖草等要素组成的自然生态系统，水都是最核心的控制要素；不论是水生态系统保护和修复，还是自然生态系统保护和修复，都要做好水文章。新时代治水不能局限于河湖及滩涂，应扩展到包括整个河湖水系在内的自然生态系统，既管好“盆中水”，又管好“盛水的盆”。因此，2011 年中央一号文件提出：“水是生命之源、生产之要、生态之基”。党的十八大把生态文明列入“五位一体”总体布局，十九大发出“加快生态文明体制改革、建设美丽中国”的伟大号召。习近平主席明确指出：“建设生态文明是中华民族永续发展的千年大计”，将生态文明建设提升到国家战略。

综上所述，新时代治淮必须肩负起淮河流域生态文明建设的神圣使命，为建设淮河生态经济带、满足人民群众日益增长的优质水资源、健康水生态、宜居水环境需求提供治淮支撑和保障。

## 三、新时代治淮要“五水”同治同兴

(1)水旱灾害的预防与治理仍是治淮的首要任务。洪涝旱灾害的发生是一种自然现象，也是生态的一种反应方式，具有不确定性和不可抗拒性，并将永远伴随人类文明而共生。新中国治淮 70 年，防洪除涝、供水灌溉的工程体系和非工程体系已形成，但洪涝、干旱仍是我们面临的最严重的自然灾害。在实现“两个一百年”奋斗目标、乡村振兴、建设淮河生态经济带中，防洪减灾仍有短板要补，绝不能麻痹大意。要按不同保护对象，分级分类设防，做到安全可靠。对目前治淮提两点建议：一是应将沿淮行蓄洪区调整和治理，以及 2.5 万 $km^2$ 平原洼地治理作为当前及今后一段时间治淮的重点。长期以来，行蓄洪区人民顾全大局，为流域防洪减灾做出了牺牲和贡献。但受历史条件限制，生产生活条件较差，多数为贫困地区。现在国力和技术能力强了，应该通过调整和治理，在担负防洪减灾的同时，让群众生产生活条件得以改善，脱贫致富。二是入海水道二期工程应适度提高规模和标准。在保持现有堤距的前提下，尽量深挖河道、培修超级堤防和扩建闸涵，以利于除涝、水资源利用、古淮河航道和滨海港的恢复，打造我国中东部地区出海黄金水道。

（2）水资源开发与配置是治淮的核心任务。淮河多年平均总水量795亿$m^3$（地表水595亿$m^3$、地下水200亿$m^3$），但人均和亩均占有量仅为全国平均量的1/5和1/4，水资源严重短缺，且时空分布不均。新中国成立70年来，通过修建水库和开采地下水调节时间上的丰枯波动；通过引黄和江水北调来调节水土空间不匹配。由于用水粗放、开发过度，随着经济发展和城镇化率提高，需水量增加，供需矛盾更加突出。在目前抽江引黄的情况下，偏枯年总缺水量为40亿$m^3$，特枯年总缺水量为120亿$m^3$。做好水资源开发配置和管理仍是治淮的核心任务，其出路在于贯彻“节水优先”的方针和“以水定需”的原则，执行最严格的水资源管理制度。首先，抓好“合理分水”。按“取之有度、用之有节”的要求，看住上线控总量，将淮河、沂河、沭河和跨省支流进行水量分配，明确区域用水总量和用水强度双控指标，建立水资源承载能力监测预警机制；守住底线保生态，科学合理确定洪泽湖、骆马湖等湖泊生态水位和淮河及跨省支流省界生态流量，健全计量和在线监测设施。其次，管住用水强监管。用总量和强度双控刚性约束倒逼用水方式、产业结构调整；坚持“底线思维，以人为本”，从供水管理向需水管理转变，从粗放用水方式向高效节水方式转变，从过度开发向主动保护转变。努力做到量不减少、质不下降，可持续利用。

（3）水环境治理和保护是治淮的战略重点。淮河是典型的平原河流，支流众多，水环境容量和纳污能力有限。治淮70年来修建了众多闸坝，形成防洪和水资源开发利用工程体系，虽对河道径流有较高的控制能力，但部分闸坝拦蓄污水诱发水污染事故。自20世纪90年代中期以来，国家加大淮河水污染防治力度，实现了工业企业达标排放，淮河干流水质持续向好，保持在Ⅲ类水。但因工业污染、农田面源污染和城乡生活污水处理滞后，致使部分入河（湖）排污量超过纳污能力和限制纳污总量，与流域生态系统承载能力不相适应。进一步加强水污染防治和水源地保护，仍是新时代治淮的战略重点。水污染是人祸，是人的错误行为造成的，依法治污、强化监管是良策。要制定完善水污染防治法，坚持“谁污染谁治理”的原则，明确不同河段、湖泊水质底线和水功能区纳污红线作为刚性约束，纠正人的错误行为，碰红线、触及底线就依法处理，绝不姑息。环保部门要加强污染源、入河湖排污口和重要功能区水质的监控。以水质底线倒逼有关地区、行业和企业调整产业结构,改变生产方式。加强城市、污染企业污废水处理力度,加强化肥、农药等面源污染的监控,确保入河(湖)水质达标。水文部门在监测江河水位流量的同时监测水质,及时了解河湖水量水质情况,实现淮河和重要支流水环境质量全面提升。

(4)把水生态维护和修复提升到重要议事日程。随着人口增加和经济社会高速发展,人水争地矛盾越来越尖锐,河道非法采砂、非法围湖、岸线乱占乱堆乱建屡禁不止,导致河道缩窄、湖泊萎缩,水生态环境受到严重冲击。多年来修建不少闸坝未考虑生态流量,致使部分河流阶段性断流,水生态环境恶化。维护淮河水生态环境是新时代治淮的重要任务,应提升到重要议事日程,主要做好以下三项工作:一是归还河湖生态水量,兴建生态治淮工程。科学合理确定淮河干流、重要支流生态流量和洪泽湖、骆马湖等湖泊生态水位,并常态化监控。工程规划设计要兼顾河湖防洪排涝、供水灌溉、航运等传统功能与生态、美丽、富民、便民等功能的关系,尽量发挥河湖水利工程的生态和其他功能,对已建工程进行生态补课;二是依法清理河湖岸线“四乱”。进一步完善河湖管理条例,依法划定江河湖泊、水库生态保护刚性约束红线,以刮骨疗毒的决心依法清理岸线“四乱”,疏通拓宽河道,并常态化监管,做到水清、河畅、岸美,给自然留下休养生息的空间;三是遵照“绿水青山就是金山银山”、山水林田湖草是生命共同体的理念,分区域搞好水土保持,打造美丽淮河。周边山丘区植树造林,涵养水源;腹地平原结合建高标准农田开展水土保持;下游河湖水网区搞好河渠连通;城镇区要处理好建筑和生活垃圾、污废水,在不影响防洪安全前提下,实施岸线绿化和便民、惠民设施,让岸线成为可靠的安全屏障、靓丽的风景线、繁荣的经济带。总之,守住绿水青山已成为治淮的重中之重,要尊重河湖自然属性,爱惜原生态的滩涂、树木、野草和生物,为鸟类、鱼类和微生物保留必要的栖息地、活动空间,建设大美生态淮河,打造美丽中国淮河流域样板。

(5)重视水文化的传承和发展,塑造治淮形象。淮河水系分布和变迁,既是大自然的鬼斧神工,更是深深烙下人与水共生的痕迹。自大禹导淮至今已4000多年,淮河儿女在与水长期抗争中积累了丰富的治水经验,创造了灿烂的水文化。古人传承下来的“均其势”“均其务”“动善时”的治淮理念,至今仍具有很强的生命力;大运河传承的商贾文化和南北价值观的融合;淮地灾民在逃往他乡过程中,既促进了文化交融,又形成称为东方芭蕾的凤阳花鼓。新中国治淮,蒙洼行蓄洪区人民群众为淮河干流防洪安全舍小家为大家,舍局部为全局,前后16次开闸行洪,锤炼出无私奉献的“王家坝精神”;流域四省在治淮实践中养成的顾全大局和行政区划服从流域统一治理、统一调度的团结治水精神。综观人类文明史，世界四大文明古国均起源和发展于大江大河两岸。这一切都充分体现出水在人类文明和文化发展中具有特殊意义。水文化延续着水利行业的精神血脉，是水利人的魂。既要薪火相传、代代守护，更要与时俱进、创新发展。盛世兴水、崇尚文化。新时代，我国水利已处在由传统水利向生态水利转变的重要时期，治淮肩负着流域生态文明建设的神圣使命，为水文化的传承和发展提供了良好机遇，也提出了新要求。传承发展水文化，既要分析研究古今水事活动和重大水工程，挖掘其文化含义，吸取其精华；又要与时俱进，研究与生态有关的水文化内涵，将文化融入人类生态文明价值观中，体现人民利用水、节约水，治理水旱灾害和顺应自然水规律，保护水生态环境的理念和自觉行动，彰显人水和谐的文化载体；更要把握中国特色社会主义文化发展趋势，着眼我国和世界水利发展新的文化特征，吸取先进思想文化，丰富和开拓水文化内涵，推动水文化发展。进一步弘扬“忠诚、干净、担当，科学、求实、创新”的新时代水利精神，塑造水利行业形象，激励人、凝聚人，充分调动治淮人的积极性和创造性，推动新时代治淮事业健康有序发展。

## 四、新时代治淮战略对策

（1）进一步更新治淮理念，高起点谋划治淮事业新发展。新时代治淮要坚持以人民为中心，拓宽治淮工作内涵，更好发挥治淮保障和改善民生的重要作用。一要进一步强化以流域为单元的理念，将注意力和工作范围由河湖水体与滩涂扩展到以水为主线、统筹山水林田湖草等生命要素；二要将治淮理念由改变自然、征服自然转变为尊重自然、顺应自然和保护自然，尊重规律把握度，治理水灾害不能一味高标准，开发利用水资源要考虑其承载能力；优美生态环境没有替代产品，“用之不觉，失之难存”，要强化红线刚性约束，“治未病”；三是工程规划设计要由传统水利工程转变为生态水利工程，既要抵御水灾害、满足供水灌溉航运需求，更要维护生态系统结构稳定，特别要考虑涉水生态、生命功能保护和文化传承功能，满足人民群众对优美生态环境、优良生产生活条件的需求。

（2）完善法律法规体系，做到有法可依、有规可循。新时代治淮的内涵和工作重点在变化，监管任务加重、要求提高，职责范围在行业之间有调整，现行的相关法律、法规、规范细则等，已不适应新情况，要做适当的修改、补充完善。同时也要根据治淮需要新编一些流域性法规、规范、实施细则，使规划、设计、建设管理和监督控制有法可依、有规可循。

(3)进一步建立健全流域管理体制机制。流域是一个相对完整的自然和社会复合生态体系,水是其中的纽带和灵魂,在生态文明建设中,应将流域作为一个生命体,以水为主线,统筹山水林田湖草各要素。为此,新时代治淮应建立健全以流域水行政主管部门为核心的分级分部门管理的新体制。淮委要根据当前管理职能和任务的变化,对内设机构做相应调整,依法行使职责,高效服务,有为才有位,真正成为流域水行政主管部门;进一步健全流域管理和区域管理相结合、行政区划服从流域统一管理的工作机制;水利、环保、应急、资源、城建等部门按"三定方案"事权划分各司其职,建立高层次流域管理议事协调机制;通过实践逐步走出一条政府扶持和市场参与相结合的治淮投资新路子。

(4)发挥党的政治优势,依靠河长制湖长制工作平台推动治淮各项工作。治淮涉及四省36个地市182个县和各行各业,关系错综复杂,工作千头万绪,必须发挥党的政治优势、政府的号召力、法律的威慑力和舆论的导向推动力。我国从2017年开始推行河长制湖长制,其核心是责任制。这是解决我国复杂水问题的重大制度创新,也是保障国家水安全的重要举措,我们一定要充分依靠河长制湖长制平台推动治淮各项工作。

(5)依靠科技创新,打造智慧淮河。治淮70年取得巨大成就,但执行"四项制度"、严守"三条红线"、监控水生态的经验还不足,治淮一些重大问题需要研究探索或试点,边干边学边完善。一要深入研究入海水道二期、洪泽湖与淮河的良性关系等重大治淮问题,尽可能地消除或减轻黄河夺淮的后遗症;二要充分利用大数据、互联网、可视化等技术,通过自动采集、无线传输、自动监测监控、分析评价、预警预报,指导治淮工作,推动现代信息技术与治淮建设和监督管理深度融合,打造"智慧淮河",以此推动治淮高素质专业化干部队伍建设。

(6)大力弘扬水精神。几千年来,淮河儿女在除水害、兴水利的过程中,不仅积累了丰富的治水经验,创造出灿烂的水文化,而且孕育出具有强大号召力的水精神。根据淮河流域千百年来水利事业发展实践和目前治淮现实,水精神的内涵可概括为:统一治水的意识、政府行为的权威、平安生存的欲望、致富求强的目标和无私奉献的情操。新时代治淮任务艰巨、情况复杂,更要大力弘扬水精神,特别要弘扬顾全大局、行政区划服从流域统一规划、统一治理和统一调度的团结治水精神,弘扬舍小家顾大家、舍小局为全局的无私奉献精神,形成巨大的向心力和凝聚力。

修好淮河是一项长期的历史任务。新时代治淮要服从"两个一百年"奋斗目标、乡村振兴和建设美丽中国的国家战略。在毛泽东主席“一定要把淮河修好”伟大号召鼓舞下，在习近平新时代中国特色社会主义思想引领下，认真贯彻“十六字”治水思路和水利部党组提出的水利改革发展总基调，既要有“功成不必在我”的境界，更要坚定“誓为功成砥砺奋进”的追求和行动，把目标放长远、久久为功。一年接着一年干，一届接着一届向前奔，以寸尺之功，积千秋之利，修好淮河不是梦！

# 浅谈淮河和治淮文化蕴含的时代价值

水利部淮河水利委员会原主任　赵武京

为了贯彻落实习近平总书记考察黄河重要讲话精神，按照淮委党组《新中国治淮70年纪念文章约稿函》要求，回想参与20世纪90年代第二次治淮高潮以来30年的感悟和学习体会，寻根溯源、回顾历史、展望未来，撰写了此文。讲述淮河故事，挖掘展示治淮文化蕴含的时代价值，传播治淮文化，弘扬大禹精神，为新时代加快淮河治理体系和治理能力现代化、建设幸福淮河和淮河生态经济带营造良好氛围！

## 一、古代淮河与黄河、长江、济水并称“四渎”，淮河先民远古时代已融入华夏部族

淮河位于祖国中原腹地，介于黄河与长江之间，有利于文化交融，古代淮河与黄河、长江、济水并称“四渎”，当今为七大江河之一。淮河和黄河、长江同是中华民族的母亲河，孕育了华夏文明。淮河发源于河南桐柏山，流经豫皖苏鲁四省，注入长江，全长1000 km，总落差仅200 m，流域面积27万$km^2$，周边山丘约占1/3，腹地平原占2/3，流域人口密度大，是典型的平原河道。由于淮河地处我国南北气候、海陆相和高低纬度三个过渡带重叠地域，自古以来水旱灾害频繁，居七大流域之首。淮河流域是我国重要的粮棉油、能源基地和交通枢纽，历来是兵家必争之地。

我国自古是多民族地区，中华文明既是多源的，又是一体的。中华文明的起源和早期发展比较复杂。淮河流域人文历史悠久，是中华民族5000年辉煌灿烂文明的发源地之一。根据“双墩遗址”考古证明，早在7000年前的新石器时代，先民“双墩人”就在淮河中游一带繁衍生息，为创造远古文明做出了贡献。

到了传说时代的黄帝、炎帝和以蚩尤为首领的九夷（又称九黎、东夷）等部族，由于干旱气候所迫，由山丘区向平原迁移，择水而居。在由游牧向农耕过渡中，因寻找水源和适宜农耕区而相互排斥、攻伐，形成活动在中原的黄帝部族、西部的炎帝部族和东方淮河中下游的九夷部族的鼎足局面。涿鹿之战

中黄帝与炎帝联合战败了蚩尤,并融合了九夷部族,统一了华夏。胜者为王,黄帝和炎帝成为华夏祖先,华夏儿女称为炎黄子孙。淮河流域的先民东夷部族远古时就融入华夏部族(汉民族)。龙腾华夏跃千川,凤舞东方越万年,中华民族几千年来崇尚的"龙凤呈祥",就是由黄帝部族以龙为图腾、九夷部族以隹(短尾巴鸟,凤鸟)为图腾演变而来的。

## 二、淮河岸边华夏文明的灿烂曙光,使治淮文化具有极强的感召力和渗透力

淮河中游的涂山山脉连绵起伏于安徽省蚌埠市西南和怀远县东部,西面和北面濒临淮河,是距今4200年前淮夷氏族所建立的涂山氏国所在地,上游通向中原华夏族团各部落,下游通向东夷族团各部落。大禹是我国远古时代的治水英雄和专家,据《史记》记载,禹是黄帝的玄孙,夏后氏部落首领,为治水足迹遍天下,而其一生最辉煌的时期与涂山有关:导淮、娶妻生子、会诸侯于涂山。

尧舜时代洪水泛滥,民不聊生。尧派大禹父亲鲧去治水,鲧以堵、障为主,九年未能治好。舜摄政时另派大禹继续治水。《史记·夏本纪》载,大禹"道(导)淮自桐柏,东汇于泗、沂,东入于海"。大禹吸取父亲的教训,以疏导的办法治理淮河水患,曾三次到源头桐柏山,"劳身焦思""左准绳、右规矩",根据地形和水势进行疏浚,开凿凤台县峡山口以通淮流,怀远荆山峡以荆涂二山南北对峙,是淮水收缩的第二关键,开凿荆山峡将洪水引向下游与泗水、沂水汇合,最后使洪水从淮河入海口流入黄海。

疏通荆山峡是大禹导淮的重点工程,涂山氏国也就成为大禹导淮的根据地。涂山氏女是当年涂山氏国一位年轻的首领,是独踞淮河中游的一方诸侯。大禹导淮得到她的大力支持,共同的事业终于使两人结成夫妻。但大禹因急于治理洪水,新婚第四天就告别妻子;在漫长的岁月里,他多次路过涂山一带,都因公务繁忙无暇回家,一次远远听见儿子启的哭声都未前去看望,从而留下"新婚离家"和"三过家门而不入"的千古佳话。

经过长期艰苦奋斗,终于在诸侯和百姓共同努力下制服了洪水,给沿淮和涂山氏国人民带来安宁的生活条件。大禹治水功绩卓著,得到舜的信任和百姓爱戴。舜逝世后,华夏和东夷两大族团共同拥戴大禹为部落联盟最高领袖。为了更好地治理天下,促进各部落团结,大禹即位第五年在涂山氏国协助下,在涂山氏国首府"禹墟"(今禹会村)举行各部落首领大会,从而统一了政令,加强了中央权力,不仅给涂山氏国带来睦邻友好的周边环境,而且为我国历史

上第一个繁荣昌盛的华夏王朝的建立奠定了基础。

大禹的儿子启成长在涂山氏国，父亲忙于治水，他在母亲涂山氏女的教养下，成长为一位胸怀大志的青年。在夏人眼中，启是夏人的后代，在夷人眼中，启又是夷人的后代，启受到夏、夷两大族团共同拥戴。大禹即位第十年东巡到会稽（今绍兴）逝世，指定的接班人伯益服丧三年后将天下让给了启。启继承禹的权力后，顺应历史潮流，继续推行涂山氏国行之有效的经济政治制度，改“禅让制”为“世袭制”，在中原建立起我国历史上第一个文明古国——夏朝，定都于阳翟（今河南禹州），成为夏朝第一代帝王，开创了华夏文明的先河。夏启不仅是推翻延续数万年之久的原始公社制度的旗手，还是发展我国早期科学技术——用红铜代替石头改进兵器和工具的开拓者，促进了社会进步和生产力的发展。

涂山文化是治淮文化乃至中华民族文化的重要组成部分，其核心是大禹导淮和大禹精神，内涵十分丰富，包括：忙于治水三十岁结婚、“新婚离家”和“三过家门而不入”，公而忘私的奉献精神；“左准绳、右规矩、疏九河”，求真务实的科学创新精神；“菲饮食、恶衣服、卑宫室”，艰苦奋斗的创业精神；“执耒锸以为民”，以身作则的以德垂范精神；“疏川导滞辟阙”的开拓进取精神；锁无支祁、斩防风，“为纲纪作禹刑”的依法治国精神；加强华夏与东夷两大族团联盟、推动社会进步的团结和谐精神。这充分体现了中华民族的优良传统，是中华民族珍贵的精神遗产。

文化是民族的血脉、人民的精神家园。古涂山氏国对华夏民族繁衍生息和兴旺发达做出了重要贡献，涂山是中华民族寻根问祖的圣地。大禹治理淮河洪水，民众生活安宁，促进生产力发展；治理天下会万国诸侯，化干戈为玉帛，促进天下大团结、大统一，开创了华夏文明的灿烂曙光。治淮文化具有极强的感召力和渗透力，大禹的丰功伟绩和道德风范为历代所传颂和敬仰。公元前938年，周穆王曾模仿大禹在涂山召集全国诸侯举行了“涂山之会”。爱国诗人屈原在《天问》中肯定了大禹为治水勤劳奔波，与涂山氏女联姻是为了后继有人；汉朝开国皇帝刘邦也曾前来涂山，建造了涂山禹庙和荆山启庙；司马迁在《史记》中多次提到涂山，对大禹和涂山氏女给予了很高的评价。唐代思想家、文学家柳宗元自永州回长安途中拜谒了涂山，作《涂山铭》热情歌颂涂山和大禹，指出：论功德，禹与原始共产主义时代即“大同之世”的尧、舜是相当的，而禹的功绩则胜过尧和舜；论道德，大禹位居“小康之世”夏、商、周三代开国君王之首，而道德风范又是商汤、周武王所不能比拟的。几千年来，广大劳动人民纪念大禹，学习践行大禹大公无私、艰苦奋斗、勤劳节俭、实事求是、开拓进取、谦虚谨慎的崇高道德风范。当今蚌埠市确立的“禹风厚德、孕沙成珠、务实开放、创业争先”的城市精神,也是以传承发扬大禹精神为基础的。由此可以看出大禹业绩之伟大、民族圣地涂山影响之深远。

淮河自大禹治理后,“安流顺轨”。夏、商、周三代是我国古代第一个繁荣昌盛的历史时期,淮河独流入海,尾闾通畅,水旱灾害较少。在春秋战国以前,先民们北引黄河水、南借长江水,特别是公元前4世纪鸿沟的开凿,将黄河与济、汝、淮、泗等水道接通形成以鸿沟为主干的水利网系,流域沟渠纵横成网、湖泊星罗棋布。楚国宰相孙叔敖在思期、雩娄(均在河南东南)、芍陂(今安徽寿县安丰塘)兴修水利工程,曾有“百里不求天灌区”。曹操许下屯田,开发水利而强国富民。隋时开挖广通渠、永济渠和通济渠以通扬州。唐都长安依赖汴河连通东南43州漕运,隋唐时流域社会济济文化发展至高峰。北宋开国之君赵匡胤把国都定在开封,从张择端的《清明上河图》可以看出汴河给开封带来的繁荣景象。素有“江淮熟,天下足”之说,“走千走万不如淮河两岸”的民谣传颂了几千年,淮河流域是鱼米之乡。

淮河自大禹治理后到12世纪以前,流域经济文化繁荣,人杰地灵、名人辈出,是百雄相争的地方。除大禹、涂山氏女和启外,儒家的先圣孔子和孟子的家乡在山东省南部,启示人们“修身、齐家、平天下”,做事要遵循“中庸之道”,把握好度。道家的先祖老子故里在河南鹿邑,启示人们要辩证思维,倡导的“上善若水”具有较高的思想境界,要求治水和创业者要像水一样柔顺地流向低处、哺育万物而不索取,无私奉献、周济天下;像冰那样越处严寒恶劣环境越坚如钢铁、百折不挠;像雾那样自由,凝可成云结雨,散则无影无踪地飘忽于天地之间,功成身退。庄子是安徽蒙城人,华佗是安徽亳州人。也孕育了陈胜、吴广、刘邦、项羽、曹操和朱元璋等英雄人物。特别是秦末以刘邦和项羽为首的楚汉两大军事集团的相争,最后决战胜负的垓下之战的古战场,以及“霸王别姬”和“四面楚歌”的历史典故就发生在淮河中游的蚌埠地区。我国音乐名曲“十面埋伏”的生活原型地也在这里。被誉为“东方芭蕾”的花鼓灯艺术是以古涂山氏国为中心的沿淮人民在纪念大禹和涂山氏女的锣鼓声中产生并发展起来的。

## 三、黄河夺淮661年,淮河流域由鱼米之乡变成“十年九荒”

公元12世纪以前,淮河“安流顺轨”,流域经济文化繁荣、人杰地灵,是鱼米之乡。然而,黄河的入侵使淮河水系遭到巨大破坏。据历史记载,黄河自汉武帝时开始侵扰淮河,每次侵扰都挟带大量泥沙。南宋时,1194年黄河从阳武决口，黄河在淮北平原滚动了近700年。黄河泛滥不仅夺走人民生命财产，而且有上万亿吨泥沙沉积，极大地破坏了淮河自然水系，使原本直接入淮的沂、沭、泗河不能入淮；夺走淮河淮阴以下的入海河道，逼迫淮水南决入江；使淮北各支流淤废或淤浅，许多湖泊淤成平地；使淮河变成入海无门、入江不畅的畸形河道。后因入海口被淤塞，清咸丰五年（公元1855年）黄河虽北徙，但淮河水旱灾害日益严重，百年平均旱灾增至59次，洪涝次数更多。呈现出“小雨小灾、大雨大灾、无雨旱灾”的悲惨景象。淮河流域由“走千走万不如淮河两岸”的鱼米之乡，变成了“十年九荒”的重灾区。这也从反面证明大禹当年疏凿河道，开拓入海口，使淮河“东入于海”的做法是成功的、正确的。大禹的治淮业绩值得缅怀，大禹的治水精神值得弘扬，大禹的治淮经验值得借鉴。

南宋、金以后，由于战乱和黄河夺淮使淮北平原及淮河中下游灾害深重、民不聊生，社会经济发展受到巨大的负面影响。元、明、清除朱元璋定都南京外，都把国都北迁到大都（今北京），给养和水资源依靠开挖贯穿淮河流域的京杭大运河。一些明君和有识之士在大禹精神的感召下，借鉴大禹治淮经验，组织人民群众治理淮河水患，其中最值得颂扬的是潘季驯“蓄清刷黄”。几百年来，淮河儿女因水旱灾害所迫，不得不拖儿带女到周边地区避难。特别是淮河中游古涂山氏国所在的蚌埠、怀远和凤阳一带，是花鼓灯艺术发源地，称为“花鼓灯之乡”。灾民为生计，用说唱“花鼓灯”走街串巷，待灾情缓解后再回到家乡。这样，一方面使“花鼓灯艺术”完善发展成“东方芭蕾”，流传于淮河流域；另一方面促进了地区之间的文化交流，淮河文化与北方的齐鲁文化和中原文化、南边的荆楚文化和吴越文化得到广泛交流融合。因此，淮河文化的内涵丰富，是中华文化的重要组成部分。

清末至新中国成立前，由于历史的局限性，受生产力水平和社会制度的制约，特别是政治腐败和人为破坏，淮河水患没有得到治理和控制。更令人难以容忍的是，国民党政府根本不顾人民群众的死活，肆意破坏人民群众的生存环境。1938年蒋介石自己不抵抗日军，竟然命令军队偷偷扒开黄河花园口南堤，人为使黄河水泛滥于淮北平原8年之久，造成5.4万$km^2$良田成为泽国，1200万人流离失所逃往他乡，89万人葬于洪流，广大人民群众处于水深火热之中，使淮河流域成为水患的重灾区。

## 四、新中国彻底根治淮河水患，治淮文化得到创造性传承和创新性发展

淮河水旱灾害历来被国人视为心腹之患。欲治国，必治水。从大禹导淮

到孙叔敖修芍陂,从黄河阳武决口到潘季驯"蓄清刷黄",从鱼米之乡到十年九荒……治理淮河水患的千古难题历史性地交给了中国共产党缔造和领导的新中国。

1949年10月1日中华人民共和国刚成立,一穷二白,百废待兴。1950年夏淮河遭受严重洪灾,3400多万亩良田被淹,1300多万农民沦为灾民。毛泽东主席看到灾区惨状含泪说:"不解救人民还叫什么共产党!"周恩来总理夜以继日召开政务院会议,于10月14日签署政务院《关于治淮的决定》,成立治淮委员会。1951年毛主席发出"一定要把淮河修好"的伟大号召,迅速掀起新中国第一次治淮高潮。这次治淮运动持续了8年之久,淮河洪涝灾害得到遏制,人民群众生产生活条件得到初步改善!

经过30年持续治理,淮河抗灾能力有了一定提高,但洪涝旱灾害仍制约着流域社会经济发展。1991年5月中旬开始,暴雨洪水三番五次袭击江淮,淮河两岸百姓苦不堪言,损失高达300多亿元。洪涝灾情引起党中央、国务院高度重视,洪水尚未退尽,国务院于8月中旬召开治淮、治太会议,做出《关于进一步治理淮河和太湖的决定》。明确用10年时间,投入120多亿元,兴建治淮19项骨干工程,要求"八五"初见成效、"九五"整体推进。20世纪50年代第一次治淮高潮以来的第二次治淮高潮在中原大地迅速兴起。为推进治淮深入持久开展,国务院成立治淮领导小组,又于1992年末、1994年初和1997年5月相继召开第二、三、四次治淮会议。随着治淮19项骨干工程相继完成,流域防洪除涝工程体系和非工程体系基本形成。经受了1997年大旱和1998年大水考验,实现了治淮"八五"初见成效、"九五"整体推进的目标。

进入新时代,治淮进一步发力。2011年国务院召开治淮会议,2013年国务院批复《淮河流域综合规划(2012—2030年)》,发改委和水利部印发《进一步治理淮河实施方案》,明确实施进一步治淮38项工程。目前大部分项目已实施,出山店、前坪等水库和淮干蚌埠至浮山段整治等重点工程基本完成,引江济淮等工程正在实施。

淮河是新中国第一条全面治理的河流。新中国成立70年来,已建成由6000余座水库、6600余座水闸、30多处行蓄洪区、2100 km人工新河、6万km堤防、5.5万处电力抽水站和引黄、江水北调工程组成的比较完善的防洪除涝、供水灌溉工程体系和非工程体系。现已具备防御新中国成立以来流域性最大洪水的能力,为淮河水安全和国家粮食安全提供了可靠的支撑和保障。一个生态优美宜居、繁荣昌盛的新淮河逐渐展现在祖国中原大地。这不仅彰显出中国共产党立党为公、执政为民的政治本色,社会主义集中力量办大事的优越性，而且告诉人们：只有中国共产党缔造和领导的新中国才能彻底根治淮河水患，修好淮河！

盛世兴水，崇尚文化。4000多年前，在无阶级的"原始公社"时代率领民众治理洪水和天下的漫长过程中，通过艰苦奋斗形成的以无私奉献为核心的大禹精神，是原始共产主义社会"天下为公"最高道德准则的生动体现，是中华民族宝贵的精神财富，像一颗明珠永远绽放着灿烂辉煌和绚丽多彩的光芒。不仅在阶级社会里世世代代受到颂扬和传承，而且在社会主义条件下作为中华民族优秀精神遗产被直接继承和弘扬，成为共产主义道德和社会主义核心价值观的重要组成部分。

治淮文化的灵魂是大禹导淮和大禹精神，是群体力量和智慧的象征，是炎黄子孙称为"盖世英雄"的代表。虽经历了几千年的历史洗礼，但始终一脉相承，积淀着中华民族的精神追求，代表着中华民族独特的精神标识。新中国70年治淮实践为治淮文化和大禹精神的创造性传承和创新性发展提供了良好机遇。

古代大禹奉舜之命率众治理淮河洪水，当代依靠发挥党的政治优势和各级政府的主导作用治理淮河水患。国务院一次次召开治淮会议做决定，仅20世纪90年代就召开了4次治淮会议，并成立治淮领导小组和办事机构，带领组织人民深入持久地治理淮河。

古代大禹用疏、导的方法"导淮自桐柏，开凿荆山峡，东会于泗、沂，东入于海"。当代人民治淮遵循20世纪50年代"蓄泄兼筹、以达根治之目的"、90年代"蓄泄兼筹、近期以泄为主"的方略，在上游兴建数以千计的水库拦蓄洪水以利灌溉；在中游拓宽束水河段、修建行蓄洪区、开挖茨淮新河和怀洪新河，给洪水以出路，达到人水和谐相处，并兴建临淮岗洪水控制工程控制特大洪水；在下游疏通入江水道，开挖苏北灌溉总渠和分淮入沂河道，重新疏通入海水道，使淮水通江达海；在沂、沭、泗水系开挖新沂河和新沭河，兴建东调南下工程，统一调控沂沭泗洪水。

古代大禹"左准绳、右规矩"，科学治淮。当代人民治淮统一规划、精心设计、精心组织施工，认真推行项目法人责任制、招标投标制和建设监理制，大胆采用新拔术、新设备和新材料，用"铁甲之旅"代替"人海战术"，重质量，保安全，严格规范工程阶段验证和竣工验收，充分发挥科学技术在治淮中的巨大作用。

古代大禹广纳四方、会万国诸侯统一政令，团结治水。当代人民治淮在毛泽东主席"一定要把淮河修好"伟大号召鼓舞下，20世纪50年代豫皖苏三省同时动手,220 万民工奋战在治淮第一线。90 年代流域四省坚持行政区划服从流域统一规划、统一治理、统一调度,团结治水精神得到进一步发扬。

古代大禹治水"三过家门而不入""恶衣服、卑宫室",公而忘私、艰苦奋斗。当代治淮在大禹精神感召下涌现出千千万万无私奉献、吃苦耐劳的英雄和治淮后来人,他们"一不怕苦,二不怕死",一心为治淮,长期奋斗在治淮工地,没有节假日,抢晴天、战雨天;遇到汛情他们逆行奔向抗洪第一线。特别是行蓄洪区的广大群众,舍小家为大家、舍局部为全局,孕育出顾全大局、无私奉献的"王家坝精神"。

新中国治淮 70 年,不仅取得了举世瞩目的辉煌成就,旧中国那种多灾多难、民不聊生的悲惨景象一去不复返了,而且实现了治淮文化和大禹精神创造性传承和创新性发展。

## 五、新时代治淮要"五水"同治同兴,治淮文化和大禹精神也将展现出永久魅力和时代风采

事物是发展变化的,70 年来治淮虽取得辉煌成就,但目前淮河仍新老问题复杂交织,日益累积。近一个时期以来,由于人民对经济规律、自然水规律和生态规律认识不足,一味追求经济效益,低水平工业化、城镇化加速推进,无序低效发展,过度开发水资源,侵占水域岸线,挤占生态用水,造成水资源短缺、水生态损害、水环境污染,带来严重的生态问题和安全隐患。

2011 年中央 1 号文件指出:"水是生命之源、生产之要、生态之基"。党的十八大把生态文明列入"五位一体"总体布局,十九大发出"加快生态文明体制改革,建设美丽中国"伟大号召。习近平总书记明确指出:"建设生态文明是中华民族永续发展的千年大计",把生态文明建设提到国家战略。新时代治淮必须肩负起流域生态文明建设的神圣使命,兴建防洪减灾安全可靠、水资源配置高效利用、生态环境修复保护有益管用、人民满意的生态水利工程,为建设淮河生态经济带,满足人民群众日益增长的优质水资源、健康水生态、宜居水环境需求提供治淮支撑和保障。

新时代治淮要"五水"同治同兴,建设幸福淮河。洪涝、干旱灾害的发生是一种自然现象,具有不确定性和不可抗拒性,并将永远伴随人类文明而共生,防洪仍是治淮的首要任务,不可掉以轻心。淮河流域人均和亩均水资源占有量仅是全国平均占有量的 1/5 和 1/4,做好水资源开发配置和管理是治淮的核心任务,要认真贯彻"节水优先"思路和"以水定需"原则,按"取之有度、用之有节"的要求,看住上线控总量、守住底线保生态、管住用水强监管,做到

量不减少、质不下降,可持续利用。水污染是人为造成的,治理和保护水环境是治淮的战略任务,弘扬大禹"为纲纪作禹刑"的依法治国精神,制定完善水污染防治法,强化监督管理,坚持"谁污染、谁治理"的原则,明确河湖水质底线和水功能区纳污红线作为刚性约束,碰红线、触底线就依法处理,绝不姑息。要把维护和修复淮河水生态环境提到重要议事日程,依法清理河湖岸线"四乱",归还河湖生态流量,遵照"绿水青山就是金山银山"和山水林田湖草是生命共同体的理念,分区域搞好水土保持,打造美丽幸福淮河。

淮河水系分布和变迁,既是大自然的鬼斧神工,更深深烙下人与水共生的痕迹。自大禹导淮4000多年来,淮河儿女在与淮河长期抗争中积累了丰富的治淮经验,创造了灿烂的治淮文化。治淮文化也延续着治淮事业的精神血脉,是治淮人的魂。我们既要薪火相传、代代守护,更要与时俱进、创新发展。新时代,我国水利由传统水利向生态水利转变,治淮肩负着流域生态文明建设的神圣使命,为治淮文化的传承和发展提供了机遇。既要分析古今治淮活动和重大工程,挖掘其文化含义,汲取其精华;又要与时俱进,研究与生态有关的文化内涵,体现人民用水节水、治理水旱灾害和顺应自然水规律、保护水生态环境的理念与自觉行动,彰显人水和谐的文化载体;更要把握中国特色社会主义文化发展趋势,着眼我国和世界水利发展新的文化特征,汲取先进思想,丰富和开拓治淮文化内涵,推动治淮文化发展。进一步弘扬大禹精神,塑造治淮形象,激励人凝聚人,充分调动治淮人的积极性和创造性,在习近平总书记生态文明思想引领下,践行水利部党组水利改革发展总基调,推动新时代建设幸福淮河和淮河生态经济带,为实现中华民族伟大复兴的中国梦而努力奋斗!

# 河南治淮历程回顾与展望

河南省水利厅党组书记　刘正才

淮河发源于河南省桐柏县,是古代“四渎”之一,是我国重要的大河,淮河流域在全国经济社会发展中具有重要地位。河南省境内淮河干流长达 427 km,淮河流域面积 8.83 万 $km^2$,占全流域面积的 33%,占全省总面积的 53%,流域内人口和耕地面积分别占全省的 59%和 60%,有郑州、信阳、驻马店、周口、商丘、漯河、许昌、平顶山、开封等重要城市,是全国重要的农业、工业、能源基地和生态屏障;是全国承东启西、连南贯北的重要交通、通信枢纽,全国“十纵十横”综合运输大通道中有 5 个通道、国家骨干公用电信网“八纵八横”中有“三纵三横”、南水北调中线工程总干渠有 308 km 穿越这里。淮河安澜事关河南经济社会发展大局。

## 一、回顾七十载治淮辉煌历程

河南省淮河流域受南北过渡性气候、东西过渡性地形、历史上黄河多次夺淮入海的影响,具有极端天气情况多、山区平原过渡地带短、下游河道出口浅小等特点,历来是水旱灾害频发、水资源开发过度和水环境污染较重的地区。加强淮河治理是实现河南防洪安全、供水安全、粮食安全、水生态安全的重要保障。新中国成立 70 年来,党中央、国务院高度重视淮河治理工作,确定了“蓄泄兼筹”的治淮方针,先后掀起 5 次治淮高潮,对淮河进行了卓有成效的治理。在水利部、淮委的大力支持下,河南作为治淮的主战场之一,走过了波澜壮阔的奋斗历程,河南省淮河流域水利建设取得了巨大成就,有力地支撑和保障了经济社会发展。

(1)1950 年大水后,掀起第一轮治淮高潮,兴建了一大批骨干工程,河南省淮河流域防洪除涝体系初步形成。1950 年淮河流域大水后,党中央做出了《关于治理淮河的决定》,确定了正确的治淮主导方针。1951 年,毛泽东主席发出“一定要把淮河修好”的号召,掀起了新中国成立后的第一次治淮高潮,淮河也成为新中国开展全面、系统治理的第一条大河。在国家百业待兴、经济贫困的情况下,河南省流域内各级党委、政府坚持“蓄泄兼筹,以蓄为主”的指导方针,带领广大人民群众组成百万大军投入治淮建设,1951年7月建成了淮河流域在新中国成立后的第一座水库——石漫滩水库,陆续修建了南湾、薄山、板桥、宿鸭湖、白龟山、昭平台、白沙水库等一大批治淮骨干工程,对颍河、大洪河、小洪河、包河、惠济河、汾泉河等大中型河道进行了初步治理,兴建了泥河洼、老王坡、蛟停湖滞洪区等一批大型蓄滞洪工程。20世纪60~80年代,国务院多次召开治淮会议,研究治淮大政方针和战略部署。河南省坚持"山区以蓄为主,平原立足于排"的治淮方略,修建了鲇鱼山水库,整治了淮河干流和主要支流河道,加固了重要防洪堤防,开展了大规模的农田水利建设,逐步完善了流域内防洪除涝工程体系,有效缓解了"大雨大灾,小雨小灾,无雨旱灾"的局面。

(2)1991年大水后,掀起第二轮治淮高潮,19项治淮骨干工程建设为流域防洪保安提供了坚强支撑。1991年汛期,淮河流域发生了新中国成立以来第二次流域性大洪水,造成重大洪灾损失。国务院做出《关于进一步治理淮河和太湖的决定》,提出"蓄泄兼筹,近期以泄为主"的治淮主导方针,确定以19项治淮骨干工程为主要建设内容,掀起第二轮治淮新高潮。河南省委、省政府高度重视这次治淮机遇,成立治淮领导小组,提出"蓄泄兼筹,综合治理"的指导方针,复建了"75·8"大水冲毁的板桥、石漫滩等水库,对病险水库实施除险加固,恢复建设了一批山丘区拦蓄工程,加高加固了淮干堤防,整建制拆除了淮干行洪区阻水圩堤,加强了重要滞洪区建设,完成了一批中小型重要湖洼和支流治理。这些工程的建成,使洪汝河、颍河、沙河干流等淮河支流上游山区洪水得到控制,提高了淮河流域干支流的防洪标准和调控能力。

(3)2003年大水后,进一步推动淮河治理,加快建设步伐,河南省12项骨干工程全面完成。2003年汛期,淮河流域发生较大洪水,党和国家领导人先后深入淮河一线指挥抗洪抢险,国务院召开第五次治淮会议,提出"19+3+1"的加快治淮建设新任务,明确提出到2007年要全面完成19项治淮骨干工程的建设目标,推动淮河治理加快实施。河南省委、省政府强化治淮工作领导,加大财政投入力度,加强治淮建设管理,加快工程建设进度。到2007年底,涉及河南省的12项骨干工程中的84个单项工程全面完成,实现了国务院确定的目标。特别是燕山水库的建成结束了澧河上游干江河无控制性工程的历史,沙颍河涡河治理工程显著提高了河道防洪标准,使得整个河南省淮河流域防洪形势为之一变。

(4)2011年之后,随着中央1号文件出台,各级把水利工作摆上党和国家事业发展更加突出的位置,河南省治淮事业迎来新的发展机遇。2011年,党中央、国务院出台新中国成立以来第一个关于水利改革发展的 1 号文件，召开中央水利工作会议，对水利改革发展进行全面部署，动员全党全国掀起大兴水利的热潮，吹响了加快水利改革发展的号角。同年 3 月，国务院办公厅转发发展改革委和水利部《关于切实做好进一步治理淮河工作的指导意见》，提出用 5~10 年时间基本完成 38 项进一步治理淮河主要任务。河南省委、省政府贯彻落实党中央、国务院的决策部署，提出 5~10 年水利改革发展的目标任务，谋划推进一批治淮工程，上马了出山店、前坪等大型水库，实施大范围水库水闸除险加固，开展了史灌河、北汝河、贾鲁河等重要支流和重点中小河流重要河段治理，淮河流域蓄滞洪区建设、淮干堤防加固、平原洼地治理、山洪灾害防御系统建设，以及农田水利和农村饮水安全、大中型灌区续建配套建设等，河南淮河流域的水利支撑保障能力得到进一步提升。

(5)党的十九大以来，随着中国特色社会主义进入新时代，我国治水矛盾发生深刻变化，治水重心逐步转移，河南淮河流域治理由以防御水旱灾害为主转向水资源、水生态、水环境、水灾害统筹治理，开启了支撑和保障区域高质量发展的治淮新篇章。2018 年以来，河南围绕落实习近平总书记生态文明思想和“节水优先、空间均衡、系统治理、两手发力”的治水思路，提出了统筹做好水灾害科学防治、水资源高效利用、水生态系统修复、水环境综合治理的“四水同治”战略。省委、省政府召开高规格的全省“四水同治”动员大会，出台《关于实施四水同治加快推进新时代水利现代化的意见》，谋划实施以十大水利工程和 10 条河流流域生态建设为代表的一大批四水同治项目，水利建设投资大幅增加，2019 年完成投资 671.4 亿元，2020 年计划完成投资 936 亿元。出山店水库、前坪水库等骨干工程先后建成并发挥效益，宿鸭湖水库清淤扩容、引江济淮工程(河南段)、大别山革命老区引淮供水灌溉等重大水利工程相继开工。河南实施“四水同治”的做法，受到国务院大督查通报表扬，作为水利系统唯一一个可借鉴的经验向全国推广。

截至目前，河南省淮河流域已建成各类水库 1651 座，总库容 133.58 亿 $m^3$；骨干防洪河道 5 级以上堤防 11675.72 km；主要蓄滞洪区 4 处，总蓄滞洪能力 6.68 亿 $m^3$；除涝面积 144.532 $hm^2$。通过一系列治淮建设，流域防洪减灾体系日臻完善，干流及北汝河支流防洪标准提高到 20 年一遇，沙颍河的防洪标准远期提高到 50 年一遇，在防御近几年淮河流域重大洪涝灾害中经受住了考验，发挥了显著成效。先后战胜了 2003 年淮河上游大洪水、2005 年淮干洪水、2007 年汛期发生的仅次于 1954 年的流域性大洪水，2018 年“温比亚”台风暴雨洪水，使得曾经的“小水大灾”变成了如今的“大水小灾”“大水无灾”。有效抗御了1985~1988年连续4年大旱、1998~1999年大旱、2009年大旱、2011~2014年4年连旱等,实现了粮食产量连年稳产增产。据统计,2009~2019年,河南淮河流域各类水利工程实现防洪减灾效益244.5亿元;抗旱挽回粮食损失1117万t、挽回经济作物损失54.65亿元。在实现科学防治水灾害的同时,河南省淮河流域河湖空间管控全面加强,水污染防治不断推进,河长制湖长制深入实施,河道采沙治理有力有效,水生态治理修复初见成效。

## 二、正视治淮存在的突出短板

70年治淮建设取得了显著的成就,治淮工程发挥了巨大的效益,但淮河治理水平仍然不高、水安全保障能力仍然不强,与淮河流域经济社会发展的新要求不相适应。

一是水利工程仍存在不少短板。河南省淮河干流和右侧支流发源于豫南山区,山区到平原过渡地带短,山区洪水峰高量大、来势猛,直接泄入平原。平原河道泄水慢、泄量小、防洪标准普遍偏低,淮河干流、沙颍河、洪汝河等主要防洪河道防洪标准只有10~20年一遇,险工险段隐患多。部分水库出现新的病险问题,不能有效拦蓄洪水。

二是城市和低洼易涝地区仍存在不少隐患。流域内重点城市多数防洪体系不完善,达不到国家规定的防洪标准。城镇排涝标准普遍偏低,滞水积水较为严重。不少调蓄能力较大的湖泊被围垦,自然调节能力被大量侵占。低洼易涝地区大部分除涝标准不足5年一遇,排涝闸站设计标准低,老化失修严重。

三是水资源短缺与水生态环境问题仍然严重。河南省淮河流域人均、亩均水资源量远低于全国平均水平。降水主要集中在汛期,枯水季节不少中小河流生态流量不足。由于长期大规模开采地下水,引发地面沉降、塌陷和地下水质恶化等水生态环境问题,危及供水安全和生态安全。据监测资料,2018年河南淮河流域水质优良率不到60%。

四是水利监管水平尚待提高。“以水而定,量水而行”“把水资源作为最大刚性约束”的意识还没有入脑入心。水资源节约集约利用水平不高,农业用水占比仍然较大,高效灌溉面积占比依然较低。小型水利工程管理体制机制不完善,维修养护经费不足,安全监管和运行管理手段落后,依法治水能力不足。

## 三、大力推动治淮事业高质量发展

随着经济和社会的发展，对水利的要求将不断提高，今后治淮的任务还很艰巨，任重而道远，治水无止境。首先，2019 年 9 月 18 日，习近平总书记在郑州考察黄河并主持召开黄河流域生态保护和高质量发展座谈会，发出了“让黄河成为造福人民的幸福河”的伟大号召，并提出河南要加快构建“兴利除害的现代水网体系”的殷切期望，不仅为新时代加强黄河治理保护提供了根本遵循，也为淮河流域治理保护指明了方向。其次，河南省淮河流域新老水问题交织并存，经济社会高质量发展对全面保障水安全提出更高要求，群众对防洪保安全、优质水资源、健康水生态、宜居水环境充满强烈期盼，治水兴水任务依然艰巨繁重。其三，国务院批复了《淮河生态经济带发展规划》，对建设沿淮生态屏障、探索流域综合治理新模式进行了全面部署；水利部提出“水利工程补短板，水利行业强监管”的水利改革发展总基调；河南省深入实施四水同治，各级党委、政府治水热潮空前高涨，河南治淮工作面临着难得的历史机遇和有利形势。

一要坚持行之有效的治淮历史经验，不断提高淮河治理水平。淮河流域环境复杂，70 年的治淮历程为我们提供了宝贵的经验，是我们今后治理淮河的宝贵财富。在今后的治淮工作中，我们必须深刻领会党和国家的政策方针，积极践行“节水优先、空间均衡、系统治理、两手发力”的治水新思路，坚持和深化水利改革发展总基调，牢牢把握淮河特点规律、现实基础和区域经济社会发展要求，继续坚持“蓄泄兼筹”的治淮方针，坚持兴利与除害相结合、开源与节流相结合、工程措施与非工程措施相结合，进一步提高省内淮河流域的水安全保障能力，为人民群众安居乐业奠定坚实基础，让“走千走万，不如淮河两岸”的歌谣唱响淮河两岸。

二要谋划实施一批新的治淮工程，加快补齐基础设施短板。加快推进袁湾、白雀园水库工程建设，实施昭平台水库扩容和淮河流域重点洼地治理工程，继续推进蓄滞洪区建设、病险水库水闸除险加固、中小河流治理和山洪灾害防治，完善城市防洪排涝基础设施，全面提升水旱灾害综合防治能力。按照“一纵三横六区”的水资源配置格局，加快引江济淮工程（河南段）、赵口引黄二期等工程建设，上马南湾-出山店-薄山水库淮水北上、引伊河入北汝河、周商永运河修复等一批水系连通工程，充分发挥外来水源保障作用，加强流域内南水北调中线调蓄工程建设，构建旱能引、涝能排、丰能蓄、枯能补，互联互通的现代水网体系，系统解决新老水问题，有力保障水安全。

三要深入实施“四水同治”,加快推进新时代水利现代化。一是科学防治水灾害。贯彻“两个坚持、三个转变”防灾减灾救灾理念,抓好治淮工程建设,全面提升抵御水旱灾害的综合防治能力,确保淮河上游安澜。二是高效利用水资源。大力推进节水型社会建设,完善水资源开发利用和节约保护体系,推进用水方式转变。综合施策抓好洪水、雨水和中水资源化利用。三是综合治理水环境。打好水污染防治攻坚战,加大生态调水力度,加强水源地保护,保障饮用水安全。坚持污染减排和生态扩容两手发力,不断改善水环境质量。四是系统修复水生态。实施山水林田湖草系统治理,推进河湖生态修复与保护,开展地下水超采区综合治理,建设人水和谐的沿淮水生态文明示范带。

四要强化水利行业监管,巩固提高治淮水平。一是加强江河湖泊监管,实现城乡河湖环境整洁优美、水清岸绿。深入落实河长制湖长制,构建责任明确、协调有序、监管严格、保护有力的河湖管理保护机制;加快河湖、水利工程划界确权,逐步建立水流产权制度。深化改革,推进基层水治理体系和能力现代化进程。二是加强水资源监管,实现流域内水资源供需平衡。抓好重要河流水量分配,健全水资源监测体系,加强取用水管控,划定地下水水位、水量双控指标。强化水利工程调度管理,确保河湖生态流量。三是加强水利工程监管,着力解决重建轻管问题。加强节水型水库安全运行管理,推进水利工程管理体制改革,探索多元化管理运营模式,激发管好用好水利工程的积极性和主动性。

# 贯彻习近平总书记重要指示精神<br>加快推进淮河安徽段治理进程

安徽省水利厅

党中央、国务院高度重视淮河治理工作。2020 年 8 月 18～21 日，习近平总书记在视察安徽期间，详细了解淮河治理历史和淮河流域防汛抗洪工作情况，对淮河治理工作做出重要指示。他强调，淮河是新中国成立后第一条全面系统治理的大河。70 年来淮河治理取得显著成效，防洪体系越来越完善，防汛抗洪、防灾减灾能力不断提高。要把治理淮河的经验总结好，认真谋划“十四五”时期淮河治理方案。我们要深入学习贯彻习近平总书记关于淮河治理的重要指示精神，进一步增强“四个意识”、坚定“四个自信”、坚决做到“两个维护”，确保习近平总书记重要指示精神落地生根。

安徽地处淮河中游，淮河安澜与安徽发展密切相关。70 年来，在党中央、国务院的高度重视下，在省委、省政府的坚强领导下，安徽省遵循“蓄泄兼筹”的治淮方针，持续开展大规模治淮工程建设，淮河治理取得了举世瞩目的成就，为现代化五大发展美好安徽建设提供了强有力的水利支撑和保障。

## 一、深入贯彻习近平总书记重要指示精神，系统总结新中国治淮 70 年经验

由于特殊的自然地理和气候条件，加之历史上黄河夺淮的长期影响，淮河成为一条极其复杂难治的河流，流域洪、涝、旱、渍等灾害频繁发生。据统计，新中国成立以来，淮河有 14 年发生大洪水，约 5 年一次。70 年来，安徽始终是治淮建设的主战场，江淮儿女用辛勤和智慧，谱写了一曲曲治淮建设的壮歌，筑起了一座座治水安民的丰碑。

### （一）构建流域防洪减灾体系

新中国成立之前，安徽淮河流域水系紊乱，河道淤塞，堤防低矮单薄，平原和圩区排涝设施缺失。20 世纪 50 年代初开始，安徽人民展开了大规模的治淮工程建设。改革开放以来，治淮事业进入快速发展的时期。1991 年淮河大

水之后，国务院做出兴建19项治淮骨干工程的重大决定，其中涉及安徽14项。2009年底，以临淮岗洪水控制工程为代表的14项骨干工程全部完成，如期实现国务院确定的近期治淮工作目标，全省基本形成了由堤防、行蓄洪区、水库、分洪河道、枢纽控制工程和防汛调度指挥系统等组成的淮河中游防洪保安体系。2011年，启动进一步治淮工程建设，涉及安徽的18个工程，已竣工验收2项，在建10项，推进前期工作6项。淮水北调工程全面建成并通水运行。引江济淮工程历经几十年勘测、规划和论证，进入全面建设阶段，长江与淮河沟通的梦想照进现实。

### (二)水旱灾害防御夺取重大胜利

1949年以前，淮河及其支流经常破堤决口，洪水淹没冲毁良田，房屋倒塌，民生困苦不堪。70年来，水旱灾害依旧按照自然规律发生，而得益于治淮工程的防灾减灾作用，我们先后战胜了1954年流域性特大洪水，1991年、2003年、2007年流域性大洪水，2020年流域性较大洪水，以及历次特大干旱灾害。特别是2003年、2007年淮河大水后，实施进一步治淮工程，流域防洪抗灾能力也得到进一步提升，2020年淮河大水，干流堤防无一处重大险情，一天7小时内顺利启用7处行蓄洪区，降低淮干水位0.2~0.4 m，治淮建设发挥了巨大的防洪减灾效益。如今放眼淮河，千里堤防屹立，淮水波澜不惊，沿淮地区实现了由“小水大灾”到“大水小灾”的转变，千百万人民群众总体实现安居乐业。

### (三)统筹水生态水环境保护工作

安徽淮河流域面积6.7万$km^2$、耕地4230万亩、人口3980万人，分别约占全省的48%、68%和59%。随着经济社会发展，淮河管理保护曾经面临严峻的挑战。如今，最严格的水资源管理制度全面实施，流域城乡居民饮水安全得到保障。开展以小流域为单元的水土流失综合治理，加快坡耕地综合整治，促进了生态功能的提升。纵深推进河长制湖长制，省政府主要负责同志担任淮河干流安徽段省级河长，分级分段河长均由党委、政府主要负责人担任，五级河湖长体系覆盖淮河流域。淮河干流基本常年保持在Ⅲ类水，河畅、岸绿、景美的河湖新貌逐步显现，得到社会各界的广泛赞誉。

### (四)促进流域经济社会蓬勃发展

淮河的深入治理，为流域乃至全省经济社会发展创造了良好的条件，奠定了坚实的基础。得益于治淮工程，淮河流域从历史上倍受水害困扰的重灾区，成为全国重要的粮、棉、油生产基地，2019年全省粮食产量4054万t、居全国第4位。淮河流域防洪能力整体提升，改善了沿淮重点城市的发展条件，促进了煤炭、电力、重化工等工业发展,淮河流域地区固定资产投资及财政收入增幅均高于全省平均水平,沿淮地区发展步伐明显加快,正在昂首迈向现代化五大发展的美好安徽。

回顾70年来治淮事业的生动实践,我们积累了一些宝贵经验,得到了一些有益启示。一是党中央、国务院的高度重视和坚强领导是实施淮河治理的根本保证。二是国家有关部委大力支持,流域机构有力协调,流域四省团结治水,是治淮顺利推进的关键所在。三是不断丰富和发展"蓄泄兼筹"为核心的治淮方略,科学系统治理规划,是推进治淮工作的重要前提。四是加快工程建设、严格项目管理,上下齐心协力是做好治淮工作的基础保障。

## 二、深入贯彻习近平总书记重要指示精神,全面分析淮河治理存在的问题

70年来淮河治理取得了巨大成就,但淮河特殊的地理位置、复杂的气候条件和特殊的社会因素,决定了治淮建设的艰巨性和复杂性,目前尚存在一些问题,亟须在未来治淮实践中加以解决。

### (一)淮河中游尾闾不畅,洪水入湖困难

受洪泽湖水位顶托,淮河中游洪水入湖困难,在几次洪水中,淮河干流浮山站水位已达到或接近保证水位,而洪泽湖水位远低于保证水位,洪水下泄不畅。在2020年淮河大洪水中,浮山最高实测水位18.35 m,仅低于保证水位0.15 m,而洪泽湖最高水位不足13.5 m,低于保证水位2.5 m,浮山以下段干流河道行洪流量不足8000 $m^3/s$,河道束水严重。同时,淮河下游洪水出路不足,洪泽湖低水位泄流能力偏小。

### (二)沿淮平原洼地"关门淹"现象仍较严重

沿淮两岸是最易受灾的区域,"关门淹"面积达到8556 $km^2$,耕地达900万亩,历时最长达2~3个月,涝灾平均3~4年一遇,涝灾损失占洪涝总损失的70%以上。已建大型排涝泵站的高塘湖、西淝河等湖泊,明显缓解了2020年内涝情况。但是,城西湖、瓦埠湖、城东湖、正南洼等湖泊洼地,集水面积大,地势低洼,受淮干高水顶托无法自排,同时缺少抽排能力,内水不断上升,堤防险情不断,圩口大量溃破,成为2020年灾情最为严重的区域。

### (三)生产圩内群众安全发展问题亟待解决

淮河干流霍邱县新店、凤台县魏台子等滩区居住约3万群众,21处生产圩居住近3万人。2020年大洪水中,10处生产圩发生漫溢险情。颍河滩地50多处生产圩,居住人口约10万人,西淝河等支流滩区居住人口约9.3万

人。上述区域群众生产生活与防洪安全问题,尚未等到有效保障。

### (四)沿淮淮北干旱缺水与水生态环境恶化并存

安徽省沿淮淮北地区拥有4595万人口、5412万亩耕地,是全国人口密度最大、耕地率最高的区域之一,人均水量少、拦蓄条件差,连续干旱多、干旱范围广,水资源承载能力与人口、耕地分布不相适应。淮河是国家水污染重点防治“三河三湖”之一,也是河湖生态用水被严重挤占和中深层地下水严重超采的流域。淮河以北多数城市靠超采中深层地下水和挤占河湖生态用水维持发展,已形成3100 $km^2$ 超采漏斗区,生态系统破坏累积性影响较大。

## 三、深入贯彻习近平总书记重要指示精神,系统谋划新时期淮河治理方案

推进淮河治理是一项光荣而艰巨的历史使命。我们要认真贯彻习近平总书记视察安徽时的重要讲话精神,从政治的高度、从全局的角度、从战略的维度,谋划推动“十四五”时期淮河治理方案,推进实施长江三角洲区域一体化发展、淮河生态经济带建设等国家战略,加快建成与现代化进程相适应的保障体系。

### (一)准确把握新时期治淮思路方向

深入落实新时期治水思路,积极践行水利改革发展总基调,贯彻中央治淮方针,紧扣主要矛盾问题,拓展创新治淮思路。一要坚持人民至上、生命至上。牢固树立以人民为中心的发展思路,把增进人民福祉、促进人的全面发展作为淮河流域水安全保障的出发点和落脚点,把淮河建设成为造福人民群众的幸福河。二要坚持统筹兼顾、系统治理。统筹山水林田湖草系统治理,处理好上下游、左右岸、洪涝旱治理、水资源开发保护、河流生态环境等关系,系统解决水问题,提高淮河治理的整体质量和水平。三要坚持预防为主、风险管控。从注重事后处置向风险防控转变,从减少灾害损失向降低安全风险转变,建立健全流域水安全风险防控机制,提高防范化解水安全风险能力。

### (二)加快实施关键性枢纽性工程

淮干浮山以下段行洪区调整和建设、入海水道二期两项工程是淮河中下游治理的关键性枢纽性工程,两个项目同步建成后,遇2020年洪水,可降低淮河干流浮山水位约0.72 m、蚌埠水位约0.27 m、淮南水位约0.10 m,花园湖、潘村洼、鲍集圩3处行洪区约13万群众不再需要撤退转移,荆山湖行洪区可避免启用,减轻淮河干流及入河入湖支流沿岸洼地“关门淹”面积约2000 $km^2$。截至目前,淮干浮山以下段行洪区调整和建设工程可研已完成,入海水

道二期工程可研已经国家发展改革委评估，需要从治淮全局出发，尽早开工建设入海水道二期工程，加快淮干浮山以下段行洪区调整和建设工程前期工作，尽快完成可研报批，与入海水道二期工程同步建成发挥效益。

**（三）系统谋划淮河流域工程体系**

坚持问题导向，推动完善水利基础设施网络。加快尾闾畅通工程，构建淮河入海为主、入江为辅的排洪格局，解决中游洪水下泄不畅、下游洪水出路不足的问题。加强河湖水系连通，依托引江济淮、南水北调东线等骨干工程，加大淮河以北地区水资源保障，形成区域互济、丰枯互补的水网体系。增强区域排涝能力，加快排涝设施建设，提高沿淮地区抽排能力，解决沿淮“关门淹”问题。保障区域安全发展，采取居民迁建、生产圩分类治理、安全区提标建设等措施，解决淮河行蓄洪区、干支流滩区生产圩居民生产生活防洪安全问题，提升发展能力。建设蓄洪滞洪工程，减少行蓄洪区数量，提高行蓄洪区启用标准，完善进退洪设施，保障及时有效运用。完善系统调度手段，建立流域统一数据服务平台，构建多目标工程调度系统，最大限度发挥工程综合效益。

**（四）持续提高流域管理水平**

（1）强化水资源监管。加强水资源刚性约束，全面监管水资源的节约、开发、利用、保护、配置、调度等各个环节，坚决抑制不合理用水需求，严格实行流域用水总量和强度双控，实施地下水总量与水位双控，大力推进地下水压采。

（2）强化河湖管护。以河长制湖长制为抓手，通过划定河湖管理范围、严格河湖岸线用途管制、推进“清四乱”常态化规范化、加强河道采砂监管等措施，持续改善淮河流域河湖面貌。

（3）强化行蓄洪区管理。根据蓄洪区特点安排群众生产生活，鼓励引导行蓄洪内群众外迁，确保蓄洪区人口不再增多，推进行蓄洪区管理和洪水风险管理等立法研究，建立长效管理机制，统筹行蓄洪水与经济社会发展。

# 创新治淮任重道远

安徽省水利厅原党组成员、总工程师　金问荣
安徽省水利水电勘测设计研究总院
有限公司副总工程师　刘福田

淮河是新中国第一条全面、系统治理的大河。70年来，在“蓄泄兼筹”治淮方针指导下，淮河中游建成了临淮岗洪水控制工程、淮北大堤加固等一批彪炳史册的大型治淮骨干工程。淮河防洪工程体系框架已初步形成，为保障淮河流域经济社会平稳健康发展奠定了坚实的基础。由于安徽省淮河流域所处的特殊地理位置和气候条件，洪涝灾害依然频繁发生。淮河防洪、除涝工程体系仍不完善，水资源、水生态、水环境问题还很突出，治淮任重道远。

## 一、治淮在安徽经济社会发展中的地位

安徽省淮河流域涉及淮北、阜阳、亳州、宿州、六安、淮南、蚌埠、滁州、合肥、安庆等10个市及其所辖52个县(市、区)，面积、人口和耕地分别约占全省的48%、60%和65%。安徽淮河流域既是全国重要的农产品生产基地，又是华东地区重要的能源工业基地，内有淮南、蚌埠等重要工业城市，是我国南北交通大动脉汇集之地，在安徽乃至全国经济社会发展中处于十分重要的地位。

淮河兴衰与安徽发展息息相关。新中国成立70年来，淮河先后有14年发生大洪水，4~5年一次，其中1991年、2003年、2007年三次大水，受灾面积分别达到2 855万亩、2 825万亩、1 998万亩，直接经济损失分别为175亿元、159亿元、88亿元。同时，沿淮行蓄洪区众多，区内约99万人生活长期不能安定。淮河水患严重制约了安徽经济社会发展，阻碍了沿淮人民奔小康进程。2003年之前，安徽经济增幅低于全国平均水平的年份，大部分是遭受严重水灾的年份。1991年安徽省当年经济增幅比全国低10个百分点。2003年安徽经济增长速度为8.9%，如没有淮河水灾，经济增长速度将达到10%。

2003年淮河大水后，党中央、国务院审时度势，总揽全局，做出加快淮河治理步伐的英明决策。安徽省的治淮建设进入了快速推进的新阶段。在国家有关部委的大力支持下，经过全省上下共同努力，安徽省已完成14项治淮骨

干工程项目,建成了临淮岗洪水控制工程、淮北大堤加固等一批彪炳史册的大型治淮骨干工程。在 2007 年淮河抗洪斗争中,已建的治淮工程经受住了严峻考验,大大减轻了洪涝灾害损失,发挥了巨大的防洪减灾效益,防洪减灾直接效益达 368 亿元。与 2003 年淮河大水相比,安徽省 2007 年淮河防汛实现了"五个明显减少":堤防险情减少 617 处,洪涝灾害面积减少 827 万亩,已运用行洪区转移人数减少 21.2 万人,上堤抢险居民减少 82 万人,直接经济损失减少 71 亿元。

近年来,安徽经济保持了增长较快、结构优化、效益提高、民生改善的良好态势,以治淮骨干工程为重点的防洪保安体系发挥了重要的支撑和保障作用。

受全球人口增长、耕地和水资源约束及气候异常等因素影响,全球粮食供应将长期趋紧。我国粮食的供需也将长期处于紧平衡状态,保障粮食安全面临严峻挑战。近年来,我国粮食净调出地区进一步减少,主销区粮食自给率急剧下降。安徽是全国 6 个粮食净调出省(区)之一,2018 年粮食产量达 400 亿 kg,占全国的 6.1%。安徽省淮河流域粮食产量约占全省的 70%。皖北地区以旱作物为主,作物耐淹性很差。一旦受到洪涝,便会减产,甚至绝收。1991 年和 2003 年安徽省淮河流域粮食产量分别为 109 亿 kg、123 亿 kg,较常年粮食产量 185 亿 kg(2004 年前的产量水平)减产 41%、34%。干旱也是威胁农业生产的主要灾害之一。1994 年、2001 年大旱年份,粮食产量分别为 163 亿 kg、174 亿 kg,较常年低 11 亿~22 亿 kg,减产幅度为 6%~12%。这说明,淮河水旱灾害是影响粮食产量的主要因素。治理淮河,关系到安徽全省的稳定生产,也关系到国家的粮食安全。

水利作为国民经济的重要支撑,既要提升防洪保安能力,又要提供可靠的水资源。1966 年、1978 年、1999 年、2001 年沿淮淮北地区都发生了严重的旱灾,影响到城市供水和工业生产。沿淮淮北地区是华东重要能源基地,电力、煤化工行业需水量大,而该地区人均水资源占有量仅为 430 $m^3$,水资源的供需矛盾日益突出。水资源已成为影响城镇化、工业化健康持续推进的"瓶颈"之一。安徽省将通过大力优化水资源配置,加强跨流域、跨区域调水工程建设,将以长江、淠史杭—驷马山、淮河为横,以引江济淮、淮水北调、引淮济亳调水工程为纵,加快建成安徽"三横三纵"水资源配置格局,实现"江淮互通、河湖相连"。

淮河不根治,沿淮无宁日,安徽难发展。加快淮河治理步伐,使淮河人民能够安居乐业,是全面建设小康社会的迫切需要,是沿淮 4230 多万人民多年的殷切期望,更是安徽历届党委、政府的奋斗目标。

## 二、淮河治理存在的问题

淮河流域特殊的地理、气候和社会条件，是淮河流域洪涝灾害频繁的根本原因，这一客观现实决定了淮河治理的艰巨性、复杂性和长期性，治淮任重道远。目前经过多轮治理，淮河防洪工程体系框架已基本形成，为保障淮河流域经济社会平稳健康发展奠定了坚实基础。但是也要看到，淮河防洪、除涝工程体系仍不完善，水资源、水生态、水环境问题还很突出，随着经济社会发展，还将面临着一些新情况、新问题。

一是淮河中游及尾闾不畅问题突出。这是影响淮河安澜的根本问题。由于历史上黄河夺淮入海，洪泽湖湖底高于淮南以下淮河干流河床，没有完备的入海通道，造成淮河中下游入湖入海通道不畅，洪泽湖洪水位往往居高不下，干流长期受洪水顶托。

二是沿淮平原洼地"关门淹"严重。淮河中游两岸低洼地面积大、分布范围广、居住人口多，地面高程一般低于淮河干流河道设计洪水位3~6 m。淮河干流平滩泄量小，洪水漫滩概率高、时间长，正阳关以下河道洪水漫滩概率不足2年一遇，漫滩时间长达1~3个月，沿淮洼地"关门淹"严重。

三是河滩和行蓄洪区内居民安全、发展问题突出。淮河干支流河道滩区仍有数十万人口防洪安全问题没有解决，支流洼地及沿湖圩区防洪标准普遍偏低，行蓄洪区居住人口多，进洪频繁。这些地区长期受洪水威胁，防洪压力大，生产生活条件差，基础设施薄弱，缺少基本的发展环境，经济发展落后。

四是水资源、水生态、水环境问题突出。淮北地区水资源利用困难，各支流河道之间缺乏有效的横向水力联系，水资源调配能力不足。中深层地下水超采问题长期存在，已形成3100 $km^2$ 的超采区，局部地区出现河道、湖泊萎缩甚至断流现象，水生态空间逐步退化。

五是调度体系未完全建立，信息化程度不高。信息化应用支撑体系技术手段不够先进、综合评估能力不足、调度管理目标单一、科学决策水平不高。信息监测体系对模拟调度的支撑度不够，现代化技术手段与水利业务的融合度不强，水利数据信息资源的应用程度不高，淮河多目标调度系统建设不足，尚未实现水资源调配、水运、水生态保护等多重目标的调度。

## 三、创新治淮展望

淮河治理70年，特别是治淮19项骨干工程和进一步治淮38项工程的建设，使淮河流域防洪除涝减灾能力得到明显提高，综合减灾效益十分显著，淮河治理取得历史性巨大成就，书写了治淮史上的灿烂篇章，铸就了除害兴利、造福人民的巍巍丰碑，标志着治淮事业实现新的跨越、达到新的水平、进入新的阶段。

新时代淮河治理仍需遵循“节水优先、空间均衡、系统治理、两手发力”的新时期治水思路，贯彻习近平总书记关于生态文明建设的重要思想，坚持以“创新、协调、绿色、开放、共享”新发展理念引领，依据淮河生态经济带发展规划，创新治淮思路，统筹防洪保安与经济发展，统筹水资源调配、水生态保护与水环境治理，研究新问题、制定新目标、采取新举措、谋划新工程。

综合评估治淮 70 年来的工程实践，按照水利部“水利工程补短板、水利行业强监管”水利改革发展总基调要求，今后治理淮河应关注以下几个方面。

**（一）加强治淮基础性工作研究**

治淮 70 年来，在“蓄泄兼筹”治淮方针指导下，淮河干流相继建成一大批以防洪为重点的骨干工程，对防控洪水发挥了巨大作用。随着雨情、水情、工情的变化，工程控制运用、水文情势分析等科研基础工作还需加强。应加强淮河干流河道演变研究，洪水径流成果已用了 50 年，宜根据新情况分析研究，并复核现在的河道洪涝防御标准，要细化研究洪泽湖水位合理控制对淮河干流洪水的影响，要研究淮河干支流水库分期汛限水位，充分利用水资源，并研究大型水库优化调度对干流支流防御洪水的作用等。

**（二）实施淮河中游综合治理工程**

依据淮河干流行蓄洪区调整规划确定的安徽省淮河干流两岸布置濛洼、城西湖、城东湖、瓦埠湖、南润段、邱家湖 6 个蓄洪区，姜唐湖、寿西湖、董峰湖、荆山湖、花园湖 5 个行洪区调整为有闸控制的行洪区总体布局要求，近期重点加快汤渔湖、潘村洼改造为防洪保护区等项工程前期工作，完善淮河干流防洪体系，使洪河口—正阳关河道滩槽行洪能力达到 7000 $m^3/s$，正阳关—涡河口达到 8000 $m^3/s$，涡河口—浮山达到 10500 $m^3/s$。2035 年前实施以疏挖淮干河道及整治生产圩、扩大中等洪水排洪通道为主的淮河中游综合治理工程，进一步降低中等洪水位，优化行蓄洪区的总体布局，提高行蓄洪区启用标准，实现畅通中游淮河。

**（三）实施区域排涝提升工程**

据统计分析，安徽省淮河流域多年平均洪涝受灾面积 1270 万亩，其中涝灾占 70%以上。易涝范围包括沿淮湖洼地、淮北平原的大部分地区以及淮南支流洼地，面积 3.1 万 $km^2$，耕地 2800 万亩，洼地排涝标准低于 5 年一遇。沿淮湖洼地“关门淹”严重，淮北平原河道排水能力低，淮南支流下游圩区洼地防洪排涝标准低。综合地形地貌、工程条件、涝积水量水位等因素，科学界定流域内易涝区域范围。根据地形地势、水系和承泄区条件，划定治涝分区，设置排涝网格。分片控制，网格化治理，实现高水高排、低水低排，提高排水效率。在较常受淹的低洼易涝区要加快调整产业结构，谋划发展适水种养业等适应性产业，立足变对抗为适应、变劣势为优势。近期加快实施淮河重点平原洼地的排涝工程建设，解决突出薄弱环节；中期提高农田洼地排涝标准至10年一遇，实施沿淮重点易涝区排涝能力提升工程。

### （四）实施淮河中游洪水资源利用工程

在做好适当蓄水影响处理工程的同时，通过抬高淮河干流河道和沿淮湖泊蓄水位的方式，科学利用当地雨洪资源，相机引进淮干过境洪水，缓解区域近期干旱缺水压力，补充地下水，改善湖泊生态环境。近期可通过控制临淮岗坝上和抬高城西湖、高塘湖、香涧湖、城东湖等天然湖泊的蓄水位，增加蓄水调节库容8亿～10亿$m^3$，年均可增加供水量5亿～6亿$m^3$；远期随着淮河防洪除涝体系标准的提高，可进一步增加湖泊调蓄水量。

研究采煤沉陷区蓄水利用。两淮地区因煤炭开采形成的大量采煤沉陷区，可因势利导，发挥其蓄水、滞涝等作用。淮南矿区现有沉陷面积183 $km^2$，积水面积59 $km^2$，积水容积2.5亿$m^3$，预测最终沉陷面积842 $km^2$，届时西淝河下段沉陷区、永幸河洼地沉陷区和泥河洼地沉陷区将连成一片。淮北矿区到2020年底采煤沉陷区面积约319 $km^2$。选择淮北市南湖、中湖、临海童，淮南市西淝河下游洼地，宿州市芦岭和亳州市等地兼有拦蓄调节性能和外水补给条件的沉陷区进行综合利用试点，辅以河道建闸引水、水系沟通和沉陷区内部连通等措施，发挥蓄水和供水作用。

### （五）谋划淮北平原水系连通工程

通过“截、引、导、串”多措并举，加快构建淮北平原水系新格局，构筑多源联合、多路畅通的水网体系，畅通供水和泄洪通道，努力实现综合效益。针对淮北平原水系现状、地形特点，实施茨淮新河、怀洪新河扩大工程，奎濉河等综合治理工程。结合引江济淮工程研究建设界（界首）宿（宿州）新河，截引连通淮河北侧沙颍河、西淝河、涡河、包浍河等主要支流，汇聚导引洪水经新汴河直入洪泽湖，可有效减轻淮河干流汇水压力，也可解决淮北主要支流防洪标准提高、河道洪水泄量加大的出路问题，可使皖境支流河道水循环畅通，改善生态环境。

### （六）实施系统调度工程

建立大洪水调度系统，现有特大洪水调度方案主要依据治淮前期的成果，现工程条件、环境条件都发生了巨大变化，建议细化研究特定特大洪水调度方案。要研究干支流上游水库的调度对干支流洪水的影响，研究大洪水时临淮岗工程的运用，制订特大洪水时切实可行的洪水调度方案。

根据“强监管”的要求，要加强法律法规体系建设。如引江济淮供水后，要严格控制深层地下水开采，确保引江济淮工程发挥效益，而中深层地下水作为应急水源或第二水源。

建设统一的综合数据库和服务平台，为科学调度决策提供数据支撑和可视化的集成平台。建设安徽省淮河流域防洪调度系统，实现三维立体展示。建设安徽省淮河流域多目标调度系统，实现淮河流域防洪、水资源、水生态、航运等多目标、多方案的科学调度。

# 洪泽湖水情调度成效、问题与建议

江苏省水利厅一级巡视员　叶　健

洪泽湖为淮河流域最大的湖泊，是我国五大淡水湖之一，也是淮河中下游结合部的综合利用平原湖泊型水库，承泄淮河上中游15.8万$km^2$客水过境入江入海，总库容123.68亿$m^3$。洪泽湖的洪水调度、水资源调度及水污染应对调度，事关洪泽湖水安全与湖泊生态，关系到苏北地区工农业生产用水和南水北调东线的调蓄、涵养、供水，也事关京杭大运河航运。

## 一、洪泽湖概况

### （一）基本情况

洪泽湖西纳淮河，南注长江，东通黄海，北连沂沭，处于淮河中游末端。洪泽湖既是淮河中游干、支流的交汇点，同时又是淮河中、下游河槽的联结点。上游进入洪泽湖的主要河道有淮河、怀洪新河、池河、新汴河、奎濉河、老濉河、徐洪河等。下游出湖的主要河道有入江水道、入海水道、苏北灌溉总渠、废黄河、淮沭河。

洪泽湖大堤位于洪泽湖东岸，北起淮阴区码头镇，南至盱眙县老堆头张庄高地，全长67.25 km。大堤保护下游地区3000多万亩农田、2000多万人口，国务院明确在任何情况下都必须确保大堤安全。新中国成立以后，在洪泽湖大堤上先后建造了三河闸、三河船闸、洪金洞、周桥洞、高良涧船闸、高良涧进水闸、高良涧水电站、高良涧复线船闸、二河闸、入海水道二河新闸等建筑物，组成了洪泽湖控制工程。

### （二）灾害特点

洪泽湖的来水情况、蓄水情况直接关系到苏北地区防汛抗旱形势。

1. 洪涝成因及特点

洪泽湖发生大洪水的主要原因是梅雨期降雨、台风暴雨。自1954年有梅雨资料以来，1954年、1991年、2003年、2007年、2020年大洪水都是由梅雨型降雨造成的；台风暴雨及秋雨也会引发淮河较大洪水，如1975年8月上旬第3号台风减弱为低气压并深入到河南省境内产生特大暴雨，致使沙颍河、洪汝河发生特大洪水，淮河中游蚌埠流量达到 6900 $m^3/s$。2005 年 9 月上旬，受第 13 号台风“泰利”减弱成的低气压与北方南下的冷空气共同影响，大别山区部分地区发生暴雨大暴雨，局部特大暴雨，9 月 7 日蚌埠流量达到 6700 $m^3/s$。2017 年 9~10 月出现严重秋汛，淮河干流蚌埠最大流量 5230 $m^3/s$(10 月 13 日)，为 2000 年以来非汛期 10 月至次年 5 月最大流量。

洪涝特点：

(1)洪水发生时间相对集中。大洪水主要集中在 7~8 月，量级相对小的洪水在其他月份也会发生，形成春汛(又称桃花汛)、秋汛、冬汛。经统计，1950~2020 年，淮河蚌埠年最大流量发生在 7 月的比例占全年的 42%左右，其次是 8 月、9 月，分别占 24%、13%，其他月份所占比例均在 6%以下。如大水年份 1950 年、1954 年、1991 年、2003 年、2007 年、2020 年淮河干流蚌埠最大流量分别为 8900 $m^3/s$、11600 $m^3/s$、7840 $m^3/s$、8620 $m^3/s$、7520 $m^3/s$、8250 $m^3/s$，除 1954 年发生在 8 月，其余均在 7 月。

(2)洪水大部分来自淮河干流。经分析，年最大入湖日流量超过 10000 $m^3/s$ 的典型年包括 1954 年、1957 年、1965 年、1991 年、2003 年、2007 年，淮河干流最大 15 天、最大 30 天入湖水量占总入湖水量的 66%~70%。时段越长，所占比例越高。

(3)易发生洪涝遭遇。洪水年份，安徽省与淮河上中游地区往往同时或先后发生暴雨，出现洪涝遭遇的不利形势。

(4)江淮并涨或淮沂并涨概率较大。一般在 6 月中下旬开始出现江淮梅雨，至 7 月 10 日前后出梅，也有迟至 7 月 30 日出梅，如 1954 年。梅雨期淮河水系发生洪水，往往长江太湖地区、沂沭泗地区也发生洪水，出现江淮并涨或淮沂并涨的严峻汛情，如 1954 年、1991 年、2020 年等。

2. 干旱成因及特点

洪泽湖补给主要来自淮河上中游地区地表径流，上游来水偏枯甚至基本无来水是造成洪泽湖供水范围干旱最为重要的原因。洪泽湖上游来水量丰枯变幅在 20 倍以上，70%左右的年来水量集中在 6~9 月。干旱年份，本地降雨严重偏少，上游来水也明显偏枯，对苏北地区城乡人民生活、工矿企业生产、航运等正常用水，均会造成严重的不利影响。

干旱特点：

(1)全年都可能发生干旱，以春旱、夏旱和秋旱为主，也有发生冬旱。春夏旱概率最高，春旱易造成洪泽湖蓄水不足而引发水稻栽插水源紧张；如春夏后紧接 6 月发生夏旱，此时正值农业水稻栽插大用水时期，对农业生产的不利影响最大,俗称“卡脖子旱”;如夏季干旱持续,洪泽湖来水少,再加上沂沭泗地区枯水,将影响到水稻生长用水;连季干旱甚至跨年度干旱,也有发生,如1966年6月干旱持续至次年7月;1978年全年干旱,从1月一直持续到次年2月;1999年大旱持续到2000年6月;2001年大旱持续到2002年5月中旬;2019年5月干旱持续到2020年6月中旬。

(2)旱涝交替。或者先旱后涝,如2020年梅雨前,洪泽湖上游几无来水,4月18日至6月14日淮河蚌埠日均流量低于100 $m^3/s$,其中43天不足40 $m^3/s$,随着6月11~12日出现暴雨过程,淮河蚌埠流量快速增加,洪泽湖蓄水状况得到改善;或者先涝后旱,如1991年汛期大水,汛后淮河水系降雨持续偏少,蚌埠11月、12月的月平均流量都不足70 $m^3/s$。

(3)上下游地区同时干旱。江苏发生干旱时,淮河上中游地区降雨往往同样明显偏少,淮沂沭泗诸河流长期断流,湖库得不到上游来水补给,水位下降。如大旱的2001年,淮河流量持续减小并在大用水之前断流,蚌埠闸5月24日关闸,至8月1日才开闸,连续断流69天;8月26日淮河干流蚌埠闸再次断流,直至12月11日才有少量来水,全年累计断流天数为176天。近几年干旱期间,虽然淮河蚌埠闸维持少量生态流量,但由于沿线用水及消耗,也难以进入洪泽湖。

## 二、洪泽湖水旱灾害治理成效

新中国成立以来,在党中央、国务院的领导下,在水利部、淮委的关心支持下,江苏历届省委、省政府高度重视治淮工作,从全局出发,高起点制定淮河治理规划,统筹防洪排涝、供水调水。经过70年的持续建设,形成了比较完备的防洪工程体系,洪泽湖以下主要堤防设计防洪标准达到100年一遇,为科学调度淮河洪水提供了工程基础;建成了多湖泊、多河道、多泵站组成的江水北调工程体系,以大运河为串联,沟通长江、淮河(洪泽湖)、沂沭泗(骆马湖)三大水系,实现江淮沂水源互调互济,也可互调洪水。

江苏充分利用防洪工程体系、调水工程体系,科学调度、精准调度,成功抗御了1954年、1991年、2003年、2007年、2020年淮河流域性大洪水或较大洪水,以及1978~1979年连旱、1992年、1994年、1999~2000年连旱、2001~2002年连旱、2019~2020年连旱等大旱年份,应对了1994年、2018年特大突发性水污染事件,保证了全省经济社会发展。

### (一)防洪调度

多年来,江苏一直高度重视洪泽湖洪水调度,密切关注上中游及本地雨水情，加强预测预报、会商研判，及时预警，适时启动防汛应急响应，采取预降水位、全力排水、统筹上下游、兼顾排涝、拦蓄尾水等措施，将洪水灾害减小到最低程度，并充分利用洪水资源。

以 2020 年洪泽湖洪水调度为例。2020 年淮河流域入梅后，受多次强降雨影响，淮河 7 月 17 日出现年度第 1 号洪水，并形成流域性较大洪水，中游鲁台子流量 7 月 20 日超过 9000 $m^3/s$，为 1950 年以来第三大流量；蚌埠最大流量达到 8250 $m^3/s$，为 1950 年以来第四大流量；淮河干流及区间支流控制站合计入洪泽湖最大流量达到 11700 $m^3/s$ 以上。针对日趋严峻的汛情，安徽省准确预测预判，统筹淮河、沂沭泗地区所有防洪工程，科学调度、精准调度，取得了明显成效。

（1）预测预报。密切关注入梅后淮河上中游地区多轮降雨过程，加强预报与分析研判。一是 6 月下旬至 7 月 14 日，预报来水可能造成洪泽湖蒋坝水位超汛限较多；二是 7 月 14~18 日，淮河上中游淮南地区发生强降雨过程后，预报淮干洪水将迅猛增长，入湖最大总流量可能超过 10000 $m^3/s$，淮干蚌埠最大流量将达到 8000 $m^3/s$ 左右；三是 7 月 21~22 日，淮河中游淮北地区发生强降雨，叠加前期洪水，洪泽湖上游地区将有约 130 亿 $m^3$ 洪水入湖，且入湖洪峰会呈“矮胖型”持续大流量入湖；四是 8 月 7~8 日淮河上中游及洪泽湖区间出现暴雨，预报洪泽湖以上来水由退转涨，水位将再度回涨。

（2）预泄腾库。根据预报及会商研判，6 月 23 日调度三河闸开闸泄洪，并逐步加大泄洪流量，甚至敞开泄洪，还加大二河闸、高良涧闸流量，持续保持洪泽湖大流量排水，在洪峰到来之前降低湖水位预留调蓄库容，控制蒋坝水位在汛限水位以下 0.2~0.35 m（7 月 17 日最低降至 11.97 m），腾出洪泽湖汛限水位以下调蓄库容 7.5 亿 $m^3$。

（3）全力排泄。7 月 14~18 日降雨后，洪泽湖以上入湖总流量猛增，洪泽湖水位持续上涨，调度三河闸加大流量直至 7 月 20 日再次敞开泄洪，至 8 月 22 日才控制，最大流量达到 7970 $m^3/s$；在充分挖掘二河以下河道行洪的情况下，二河闸一度敞开排水，最大流量达到 998 $m^3/s$（8 月 13 日）；二河以下分淮入沂淮阴闸流量逐步增至 650 $m^3/s$，最大达到 785 $m^3/s$（8 月 1 日）；废黄河行洪流量增至 150 $m^3/s$，高良涧闸逐步增加泄洪流量至 750 $m^3/s$，一度达到 807 $m^3/s$，略超设计流量。洪泽湖总泄量超过 7000 $m^3/s$，最大达到 9150 $m^3/s$，成功将洪泽湖蒋坝水位控制在警戒水位以下。

（4）挖潜排泄。7 月 21~22 日、8 月 6~7 日、8 月 13~14 日，沂沭泗地区发生较强降雨，骆马湖以下新沂河行洪流量加大，淮沂洪水遭遇，沭阳闸关闸挡洪，分淮入沂受到限制，调度淮沭河沿线钱集闸、柴米闸开闸排水，通过北六塘河、柴米河等区域排涝河道帮助分泄淮水，同时调度骆马湖以下中运河压减排水流量，减少淮北地区洪涝水汇入二河区间，并利用废黄河等河道排水，挖掘潜力全力排泄淮河洪水。

（5）分淮入沂。在沂沭泗地区洪水退水阶段，骆马湖嶂山闸压减流量至关闸，根据新沂河水位下降情况，及时恢复分淮入沂，加大淮阴闸泄洪流量，尽力增加洪泽湖出湖流量。2020年实施分淮入沂，均未漫滩。

2020年淮河防洪调度成效显著，自三河闸6月23日开闸至9月2日关闭，洪泽湖累计泄洪水量376亿$m^3$，有效应对了来势迅猛的淮河洪水，有效降低淮河江苏段及洪泽湖洪水位，减轻了防洪压力，避免了鲍集圩行洪区、淮河入海水道的启用，避免了淮沭河漫滩行洪，保住了68万亩农田庄稼。在上半年干旱与新冠疫情、年中特大洪涝等极不利影响下，为安徽省粮食安全做出了贡献，为流域防洪胜利做出了贡献。

**（二）水资源调度**

在重视洪水调度的同时，江苏也高度关注抗旱供用水形势，强化预测分析、会商研判，及时发布干旱预警，启动抗旱应急响应；强化水源调度，统筹多水源，优化调度“三湖一库”水源及江水北调水源，湖库蓄水不足时提前实施江水北调、淮水北调补湖补库，严格控制湖库出流，做好湖库蓄水保水，为夏栽大用水保粮食安全储备水源；统筹多工程，合理启用江水北调、里下河水源调整、通榆河北延送水等工程，适时启用南水北调部分泵站应急抗旱；统筹多目标，保障城乡生活、工农业生产、航运、生态等用水。强化用水管理，自2015年起，每月下达江水北调沿线地区供水调度计划，开展市、县际断面和重要河段引水口门监测，组织用水管理巡查督查。

以2019年苏北地区抗旱供水调度为例。2019年5~7月，苏北地区发生60年一遇严重气象干旱；9月中旬至12月中旬，全省再次发生严重气象干旱。江苏超前研判、周密部署、精心调度，科学调配水源，加强用水管理。7月5日发布洪泽湖枯水蓝色预警，7月27日提升为枯水蓝色预警；7月16日启动苏北地区抗旱Ⅳ级应急响应，持续时间达25天。

（1）及早蓄水保水。4月中旬，启用皂河等泵站向骆马湖补水；5月上旬，调度江都站等抽引江水，引江淮水源补充骆马湖，同时严控湖库出流，最大程度储备水源；8月中旬，通知各有关市关注湖库蓄水，按照后汛期汛限水位控制运行。

（2）全力抽引江水。针对苏北地区旱情，先后调度江水北调、南水北调泵站全力抽引江水，全年各梯级泵站累计抽水 252 亿 $m^3$，其中江都站 75 亿 $m^3$，均创历史新高。

(3)超常规江水东引。超常规实施江水东引，江都东闸、高港节制闸合计最大日流量达 908 $m^3/s$，累计引水 121 亿 $m^3$，突破历史极值。汛期，在确保防洪安全的前提下，对里下河地区水位实施超常规高水位控制，为里下河水源调整、通榆河北延和宝应站抽水运行等提供充足水源。

(4)首次全面启用里下河水源调整工程及通榆河北延送水工程。全面启用里下河水源调整工程补水站，压减里运河扬州、淮安段用水，增加江水北调向北送水量；启用通榆河北延送水工程，实行“双线”向连云港送水，压减洪泽湖出流，其中滨海站累计抽水 1.5 亿 $m^3$。

(5)应急抗旱力保洪泽湖水位。根据旱情发展，分步分阶段调整抗旱目标。7 月 16 日洪泽湖蒋坝水位降至 11.50 m，启动了苏北地区抗旱Ⅳ级应急响应，在前期下达的月度供水调度计划的基础上，每 5 天制订下发抗旱应急供水调度计划，并适时调整；7 月下旬先后下发了洪泽湖、骆马湖的抗旱应急水量调度实施方案，明确洪泽湖水位不低于 11.0 m、骆马湖水位不低于 21.0 m 的应急调度目标，全面压减农业用水；7 月 25 日起，按照应急方案，在淮河入江水道金湖控制线架设 175 台套临时机组，抽水流量达 53 $m^3/s$，累计抽水 4700 万 $m^3$，保证了洪泽站应急补湖流量达到 180 $m^3/s$，有力维持了洪泽湖水位不低于 11.0 m 的最低生态水位。

(6)实施引沂济淮。利用 7 月下旬至 8 月上旬沂沭泗地区旱情缓解且有来水的时机，全面压减洪泽湖向沂沭泗地区供水流量，并于 8 月 6 日开始实施引沂济淮，通过徐洪河、中运河调引骆马湖洪水补给洪泽湖地区。在第 9 号台风“利奇马”造成沂沭泗地区发生较大洪水时，加大引沂济淮力度，徐洪河刘集地涵长时间按 180 $m^3/s$ 放水，接近设计流量；皂河闸、洋河滩闸合计 700 $m^3/s$，以保证中运河调水达到 700 $m^3/s$ 左右，二河闸反向进入洪泽湖最大流量达到 633 $m^3/s$。8 月 7~21 日引沂济淮水量达 8 亿 $m^3$，有力地缓解了洪泽湖地区旱情。

(7)强化用水监管。加强江水北调调水河道市、县际断面和引水口门水量监测，实现线上线下监控，每日统计分析各河段用水计划执行情况，派出工作组对沿线用水管理情况进行巡查督查。对超计划用水地区通报、约谈地方政府负责同志。

抗御 2019 年历史罕见的气象干旱成效显著，保证了江水北调供水范围 1600 余万亩水稻栽插任务完成，为安徽省粮食安全做出了贡献；保证了城乡居民生活、工业用水，将干旱对大运河航运的不利影响降到最低程度。与1978年特大干旱相比，苏北地区大部分群众感觉不到严重旱情，充分说明了水利已成为苏北地区社会稳定有序、经济发展的有力保障。

### （三）水污染应对调度

洪泽湖受上游地区污水排放影响，多次发生水污染事件，其中影响最大、损失惨重的为1994年、2018年特大突发性水污染事件。以应对2018年8月水污染事件为例。

（1）加强与流域机构沟通。密切监视汛情、水质，及时报送水污染信息，商请流域机构协调压缩上游河道下泄污水流量。

（2）加强水质预测预报。对入湖河道水质、洪泽湖饮用水源地，二河闸、高良涧闸、三河闸上游湖体水质加密监测，每天一报，密切关注水质变化情况，分析研判水质变化情况，为调度决策提供信息支持，并派出工作组现场指导。

（3）合理安排出湖流量。大幅度压减高良涧闸、二河闸流量，仅保留必要的工农业生产、城乡生活及航运等用水流量，以防范污染水体引导到两闸以下；加大三河闸流量。根据水污染水体扩散情况及淮河来水情况，尽量引导污水通过湖区中心，降低污水对更大范围湖区及下游河道的不利影响。还通过徐洪河调引骆马湖水源进入成子湖，尽量减少水污染对泗洪、泗阳两县饮用水源地的危害。

（4）制订应急预案。基于可能发生的最不利情况，制定了应急预案：如洪泽湖东部水体即二河闸及高良涧闸上游水体都受到污染，为保证淮安等六市及相关县（区）供水安全，临时关闭二河闸、高良涧闸站，利用江水北调工程，实施应急调水，并应急控制农业用水，保障城乡生活、骨干航运等重点用水。通过及时有效的应对调度，防止了污水扩散到二河闸、高良涧闸以下地区，尽量减少了水污染危害。

## 三、当前洪泽湖调度存在的主要问题及建议

总结回顾新中国成立以来的洪泽湖防洪调度、水资源调度、水污染应对调度，利用水工程防灾减灾，作用巨大，成效显著，充分体现了水利是国民经济社会发展的基础性保障，但还存在一些问题需要研究和改进提高。

（1）洪泽湖汛期水位动态控制问题。洪泽湖蓄水量对苏北地区经济社会的发展至关重要。洪泽湖水位13.50 m比12.50 m多蓄16亿$m^3$。按照水利

部有关规定，进入 6 月，也即洪泽湖一入汛，水位就要降至 12.50 m 的汛限水位，大量宝贵湖水白白放掉，而 6 月正是苏北地区水稻栽插大用水阶段，一旦遭遇偏旱年景，江水北调泵站即使全力抽足也难以满足用水需求，2019 年充分反映了这一点。地方政府、群众对洪泽湖进入 6 月不考虑经济社会用水需求，不考虑粮食安全，机械地按 12.50 m 控制水位反映强烈，多次提出人大建议、政协提案，要求采取洪泽湖汛期水位动态控制。江苏开展的对洪泽湖汛期水位动态控制研究表明，从工程条件、监测预报能力、长期调度实践都证明动态控制是可行的。建议组织修订淮河洪水调度方案，实施洪泽湖汛期水位动态控制，统筹水旱灾害防御要求，为保障粮食安全提供水利保障。

（2）洪泽湖正常蓄水位运用问题。国家批复的南水北调东线一期工程规划、可研及水利部印发的水量调度方案，都明确洪泽湖正常蓄水位为 13.50 m，但现行的淮河洪水调度方案明确为 13.0 m。2020 年，由于前期拦蓄洪水受到后汛期时间及控制水位限制，加上 9 月降雨明显偏少，洪泽湖水位逐渐下降，至 9 月底仅 12.80 m 左右，低于 13.0 m，远低于南水北调明确的非汛期正常蓄水位 13.5 m，对来年用水产生不利影响。建议在修订淮河洪水调度方案时采用 13.50 m 作为正常蓄水位；在修订印发前，后汛期水位按 12.5~13.5 m 控制，以充分利用洪水资源，实现蓄水目标。

（3）三河闸泄洪能力问题。2020 年淮河大洪水期间，三河闸敞泄洪天数超过一个月，其中 8 月 11 日最大流量 7970 $m^3/s$，当时蒋坝水位 13.52 m（在蒋坝水位 12.50 m 时，敞开泄洪能力仅 5200 $m^3/s$）。建议研究启动建设三河越闸，增加洪泽湖低水位时的泄洪能力，充分发挥入江水道的作用，也为淮河入海水道二期工程建设期间，因一期工程不能启用分洪的情况下，起到分流、导流作用，不致大幅降低洪泽湖防洪能力。

（4）关于怀洪新河分洪时机问题。2020 年，淮河中游蚌埠以下段防洪紧张而怀洪新河相对缓和，但按调度方案，何巷闸不能分洪，两河防洪形势相当不平衡。建议流域机构组织开展研究，统筹淮河干流、怀洪新河及下游洪泽湖防洪压力，将整体洪水风险降到最低；在取得相关省份的共识后，在修订淮河洪水调度方案中予以明确。

（5）淮河干流生态流量问题。按照国家发改委、水利部于 2017 年 6 月联合印发的淮河水量分配方案，蚌埠闸、小柳巷最小下泄流量为 48.35 $m^3/s$，但在2019年、2020年干旱期间，蚌埠闸下泄流量长时间不足40 $m^3/s$。建议流域机构按照水量分配方案统筹安排淮河干流沿线断面流量，组织对两个断面进行小流量的实测。

在纪念治淮70周年之际，既要看到洪泽湖为淮河客水安全过境入江入海、为苏北地区经济社会发展起到的关键性作用，也要主动面对存在的不足和问题，策应建成全面小康、开启现代化建设新征程的客观要求，加强研究、加强协作、勇于创新，共同谱写治淮事业的洪泽湖水情调度新篇章。

# 治淮为民七十载　守定初心再出发
## ——山东治淮七十年回顾与展望

山东省水利厅厅长、厅党组书记　刘中会

山东省淮河流域分为沂沭河和泗河(南四湖)水系,流域面积 5.1 万 $km^2$,土地、耕地、人口约占全省的 1/3,是山东省重要的粮食基地、能源基地,在经济社会发展中占据重要位置。新中国成立以来,历届山东省委、省政府把治淮工作摆在重要位置,坚持兴水利、除水害、惠民生,治淮工作成果丰硕,工程体系日益完善,流域面貌发生巨变,为流域经济建设与社会发展提供了坚实的水利支撑和保障。

## 一、科学治淮,成效显著

山东省淮河流域内年均降水量约 750 mm,比全省平均水平多 12%,且时空分布极不均匀,汛期降水量占全年降水量的 70%以上。由于地形复杂、地貌多样,湖泊、水库、塘坝众多,河道源短流急,汛期水库安全压力、出险概率和防洪排涝调度难度大,历来洪涝灾害多发。新中国成立以来,山东省发生的 7 次流域性大洪水有 6 次发生在淮河流域。历届山东省委、省政府团结带领流域广大人民群众抢抓机遇兴水利、众志成城除水患,掀起了波澜壮阔的一轮又一轮治淮热潮,取得了举世瞩目的一个又一个辉煌成就,书写了山东治淮史的一页又一页崭新篇章。

### (一)建设成就巨大

70 年来,山东淮河流域开展了多轮治淮建设,以 1948 年启动的“导沭整沂”为开端,陆续展开各类治淮工程建设,人民胜利堰、分沂入沭、南四湖治理、沂沭泗河洪水东调南下等骨干枢纽工程相继建成,总投入超过 400 亿元。流域内修建 5 级及以上堤防总长度超过 9000 km,规模以上水闸 2290 座;建成各类水库近 2000 座,总库容达到 62 亿 $m^3$;500 kW 及以上水电站 25 座,装机容量 4.7 万 kW。流域内累计治理水土流失面积超过 120 万 $km^2$,初步建成了流域上游坡面径流调控、沟道蓄水拦沙等水土保持综合防护体系。建成水库塘坝灌区、河湖灌区、机电井灌区、引黄灌区四大灌溉体系,有效灌溉面积达到

2705万亩。

### (二)防洪效益显著

东调南下工程使沂沭河洪水就近东调入海这一科学构想变为现实,流域重点河道总体上达到了20年一遇防洪标准,骨干工程达到50年一遇,由水库、河道堤防、蓄滞洪区、控制枢纽和湖泊等组成的流域防洪除涝减灾工程体系基本形成,占全省1/3国土面积的沂沭泗流域洪涝威胁已经基本解除。2020年8月,沂沭泗水系中上游普降暴雨到大暴雨,局部特大暴雨,沂河发生1960年以来最大洪水,沭河发生1974年以来最大洪水,泗河发生超警洪水。通过河道枢纽工程和大中型水库联合调度,及时削峰、错峰,避免了启用邳苍分洪道,最大限度发挥了各类水利工程的防洪减灾作用,将灾害损失降到了最低,实现了人员伤亡、工程重大险情“双零”目标。正是在做到长久安澜的基础上,流域内经济社会发展取得辉煌成就。2019年,流域内国内生产总值(GDP)超过1.6万亿元,是2010年的1.9倍,是1978年的近300倍,过去水旱灾害频发的“贫困区”“山旮旯”“水袋子”已经变为“米粮仓”“幸福窝”“聚宝盆”,水利工程对经济社会发展的支撑作用愈发凸显。

### (三)生态效益明显

近年来,围绕构建河湖生态新格局,全面落实省、市、县、乡、村五级河湖长体系,围绕“水多、水少、水脏、水浑”等新老水问题,系统治理和强化管护并举,切实推动河湖面貌持续改善。沂河、沭河水质在淮河流域率先达标,成为山东水质改善最明显、出境断面水质最好的河流之一,沂河环境综合治理工程被评为中国人居环境范例奖;南四湖水质由2002年的劣Ⅴ类提升到Ⅲ类,跻身全国水质优良湖泊行列。建立了以水功能区管理为核心的水资源保护监督管理体制,水资源保护监督管理工作不断加强,最严格水资源管理制度建设成效纳入各级政府科学发展考核体系,地下水超采区压采工作扎实推进。大力推进水利风景区建设,流域内建成国家级水利风景区25处、省级水利风景区66处。临沂市联动开发“水、岸、滩”,一体打造“堤、路、景”,全力打造人水和谐、人水相亲的宜居家园,成为全国首批水生态文明建设试点城市。

## 二、治淮经验,弥足珍贵

回顾70年的治淮历程,山东治淮工作取得的辉煌成就,主要得益于以下几个方面。

### (一)各级高度重视,上下勠力同心

党中央、国务院始终把淮河治理作为流域水利工作的重中之重,水利部、

淮委及国家有关部委对山东治淮工作十分关心与支持。历届山东省委、省政府始终高度关注和重视治淮工作,不断加大政府投入,强力加快治淮步伐。尤其是党的十八大以来,按照习近平总书记提出的“节水优先、空间均衡、系统治理、两手发力”新时期治水思路,省委、省政府将治淮作为促进流域内经济社会高质量发展的有效举措,带领流域内各市、县,科学谋划实施了水安全保障规划,下足气力、久久为功,掀开了新时代治淮工作新篇章。在各级党组织的领导下,一代又一代治淮工作者薪火相传、攻坚克难、无私奉献,为治淮事业倾注了大量心血,做出了突出贡献。

**(二)勇于创新思路,精准科学施策**

山东各级始终坚持以人民为中心的发展思想,践行人与自然和谐相处的理念,坚持“蓄泄兼筹”的方针,立足省情、科学规划、创新举措,充分发挥群众首创精神,稳步推进水利改革发展。相继总结提出了诸如“根治水患、防治干旱”的水旱灾害防御能力提升目标,“一河清泉水,一条经济带,一根产业链,一道风景线”的小流域综合治理思路,“上游建水库调节,中游层层建闸拦蓄,下游建地下水库截渗”的河道治理模式,“水带地升值,地生金养水”的城市水利发展路子等,开创了治淮事业新局面。

**(三)坚持分级负责,严格规范管理**

经过多年的治淮实践,山东治淮逐步探索出了“统一领导、分级管理和目标管理相结合”的建设管理模式,为工程的顺利建设提供全方位的保障。在工程建设管理中,建立健全了“法人负责、监理控制、企业保证、政府监督”相结合的工程质量管理体系,全面开展第三方全过程质量检测,建立了治淮工程安全生产准入制度,不断强化和规范工程建设管理与资金审计监督,确保了工程安全、干部安全、资金安全。

**(四)服从流域大局,团结一致治淮**

集中力量办大事是社会主义的优越性,团结治淮是山东多年治淮建设的宝贵经验。流域各级党委、政府和群众坚持上下游、左右岸一盘棋,形成了治淮的强大合力。同时,立足“同属一流域,共傍一河水”的理念,不断加强与兄弟省份的沟通协调和协同作战,通过治水增进团结。2001 年淮河中下游地区大旱期间将 8 亿多 $m^3$ 沂河水调入洪泽湖,2002 年南四湖流域大旱期间又引江、引黄应急补水 1.1 亿 $m^3$,实现了流域内“洪水联合调度、水资源相互补充”的水旱灾害防御新创举。

## 三、展望未来，再谱新篇

站在新起点、迈进新时代、面对新机遇，山东水利系统将在党中央、国务院的坚强领导下，在水利部、淮委的指导下，在省委、省政府的安排部署下，认真贯彻“节水优先、空间均衡、系统治理、两手发力”新时期治水思路，积极践行“水利工程补短板、水利行业强监管”治水总基调，从流域实际情况和流域经济社会发展对水利的需求出发，勇于担当、甘于奉献，苦干实干、久久为功，为山东经济社会发展“走在前列、由大到强、全面求强”提供可靠水安全保障与支撑。

### （一）在贯彻新时代治淮工作部署上讲担当

进一步提高政治站位，继续发扬老一辈无产阶级革命家倡导的上下游共保、团结治水精神，从治淮大局出发，正确处理好局部与全局、近期与长远、除害与兴利的关系，坚持贯彻部署不打折，执行政策不走样，坚定地将治淮作为全省水利工作的重中之重，确保将水利部、淮委的一系列治淮重要部署落实落细落地。注重与兄弟省份的沟通协作，增加理解，相互支持，团结治水，共同将治淮事业不断推向前进。

### （二）在提升流域水安全保障能力上打硬仗

以“根治水患、防治干旱”为目标，坚持“一治一条河、一治一个流域”，树立流域系统治理、区域综合治理理念，全面推进重点水利工程建设。深入开展风险评估，加大水库、塘坝、水闸改造整治力度。加快南四湖湖东堤封闭、淮河流域重点平原洼地南四湖片和沿运片邳苍郯新片洼地治理等工程，将南四湖地区整体防洪标准达到50年一遇，洼地除涝标准达到5年一遇。坚持统一规划、分类实施，全面提高东鱼河、洙赵新河、万（老）福河等河道防洪标准，加快补齐流域防洪减灾工程短板。

### （三）在破解民生水利发展改革难题上出实招

针对农村饮水安全、河湖清违清障、水土保持、水资源管护等一系列与人民群众息息相关的领域，以破解老百姓急事、难事、烦心事为导向，全力推进农村饮水安全两年攻坚行动，加快实施大中型灌区续建配套与节水改造，扎实推进水土流失治理，加快推动河长制湖长制由全面建立到全面见效，全面落实最严格水资源管理制度，有效落实水利行业强监管的各项措施，努力形成保障民生、服务民生、改善民生的水利发展格局。

# 治淮兴淮七十载　砥砺奋进谱华章

山东省海河淮河小清河流域水利管理服务中心
党委书记　邢仁良　党委副书记、主任　杜贞栋

山东治淮始于渡江战役的隆隆炮响之中，伴随着新中国波澜壮阔的水利事业共同走过了70载不平凡的历程。尤其是党的十八大以来，山东治淮事业迎来了建设规模最大、速度最快、发展最好的历史时期之一，山东省淮河流域形成了较为完善的防洪除涝工程体系，改善了平原洼地及行蓄洪区居民的生产生活条件，形成了人水和谐的新局面，有力保障了流域经济社会的可持续发展。

山东治淮取得的重大成就和流域发生的深刻变化与山东省海河淮河小清河流域水利管理服务中心（以下简称山东省流域中心）几代治淮人的艰苦创业、孜孜追求、团结奉献密不可分。在省委、省政府及省水利厅的坚强领导下，山东省流域中心认真贯彻落实水利部、淮委有关部署，规划设计、修建了一大批重点水利工程，治理了流域内大中型河道和数以千计的支流、河沟及水库，大大提高了防洪、排涝及灌溉效益，全力构建了蓄泄结合、排灌兼顾的流域水利工程体系，山东治淮事业取得了显著成绩。

## 一、七十年孜孜不辍，山东治淮成效显著

在与淮河水患较量的70年间，山东治淮工作全面贯彻水利部、淮委部署，不断完善治淮工作思路，优化治淮规划，创新治淮实践，将治淮工程建设作为构建山东坚实水网的重要组成部分，坚持不懈推进流域综合治理，治淮事业取得了辉煌成就。

### （一）积极抢抓国家治淮战略机遇

在淮河治理的每一个重要阶段，党中央审时度势、果断决策，及时做出重大部署，山东紧跟党中央步伐，全力抢抓机遇，开展了大规模的治淮工程建设。20世纪50年代，党中央、政务院做出了《关于治理淮河的决定》，在毛泽东主席“一定要把淮河修好”的伟大号召下，以20万河工齐上阵的“导沭整沂”工程为起点，开创了山东治淮事业的新纪元。1957年南四湖洪水之后，山东又

开辟了治理南四湖的战场，新修了湖东、湖西大堤，修筑了二级坝，使南四湖的调蓄能力有了较大提高。1971年国务院治淮规划小组提出《沂沭泗流域防洪总体规划》，山东人民劈开马陵山，疏导沂河洪水，再次掀起治淮建设高潮。1991年江淮大水进一步引起了党中央、国务院对治淮工作的高度重视，做出《关于进一步治理淮河和太湖的决定》，山东迅速启动治淮19项骨干工程之一的东调南下工程，使沂沭泗流域主要河道和南四湖的防洪标准提高到20年一遇，沂沭泗河洪水就近入海的科学构想变为现实。2002年，国务院批准东调南下工程在一期工程的基础上按照50年一遇防洪标准进行续建，历经2000多个日夜，工程全面完工，至此，占全省1/3国土面积的沂沭泗流域洪涝威胁基本得到解除。2013年，国家发改委、水利部联合印发《进一步治理淮河实施方案》，山东按照相关会议、文件精神，加快实施洙赵新河徐河口以下段治理工程、淮河流域重点平原洼地南四湖片及沿运邳苍郯新片区治理工程、湖东滞洪区建设工程，山东治淮建设驶入快车道。

### （二）与时俱进创新治淮工作思路

70年来，山东治淮坚持解放思想，不断探索改革发展新出路，加快从传统水利向现代水利转变。治淮初期，苏、鲁两省确定了“统筹兼顾，治泗必先治沂，治沂必先治沭”的工作思路，把导沭经沙入海作为整个沂沭泗流域治理的第一战。1957年南四湖流域洪涝灾害发生后，山东治淮工作重心转向南四湖治理，并逐步总结出“以排为基础，高低分排、洪涝分治”的流域治理思路。改革开放后，伴随着流域经济社会的发展，治淮已不再只是为了防御洪水，更重要的是通过建设防洪除涝工程，统筹做好水资源的配置和保护、生态环境修复等工作。围绕国家“蓄泄兼筹”的治淮方针，山东研究制定了“以实现人与自然和谐发展为核心理念，以水资源可持续利用支撑经济社会可持续发展为根本任务，以八个坚持为主要内容”的治淮思路。党的十八大以来，山东治淮积极践行习近平总书记“节水优先、空间均衡、系统治理、两手发力”的新时期治水思路，以加快构建具有山东特色的流域水安全保障体系，支撑流域经济社会持续发展为目标，开展了新一轮治淮建设，在进一步巩固和完善流域防洪除涝体系的基础上，使关系到民生的行蓄洪区和重点平原洼地面貌有了较大改观。近年来，在进一步治淮建设实践中，将工程建设与自然景观、人文景观相结合，构建人、水、工程的和谐美，日益成为新时期山东治淮工程建设的一种新理念。

### （三）全面完成治淮建设目标任务

历经70年艰苦卓绝的努力，山东人民开山劈石、挖河筑堤、修库建坝，治淮项目均按照既定目标全面完成。近年来，为保障进一步治淮工程顺利实施，山东省水利厅以山东省流域中心人员为基础组建山东省治淮工程建设管理局,作为项目法人具体负责组织工程建设管理工作。首批开工的洙赵新河徐河口以下段治理工程已于2016年底完成建设任务,成为进一步治淮38项工程中第二个通过竣工验收的工程,进一步提高了工程整体防洪除涝标准,显著改善了沿线灌溉供水保障能力。山东省淮河流域重点平原洼地南四湖片治理工程2017年9月开工建设,连续三年超额完成年度投资目标任务,多次荣获"治淮文明工地"称号,并争创成为项目法人安全生产标准化达标单位,工程质量、安全生产、水保环保、廉政建设等工作得到了干部群众的高度赞誉;截至2019年年底,工程累计完成投资25亿元,占总投资的95.24%,2020年将全面建成并发挥效益。山东省湖东滞洪区建设工程于2019年9月开工建设,截至年底累计完成投资2.8亿元,占年度投资计划的92.9%。山东省淮河流域重点平原洼地沿运片邳苍郯新片区治理工程前期工作全部完成,项目法人已经组建,开工前准备工作已就绪,将于2020年开工建设。

**(四)已建工程发挥巨大减灾效益**

经过70年的水利建设,山东治淮总投入近500亿元,淮河流域形成了比较完善的由水库、河道堤防、湖泊、控制性枢纽工程等组成的防洪减灾体系框架,流域重点河道总体上达到了20年一遇防洪标准,骨干工程达到50年一遇,流域内3000多万人口、上万个规模以上企业获得了可靠的防洪安全保障。2003年汛期,淮河流域发生了1954年以来的最大洪水,已基本建成的东调南下一期工程、大中型水库及骨干河道,发挥了巨大的防洪减灾效能。2005年南四湖秋汛,东调南下一期工程的综合防洪减灾功能凸显,仅济宁市防洪减灾效益就达107亿元。2006年秋冬有效抗御了全省30年一遇、局部地区百年一遇的特大干旱。2007年汛期成功抗御了泗河流域等局部地区的特大暴雨洪水。东调南下续建工程投入使用后,在应对2011年"8·26"特大暴雨、2012年10号台风、2014年10号台风等重大汛情中发挥了重要作用。2018年、2019年受台风影响,山东发生严重洪涝灾害,淮河流域重点平原洼地南四湖片治理工程已建成项目经受住了强降雨的考验,有效减轻了济宁等地洪涝灾害损失,为流域经济社会又好又快发展提供了坚强有力的安全保障。此外,刘家道口枢纽等控制性工程还为洪水资源化创造了条件,对促进从治理洪水向管理洪水转变,提高洪水资源化水平,加快"山东水网"构建步伐,实现长江水、黄河水、淮河水和当地水的联合调度、优化配置提供了更加完善的工程体系。

## 二、强化组织保障，管理与改革步伐愈加坚实

为确保治淮建设稳步推进，山东省流域中心认真履行职责，挑起流域规划、治淮项目前期与工程建设管理工作的重任，步履愈加坚实地迈向新时代水利改革发展之路。

### （一）组织管理体系逐步理顺

南四湖流域是山东淮河流域的重要组成部分。新中国成立前，南四湖被山东、江苏两省8县分管，1958年7月，治淮委员会机构撤销，治淮工作由河南、安徽、江苏、山东四省分治。为统筹解决各个层面错综复杂的关系，搞好南四湖统一规划治理，1963年12月，山东省流域中心的前身——山东省南四湖流域治理工程局由省政府批准成立。在此之后的57年间，先后经历了山东省治淮南四湖流域工程指挥部、山东省淮河流域工程局、山东省淮河流域水利管理局三次变迁，并加挂南四湖水利管理局、流域水政监察支队牌子，职能由过去单一从事治淮工程建设管理发展到作为省水利厅的派出机构在流域内行使水行政管理职责。伴随着山东治淮事业的蓬勃发展，山东省流域中心自身建设也不断加强，连续18年保持山东省级文明单位称号，2018年、2019年荣获全国文明单位称号，先后获得山东省水利工程建设管理先进单位及全省抗洪抢险、规划工作先进集体等荣誉称号。2019年机构改革后，新组建的山东省流域中心整合了原淮河流域水利管理局等四个单位的职能，承担淮河、海河等重点流域水利发展规划，水利工程建设、管理和运行等技术服务工作，单位成立后，迅速构建起科学规范、运行高效的管理体系，为山东治淮事业发展提供了坚强的组织保障。

### （二）建设管理更为科学规范

山东省流域中心不断优化创新建设管理体制，将权力、责任适度下放，推行两级法人联动、三级管理模式，为建管工作增添了活力。工程建设中，严格落实水利部、淮委和省水利厅关于加强工程建设管理的有关规定，着力抓好制度建设、业务培训、质量安全、督导检查、协调配合等工作，为工程顺利建设提供全方位保障。项目前期阶段协调相关单位，压茬开展前置要件办理和可研、初设报告的编制工作，为工程如期开工赢得主动。开工准备阶段，研究制定投资计划执行、进度控制、质量安全等制度，编印成册印发参建单位，为提高建设与管理质量效率提供强有力的制度保障。建设过程中根据需要组织开展建设管理、财务管理、安全生产等培训活动，明确相关标准和要求，有效提高参建人员业务能力和管理水平。组织开展质量提升行动，全力推动安全生产标准化

和“双体系”建设工作，不断推动工程安全生产管理工作再上新台阶。建立常态化现场督导检查机制，平均每年开展督导检查10余次，派出技术专家上百人次，跟踪检查发现问题整改落实情况，确保各项工作落到实处。及时跟踪工程进度，重点关注关键节点的任务目标完成情况，对市级项目法人提出的问题，力求做到有求必应，及时协调解决设计现场服务、插花段施工、设计变更、资金保障等问题，确保工程顺利实施。2019年，山东省流域中心对治淮工程创新实行“一线工作法”，派出专家和技术人员进驻重大水利工程现场，成立办公室跟进督导，以一系列务实的创新举措催生了活力，激发了管理效能。

### （三）流域综合治理能力显著提升

山东省流域中心坚持统一规划、综合治理，先后完成了南四湖流域治理、南四湖湖西地区防洪除涝、山东省淮河流域重点平原洼地除涝治理、山东淮河流域综合规划、山东省湖泊保护规划大纲和山东省南四湖保护规划等10多项大型水利规划，为山东治淮和流域综合治理提供了科学依据。直接组织了洙赵新河、东鱼河、梁济运河治理，韩庄运河枢纽节制闸闸上喇叭口河道扩大，南四湖湖东、西股引河开挖，南四湖湖区庄台、湖内清障行洪和东调南下续建及进一步治淮工程建设管理工作。完成了南四湖治理，南四湖二级坝枢纽二、三、四节制闸，南四湖湖内和流域内主要骨干河道治理等40多项大中型水利工程的可研、初设和施工图设计，满足了治淮工程建设需要。在搞好治淮工程建设的同时，山东省流域中心还认真履行防汛抗旱职责，成立了山东省第一家防汛抢险机动队，自主开发研制远程水位监测仪，有效提高了防汛管理水平。南四湖大旱之年，在最短的时间内拿出了引江补湖应急调水方案，为化解南四湖因干旱带来的生态危机做出了应有的贡献。2011年，山东省淮河流域防汛抗旱指挥部成立后，山东省流域中心积极发挥流域防指综合指导作用，协调流域五市统筹抓好防汛物资储备、人员调整、抢险演练等关键环节，组织修订完善洙赵新河、东鱼河等流域骨干河道防洪预案，开展边界闸安全度汛检查，扎实做好汛期值班值守和防汛督导工作。2019年防御台风“利奇马”期间，山东省流域中心成立工作组赴流域各市现场指导防汛抢险工作，为确保流域安全度汛发挥了重要作用。

### （四）打造流域管理服务品牌

机构改革后，山东省流域中心在搞好治淮工程建设的同时，整合技术、人员等优势力量，倾力服务河湖“清四乱”、小型水库安全运行暗访、水利工程损毁修复暗访、水利工程稽察、农村饮水安全督查、水土保持督查暗访等任务近20项，并为80余项行政许可事项审批提供了业务支持。通过规模性督查暗访,进一步摸清了当前流域水利工程设施现状,为提升流域安全度汛防御能力、加强河湖生态建设做出了突出贡献,有效推动了全省水利强监管工作做实做细。此外,山东省流域中心还着眼于未来治淮和流域水利事业发展的需要,认真抓好事关流域全局的重大水利课题研究,先后启动了南四湖管理问题研究、基于山东水网建设的沂沭河雨洪资源利用研究、山东省南四湖流域水生态修复与水资源调控研究、山东省淮河流域洪水防御工程现状及对策建议、南四湖小流域水生态文明建设模式研究等课题,多项课题荣获山东省科技进步奖、水利科学技术进步奖、软科学优秀成果奖、农林水系统合理化建议等荣誉,树立了良好的服务品牌形象,为今后更好地做好治淮和流域水利管理服务工作奠定了良好基础。

## 三、继往开来谋发展,谱写流域水利事业新篇章

新故相推,日生不滞。2020年是新中国治淮70周年,也是山东省流域中心成立的第二个年头。站在新的历史起点上,山东省流域中心将以习近平新时代中国特色社会主义思想为指引,认真学习贯彻落实党的十九届四中全会精神,深入贯彻习近平总书记新时期治水思路和在黄河流域生态保护和高质量发展座谈会上的重要讲话精神,按照"水利工程补短板、水利行业强监管"的水利改革发展总基调,围绕山东省水利厅党组确定的中心工作,统一思想,强化支撑,以建设幸福河湖为目标,加快推进南四湖管理工作取得实质性进展,为流域水治理体系和治理能力现代化提供技术支撑、智力支持、担当中坚。

### (一)构建合理开发、优化配置、全面节约、高效利用、有效保护的水资源开发利用与保护体系

落实节水优先方针,体现水资源管理"最严格"的要求,做好南四湖水资源的节约、开发、利用、保护等工作。贯彻落实水利部、淮委决策部署,深入推进南四湖水量分配工作,保障南四湖生态流量,明确区域用水总量控制指标、水量分配指标、生态流量管控指标、水资源开发利用和地下水监管指标,推进节水标准定额管理体系建设。规划建设标准高、功能全的水资源调配工程,用工程措施手段实现当地水、黄河水、长江水、非常规水联合调度和合理配置,补齐水资源开发利用工程短板,不断完善"空间均衡"的用水格局。整治水资源过度开发等现象,坚持与水资源开发、农业综合开发、土地综合整治等相结合,水源涵养、水土拦蓄和生态防护并重,打造海绵流域、清洁流域、生态流域、经济流域,进一步增强蓄水保土能力,改善流域农业生产条件和生态环境。

**(二)构建重点突出、全面覆盖、手段先进的流域管理工作全链条监管体系**

在抓好进一步治淮工程建设进度、质量、安全生产等方面监管的同时,加大工程建设监管,压实参建各方责任,强化前期工作、招标投标、质量管理、工程验收等环节的监管,全面提升工程建设质量。加强河湖执法监督,以“清四乱”为重点,集中力量解决乱占、乱采、乱堆、乱建等问题,打造干净、整洁的南四湖,压实河长湖长主体责任,维护南四湖健康生态。开展水土保持专项督查,及时掌握流域水土流失状况和治理成效,及时发现并查处水土保持违法违规行为。以强化水安全风险前端管控为核心,加大流域内中小型水库、塘坝、水闸、农村饮水工程改造整治力度,抓好工程运行管理监管,及早消除安全隐患,为流域经济社会可持续发展提供强有力的水安全保障。

**(三)构建系统完备、科学规范、运行有效的现代化水治理体系**

加快实施淮河流域重点平原洼地南四湖片和沿运片邳苍郯新片治理工程、湖东滞洪区建设工程,使南四湖地区整体防洪标准达到 50 年一遇,洼地除涝标准达到 5 年一遇。按照“一治一条河、一治一流域”的要求,同步治理上下游、左右岸,提高干流及分洪道、主要支流防洪标准,治理东鱼河、洙赵新河、万(老)福河等河道,规划实施湖西水系连通工程,统筹提高湖泊洼地滞蓄能力、滨河洼地排涝能力。进一步提高流域水利信息化水平,实施山东省边界水利工程调度指挥能力改造提升项目,构建准确高效、实时快速、要素齐全、智能联动的自动化防洪调度指挥系统,推进实现全流域信息化。加强流域重大水问题研究,围绕智慧流域建设、跨设区市边界工程科学调度、邳苍沿运农村现代水治理模式、湖东滞洪区 BIM 管理和技术应用、山东适水发展战略等开展调研和科学研究,为流域水利发展奠定技术基础。

# 哪得沽河安澜在　为有源头活水来

## ——青岛市大沽河水资源开发利用工程建设纪实

青岛市水务管理局副局级领导干部　刘明信

“大沽河水资源多年平均径流总量约 4.13 亿 $m^3$，入海总量约 1.64 亿 $m^3$，从那以后，这部分水将有超过一半被拦河闸坝工程拦蓄在大沽河河道中，充分地加以利用。”“从工程开工到建成蓄水，全体建设者们昼夜兼程，通过 11 个月的辛劳和奋斗，圆满完成了 9 座大中型拦河闸坝建设任务。”回忆起青岛大沽河水资源开发利用工程建设那段往事，当年与我一起奋战的同事们仍心潮澎湃，内心流露出感动和自豪！

2011 年，根据中央一号文件、中央水利工作会议精神，按照青岛市第十一次党代会确定的“全域统筹、三城联动、轴带展开、生态间隔、组团发展”城市空间布局战略规划，大沽河被确立为重要的保护开发流域。为保护好、开发好、利用好大沽河，青岛市委、市政府决定实施大沽河治理工程，使大沽河全线达到国家要求的防洪标准，最大程度地开发利用水资源和改善水生态环境，全面提升大沽河对周边区域经济社会发展的支撑力、保障力和拉动力，带动辖区流域范围内 50 个镇(街道)、2513 个村庄、240 万人口的发展，缩小长期困扰青岛发展的南北差距问题。

大沽河治理的总体思路和目标是紧紧围绕建设宜居青岛、打造幸福城市的战略目标，坚持“以人为本、人水和谐”理念，统筹考虑防洪、蓄水、生态、环保、交通、景观、人居、文化、经济和社会效益，通过 3~5 年的努力，在大沽河自产芝水库至入海口段(此段长 127 km)和小沽河自北墅水库至入大沽河段(此段长 55 km)两侧及相关区域，重点实施并完成防洪、水源开发、道路交通、生态建设、环境保护、现代农业产业化基地建设、小城镇与新农村示范建设工程等七大工程，使河道全线达到 50 年一遇防洪标准，实现大沽河“洪畅、堤固、水清、岸绿、景美”，将大沽河沿岸建设成为贯穿青岛南北的防洪安全屏障、生态景观长廊、滨河交通轴线和现代农业聚集带、小城镇与新农村建设示范区。

根据部门职责分工，青岛市原水利局(现为青岛市水务管理局)负责河道防洪整治规划、水资源开发利用及保护规划编制并组织实施，做好前期调查、拦蓄水工程建设等工作。根据《青岛市大沽河流域保护与空间利用总体规划》《青岛市大沽河流域水资源保护与利用规划》,青岛市大沽河水资源开发利用工程——大沽河拦河闸坝工程(以下简称水源工程)建设主要内容包括:新建、改建9座拦河闸坝(五闸四坝),其中新建8座(分别为新建国道309拦河坝、早朝拦河闸、孙受拦河闸、许村拦河坝、庄头拦河坝、程家小里拦河闸、孙洲庄拦河闸、大坝拦河坝),拆除重建1座(移风橡胶坝改建移风拦河闸),本着"技术先进、型式新颖、经济适用"的设计原则,分别采用环形闸、钢坝、充气、液压等国内外先进技术和挡水形式,建成后新增最大蓄水面积13 $km^2$,新增最大蓄水量2860万 $m^3$。水源工程主要工程量:土方192.27万 $m^3$,石方18.66万 $m^3$,混凝土18.52万 $m^3$,金属结构4594.94 t。工程预算总投资5.5377亿元。像这样一次性投资5.5亿余元,建设9座大中型拦河闸坝(其中大(2)型水闸5座,中型拦河坝4座),其投资之巨、工程量之大、型式之新颖前所未有。从大沽河上游国道309拦河坝到中游大坝拦河坝约63 km,先不论建设难度,仅从建设管理的工作量上来说,对于这个编制仅为37人,还同时肩负着大小沽河河道管理、水资源管理、2座橡胶坝管理、工程建设管理和水政执法的河道管理单位来说,无疑是一个巨大的挑战。

水源工程是市重点水利工程建设项目,与防洪工程一并位于市局全年重点督查考核的七项重点工程之首。根据政府工作计划,9座拦河闸坝要确保于2014年4月25日第十四届世界园艺博览会开幕前建设完成,并同大沽河干流其他已建的10座拦河坝一起共同完成蓄水任务,与世博会遥相呼应。我们深知本次工程建设时间紧、任务重、责任大、难度更大。

为确保按时、安全、优质完成建设任务,我们首先组织召开了专题会议,研究部署从项目决策到实施各阶段工作。随后先抓项目决策阶段和实施阶段的设计工作,以及工程招标。然后在9座闸坝工程中部成立了水源工程现场工作办公室,以便于就近对工程进行建设管理,并选调业务骨干组建综合、工程、财务等3个工作组,分别开展后勤保障、工程建设管理、资金管理等工作。水源工程现场工作办公室通过建立质量管理体系、制定水源工程施工管理有关规定、组织教育培训、制定进度控制目标、加强工程监督检查、定期观摩考评等措施,对工程的质量、进度、造价及施工安全进行监督和管理,协调参建各方的关系,保证工程项目的顺利实施。

水源工程自2013年4月底开始进行进场前的"三通一平"工作,5月初,首批施工队伍进入水源工程闸坝区,开始进行工程准备和一期导流工程的施工。5月10日,水源工程正式开工。2014年3月底土建主体工程全部完工。

4月10日，水源工程主体工程全部完工，闸门坝袋及设备全部调试完毕，标志着水源主体工程建设任务顺利完成。4月16日上游水库调水，所有拦河闸坝严格执行调度指令，至4月20日完成蓄水任务。大沽河干流19座拦河闸坝蓄水后，形成了近百千米连续水面，蔚为壮观！对于这个北方季节性河流来说，真是来之不易。

在水源工程建设过程中，现场办全体同志与工程参建单位一起，恪尽职守、兢兢业业、团结拼搏、无私奉献，克服交通不便、施工环境差、土地占用清障难、工期紧张、跨汛施工、昼夜连续施工、冬季施工等种种困难，历时一年，安全、优质、高标准地完成了9座拦河闸坝工程建设任务。施工进度按总进度计划实施，工程投资控制在审定的总预算范围内，施工质量总体良好，达到了设计要求。建设高峰土建施工总人数1500余人，闸门安装施工总人数200余人。整个工程共投入施工人员23万人次，投入机械设备2.2万台/天。

水源工程建设任务的圆满完成，充分证明了工程建设者们是一支听从指挥、善打硬仗、技术过硬、素质高、能力强的专业队伍。这支队伍认准既定目标，坚信办法总比困难多。工程建设成绩的取得，无一不是他们攻坚克难、团结奋斗的结果。

## 一、严格履行基本建设程序，高效完成工程前期工作

水源工程前期在发改、国土、水利等部门的支持配合下，自2012年11月19日至2013年2月20日，3个月内先后办理完成了水工程建设规划同意书、项目立项、规划选址、土地预审、水土保持方案、环评报告、移风拦河坝安全鉴定、可行性研究报告、初步设计、预算评审等十余项审查审批手续，可谓十分高效。

## 二、落实建设管理制度，择优选择参建单位

大沽河水源工程严格按照现代基本建设项目管理要求进行规范管理，实行项目法人负责制、招标投标制、建设监理制、合同管理制和质量终身责任制。工程勘察设计工作中，5座大(2)型水闸由中水北方勘测设计研究有限责任公司承担，4座中型拦河坝由青岛市水利勘测设计研究院有限公司分别承担。工程监理工作由青岛市水利建设监理有限公司承担，每座闸坝至少配备2名监理工程师。施工单位优选实力雄厚、业绩优良的水利水电施工总承包一级企业等实施工程建设。另外，还委托山东省水利工程建设质量与安全检测中心站进行第三方质量检测，确保工程建设质量。

## 三、精心筹备,做好现场办建设及工程建管保障工作

5月初现场办组建伊始,综合组全体同志第一时间进驻现场办,筹备办公、食宿场所及设施的建设,在莱西市水利局的协助下,一个月的时间内相继完成了办公室、宿舍、厨房、餐厅、会议室、接待室等建设工作;采购各种生活、办公及劳保用品;聘用责任心强、注重卫生的厨师、面点师,并按规定体检办理健康证。5月底各种制度制定上墙,办公场所准备就绪,全体人员入驻办公,后续全程做好生活起居、办公、餐饮、会务、接待,人员、车辆、物资管理,安全保卫、环境卫生等方方面面的工作,切实满足了同志们的工作及生活需要,保证了同志们的饮食安全和健康,给现场办全体同志特别是每天深入工地一线辛苦工作的同志们提供了放心、舒心的后勤保障。

## 四、组织紧密,耐心完成土地占用补偿和清障工作

水源工程建设范围内共涉及5个镇、17个村庄共300余亩土地的占地补偿及地面附着物清理工作(包含平塘、井、果园、林地),情况复杂,致使部分工程进场开工建设滞后。鉴于此,他们及时与当地市、镇政府密切联系,成立专门协调小组,进镇进村耐心细致地开展了大量的协调工作,历时近3个月全部完成了土地占压补偿及清障工作。工程共协调解决工程建设范围内的土地300余亩,清除地面附着果树2万余棵。

## 五、超前谋划,积极备汛,水源工程安全度汛

拦河闸坝工程不同于其他的工程,在河底施工需要创造干地施工条件,前期进行围堰、导流、截渗、排水等措施,工程现场施工条件复杂、工作量大、工期长,存在跨汛施工的情况,防汛安全十分重要。为确保各项工程安全度汛,汛前组织研究防汛预案,及时调整导流方案,落实抢险机械、物料,与施工单位签订安全度汛责任状,明确责任。汛期强化组织领导,落实防汛措施。2013年7月,大沽河流域发生连续强降雨,7月13日受强降雨和上游水库泄洪双重影响,大沽河遭遇了一次多年未遇的洪水,河道干流最大洪峰流量达1120 $m^3/s$,远远超出设计围堰标准,经科学调度指挥,提前撤离人员机械,全力抗洪抢险,在整个行洪过程中,未发生一起人员、机械安全事故,将度汛损失降到了最低。

## 六、多措并举,全力推进工程建设

一是强化技术培训。组织参建单位技术人员参加市里组织的2次培训,

并举办专题培训班,邀请专家进行授课,培训人员达200余人次,提高了建设管理队伍素质。二是调整完善施工组织设计。针对大沽河行洪情况,督促施工单位及时调整施工方案和施工进度计划,为工程施工做好技术准备。三是加强技术指导。针对闸坝工程技术要求高、施工难度大的特点,邀请国内知名专家对工程技术难题进行现场指导,保证工程建设技术质量。四是做好物料储备工作。对钢筋、水泥、止水、石材等材料进行考察、检测,提前订购,确保建设材料质量、数量满足施工进度要求。五是加强设备质量控制。多次组织设计、监理、检测等单位,对闸门、启闭机及坝袋等主要设备、预埋件等进行实地检查与技术对接,加强设备生产过程的质量检查,确保设备生产质量和进度。六是加大人员和机械设备投入。督促增加人员、材料、机械设备、模板投入,加大商混使用量。施工高峰期工人达1500余人,塔吊、罐车130台套,钢模板40套。七是加强工程建设管理和组织协调,同步推进各项工程建设。规范现场管理,做好现场土建与设备安装单位的协调工作,合理制定土建施工和设备进场的时间节点及建设安装工序,妥善解决土建施工与设备安装交叉施工相互影响问题,确保各项工程压茬推进、同步进行。八是实行进度考核奖惩管理制度。实行一周一检查,三周一评比,奖优罚劣;每月组织各标段各工地现场观摩,促进各单位学习交流,提高技术水平。

## 七、加强监管,确保工程建设质量

根据工程建设进展情况,现场办加强工程质量控制,严格现场检查监督管理。建设、监理、设计及检测等单位通力合作,不断加强工程质量的全程监督,建立起一套比较完善的质量监管控制体系。一是严格现场项目经理负责制,加强现场施工组织与协调力度。二是加强监理24小时旁站式监理、第三方检测人员加密检测批次、市水利工程建设质量与安全监督站定期抽检,确保工程建设质量。三是严控混凝土浇筑质量关,确保墩、墙等重要部位的大体积混凝土日最高浇筑量达1万$m^3$的高强度施工质量。四是组织协调金属设备、自动化、观测及亮化等众多参建单位派技术人员进驻工地,与土建单位密切配合,保证各部位埋件的安装质量。五是加强特殊指标监控,确定混凝土配合比、引气剂掺量、温水拌和混凝土水温控制及防冻剂添加量等具体指标,解决混凝土抗冻融指标不稳定等问题,确保各项检测指标满足设计要求。六是强化冬季施工管理。进入冬季施工阶段前督促施工单位落实冬季施工方案,落实保温设施。对现场技术人员进行适当调整,将已完成拦河坝的建设、监理等单位的技术人员集中到有冬季施工任务的标段,加强对冬季施工工程的温度控制和质量监管,确保冬季施工质量。

## 八、强化规范管理,确保安全文明施工

按照标准化安全文明工地建设要求,坚持“以人为本,安全第一”的建设理念,加强安全文明施工管理。一是出台了标准化工地建设、安全生产、工程质量安全控制等多项规定制度。二是组织安全生产教育,掌握安全生产措施和安全生产应急预案,熟悉安全事故的预防和处置工作。三是通过开展“安全生产日检查、安全隐患日排查、安全工作日汇报”工作,加强安全生产工作的监督检查,及时排除安全隐患,发现问题及时整改。工程无一起安全事故发生,实现工程建设安全零事故。

哪得沽河安澜在,为有源头活水来。青岛是个水资源严重匮乏的城市,人均水资源占有量仅为全国平均值的11%,城市用水主要依靠客水。青岛市人民政府高瞻远瞩地做出了治理大沽河的决策,大沽河水资源开发利用工程的建成将对淡水资源严重不足、客水依赖度高的状况有所改善。也正是因为这些水源工程建设者们的智慧和汗水,为青岛市民建设开发了重要水资源来源地。为了顺利完成这项艰巨的任务,他们不负重托,舍小家顾大家,有的有年迈的父母需要照顾,有的有年幼的孩子需要抚养,有的因此身染疾病……但他们都无怨无悔,因为在他们的内心深处有一位治水先贤——大禹在激励和鼓舞着他们。

# 参加治淮工作初期经历及感悟

水利部淮河水利委员会原总工程师　王玉太

我出生在苏北通扬运河以南，属长江流域，通扬运河以北归淮河流域。小时候就听说，通扬运河以北的里下河地区地势低洼，每遇大雨便成泽国，兴化的灾民就南下到我家乡逃荒要饭，或帮人家捞河泥（做肥料）挣点钱养家糊口，我内心很同情。

1966年淮河流域发生大旱，1968年淮干上中游发大水，1969年即我大学毕业后参加工作的第六个年头，水电部海河勘测设计院根据水电部的指示，抽出何孝俅、姚齐、方佩英、黄永泽等30多人成立淮河规划组，我和我爱人王斯香列入其中，我极为高兴。豫皖苏鲁四省水利（水电）局也都先后成立治淮规划班子。水电部派姚榜义、赵广和等专家到海河院，给我们淮河规划组介绍淮河流域有关情况。

1969年7月上中旬，淮河南侧支流潢河、史灌河、淠河发生特大洪水，造成佛子岭、磨子潭两座大型水库洪水漫坝。根据水电部的指示，海河院即派我和王先达前往现场调查。安徽省水利水电局派蔡敬荀等同志陪我们实地考察（蔡总还带领我们勘察了梅山、响洪甸两大水库）。回京后，我们先到水电部向钱正英副部长和防办郭治贞专家作口头汇报，然后按要求用书面文字报送钱正英副部长。

海河院淮河规划组成立后组织查勘，我参加了以淮河规划组核心小组主要成员闫智书为小组长的淮河干流查勘。当时，我爱人王斯香正怀孕，当行船颠簸时，她不断呕吐，但她不叫苦、不退缩，坚持到底。

1969年秋天，国务院决定恢复治淮统一领导，成立了以中共中央政治局委员李德生为组长的治淮规划小组，其成员有水电部副部长钱正英和豫皖苏鲁四省革命委员会各一位副主任（河南省王维群、安徽省吴斗泉、江苏省彭冲、山东省穆林）。10月19日至26日，李德生在国务院会议室主持召开治淮规划小组第一次会议，流域四省的代表和水电部钱正英在会上汇报，李先念、余秋里、纪登奎参加会议。此次会议结束后，水电部组织淮河流域查勘，由钱正英带队，自1969年12月初至1970年1月上旬，历时35天，分三个阶段进行。第一阶段在河南、安徽查勘淮河干流,第二阶段查勘淮北地区支流,第三阶段查勘江苏、山东淮河下游及沂沭泗河地区。查勘途中,钱正英在蚌埠、徐州先后做了三次阶段性总结,提出了治淮战略性措施的初步设想和规划的分工意见。查勘结束后,她又主持召集豫皖苏鲁四省水利(水电)局和海河院淮河规划组的人员讨论淮河的治理规划(重点是治理规划方案、省界设计水位和设计流量等)。

水利规划工作中,水文分析计算是龙头。1969 年 11 月,流域四省水利(水电)局各派两人,分别是河南省向楚安(不久换成董达龄)、范志敏,安徽省潘承恩、石毓才,江苏省朱湘、王怀俊,山东省常金玉、张鉴亭,带有关资料到海河院淮河规划组水文小组集中,在黄永泽主持下,开展水文分析计算工作。全体同志集中精力投入工作,尤其是四省来的同志经常周日加班加点,有的同志生病了也不请假休息。经过近三个月的紧张工作,于 1970 年 1 月提出了初步成果,1970 年春节前,各省同志将初步成果带回省里汇报和征求意见。春节后,四省同志带着各省意见返回北京,我们集中讨论修改,然后到水电部汇报讨论,形成《供淮河规划用的水文成果》和《供沂沭泗地区规划使用的水文成果》,统称《1970 年北京对口水文》。其间一天早上,王斯香肚子疼痛,我请假没去部里开会,叫出租车送她到北京朝阳医院,中午时分孩子出生。

《1970 年北京对口水文》形成后,立刻印发到四省,接着进行规划工作。因为时间紧急,采取的工作方式是从上游省往下游省接力传递:淮河水系为河南省—安徽省—江苏省,沂沭泗水系为山东省—江苏省,海河院淮河规划组派人到各省了解情况和参与工作,再集中汇总协调,着手编制淮河流域规划。

1970 年 4 月底至 5 月初,由钱正英主持,在徐州召开治淮规划汇报会。6 月初,治淮规划小组在北京召开治淮规划预备会议,会议统一了治淮骨干工程规划方案的技术基础,形成《治淮规划会议纪要》,李先念听取了汇报,周恩来总理接见了参加会议的全体人员。10 月,在北方十四省市农业会议期间,国务院召集淮河流域四省有关人员研究了几个规划文件:《关于治淮规划的报告》及《治淮主要骨干工程规划意见》(征求意见稿)、《关于治淮骨干工程若干问题的报告》两个附件。1971 年 2 月,在全国计划会议期间,治淮规划小组讨论通过向国务院提交的《关于贯彻执行毛主席“一定要把淮河修好”指示的情况报告》,附件有《治淮战略性骨干工程说明》和《关于治淮工程若干问题的讨论情况》。以上这些文件总称“1971 年淮河流域规划”。

根据“1971 年淮河流域规划”,立即开展统一规划中安排的战略性骨干工程,如濛洼蓄洪区曹台子退水闸、城西湖蓄洪区进洪闸、茨淮新河、入江水道整治、沂沭河洪水东调等工程的设计,随后陆续开工建设。

1971年11月,国务院治淮规划小组在蚌埠设立办事机构——治淮规划小组办公室(简称“淮办”,即现在“淮委”的前身)。流域四省也先后成立治淮专职机构。

综上所述,在“文化大革命”特殊时期短短的两年时间里,从四省分散治淮到新编制出淮河流域规划并付诸实施统一治淮,我的感悟是:

(1)国家对淮河治理工作抓得很紧,高度重视治淮。

(2)淮河流域四省齐心协力,携手团结治淮。

(3)参加勘测规划设计的工程技术人员勤奋工作,努力奉献治淮。

(4)深入调查研究,崇尚科学治淮。

另附:为庆祝治淮70年,本人特赋小诗两首,以表达自己对治淮的崇敬之心。

## 治淮颂

——纪念新中国治淮70周年

王玉太

黄河夺淮七百载,
洪涝干旱总酿灾,
逃荒乞讨把孩卖。

五零年代新篇开,
中央地方齐奋力,
辉煌业绩史册载。

防洪除涝又灌溉,
增产增收真高兴,
男女老少笑开颜。

昂首迈进新时代,
治理监管不懈怠,
幸福淮河乐开怀。

# 颂治淮

## ——纪念新中国治淮70周年

王玉太　王福林

自古淮渎多水灾，民不聊生一代代。
桀骜黄水又侵淮，沃野千里遭破坏。
夺淮入海更肆虐，害得淮域很无奈。
洪涝灾害七百载，逃荒乞讨把孩卖。

伟人一声号令下，根治淮河除灾害。
治山治水建库坝，挖河修渠闸堰开。
水工建筑千万座，不怕水旱频袭来。
昔日水来人逃难，今朝来水我安排。

淮水安澜人欢笑，五谷丰登乐开怀。
艰苦奋斗七十年，辉煌业绩史册载。
不忘初心除灾害，复兴中华盛世来。
齐声歌颂党英明，昂首迈进新时代。

# 我们的微信聊天记录

水利部淮河水利委员会原副主任　谭福甲
原解放军基建工程兵63支队技术科科长　陈　鲁
原安徽省建材局总工程师　戴永铭
安徽省·水利部淮河水利委员会水利科学研究院高级工程师　王承昌

我们是四个90岁高龄的老头,近20年来我们一直每周固定进行一小时的上网聊天。一开始是使用电脑和skype软件,后来改用平板、手机和微信。这些年来,我们聊天的内容主要是共同回忆我们的同学生活,我们共同的老师、同事。当然,我们最离不开的话题是我们共同参与的伟大治淮事业。

1948年,我们四个来自上海、江苏和安徽不同地区的学生一起考取了南京中央大学土木系1951级,开始了共同学习。1949年4月我们共同迎接了南京解放。我们一起度过了3年的同学生活。

1950年,淮河发生洪水,为了治理淮河,动员了一些大学生来淮河参加测量工作,这是我们第一次认识淮河。当年,陈鲁来到淮河润河集参与大地测量,戴永铭参加了池河流域测量。

1951年,我们在南京大学大礼堂一起聆听了当时华东局水利部副部长钱正英同志的动员报告。她告诉我们:1950年国务院做出治理淮河的决定,在蚌埠成立治淮委员会,统一领导治淮事业,现在急需技术干部。因此,希望你们这些水利系、土木系的大学生先去参加工作,在工作中成长。这就算作实习,明年你们再回校读书。

就这样,我们同班32个同学在9月就来到蚌埠,到治淮委员会报到。到了后我们才知道,和我们一起来的还有华东区各大学如交通大学、浙江大学等水利系、土木系3、4年级的同学,一共有200多人。我们在淮委聆听了秘书长吴觉同志的治淮动员报告。然后就服从分配去了淮委的不同单位。

陈鲁、戴永铭先去了霍山县的佛子岭水库工地,不久谭福甲也去了。当时,那里正在开展治淮的主要工程佛子岭水库钢筋混凝土大型连拱坝的设计和建设。

回忆起当年,我们都是走出校门不久的学子,没有什么实际工作经验,也缺乏设计、建设大型混凝土坝的理论知识。但是,在佛子岭水库指挥部指挥汪胡桢老先生的教导下,在如火如荼的水库工地上,我们带着强烈的求知欲和事业心,边学边干、边干边学,有了好的经验就在学习班上相互介绍交流,取长补短。自觉主动地接受走出校门后在实践中的再学习。

我们回忆,在佛子岭技术室的办公室里,晚上常有组织的报告会,我们听过汪胡祯指挥讲《坝工设计手册》《混凝土坝施工》《施工机械》,地质专家谷德振讲《地质情况》,混凝土专家吴中伟讲《混凝土工程》,听过《灌浆工程》,听过《施工组织设计和调度》等。

当时,我们这些技术干部人人都感到受益匪浅,特别是我们这批大学生们,我们说:“南大、交大,不如佛大。”为此,1952 年 12 月《安徽日报》曾刊登过专题报道,称之为“佛子岭大学”。

我们敬爱的汪胡桢老师是大家公认的“佛子岭大学”校长。他是当时老淮委工程部的部长。他一生育人,对我们这批大学生爱之如子,生活上问寒问暖,工作上谆谆教导,不仅把私人长期珍藏的大批图书资料拿出来供大家学习参考,还亲自组织大家的业务学习。

佛子岭水库大坝是我国第一座大型混凝土连拱坝,无前例可鉴,无旧规可循,要求高,难度大,大坝的建成使我国的筑坝技术达到了世界先进水平,成为水利战线上的奇迹,同时也为祖国培养了大批的水利人才。

到 1952 年,按原计划,我们这批大学生应当回学校学习。但是我们不少人已经慢慢成了骨干,单位不愿放人,我们也不想回去,所以淮委联系了教育部,都让我们提前毕业了。

在我们这些佛子岭大学的学员中,后来出现了曹楚生、朱伯芳两位工程院水利院士,出现了大批支援三门峡、丹江口、葛洲坝、三峡的水利专家。

陈鲁当时分配在佛子岭,未到工地,就被派往南京大学材料实验室,做佛子岭的混凝土配合比试验。以后到工地筹建实验室,按吴中伟专家建议,混凝土中掺入加气剂以改善抗渗性,为工程节约了不少水泥。在梅山水库实验室,建议在混凝土中掺用烧白土,以增加抗侵蚀性,后来在响洪甸、磨子潭工程中也广泛采用。1956 年陈鲁参加了全国农业水利先进生产者代表大会,1958 年团中央命名工地实验室为“先进青年实验室”。

戴永铭当时分配在技术室设计组,做了东岸重力坝的设计。以后到工场科参加东岸施工管理。后来负责总进度计划和年、月施工计划,参与预算编制。在梅山和磨子潭继续负责计划和预算工作。

谭福甲当时分配在技术室设计科,参与了梅山水库泄洪钢管的设计,后来又完成了梅山水库溢洪道、磨子潭水库泄洪隧洞等设计。

王承昌当时分配在淮委工程部规划科,参与淮河上游流域规划和淠河流域规划。后来在淮委夜大当老师,教数学,一个班学生就达到80余人,可见当年淮委年轻人学习的热情。

1958年老淮委撤销,我们就分别到了不同的单位。

陈鲁到了皖南青弋江陈村水电站工地。以后去梅山、佛子岭加固工地任技术科长。1972年在徽州建了一个混凝土双曲拱坝。1978年根据中央文件,陈村工程局改编为基建工程兵水电63支队,建设江西万安水电站。陈鲁被任命为主任工程师。

戴永铭到了安徽省建设厅计划财务处,负责建材、建筑、城建、基建计划。1977年去了省建材局,1984年任省建材局总工程师。

王承昌到了安徽省水利厅水科所,研究结构试验和原型观测。如宣城鼓楼铺输水隧洞原型观测报告,曾获安徽省科技三等奖。

谭福甲到了安徽省水利厅设计院,以后做了淠史杭灌区淠河渠首横排头过水土坝的设计,当时节省了大量水泥,保证了灌区及时通水,也在中国推广了这种坝型。1982年,谭福甲又回到新的淮委,1983年担任淮委副主任,主持建设了微波通信工程和板桥水库的复建工程,直至退休。

我们都是在治理淮河的实践中学习,在淮委老同志的教导下成长。所以,我们永远关心治淮事业,在聊天中离不开治淮的话题。我们怀念当年教导我们的老专家:萧开瀛、俞漱芳、吴溢、赵钟灵、须恬,回忆我们的老领导吴觉、张云峰……近20年来我们聊天的话题说不完。

近来我们特别高兴的是,2020年4月29日,安徽省宣布沿淮行蓄洪区贫困人口全部告别贫困。我们过去几十年来深知沿淮行蓄洪区这个老大难问题。一方面,行蓄洪区担负着在淮河遇到较大洪水时保护淮北平原和沿淮城市的功能;另一方面,又有自身遭遇洪水时如何减少损失的问题。多少年来,都没有很好解决。现在各级领导下定决心,花大力气,采取易地搬迁、建保庄圩、改变种植结构等措施改变了行蓄洪区的面貌,我们十分欣慰。

愿淮河流域的面貌越来越美丽!

# 对淮河中游洪涝治理的再认识

中水淮河规划设计研究有限公司原董事长　万　隆

在淮河的治理中,问题最多、治理难度最大的是淮河中游。新中国成立以来,淮河流域治理受到了党中央、国务院的高度重视,经过70年的持续治理和几代人的不懈努力,淮河流域已初步形成了由水库、河道、堤防、行蓄洪区、控制性工程、水土保持和防洪管理系统等工程和非工程措施组成的防洪排涝减灾体系,为保障流域经济发展和社会稳定发挥了巨大作用。淮河中游也经过多次的规划、调整、探索、实践,兴建了一大批水利工程,这些工程在防洪排涝中也取得了很好的效果。淮河中游通过各支流上游修建水库拦蓄洪水,开挖茨淮新河、怀洪新河分泄洪水,修建临淮岗工程控制特大洪水,结合堤防工程加固,使得淮河中游主要防洪保护区和重要城市达到了百年一遇防洪标准;通过扩大行洪通道和行蓄洪区使用,使王家坝以下淮河干流泄洪能力由5000~7000 $m^3/s$ 增加到7000~13000 $m^3/s$,大大增加了洪水的排泄能力;通过行蓄洪区调整改造,行蓄洪区的安全建设及移民迁建安置,使得行蓄洪区内人民生命财产得到保护,行蓄洪区的应用更加及时从容,更加有利于洪水的调度与管理;通过支流的治理,防洪和排涝能力得到了很大提高,防洪标准达到了10~20年一遇,排涝标准达到了3~5年一遇;通过面上的治理和排涝站建设,平原洼地的排涝能力得到了较大幅度提高,改善了群众生产生活条件,有力地保障了粮食安全。

## 一、淮河中游洪涝治理难点

淮河中游洪涝治理虽然取得了很大成绩,但目前仍未得到根本解决,淮河洪水下泄缓慢、高水位滞留时间长、沿淮洼地因洪致涝、“关门淹”等现象仍然存在;沿淮行蓄洪区虽然进行了部分调整及安全建设,但目前许多工程还没有实施,行蓄洪区及时有效运用还存在诸多问题;部分淮北支流的防洪排涝标准还是偏低,受淮干洪水的顶托,沿淮及支流两岸面上的排水也受到影响,涝灾情况仍较严重。以上这些问题可以说是淮河中游洪涝治理的顽疾,那么产生以上问题的外部条件是否发生了根本性变化,有必要再进一步地分析和认识。

### （一）特殊的水文气象条件易产生暴雨洪水

淮河流域地处我国南北气候过渡带，天气易变，具有暴雨多发，且历时长、覆盖广、年际变化大、年内分布极不均匀的特性。研究表明，淮河流域中上游地区日降水、过程性降水和月极端降水出现的概率比其他地区大，而且重现期短，致洪暴雨的天气系统组合的集中交汇区也在此地，因此雨量普遍较大，极易产生洪涝灾害。根据淮河流域历史气候变化规律与洪涝灾害发生的特征分析，淮河流域未来的旱涝灾害趋势依然严重。因此，淮河流域特定的气候背景、水文气象条件及暴雨洪水特征，极易造成流域洪涝灾害的条件仍然存在。

### （二）特殊的地理环境使得淮河中游洪水下泄缓慢

由于淮河特殊的地理环境和黄河夺淮的影响，使得淮河干流的河底高程呈现“两头翘”的不正常现象，淮河中游的洪水在浮山以下是在爬坡前行。淮河干流的河道比降，洪河口以上为0.5‰，洪河口至中渡为0.03‰，中渡至三江营为0.04‰，从目前情况来看，短时期内难以改变“两头翘”的自然地形，这也就进一步说明淮河洪水在中游下泄缓慢，长时间滞留的现象仍然存在。

### （三）淮干平槽泄量小，干流水位极易高于两岸地面，涝水难以自流排出

淮河干流正阳关至涡河口平槽泄量约为2500 $m^3/s$，涡河口以下平槽泄量3000 $m^3/s$，遇中等以上洪水超过平槽泄量的流量时间长达2～3个月，淮干水位高于两岸地面，涝水难以排出，形成“关门淹”。我们曾研究过淮河干流中游按3年、5年、10年一遇排涝标准扩挖断面、加大平槽泄量的方案来解决“关门淹”问题，研究结果表明，该方案对沿淮支流及平原洼地排涝的效果是显著的，但也存在许多问题和不确定因素，如：扩挖河槽工作量巨大，挖压占地多、移民搬迁多，会产生诸多社会问题；河槽扩挖后，断面将是现有河槽断面的1.753倍，河道流速会减小，影响河道的稳定问题；对淮干整体防洪除涝体系的影响问题；上游来水加快，且没有改变淮干上游及山丘区洪水挤占干流河槽的格局，对淮北地区汇流过程的影响和面上排涝的作用到底如何还存在很大的不确定性问题。鉴于以上原因，大规模地开挖淮干主槽，提高淮干的排涝能力，降低淮干水位的措施，在短时间内难以实施。因此，淮干遇中等以上洪水时，水位仍然会很高，淮北平原洼地无法自流排涝的情况仍然存在。

### （四）调整后的行蓄洪区仍需频繁使用

淮河中游行蓄洪区是淮河流域防洪体系的重要组成部分，在淮河发生的历次洪水中，分洪削峰，有效降低河道洪水位，减轻淮河干流上游、淮北大堤、城市圈堤等重要防洪保护区的防洪压力，为淮河防洪安全发挥了重要作用。但淮河中游的行蓄洪区都是防洪标准内必须使用的行蓄洪区，有的行洪区还

是河道行洪断面的组成部分，因此行蓄洪区的防洪标准不可能太高，使用仍很频繁。尽管行蓄洪区调整规划按照有退有保、有平有留的原则进行调整，但保留的行蓄洪区的启用条件没有发生大变化，仍要在防洪标准内频繁使用。

从以上分析可以看出，自然因素是淮河中游易产生洪涝的主要原因，而目前就这些自然因素而言，有些是不能改变的，有些是短时间内难以改变的。因此，我们的治理思路就应该顺自然而动，充分发挥人的主观能动性，找出与自然环境和谐相处的办法来。

## 二、行蓄洪区和平原洼地治理建议

淮河中游的洪涝治理经过几十年的不断探索，经历了认识提高再认识再提高的规划治理过程，目前对淮河中游的认识是深刻的、全面的，也是正确的，所采取的措施也是符合实际的。下一步就是要针对这些问题进一步细化设计，抓紧前期工作，抓紧工程实施，尽早地使广大人民群众免受洪涝之苦，更快地发挥效益。现就行蓄洪区和平原洼地治理提两点建议。

### （一）进一步加快行蓄洪区调整和安全建设

行蓄洪区在历次防洪中发挥了很大作用，但始终存在着人民的生命财产安全与及时有效地行洪、蓄洪之间的矛盾。对于行蓄洪区如何处理，曾研究过全部废弃还给河道方案、全部改为防洪保护区方案和根据各行洪区的具体情况采取有退有保、有平有留的调整方案。经过认真分析和研究，充分考虑“人水和谐、各留出路”的原则，目前行蓄洪区采用的调整方案是科学的、现实的、可行的。

已完成的工程项目在2020年防洪中已显现出控制运用的灵活性和及时启用的有效性，更进一步说明行蓄洪区调整方案是正确的、必要的。但就目前行蓄洪区调整的进度而言，整体还是比较缓慢的，对规划宜保留的行洪区，进退水闸有的还没有实施。经过多年的探索，检验了行蓄洪区目前处理方式的正确性，建议加快前期工作进度，尽快实施、尽快发挥效益和取得实际效果。

行蓄洪区及时应用的前提条件，就是要千方百计解决好行蓄洪区内人民生命财产的安全问题，这个问题不解决，行蓄洪区及时有效行洪就难以实现。因此，应该根据行蓄洪区不同情况，加快解决区内的安全建设问题，使人民群众生命财产不受洪水侵害，真正做到人与自然和谐相处，人民安居乐业。

### （二）进一步加快平原洼地排涝工程建设

淮河中游经过多年的治理，平原洼地的排涝条件有所改善，但总体的排涝能力仍然较低，再加上淮干和支流洪水的顶托，“关门淹”的情况仍然存在。

根据安徽省灾情统计资料，安徽省淮河流域多年平均涝灾受灾面积达900万亩，有的年份的涝灾受灾面积超过1000万亩，严重影响了受灾区经济社会的发展和人民生活水平的提高。

淮河中游平原洼地的治理也进行过多轮规划，也实施了许多工程，但与目前涝灾情况和经济社会发展的需求相比，治理是远远不够的。在淮河中游平原洼地治理的措施上，有一种观点认为，淮河中游涝灾原因产生主要是洪泽湖水位的顶托造成的，但经过研究，洪泽湖水位顶托对洪涝的影响仅到蚌埠吴家渡，因此中游排涝问题的解决还是要立足于中游本身想办法。

## 三、结语

淮河中游的涝灾治理难度是相当大的，必须坚持全面规划、综合治理、因地制宜、讲究实效的原则，坚持防洪与治涝相结合、治涝与灌溉系统相结合、工程措施与非工程措施相结合，要细化排涝单元，弄清局部与全局之间的涝水关系，根据不同情况采取降、截、抽、整、调、蓄等综合治理措施来进行治理，要加快前期工作的步伐和工程实施的进度，尽早地造福沿淮人民。

从淮河中游涝水治理的多年经验和教训来看，沿淮平原洼地必须要建设一批骨干排水泵站，着力提高抽排能力，才能有效解决沿淮平原洼地的涝水问题，这也是淮河中游减轻涝灾损失的关键所在。

淮河中游洪涝问题的治理仍任重道远。

# 我国防汛水情信息的首次共享

淮河水利委员会水文局(信息中心)原局长　罗泽旺

今天,互联网、大数据、云共享的名词已经家喻户晓,但仅仅在28年前,我国的数据通信还未起步,人们还不知道什么是信息共享。当时用几台计算机相连、相互发送数据称“联网”,后来称之为局域网,那时还没有广域网的概念,更没有今天的互联网。

淮委出于防汛工作的需要,于1992年就在全国率先成功采用新技术进行水情电报的传输并轰动全国防汛水情界,不但大大提高了淮委的防汛能力和知名度,而且也为后来国家防办组织建设全国防汛水情信息传输网络提供了新技术手段。

众所周知,防汛的依据是雨水情信息。首先要了解流域内下了多少雨,称之为雨情;其次要知道流域内各河流现在有多少水,称之为水情;还要知道未来会涨到什么程度,对大堤、城市有没有危害,称之为洪水预报。水文行业内分测(验)、整(编)、(预)报、(计)算四大专业,从事(预)报的称之为水情人员;来自测站表述实时水情的电报称之为水情电报,现在的年青人可能都不知道什么是电报,这是因为我国近30年来数据通信技术飞速发展,电报业务于2005年前就已经退出历史舞台。但在当时,电报是最快、最廉价的通信手段,无论单位和个人,有急事都是到邮局拍电报,一是因为长途电话价格昂贵,一般人用不起;二是当时很少有家庭电话,接电话要到邮局。当时的人们根本无法想象今天竟然人手一部手机,说打就打。

邮政电报分两类:一类是民用电报,4位数字一组,每组代表一个汉字,电码本就是相应的对照表。电报的每个字0.13元(最早是0.03元),为了省钱,电报要用最少的字数来表达意思,就是收发单位(比如水利部治淮委员会)都尽可能采用电报挂号(3112)来代表。

另一类就是水情电报,5位数字一组,根据水利部《水情拍报办法》定义,每组数字都有特定的含义,属专用电报。水情人员一看水情电报就知道在什么地方发生了什么;为了节省字数,全国的水情报汛站都冠之以5位数字(站号),为水情电报的第一组数字。

为了节省时间，县以上防汛部门多由邮局派专人携带收发报机(电台)常驻。

国家防办要接收全国的水情电报；各流域机构、各省、各地、各县的防汛部门要接收所辖范围内的水情电报，只不过是越基层的防办所需要的水情站点越密集；另外，河流有上下游，防汛也需要管辖范围外、同一条河流上下游的水情信息。因此，同一份水情电报要向多家防办拍发，水情行业内称“一报多发”。我国一报多发份数最多的是湖北汉口水位站，同一份水位信息要发52家。

有了水情电报才能进行洪水预报的计算，在洪水预报成果的基础上才能制定防汛决策。比如淮委防办，上午8点的水情电报一般要到10~11点才能收集齐，然后才能开始洪水预报计算，到中午12~13点，洪水预报计算成果才能出来。防办再根据洪水预报成果和实时雨水情进行防汛工作的部署和安排。水情电报来得越早，洪水预报计算成果也就越早，防汛工作就越主动；反之亦然。

我国电报系统属邮局管理，是一个倒树状结构，即北京对全国各省(区、市)，各省(区、市)对所辖各地市，各地市对所辖各县，直到基层的邮电所。测站一般都在基层，所以每份水情电报都要依次从基层的邮电所到本乡镇、本县、本地市、本省、北京，外省水情电报必须经过北京中转。为了保证电报的速度，中国邮政总局规定，从最初发报时间点到最后收报时间点不能超过90分钟。

全国各防汛部门为接收水情电报，每年需要向邮电部门支付巨额的水情拍报费，水情行业多年的规矩是“谁收报，谁付钱”。仅国家防办每年下拨各流域机构用以支付流域各省的拍报补助费用就达100多万元，之所以称之为拍报补助费，是因为这还不够实际的拍报费用，其间所差额度由各省防办“消化”。

淮委是一个流域机构，防汛级别仅次于国家防办，但却地处地市级的蚌埠，所以同一份水情电报，淮委接收到的时间不但晚于各省防办，甚至晚于远在千里之外的国家防办。在汛情紧张时，国家防办已经得知的紧急水情，而淮委还不知道，使得淮委防汛工作十分被动，这也是长期困扰淮委的一个难题。我当时是淮委水情处副处长，分管防汛水情工作，为此曾试验过很多办法，均无功而返。

1992年初，当我看到《人民日报》上刊登我国引进了法国的分组交换数据公用网(以下简称“公用网”，是我国网络的雏形)时，隐约感觉到这可能是解决淮委接收水情电报晚难题的一个契机。因为工作关系,我非常熟悉水情电报及其路由。测站都属各省,按照我国电报系统的路由,水情电报首先是一路经乡、县、地市到各省省会(省防办),如果豫皖苏鲁四省和水利部、淮委、沂沭泗局通过"公用网"形成一个流域性的计算机系统(以下简称"流域网"),不就可以实现流域四省之间的水情信息传输吗?也就是说,只要水情电报一到省里,"流域网"内各节点(包括部委局)几乎同时就能收到(共享),这样就不至于造成淮委防汛工作的被动了。

在征得淮委分管防汛的杨民钦副主任同意后,我马上到上海市邮电总局详细调研,进一步了解采用"公用网"来组建传输水情电报系统的可行性、可靠性和性价比。经过技术人员详细介绍后,踏上返程的我对"公用网"更加了解了,对拟建的 "流域网"更有信心了。

众所周知,电报网是人类历史上的第一代网络,其终端是收发报机,点对点组成,遍布全球,称电报网;电话网是第二代网络,其终端是电话机,最早是点对点组成(军用、专用),后来有程序控制、智能控制、自动拨号的集群系统(公用),也是遍布全球,称电话网;而"公用网"属于第三代网络,其终端是计算机,由于计算机的功能远远大于电话、收发报机,其最擅长的就是数据传输,用"公用网"进行数据传输肯定没有问题,随着计算机的数据处理速度越来越快,数据传输的速度也会越来越快。

还有,数据传输不同于其他实物传输,实物从甲地到乙地,甲地就没有实物了。数据传输则不是,传输出去后自己还有,这就是数据特有的复制性。水情行业的"一报多发"本来就是同一份电报要发往不同的地方,现在只不过从最早得到水情信息的节点通过"流域网"传输到其他节点,传输数据就是共享数据,因为传输者并没有丢失数据。

采用"公用网"来传输水情数据不但可靠,而且成本更低,预计可以节省90%的(电报)成本。

回来汇报后,杨主任当即同意立项,经过反复核算,建设"流域网"的项目预算为 40 万元。为了筹集项目经费,杨主任亲自带队到水利部水调中心向卢九渊主任汇报并得到支持。两位领导当场敲定,项目经费由水利部水调中心和淮委各出 20 万元,因为这个项目首先是为了提前部、委、局的收报时间。

淮委水情处马上组织部委局及四省水情技术人员成立了项目组,我任组长,陈朝辉(水调中心计算机处副处长)任副组长,成员有程益联、秦岳峰、欣金彪、许志勇、杨殿亮、赵彦增、叶宏斌、王绍勤、陈希村。1992 年 5 月,在淮委召开了第一次项目组会议。

当时我国的"公用网"只分布到各省会城市及发达省份的地市,我最想解决收报晚难题的淮委恰恰在没有"公用网"的蚌埠。幸亏江苏省徐州市有,而徐州的沂沭泗局是淮委的下属机构,两者之间已经建有防汛专用的微波干线。

项目组全体成员充分讨论后,决定马上开始申请"公用网"、购买微机等各项准备工作,其中最主要的工作有三件:一是由王绍勤负责开发微机上统一的软件(四省的收发软件和委、局的接收软件);二是由秦岳峰负责研发徐州收到的水情信息再通过微波专线实时传到蚌埠的软硬件工作;三是由程益联负责开发北京小型机的接收软件。

从1992年6月到次年初,开发软件、进行模拟数据传输,出现问题再修改软件。经过大家反复的沟通、修改、联调、试运行,终于在1993年初成功建成"流域网"。

试验成功后,我们面临的就是"流域网"能不能投入实用,如果不能投入实用,传统的水情电报和"流域网"同时运行,不但没有节省传统的水情电报经费,而且还增加了"流域网"的费用。如果投入实用,则要提前通知流域内所有测站不用再向淮委拍发水情电报了。

每年汛前各级防汛部门都要下达各自的《拍报任务书》,任务书中严格规定了拍报站点数量和拍报段次要求。如果任务书取消,而"流域网"又出现故障,届时淮委防办就会没有任何水情电报,成了"聋子"和"瞎子",这是天大的责任、天大的事,也是杨主任最担心的事。经过项目组一再保证,杨主任仔细地看了全部的试运行记录,才下决心取消《淮委1993年度拍报任务书》。

1993年汛期,除淮委外,国家防办、沂沭泗局和流域四省都采用两套系统同时运行。经过1993年汛期的运行,"流域网"正常运行,无一故障。淮委"流域网"成功运行的消息很快让全国水情部门为之振奋,一时传为美谈。因为这一新技术的运用尚为全国首例,不但速度快,而且可以节约大量的报汛费。"公用网"是以数据包来计费的,每包8K(8192个字节,相当于几十份电报的容量),收费仅0.013元。换句话说,原来一份电报平均收费1.5元,现在相比之下,"流域网"的报汛费用简直可以忽略不计。淮委"流域网"在1993年汛期的运行总费用不到2万元,而每年仅淮委下拨流域四省的拍报补助费就是18万元,这还不包括国家防办给流域四省的、流域四省给流域内外省的拍报费用。

"流域网"投入实际运行后,让我们真正体会到"科技就是第一生产力"的内涵。过去水情电报从测站到各级防办的耗时长达12个小时,更重要的是看上去浩瀚无比的海量水情信息传输对"公用网"和计算机来说,就是弹指一挥间的事。

1994 年汛期,国家防办、沂沭泗局和流域四省防办也相继撤消了拍报任务书,“流域网”在 1994 年汛期正常运行,无一故障,彻底宣告了“流域网”的成功。

“流域网”的成功运行有三大效益:①速度效益,大大提前了部委局和外省接收水情信息的时间;②信息效益,由于各省接收的水情电报的密度远大于部委局和外省,现在部委局和外省都能获得与本省防办一样多的水情信息;③经济效益,部委局每年不再需要支付淮河流域水情电报的费用,淮河流域四省也不再需要支付外省的淮河流域水情电报的费用,每年总共能节省 50 万元左右的拍报经费。

1996 年末,国家防办在“淮河网”的经验基础上,开始筹建《全国防汛计算机广域网》(以下简称“全国网”),按照“全国网”规划,第一步就是扩大范围,仍然采用“公用网”建设包括各省(区、市)防办在内的“全国网”,换句话说,就是把 1993 年的“淮河网”变成了“全国网”,以期取消国家防办对全国、各流域对本流域、各省对外省的拍报任务,从而获得更高水情信息传输速度、更大的水情信息共享面和更大的经济效益;唯一和“淮河网”不同的是,由于通信技术的发展,异步通信协议提升为同步。

规划的第二步就是延伸,将“全国网”的节点延伸到地市。

经过全国各地水情人员的努力,2000 年初,除少数几个边远省份外,“全国网”基本建成并运行。“全国网”的成功运行,在全国范围内根除了“一报多发”现象,即每个测站只需要向地市防办拍发一份水情电报,这份水情电报就在本地市终端进了“全国网”共享。这样,全国地市以上的防办不需要任何水情电报了,全国的地市防办也不需要本地区以外的任何水情电报了。

“全国网”的成功运行将速度效益普及到全国,水情信息由测站到各防办的时间从原来的 1~2 小时减少到 0.5~1 小时;将信息效益扩大到极致,地市级密度的水情信息全国共享;将经济效益发挥到最大,据不完全统计,全国每年节约的报汛费用达千万元。

“全国网”的成功运行,成为我国水情信息传输技术现代化的里程碑。

水情信息来自测站,水情电报首先要到本地市,由于测站基本上都在基层,在当时不可能有分组交换数据网,所以从测站到本地市这一段成了全国水情信息传输的瓶颈,也有人称之为水情信息传输的“最后 50 公里”。

为了提高水情信息从测站到本地市的速度,全国大多数测站放弃了电报,即测站直接用电话向本地市防办报送水情电报,水情行业内称之为“话传”。

水情“话传”到地市再进“全国网”前有四个步骤:①报送。测站打电话到地区,接通后测站人员将水情报文(比如51080 03080 00239 15236 41233这样一份最简单的水情电报)报给对方,对方记录。②复述。对方将记录的报文复述给测站人员,核实无误后挂机结束。③输入。地区水情人员要将此份报文通过键盘人工输入到计算机(屏幕)。④复核。确认输入的报文准确无误后,回车进入“全国网”。

1998年国家防办根据“全国网”的建设进度,又提出“全国水情信息必须在20分钟内到达本地市、30分钟内到达国家防办”的更高要求。很明显,从本地区到全国,更长距离、更多部门之间的水情共享只规定了10分钟;而从测站到本地市防办的“最后50公里”却要20分钟,可见这一段的水情信息传输速度之慢。

一个地区一般有20个测站左右,重点防汛地区更多。报送水情信息的时间是有规定的,我国汛期常见的是四段次,即一天报四次,分别为8点、14点、20点和2点。国家防办要求的20分钟、30分钟就是指在每天8点的水情信息要在8:20、8:30先后到达本地市防办、国家防办。由于集中“话传”,使得地市防办的水情人员“手忙脚乱”,有的甚至要到9点才能将本地区的水情信息输入到“全国网”。

1996年我任淮委副总工程师,协助杨主任分管防汛,随着“全国网”逐步扩展,我们已经意识到全国水情信息传输的瓶颈就在测站到本地市这“最后50公里”。为了解决这一全国性的难题,我和秦岳峰两人从1996年下半年就开始利用业余时间进行研发。

测站唯一的通信工具只有电话,我们想到了当时的股民利用电话就可以将买卖股票的信息传输到证券公司的计算机里完成交易,那我们的水情电报能不能通过电话传输到本地市防办的计算机里呢?

经过分析,我们认为买卖股票的信息都是数字,而且每次只输送一组数字,如股票代码(6位)、买或者卖(1位)、(买卖)多少股(1~N位),电话上的数字键完全够用。而我们要传输的水情电报除了数字,还有空格、英文字母和括弧等字符;一份水情电报有多组数字;还有许多闸库测站同时报几个测站的信息,如闸上、闸下是两个站号,水库出流分输水洞、溢洪道、灌溉渠道等不同站号,有个分段问题。市场上的语音卡满足不了我们的需要。

秦岳峰是无线电方面的业余专家,他认为可以研发出专用的电路板(语音卡)来解决这个问题,即用硬件的手段解决水情信息的特殊性。当时我们还在梦想,如果我们解决了这个问题,就是我们的专利了。于是我们进行了分工:秦岳峰负责开发电路板,我负责培训测站人员如何利用电话来输入水情报文,而且输入的方法一定要简单方便,因为测站人员文化水平普遍不高。

我很快根据测站人员的习惯,设计出六句(每句7个字)口诀,因为测站人员有背口诀的习惯,编写水情电报就有口诀,如测流方式有1估2查3测,水位有4涨5落6平,天气有7雨8阴9晴等,这样便于文化水平不高的测站人员记忆。

秦岳峰这里就遇到麻烦了。开发电路板首先要设计,有了设计图纸后要委托厂家生产电路底板,再在底板上根据设计焊接相应的电容、电阻等元件,最后投入试验。而厂家要求底板生产一次至少就是100块,否则连开机费都不够。当时我们认为在研发期间浪费一些电路底板,成本不是很大,但是如果成功,100块肯定不够,大批量生产的单价会更低。想法都是好的,实际上却不是这样。当第一块电路板进入试验时,很快就出现问题,我们根据现场出现的问题查找原因、修改设计再试验;如果底板不行,再生产又是100块。我们一次又一次地试验,一次又一次地失败,光底板就变更了六次。前后近两年的时间,我们的研发陷入了绝境。

我们开始反思屡屡失败的原因。残酷的现实让我们认识到:我们在硬件设计、制作方面都不是强项,大多数的失败在电路板质量上,少数失败在设计上。既然硬件不是我们的强项,那我们能不能另辟蹊径?1998年秋,我们两人在江苏省水文局看到同行们也在研发这一技术,但他们走的是软件路线,即购买语音卡,用软件来解决水情电报的特殊性。这样一下就坚定了我们走软件路线的想法。因为商用语音卡质量是有保证的,利用我们编写软件的强项来解决水情报文中的特殊性应该是条路子。这时我们两人出现了分岐,秦岳峰认为谁都会买语音卡,全国各水情部门都买得起,软件谁都能编,那我们还有什么创新和专利?我认为全国同行都认识到这个问题,也都在开发,关键是时间!如果我们能早日开发出来,而且我们的软件方便好用,就能抢在全国最早问世,占据市场,关键是我们的软件能不能开发出来,能不能方便好用。

软件路线的可行性如何?我到厂家进行调研,通过调研我们知道,语音卡已经广泛地用在总机客服、公司咨询、股票市场等许多领域。各个领域都是根据厂家提供的语音接口和技术参数编制相应的软件。至于我们担心的集中报汛问题,厂家告诉我们,只要增加电话路数就能解决。语音卡分单路和多(N)路,N路电话中只要有1路电话挂线,会马上自动再进一路电话。

于是我们购买了语音卡,回来后请编程高手根据厂家提供的语音接口和技术参数编写水情报文接收软件。通过软件来识别电话传来的特殊字符,当报文输入结束后,软件将完整的报文通过语音卡准确地复述给对方等待确认。

1998年汛后,我们的软件很快开发出来了,正式投入到驻马店地区水文局进行试验。驻马店有45个测站,汛后报汛段次很少,一天一次,甚至5天一次。为了做试验,我们要求每天8点、14点所有测站将实际水雨情编报通过电话发送;地区一端的计算机上安装了联接N路电话线的语音卡。

试验有两个目的:一是看各测站职工能不能利用电话和我编写的口诀将水情电报内容准确发出;二是不同路数的语音卡在20分钟内各自能接收多少测站的水情信息。

当测站拨通地区电话时,电话里就响起“欢迎使用语音报汛系统,请输入报文”的提示语音,测站按规定要求逐字输入报文后,最后键入#号表示结束;对方提示音“你输入的报文复述如下”,接着就将收到的报文完整复述一遍,最后提示:“正确请输1,错误请输0”;如果报文有错,测站重输,直到测站输1,最后提示音“谢谢!欢迎下次光临”,挂线结束。

经过一个多月的试验,近万份水情电报内容全部准确收到。一开始由于测站人员不熟练,耗时需要30~40分钟,到后来居然不到10分钟。试验结果完全满足预定要求。

经过试验我们也得知,一般情况下,如果20个测站左右,2路卡就能满足20分钟的要求,50个测站需要安装4路卡,120个测站需要安装8路卡。

1999年4月,淮委的语音卡技术率先在广东省投入运行,广东省有10个地区,各地区测站数量都在30个以上。一开始他们有点担心,前期采用“话传”和语音卡并行;一个多月后,广东省水文局就下令全部测站直接采用语音卡技术报汛。

广东省成功运用语音卡技术解决了“最后50公里”的难题,立刻在全国防汛水情界引起轰动。之所以引起轰动,是因为采用语音卡技术,首先是满足了国家防办提出的20分钟到地区防办的要求;二是投资小,一个地区只需要一块语音卡,才两三千元,测站不需要投资,就用原来的电话;三是操作简单,基层测站职工一学就会;四是减少了地区水情人员的工作量,过去最忙,现在全自动化了;五是提高了水情信息的准确率,因为所有水情信息的准确与否都经过测站发报者的确认,没有中间环节。

继广东省之后,黑龙江、安徽、河南、山东等省水文局先后邀请淮委去给他们安装语音卡,就连江苏省也不开发了,直接采用我们的语音卡技术。从此以后,秦岳峰马不停蹄地在全国各省奔波,安装推广这一技术,秦岳峰是淮委译电系统的开发者,于是他将水情信息接收软件的成果(水情报文)作为译电系统的输入，将接收水情信息软件和译电软件形成一体，即从测站来的水情信息直接形成当地的防汛水情报表，这样，淮委的语音卡技术就更受欢迎、供不应求了。

截至2008年，据不完全统计，淮委的语音卡技术已经在全国约3/4的测站上得到应用，在解决水情信息传输的“最后50公里”难题的同时，也大大提高了淮委在全国防汛水情界的知名度。

2000年前后，淮委的语音卡技术加上“全国网”奠定了我国水情信息传输（共享）的现代化格局，与电报时代相比，已是“今非昔比”了。

今天，随着我国通信事业的飞速发展，分组交换数据技术和语音卡技术已经退出历史舞台，今天全国测站普遍采用微信技术来传输水情信息，发达地区已经建设了水文自动测报系统。

我国水情信息传输从水情电报的“一报多发”、微机译电、分组交换数据网、淮河“流域网”、“全国网”、语音卡技术到微信、互联网共享、水文自动测报系统，一路走来，我作为一个资深的水情工作者，有责任记录下我国水情传输技术这段历史，作为我国通信计算机技术飞速发展的一个见证。

# 改革大潮中那几朵难忘的浪花

水利部淮河水利委员会原副总工程师　李良义

我是一名不折不扣的水利工作者,1960年8月,不到20岁的我由山东济南一中毕业考入武汉水利电力学院的水利工程施工系,我很喜爱这种充满实干色彩的专业,幻想着毕业后能参加三峡水利枢纽工程的建设。入校不久,我曾步伟大领袖毛泽东主席的《游泳·水调歌头》词的韵律学填了一首词,既表达我的求学志向,也作为激励自己不断进取的动力,按现在的观点来分析,这首词在当时已含有一些初心隐现的成分,作为回忆录的切入点,我想将这首词抄录于下,与同事(特别是年轻一辈的同事)们共勉:

## 攻　读　(水调歌头)

久饮泉城水,新识武昌鱼,千里迢迢来汉,为国进攻读。强忍初离情愁,胜似闲踏明湖。今日得学机,列宁遗嘱曰,学习不止步。

依珞珈,傍东湖,号明珠。一颗红心在胸,誓把宏图付。进得多才多艺,不使青春虚度。宇宙仍渺茫,当开阔平途!

1965年7月,我大学毕业时国家还没有三峡水利枢纽工程的上马计划,因此国家的需要就是我的选择,我被分配到水利电力部水利水电科技情报研究所工作,开始从事水利水电科技情报研究,在工作中经常翻阅到西方发达国家水利水电工程施工方面的一些资讯,每当看到我认为会对水利水电工程施工有借鉴作用的信息时,我都会立即摘录成卡片留用,从此就养成了一种随时摘录科技信息的习惯,这对我以后的工作视角和工作效率都起到了非常好的促进作用。

今年是新中国治淮70周年,淮河水利委员会(以下简称淮委)开展新中国治淮70周年纪念文章定向征集工作很有必要,作为一名老治淮人,同时又接到委领导的点名邀请函,我义不容辞地接受了这一任务,但在具体动笔时我却犯了难,在"写什么、怎么写"的问题上徘徊不定,我既不想泛泛写些大家都知道的事情,也不想细细探究过于专业的问题,经过许多时日的斟酌和考量,最后定出写回忆的三个原则:第一,要写自己亲身参与过的事情;第二,所记录的人与事必须与治淮和水利建设事业密切相关;第三,要把治淮人在工作中的所表现出的勇于开拓、专业过硬、兢兢业业、无私奉献的精神风貌展现出来。

人上了年纪都爱回忆对比,每当我闭目回顾这40年改革开放的历程时,我都会情不自禁地联想起钱塘江大潮的壮观景像,大潮初始阶段并没有令人惊心动魄的态势,但当那千百万不起眼的浪花都汇涌到一起的时候,就会涌现出一个惊世骇俗的大浪潮。我国40年的改革开放之所以能称得上是大浪潮,也是因为它是由全国数百个行业全方位的改革开放汇集而成的,教育、科技、交通、航天、通讯、农业……几乎所有的行业都在日新月异的变化中,这其中自然不会缺少我们水利行业的参与和付出,无数水利人(治淮人)并没有缺席这一伟大的历史变革,主动将其智慧和热血作为正能量融汇到水利改革开放的大浪潮中。鉴于此,我决定将治淮人在改革开放大浪潮中所奉献出的几朵令人难以忘怀的浪花记述如下,并以此纪念新中国治淮70周年。

## 第一朵浪花

20世纪80年代末,经过十多年改革开放的洗礼,科学技术是第一生产力的论断已经在广大工程技术人员的心目中扎下了根,重视科学技术学习与提高的风气已经在水利行业的各个单位中悄然兴起。

1989年5月,袁国林同志调任治淮委员会(淮委前身)主任,他上任后不久就做出一个大胆决定,从委管经费中每年划拨出10万元,设立了一个淮委内部的科技发展基金,专门鼓励、支持淮委各业务处室的科技研发项目,以不断提升淮委作为水利部流域机构的科技水准。这一决定得到委内各业务处室和广大职工的好评与支持,同时也极大地提高了职工认真钻研业务提高专业技术水平的积极性。

当时在淮委有一位可以算得上是"国宝"级的专家,他就是当时在淮委作技术咨询工作的林昭教授级高工,他是我国土石坝工程施工领域实践经验十分丰富的专家,在水利行业具有很高的威望,虽然年事已高退休多年,但身体素质还不错,袁国林主任几次提到一定要找机会充分发挥他的技术特长,林老也表示过若有机会愿意做些技术标准整编方面的工作。

1990年初,我到北京参加水利部技术标准化工作会议期间,曾向水利部基本建设工程质量监督总站表示,淮委有意在水利工程施工技术标准的编写方面做些工作,而当时恰恰有一项行业技术标准还没有确定主编单位。水利部建设开发司很重视这一提议,随即与淮委领导进行详细会商后,决定以水利、能源两个部的名义正式下达任务:由淮河水利委员会作为主编单位,承担《水利水电基本建设工程单元工程质量等级评定标准(七)——碾压式土石坝和浆砌石坝工程》(以下简称《标准(七)》)的组织编写工作。

1990年2月11~12日,由水利部基本建设工程质量监督总站主持,在南京水利科学研究院召开由主编单位和协编单位参加的关于制定《标准(七)》的工作会议,我代表主编单位(淮委)参加了会议,浙江省水利厅,福建、辽宁、贵州省水利水电厅,南京水利科学研究院等协编单位也有代表参加,会上研究并确定了《标准(七)》的编写原则与依据、编写大纲与分工、编制计划与日程安排,以及如何做好准备工作等问题。会后我将会议决定向淮委领导做了汇报,经委领导研究决定立即成立以林昭为主编人的工作班子,并按计划要求与协编单位共同开展编写工作。

当年5月下旬,淮委在蚌埠市召集了由辽宁、浙江、福建、贵州四省水利厅及南京水利科学研究院等五个协编单位送来的初稿汇总会,经过一周的讨论、修改,再次整理出一份经过林昭教高阅改过供征求意见用的汇编稿。7月初,由淮委将《标准(七)》(征求意见稿)报水利部。7月下旬,由水利、能源两部联合以建基〔1990〕3号文将《标准(七)》(征求意见稿)发至全国七大流域机构、各省(区、市)水电厅(局)、新疆建设兵团、部属建设总公司、各直属工程局等单位,广泛征求意见。10月中旬,编写组对各单位反馈的修改意见又逐条、逐款地认真修改,后经主编人林昭教高再次严谨、细致的修改后,于11月初完成了《标准(七)》(送审稿),并于12月中旬由淮委装印成册报水利部。1991年3月15~19日,由水利、能源两部共同主持,在蚌埠召开了《标准(七)》(送审稿)审查会,与会专家一致认为,《标准(七)》的内容、条款基本可行并原则通过,同意编写组按审查意见修改整理后作为报批稿上报水利、能源两部。此后由于1991年淮河、太湖特大洪涝灾害等问题放置了一年多时间。1992年6月8日,水利、能源两部经过专家评审后,正式颁布《标准(七)》为强制性行业标准,编号为SL 38—92。

《标准(七)》的整个编写过程,从接受任务到提出报批稿才用了一年零一个月的时间,创造了部颁技术标准编制工作中时间短、质量高的纪录,得到水利、能源两部领导的一致好评。也正因为淮委在这一行业技术标准制定工作中的良好表现,打破了淮委以主编单位身份编写水利行业技术标准“零”的纪录,真正提高了淮委的科学技术水准,并由此开启了淮委不断承接主编水利行业技术标准的新常态,同时也显著提高了治淮人在整个水利行业的知名度和自信心。

编写《标准(七)》的实践，在整个水利行业改革大浪潮中只能算是一朵不起眼的浪花，作为一名治淮人，我虽然为这朵浪花的孕育和绽放做了些具体工作，但如果要与我从中的所学所得相比起来简直可以忽略不计。也许有人不理解，编写《标准(七)》本来就是一件自讨苦吃的事，为什么我要这么不遗余力地去争取和奔波？其实这与我上大学时所立下的报国志向有关，我所学的专业知识既然没能在三峡水利枢纽工程建设中效力，也应找机会贡献到其他水利建设事业中，更何况当时我已经是年过五十的人了，再不努力寻机报国就没有多少机会了，所以在我已懂得水利技术标准的重要性之后，非常希望能有一个亲自参与编写水利技术标准的机会，更何况淮委刚巧有一位德高望重的水利工程施工专家在坐阵掌舵，这是多么难得的机会啊！而且编写《标准(七)》既可填补水利行业技术标准的空白，又可提高淮委科技含量和知名度，再加上淮委和水利部相关司局领导的认可，当这么多良好机遇都叠加在一起的时候，你就可以理解我所有的努力和奔波都是值得的。

在整个编写《标准(七)》的过程中，我既是林昭教高的秘书，也是他的学生，既从他那里学到很多书本上学不到的堤防工程施工实践知识，更从他身上学到许多老专家所共有的优秀品德。他是一位非常平易近人的老人，从不摆出让人望而生畏的架子，当淮委领导请他出山做《标准(七)》主编人时，他二话不说立即应允下来，毫不犹豫地将国家需要摆在了第一位。他平时寡言少语，从不显山露水，但在技术讨论时却展现出满腹经纶的特质，他阐述的论点、论据头头是道，而且还善于深入浅出地用文字或图表总结出来，做到让人心服口服，因此他在编写技术标准领域具有很高的人格魅力，当编写《标准(七)》确定以他为主编人时，所有协编单位的编写人员都一致认为他是众望所归的人选。对我而言，身旁能有这么一位德高望重的老师真可谓是天赐良机啊。

在整个《标准(七)》的编写过程中，我始终将自己定位在一个学生的位置上，但在最初编写大纲文件的编写人中却有我的名字，这件事一直令我惴惴不安，为了突出林昭和其他编写人员的倾心付出，我坚决要求将我的名字从编写人中删除，最后得到领导的应允后才使我紧张的心情平复下来。

这次参加《标准(七)》的编写还给我提供了一个苦练计算机打字的机会，在编写的各阶段我都会尽量争取亲自动手用计算机打出草稿，送经林昭教高修改后再用计算机纠错和打印。最初打字速度还比较慢，但由于不断坚持练习和应用，五笔字形口诀也越背越熟，打字速度提高很快，而且还学会了许多排版打印的技巧，最后竟然提高到可以盲打的程度，也正因掌握了这一基本功，使我以后的工作效率提高很多，也为我退休后整理打印 50 多万字的大学求学日记提供了可能。

## 第二朵浪花

1991年汛期淮河和太湖流域的一场特大洪涝灾害又催生出治淮人在水利改革大浪潮里的第二朵浪花。

这一年淮河流域遇到超乎寻常的降雨过程,雨季提前近一个月到来,大雨接连不断,在河道底水位已经很高的情况下,又加上全流域性强降雨过程的不断叠加,形成了全流域性的特大洪涝灾害。据统计,全流域受淹耕地面积高达422万 $hm^2$,成灾320万 $hm^2$,受灾人口4300万人,损失粮食31亿kg,直接经济损失高达344亿元。

淮河流域特大洪涝灾害引起党中央、国务院的高度重视,江泽民总书记和李鹏总理都先后亲自到淮河流域视察灾情。当年8月17~20日国务院在北京专门召开了治理淮河、太湖工作会议,总结治理淮河、太湖的经验和当年洪涝灾害的经验教训,部署进一步治理淮河、太湖的方略,加快治理步伐。

堤防工程在我国悠久的治水历史中占有很重要的地位,它是中小洪水年份防洪除涝最主要的工程措施之一,据统计,1991年全国江、河、湖堤防总长已达20余万km,但以往(包括新中国成立以来)的堤防工程在设计方面都是处于半经验、半理论状态,缺少技术规范的指导与约束;在施工方面存在的问题就更加严重,绝大多数土质堤防都是组织群众性施工完成的,镐刨锹铲、肩挑人抬、人海战术式的操作,施工质量很难得到保证,堤防工程隐患众多在所难免,再加上新中国成立后水利基础设施建设计划中没有堤防工程的立项,这样日积月累之下所形成的堤防工程中的欠账太多,一旦遇到较大洪水,那些标准低、隐患多的堤段就会发生渗漏、管涌、决口甚至溃堤的现象,从而形成很严重的洪涝灾害,经济损失非常巨大。经历这次淮河、太湖流域特大洪涝灾害教训后,国家对堤防工程建设的认识迎来一个较大转折,国内各大江、大河、大湖的堤防工程建设的工程量大大增加。为适应堤防工程建设高潮,提高堤防建设质量,必须先从规范堤防工程设计和施工两方面入手,尽快编制出一项技术标准已成为当务之急。但常规经验是编制一项工程技术规范最快也得用3~5年时间,这么长的时间显然是现实不可接受的,只能设法从非常规途径解决这一难题,考虑到将要立项的堤防工程绝大多数为碾压土堤,而我国在碾压土坝工程技术规范方面都有比较丰富的经验可借鉴,若设计和施工两部分技术章节分别由两个主编单位同时编写,然后统稿合成一个完整规范,这样既保证了规范内容完整,又节省了大量编写时间,从而就可以使技术规范尽快面世,这一非常规途径很快就取得了共识,接下来就是要选定两个主编单位的问题了。

因为黄河水利委员会(以下简称黄委)在 1991 年淮河、太湖流域特大洪涝灾害以前已经承接了国标《堤防工程设计规范》(以下简称《技术规范》)的编制任务,编写组已是现成的,所以规范设计部分交给黄委完成是顺理成章的事;而规范的施工部分交给淮委承担的原因有以下几点:其一,1991 年淮河流域特大洪涝灾害后堤防工程建设的任务量很大,本身就急需《技术规范》进行指引和约束;其二,淮委有一位全国著名的土石坝工程施工专家林昭坐阵,可以为编写任务指导和把关;其三,淮委在主编《标准(七)》中有上佳表现,具备完成这一任务的基本功;其四,蚌埠有一个淮委与安徽省水利厅共管的水利科学研究院,就近人才或试验协助方便。

1992 年 3 月中旬,水利部以局建技〔1992〕7 号文下发给两个主编单位——黄委和淮委。编制进度要求也明确提出:1992 年 4 月,提出《技术规范》章、节细目并报主持单位和水利部标准化委员会;6 月,两主编单位各自提出《技术规范》所负责部分的正文和条文说明初稿;7 月,统稿后提出《技术规范》征求意见稿,广泛征求书面意见;8 月,召开《技术规范》征求意见稿审查会;10 月,《技术规范》认真吸收各方面专家的意见后,修改完成《技术规范》送审稿。也就是说,要求在 7 个月的时间内,编制出一项供碾压土堤工程建设用的技术规范,这种效率在水利行业技术标准编写史上是从未有过的事情,对黄委和淮委来说,无疑都是一种巨大的压力。

不管原因有几个,淮委能获得水利部的青睐应该是一件既光荣而又义不容辞的事情,这种认可也提振了我们完成任务的信心,为方便与水利部相关司局的联系,淮委领导把我作为项目负责人报水利部,这使我承受了非常大的压力,一是因为这种"临危受命"式的任务我从未经历过,二是在完成编写任务的基础条件上淮委又落后黄委一大步,因为黄委本来就已有现成的编写组,只要从中抽几人就可以开始编写了,而淮委除林昭教高和我之外,编写组的其他成员还没有着落,这令我焦急万分,为此事我与林老反复商量后决定:编写组应尽量短小精悍,不要超过 4 人,除林老和我之外最多再找一到两位,最紧缺的人员应是具有堤防工程施工验收经验的专家。令我感到欣慰的是,天随人愿般地给我们送来了一位非常难得的人选,他就是安徽省水利科学研究院原土工所所长朱均玉高级工程师。他既有丰富的土工试验经验,又因在高速公路建设工地做工程施工监理多年而积累了丰富的工程验收经验,可以说他是再合适不过的人选了,我找他商量参与《技术规范》编写时,他当场就很高兴地应允下来,这使我如释负重地松了一口气。此外,淮委计划处还支援我们一位宗福承高级工程师,这样四人编写小组就组成了,根据任务章节内容,我们做了具体分工,便分头投入《技术规范》草稿的编写工作中。

1992年6月,我们如期提出了《技术规范》施工与验收部分的正文和条文说明初稿。后经过与黄委编写部分统稿后,在1992年7月初提交出《技术规范》的初稿,该初稿经部分技术顾问和主持单位同志参加的编制工作会进行讨论和修改后,于1992年8月中旬交出《技术规范》(征求意见稿);主持单位以水利部〔92〕建技字17号文将《技术规范》(征求意见稿)发向全国各有关单位和专家广泛征求意见;1992年11月水利部建设开发司召开部分专家征询会,对《技术规范》(征求意见稿)逐章逐节地进行讨论和修改后,于1992年12月提出《技术规范》(送审稿),送审稿虽然比原定计划晚了两个月,但能在10个月的时间内编制出一项堤防工程技术标准,这在行业技术标准编写史上也应该算得上是个奇迹了,在整个规范编写过程中,以林昭为首的四位治淮人不辱使命、兢兢业业、超常发挥,出色完成了这一艰巨任务,不仅为我国新到来的堤防工程建设高潮做出了贡献,也为淮委再次争得了荣誉,进一步提高了淮委在行业技术标准化工作中的水平和知名度。

在这次《技术规范》施工部分的编写工作中,由于接触相对较多,使我逐步加深了对朱均玉高工的了解,他是一个非常乐观的人,年长我10岁的他总是乐呵呵地待人接物,在具体讨论规范条款时,他总是非常细致而耐心地给你讲解在工程施工验收过程中的关键注意事项,一听就可以使人信服,感受到他在担任施工监理工程师时积累的经验是何等的全面和纯熟。最让我惊讶的一点是,直到今年初我才从与他同时做监理工作的人口中得知,当时他是在身患绝症的情况下坚持工作的,然而在与我们的相处中,他却从未有丝毫的显露,足见他的意志是多么坚强,这更加深了我对他的敬佩。在编写组的四人中,我年龄最小(其实也已是53岁的人了),也是工地实践经验最少的一位,真正对该《技术规范》技术内容起把关作用的还是林昭和朱均玉两位前辈,所以我并没有计较项目负责人的身份,非常知趣地将名字放在编写组成员的最后一位。

1993月1月,水利部科教司组织专家在北京对《技术规范》(送审稿)进行审查,与会专家对《技术规范》(送审稿)给予了充分肯定,并认为其内容按审查意见进一步修改、整理后即可报水利部审批颁布。1993年4月10日,水利部审查通过并由部长签批发布《技术规范》为水利行业技术标准,编号为SL 51—93。

在《技术规范》颁布实施后的几年时间中,《技术规范》在全国大江、大河、大湖堤防工程建设中起到了相当好的引导和约束作用,不仅在设计方面逐步走上一个理论约束的正确轨道,而且在施工质量和工程验收方面也得到了明显提高。我们曾专门发函向各省水利厅、局、院、所及重点堤防工程施工单位征询反映,因为有了《技术规范》的约束和指引,不仅提高了堤防工程的施工质量,而且施工期也有许多缩短,从而大大节省了堤防工程建设的投资,综合效益已经超过亿元的规模,在25年前的中国基建项目中能有这种规模的综合效益已经是相当可观了,也正因如此,《技术规范》荣获了水利部1996年度科技进步三等奖,这既是该规范主编单位之一的淮委所获得的荣誉,同时也是水利部对淮委编写组四位治淮人所表现出的不辱使命、知难而进、严谨兢业、专业高效完成编写《技术规范》任务的肯定和奖励。

## 第三朵浪花

《技术规范》虽然以水利行业技术标准颁发实施了,但我们所有参加编写的人员心中都明白,它只是一项应急使用的过渡性标准,因为它的堤型太单一了,只适用于碾压土堤工程建设,而国家和水利部对这项标准的终极目标是涵盖所有堤型的工程技术规范,除碾压土堤外,还应包括吹填及放淤筑堤、砌石(墙)堤、混凝土墙(堤)、钢筋混凝土墙(堤)等堤型,编制这种内容全面的《堤防工程施工规范》(以下简称《施工规范》)任务肯定还要继续完成。

果不其然,1995年3月水利部建设司以水利部建技〔1995〕15号文向淮委正式下达了《关于组织编写〈堤防工程施工规范〉的通知》。为了节约有限的编写经费,淮委研究决定将编写组精简到只剩林老、朱均玉和我三个人。编写组按水利部通知精神,先提出一份《施工规范》编写大纲草案。同年4月22~23日,由水利部建设司主持召开了《施工规范》编写大纲审查会,经过与会专家的热烈讨论和修改,为《施工规范》的编制定出了一个编写大纲。编写组为满足编写大纲的要求,曾先后到各大流域的重点堤防工程建设工地进行调查研究,收集了许多很有参考价值的资料,通过对这些资料细致讨论和消化吸收后,有选择性地编入《施工规范》的条文中,《施工规范》的初稿也就是在这样的环境中逐渐丰满和成熟起来。该规范中的技术内容比《技术规范》增加了很多,不仅增加了土石混合堤、砌石堤、混凝土堤、钢筋混凝土堤等堤型,也增加了吹填筑堤、抛石筑堤、砌石筑堤等施工工艺,还增加了土工合成材料、加筋土堤等“新技术、新设备、新材料、新工艺”的应用内容,规范还特别强调了堤防工程施工中的质量控制,为此专门增加了一章,对筑堤材料、堤基处理、堤身填筑与砌筑、防护工程等方面的质量控制均做出明确规定。

1998年汛期,长江、松花江和嫩江流域又发生了特大洪涝灾害,江泽民总书记亲自到防洪抗灾第一线武汉视察,那些令人感动的广大军民合力抗击洪水视频画面至今还历历在目,也正是因为这次洪涝灾害的出现,再次促进了《施工规范》的审批进程。1998 年 9 月 23~25 日,水利部建设与管理司在蚌埠市主持召开了《施工规范》(送审稿)审查会。原则上通过了《施工规范》(送审稿)。1998 年 10 月 27 日,由水利部部长签批《施工规范》为水利行业技术标准并予以发布实施,标准编号为 SL 260—98,并同时宣布在新规范发布之日起,原《技术规范》SL 51—93 同时废止。

比较细心的工程技术人员都会注意到,在每一本新发布实施的技术标准封面上有两个日期,一个是发布日期,另一个是实施日期。从发布到实施之间,都会有一个时间间隔,间隔的长短没有具体规定,可根据各项标准的具体情况选定,一般绝大多数标准都会在 3~6 个月的时间内选定。但《施工规范》在颁布时却打破了这一常规,从颁布到实施只给出了 4 天时间,充分说明了在长江、松花江、嫩江特大洪涝灾害发生后,一个全国性的堤防工程建设高潮已经到来,为了不错过“水利工程冬春修”这一黄金施工期,也只能尽量缩短这个时间间隔,只给出 4 天时间的决定也就在所难免了。

《施工规范》编制的全过程,也正是治淮人参与的第三朵改革浪花从孕育到绽放的全过程,透过从第一朵到第二朵再到第三朵浪花的绽放,细心的水利工程技术人员都会惊喜地发现:我国堤防工程建设的地位也逐步发生了实质性变化,这就是堤防工程建设不是基本建设项目的历史已被终结,从 1998 年开始,我国大江、大河、大湖堤防工程建设正式纳入了国家基础设施建设项目,在水利改革的大潮中这应该算得上是一朵大浪花了,作为能融汇于这朵大浪花中水分子的几位治淮人当然也会感到无上光荣和自豪了。

## 第四朵浪花

随着科学技术水平的不断发展,国家基础设施建设的水平也永远不会止步不前,这一规律所有的行业都不会违背,水利行业当然也不例外,虽然不像通信行业从 2G 到 3G 再到 4G 现在又发展到 5G 那样吸引眼球,但不断进步的事例还是很明显的,堤防工程施工规范不就是在不到 10 年的时间里从《技术规范》发展到《施工规范》的吗?然而《施工规范》的内容就无懈可击了吗?显然是否定的,《施工规范》在颁布之前我们就知道它并不是十全十美的,例如长江中游堤防严重的崩岸灾害如何治理的问题当时就已经提出来了,另外堤基的垂直防渗处理方面也是一个薄弱环节,只不过当时这两方面的施工技术还不成熟,还达不到立即收入规范章节条文中的程度,再加上 1998 年长江、松花江、嫩江特大洪涝灾害的出现，为尽快适应大量堤防工程建设的急需，只能先将没有崩岸处理和垂直防渗处理两项内容的《施工规范》颁布实施了。

随着1998年以后几年的堤防工程建设的实践，崩岸整治和堤基垂直防渗处理技术的总结也日臻完善，因此对《施工规范》进行补充修订的任务就提到议事日程上来了，也就是说，第四朵浪花又开始孕育了。

对于由哪个单位承担《堤防工程施工规范》修订的主编任务，水利部建设开发司也曾考虑过多时，但从多方面进行综合分析后，认为还是由淮委出面组织修订更为有利，因此就于2002年初将《堤防工程施工规范》(修订版)(以下简称《施工规范(修订)》)的主编任务下达给淮委。淮委在接到这项任务后，综合考虑《施工规范(修订)》补充修订内容与淮委工程建设管理局的关系比较密切，所以就将此任务挂靠到了淮委工程建设管理局，但主编单位仍是淮委。此时因林昭和朱均玉两位前辈年事已高不便再打扰他们，淮委考虑到我曾参与过《标准(七)》、《技术规范》和《施工规范》三个标准的编写工作，虽然也已退休，但身体状况尚可，希望由我参与，替淮委做一些项目的计划、组织、协调、统稿等方面的工作。说实话，当时我还真由于一些不便说明的原因犹豫过多时，但当考虑到《施工规范(修订)》是水利行业技术标准系列中不可或缺的一环，又属于我所钟爱的水利工程施工专业的重点内容，淮委能让我参加是对我的信任，我又是一名有十多年党龄的共产党员，考虑问题当以大局为重，再加上林昭和朱均玉两位前辈好榜样的激励，我便逐步克服了消极情绪，高兴地接受了这一任务。

这次《施工规范(修订)》的目标很明确，以增加堤基垂直防渗处理技术和崩岸整治技术为主要任务，为此编写组专门增加了两个参编单位，一个是中国水利水电基础工程局，负责提供堤基垂直防渗处理方面的内容；另一个是中国水利水电科学研究院，负责提供崩岸整治技术方面的内容。由于参编单位较多，编写人员总数增加到14人，当时我也感到编写人员是多了一些，编写技术标准决不能依照“人多力量大”的原则办事，人多反而会产生许多负面问题，只要专业人员搭配合理，编写组人员越少越好。当然我也理解产生这种情况的许多客观原因，也不好再做过多的分析与评说。

这一次规范修订拖延了很长时间，从2002年初启动，一直到2014年中期发布实施，整整用了12个年头。事后经我向水利部建设开发司的领导询问，才了解到其中的原因:《施工规范(修订)》只是一个与国标《堤防工程设计规范》配套的行业标准，它必须要与《堤防工程设计规范》修订版(以下简称《设计规范(修订)》)适应配套，不仅内容上要适应，发布时间上也必须要在《设计规范(修订)》发布后才能面世,《设计规范(修订)》的编写也是在2002年开始的,由于存在着这种从属关系,所以即便《施工规范(修订)》编写进度快一些,也不可能提前发布,所以就一直延迟到《设计规范(修订)》发布之后,水利部才于2014年7月16日发布〔2014〕第42号公告,正式将《提防工程施工规范》(SL 260—2014)作为水利行业标准予以公布,发布日期是当年7月16日,新标准自发布之日,也即是《施工规范》(SL 260—98)废止之时,至此,第四朵浪花才算是完全绽放。

现在《施工规范(修订)》颁布已经过去6个年头了,其间该规范为我国堤防工程建设做出过多大贡献我已无从了解,但今年汛期我国南方地区特别是长江流域中下游的特大洪涝灾害再次引起全国人民的高度关注,汛情和灾情已经直逼1998年的水平,电视报道中那些在江河大堤上人与洪水抗争的视频又再次出现在世人面前,淮河流域中下游的洪涝灾害也不容乐观,可以预先判定的一点是,今年汛期过后我国必然又会出现一个堤防工程建设的新高潮,也许《施工规范(修订)》真的会再次派上用场,在解决堤防工程现实问题的同时,也会涌现出一些新问题和解决这些问题的新技术和新工艺,一旦形势需要,《施工规范(修订)》重新补充修订的任务就会提出,不过完成这些新任务的主人公要更换为新一代治淮人了,但愿在有生之年还能看到由新一代治淮人亲手孕育的改革浪花得以美丽绽放!

## 几点感悟和建议

这几朵令人难忘的浪花已经回忆完了,在它们从孕育到绽放过程中的许多琐事还不时想起,特别是为这几朵浪花奉献出心血和才智的林昭和朱均玉两位前辈,他们对水利建设和治淮事业的热爱应该成为治淮人的学习榜样,他们的音容笑貌还时常浮现在我眼前,只可惜他们俩人都已仙逝了,我的这些回忆也算是对他们一个小小的纪念吧! 而今我也已是年近耄耋的老人,尽管我的能力和水平都很有限,但回首从入大学至今的60年来,我做到了不忘初心、牢记使命,并为我所热爱的水利建设和治淮事业倾尽所能,在二十多年的时间长河里,我参与了4项水利行业技术标准的编写工作,我的所有付出都以正能量融汇于水利事业和治淮建设的发展和进步中,此生我已无愧无悔,可以坦然地安度余生了。

至于为什么写回忆录要从编写规范标准入手,这是因为我认为标准化工作很重要,特别是在水利改革发展要从传统模式向“水利工程补短板、水利行业强监管”新基调转变的当下更是如此,标准规范是建立完善水利监管制度体系中必不可少的内容,更是提高广大职工重视专业知识学习的关键抓手,哪个单位抓得早、抓得实,哪个单位的工作绩效就更加出色。据我所知,水利部对标准化工作一直很重视,改革开放后水利技术标准颁布的数量逐年上升,从20世纪80年代中期时的200多项增加到2001年的615项,到2013年时又进一步增加到942项;特别是在2019年下半年,水利部印发了经过重新修订的《水利标准化工作管理办法》,制订了《水利标准化工作三年行动计划》(2020—2022),准备新发布技术标准30项,组织完成854项水利技术标准实施效果评估,全面摸清水利技术标准实施效果情况,并提出一批拟废止的标准清单。从以上这些安排足以看出水利部在标准化工作方面做得非常踏实和到位,我衷心希望淮委在这一方面能早作规划,狠抓不放,以便在水利改革发展转向新基调征程中争当排头兵。

也许有人会奇怪,二三十年前的事我怎么会记得这样清楚,这记忆力也太厉害了吧。在这里我要声明一点,我真的没有这么好的记忆力,我只记得编写这四项行业技术标准时都是按规定做过严格归档手续的,全过程的资料都应该详尽而有序地保存在档案馆中,为此我曾先后两次到淮委档案馆去调阅过相关资料,以档案资料为主线,另外再加上我的回忆,才将这四朵浪花孕育绽放过程写出来,所以应该是淮委档案馆保存的技术档案帮了我的忙。只可惜这些宝贵的档案资料并没有引起历届淮委领导的重视,更没有人愿意去检索、分析、研究,更不用说去从中提炼可提高淮委整体实力的素材了,这些资料在档案柜中白白地放置了二三十年,不能不说是一种极大的浪费。我希望这些回忆能在汇总治淮70年成就时起到一点拾缺补遗的作用,更希望淮委领导能力建设有一个更加全面、更加人性化的提高。

# 弘扬治淮文化　建设幸福淮河

水利部淮河水利委员会原宣传教育处处长
《治淮》杂志原主编
李宗新

我是1973年8月21日从水利电力部政治部调到驻安徽省蚌埠市的国务院治淮规划领导小组办公室政治部上班的。从事治淮宣传工作26年,直到退休,与治淮事业结下了不解之缘。时逢新中国治淮70周年,我心潮澎湃,思绪万千。特借此文表达我对治淮事业怀念、感恩、祝福的心情,以示纪念。

## 一、治淮与治淮文化

治淮,人们一般有两种认识:一种认识是只有对淮河干流的治理才叫治淮;另一种认识是对淮河干流和支流的治理,都属于治淮的范围。我赞同后一种认识。因为治淮是对淮河进行全面而系统的治理。而淮河的干流与支流、河流与湖泊是一个自然形成的有机整体。治淮的任务首先是尊重和保护好这个自然形成的有机整体,纠正人们不尊重自然规律,破坏自然生态环境的错误行为。同时还要科学地完善和改进这个自然形成的有机整体,使之更好地造福人们。治淮,还应看到,由于淮河地处我国中原腹地,北临黄河,南靠长江,大运河穿流域而过。因此,治淮必须通盘全面考虑淮河的干流与支流、河流与湖泊,以及长江、黄河、大运河的关系,分清主次和轻重缓急,按规划逐步实施。这样才能正确解决好淮河的治理问题。所以,治淮从一定意义上讲,就是淮河流域“除水患,兴水利”的社会实践活动。

治淮文化,就是参与淮河流域“除水患,兴水利”社会实践活动中人们共同创造的物质财富和精神财富的总和,是中华民族文化、淮河文化和水文化在治淮实践中的运用,是治淮人宝贵的精神财富。治淮文化的内容十分丰富,一般我们可以从物质、制度和精神三个层面或三种形态来认识治淮文化的主要内容。

物质层面的治淮文化。这是表层、直观的治淮文化,是人们在治淮活动中创造的物质财富中所蕴藏的文化内涵。主要内容有淮河景观文化、淮河生态文化、治淮工程文化、治淮工具文化、治淮的物质文化遗产、治淮文化展示等。

制度层面的治淮文化。这是中间层面的治淮文化,是规范和指导人们治淮行为的治淮文化。主要内容有与治淮有关的法律、法规等具有法律效力的治淮法制文化,党和政府有关治淮的号召、决定、方针、政策、方略,治淮规章文化,治淮风俗文化,治淮组织文化等。

精神层面的治淮文化。这是核心层面的治淮文化,是人们在水事活动中创造精神财富的各种文化现象的总称。主要内容有治淮哲学、治淮精神、治淮文艺、治淮人物、治淮著作、治淮的非物质文化遗产等。

## 二、新中国治淮文化的丰富内涵

治淮文化的历史特别悠久,最早可以追溯到女娲氏手拿矩尺,炼石补天,积芦灰以止淫雨。接着是《禹贡》中所说,大禹“导淮自桐柏,东会于泗沂,东入于海”,一直延续到现在。历史的积淀很深厚,包含的内容很丰富。本文主要针对新中国成立以来70年的治淮文化的内涵说点个人认识。

淮河是新中国第一条全面治理的大河。新中国治淮的丰功伟业、宝贵经验和优良传统等,赋予了治淮文化丰富的内涵。主要有以下几个方面。

### (一)“一定要把淮河修好”的决心和目标

1951年,毛泽东主席题词:“一定要把淮河修好”。这个题词的历史背景是1950年淮河发大洪水,毛泽东主席自7月20日到9月21日的两个月时间里,四次接到淮河洪水灾情的电报,都立即对淮河的救灾及治理做了重要批示。特别是毛主席在看到电报中有灾民爬到树上被蛇咬死的文字后,流下了伤心的眼泪。这次淮河人民的抗洪救灾的伟大实践和毛主席的四次重要批示,是新中国治淮文化的根基,毛主席“一定要把淮河修好”的题词是这一根基的集中体现,是对治淮的伟大号召,也是巨大的精神动力。反映了人民领袖与人民群众同呼吸共命运的亲密关系;反映了人民领袖与人民群众共同修好淮河的决心和目标。

“一定要把淮河修好”中的“一定”是决心、意志和信心。下定这个决心在当时是很不容易的。国内,新中国刚刚成立,百废待举,经济十分困难;国际上,帝国主义气势汹汹逼近鸭绿江,妄图扼杀新生的中华人民共和国。在这样危急的情况下,党中央、毛主席决定国内治理淮河,重建家园;国外抗美援朝,保家卫国。两件大事、两条战线同时进行!这需要多么大的勇气和魄力!

“一定要把淮河修好”中的“修好”是要求、目标和方向。对这一目标应该以动态的目光去看待,在不同的历史时期对“修好”的要求和内容都不相同,这是治淮的长期性、艰巨性、阶段性所决定的。在20世纪50年代,完成政务院决定中规定的治淮任务也可以算是“修好”。当今,淮河的防洪除涝减灾工程体系持续完善和水资源配置及综合利用体系逐步建立,也是“修好”的重要表现。因此,我们对“修好”的理解是:只有“更好”,才有“最好”,“最好”是无数“更好”的总和,是一个无限的发展过程的结果。所以,毛主席“一定要把淮河修好”的伟大号召,过去、现在和将来,都是治淮文化的典型代表,都是鼓舞人们投入治淮工作的强大精神动力。

### (二)统帅全局的治淮决定

70 年中,中央政府就治理淮河曾先后两次做出决定,一次批转治淮会议纪要。这些文件都是在充分调查研究和总结治淮经验教训的基础上制定的,都从总体上规定了治淮的任务、方针、原则等,为治理淮河指出了正确的方向。1950 年 10 月 14 日中央人民政府政务院颁布的《关于治理淮河的决定》,充分体现了党中央、政务院对淮河流域人民疾苦的关心和治理好淮河的决心,同时,制定了科学的治淮方针,并根据这一方针,明确了当时的治淮任务。在这一决定的指引下,很快在整个淮河流域掀起了一场规模空前、声势浩大的治淮高潮。1982 年国务院批转的《治淮会议纪要》,突出强调了统一治理淮河。1991 年 11 月 19 日国务院颁布的《关于进一步治理淮河和太湖的决定》是前一决定的丰富和发展,是在新的历史条件下,重新明确规定治淮的任务、方针和措施。这一决定的颁布,又在淮河流域很快兴起了一次大规模治淮的新高潮。70 年的治淮工作都是在这两个《决定》和一个纪要精神的指引下进行的。

### (三)“蓄泄兼筹”的治淮方针

敬爱的周恩来总理为治淮制定的“蓄泄兼筹”的治淮方针,既是我国几千年来治水经验的高度总结,又充分体现了治理淮河的特定环境。由于淮河流域处于我国地理和气候的南北过渡带,自然条件复杂,社会经济发展又比较缓慢,所以在淮河流域治水必须蓄泄兼筹。蓄泄兼筹还包含着除害与兴利相结合的丰富内容。水既是宝贵的自然资源和环境要素,又是造成洪涝灾害的祸因,蓄泄兼筹正是正确认识这种两重性,告诉人们该蓄则蓄、该泄则泄。这个方针是辩证唯物主义哲学在治淮上运用的光辉典范。70 年来,在“蓄泄兼筹”治淮方针的指引下,淮河流域建水库、筑堤防、设置行蓄洪区、开辟入海入江通道,最大限度地减轻了淮河灾害的损失,为流域的经济社会发展做出了重要贡献。

### (四)与时俱进的治淮规划

治淮规划是治淮的决定、方针、目标的具体体现,又是治淮工程的宏观决策和总体部署。治淮规划是在充分调查、认真勘测的基础上,根据具体的自然条件、地理环境、社会经济状况等做出的科学规划。从1951年淮委工程部提出的《关于治淮方略的初步报告》,至今已开展了五轮流域综合规划工作,还先后编制了一系列专业和专项规划,形成了较为完善的流域规划体系,为各个历史时期流域治理奠定了坚实基础。在规划引领下,从一穷二白起步,开拓进取、敢为人先,掀起了三大历史阶段的治淮高潮,建成了一大批标志性水利工程。70年的治淮工作都是在流域的总体规划和有关单项规划指导下开展的。

### (五)团结奋斗的治淮原则

淮河流域平原面积极大,跨省、地(市)、县(市)的河道多,水事矛盾多,如果没有一种求大同存小异、团结协作的治水精神是寸步难行的。针对这种情况,新中国成立初期,毛泽东主席就指示:“河南皖北苏北,三省共保,三省一齐动手。”1985年召开的国务院治淮会议又强调“小局要服从大局,大局要照顾小局,最终服从大局”。1991年在国务院《关于进一步治理淮河和太湖的决定》中再一次强调,淮河流域的人民要进一步发扬团结协作的精神,完成进一步治理淮河的任务。70年来,淮河流域人民高举团结治水的旗帜,克服重重困难,谱写了一曲又一曲团结治水的乐章。

### (六)科教兴淮的治淮战略

治淮把采用先进的科学和技术作为一项重要的战略方针。早在20世纪50年代,就十分注重应用先进的科学技术进行治淮,佛子岭水库就是一个鲜明的例子。佛子岭水库是新中国成立后建设的第一批大型水库,当时在采用何种坝型上,外国专家和我国工程技人员都有不同认识。当时治淮委员会的工程部部长兼佛子岭水库的指挥汪胡桢同志主张水库采用当时世界上一流的连拱坝,而外国专家认为连拱坝的设计和施工都很困难。实际上,困难也确实不小。当时世界上只有美国和阿尔及利亚各有一座连拱坝,中国水利界很少有人接触过。但汪胡桢同志根据他在国外考察水电站工作的经验,又为刚刚站起来的中国人民的智慧和创造力所感动,他信心十足地决心在中国的大地上第一次修建钢筋混凝土连拱坝。当时的淮委主任曾山同志坚定地相信中国自己专家的能力,果断批准了兴建连拱坝的方案。仅用了2年多的时间,就在中国的大地上建起了一座高70多m、长500m的钢筋混凝土大坝,成为当时亚洲的第一坝。20世纪60年代,江苏人民兴建的江都抽水站也是当时全国技术最先进、规模最宏伟的电力抽水站。

淮委党组书记、主任肖幼同志2019年9月9日在淮河规划治理与展望座谈会上的讲话中指出:“做好新时代治淮各项工作,需要科技支撑、法治保障。淮委上下要凝心聚力、接续奋斗,发挥科技创新的引领驱动作用,下大气力建立科技创新体系和建设高素质人才队伍，着力增强自主创新能力，加大与科研院所和高等院校合作，力争在事关治淮长远发展的宏观战略研究、应用基础研究等方面取得成果，为新时代治淮事业提供有力的科技支撑。”再次强调了科教兴淮的治淮战略。

### （七）特色鲜明的治淮法规

依法治水在治淮上有着悠久的历史。从春秋时期的葵丘盟约到民国时期的淮河水利法规草拟，依法治淮的思想，对治淮事业的发展都发挥了重要作用。新中国成立后，依法治淮的思想进一步明确。特别是《中华人民共和国水法》（简称《水法》）颁布以后，淮河的治理进入了一个崭新的依法治淮的轨道。根据《水法》以及国家有关法律、法规，结合淮河的实际情况，制定了一系列的条例和办法，保证了治淮事业沿着法制的轨道前进。根据淮河流域水事矛盾特别突出的实际，制定了《淮河流域省际边界水事协商工作规约》，使水事矛盾的协调工作规范化、程序化，大大缓解了边界水事矛盾；针对淮河流域水资源紧缺的实际情况，淮委又与有关省水利厅共同制定在淮河流域内取水许可管理的办法；针对淮河水资源严重污染的实际情况，国务院还颁发了《淮河流域水污染防治暂行条例》，这是我国第一部流域性水污染防治法规，标志着我国水污染防治工作已由块块管理开始向按流域管理方向转变。

### （八）统一综合的治淮管理

1982年国务院批转的《治淮会议纪要》中明确指出：“淮河流域是一个整体，上中下游关系密切。必须按流域统一治理，才能以最小代价，取得最大效益。”“统一治理包括统一规划、统一计划、统一管理、统一政策。”对淮河实行统一治理，是人们认识自然规律，正确地应用自然规律的重要表现。70年来的实践充分说明，必须按水系进行统一治理，才能更好地发挥治淮工程的整体效益，才能保证治淮工作的顺利进行。1958年以前，治淮工作是在淮委的集中领导下，按统一的规划进行的，所以，这个时期的治淮工作成就显著，经济效益很好。1958年淮委撤销以后的10多年中，治淮工作基本上都由各省分别进行，各省虽然也做了不少工程，取得了一些成绩，但各自为政，也使淮河流域增加了很多新的矛盾和问题。实践证明，淮河跨越众多省、地（市）、县的复杂的水系，必须按水系统一治理。所以，1991年国务院《关于进一步治理淮河和太湖的决定》中又一次强调要“加强流域机构统一管理的职能”。因此，统一综合的管理，是治淮经验的总结，也是今后治淮必须进一步坚持的原则。

### （九）高度重视的治淮教育

治淮教育包括学校教育、职工教育和思想教育等。从学校教育上讲，20

世纪50年代,治淮委员会就创办了淮河水利学校,为治淮培养了大批工程技术人员和管理干部。至今,淮河流域四省都有各自的水利院校,为治淮培养了一批又一批骨干力量。

从职工教育上讲,治淮有着光荣的传统。20世纪50年代,在佛子岭水库工地就创办过佛子岭大学,使治淮职工一面建设水库,一面学习科学技术和文化知识,这个经验后来在治淮工地普遍推广。自1978年中共中央做出《关于加强职工教育的决定》以后,治淮的职工教育走上了正规化、制度化的轨道,为提高广大治淮职工的素质发挥了重要作用。

从思想教育上讲,对广大治淮职工进行爱国主义、集体主义和社会主义教育,是治淮思想教育的一条红线。20世纪50年代,把参加治淮作为医治战争创伤、重建自己美好家园和"抗美援朝、保家卫国"的实际行动。治淮工地是一座巨大的熔炉,人们在这里培养了集体主义精神,接受了爱国主义和社会主义的教育。所以不少治淮民工讲,进一次治淮工地,好比上一次社会主义的学校。正是这样的学校,锻炼和培养了一大批治淮的复合型人才。

**(十)日月同辉的治淮精神**

治淮精神是治淮文化的核心和灵魂。是治淮人共有的价值观和共同的精神追求,是支撑治淮事业前进和发展的精神支柱。如果要问治淮强大的精神动力是什么,我相信绝大多数人都会不约而同地说是"一定要把淮河修好"的伟大号召!我是完全赞成这一说法的。"一定要把淮河修好"是治淮文化最光辉、最典型的一面旗帜,又是治淮文化最核心、最重要的精神动力。治淮精神可以用不同的文字来表述,但都离不开"一定要把淮河修好"这一精神的灵魂。"一定要把淮河修好"这八个金光闪闪的大字,不仅仅是因为它出于开国领袖亲笔之手,同时也深情地体现了治淮人及所有淮河流域世世代代人民的强烈愿望。

我体会,"一定要把淮河修好"所包含的治淮精神的主要内涵是:多灾多难的淮河培育了治淮人不屈不挠的精神;治淮的重重困难培育了治淮人艰苦奋斗的精神;改变淮河面貌的强烈愿望培育了治淮人勇于创新的精神;决心修好淮河的信心培育了治淮人敢于胜利的精神,即"不屈不挠、艰苦奋斗、勇于创新、敢于胜利"的治淮精神。

正是有了"一定要把淮河修好"的伟大号召,使治淮成为20世纪50年代全国乃至世界上都关注、重视、支援的大事,一直影响到现在,使治淮精神成为国家精神和国家意志;正是有了"一定要把淮河修好"的伟大号召,才能动员、组织和激励着数十万治淮大军,下定决心,艰苦奋斗,克服和战胜了治淮道路上的一切艰难困苦,涌现出了李秀英、甘彩华、王大锹、董大车、赵子厚等名留青史的治淮英雄和模范人物,把治淮的事业一步又一步的推向前进;正是有了“一定要把淮河修好”的伟大号召,才激活了人们的聪明才智,创作了治理淮河的科学著作和文学艺术作品;同时,“一定要把淮河修好”的伟大号召不断地为治淮提出了新的要求和新的目标。因此,“一定要把淮河修好”的伟大号召,过去是,现在是,将来也是治淮事业强大的精神动力!

## 三、新时代治淮文化的新篇章

历史在前进,文化在发展。在纪念新中国治淮70周年之际,正遇我国已经进入中国特色社会主义新时代。新的时代为治淮事业和治淮文化提出了新的要求,丰富了新的内容。这些新的要求和新的内容归结为一句话,就是共同努力做好“把淮河建设成造福人民的幸福河”这篇大文章。

建设幸福淮河,历来是淮河流域人民的强烈愿望。古代文人留下了“万顷水田连郭秀,四时烟月映淮清”的诗画美景。民间早有“走千走万,不如淮河两岸”的美好憧憬,20世纪50年代,就有“淮河两岸鲜花开”的宏亮乐章。现在把“建设幸福淮河”作为一个口号提出来,既是为“一定要把淮河修好”赋予了新的内涵,又是贯彻落实新时代党中央和水利部对水利改革发展的新要求,标志着治淮进入了一个新阶段。在这个新阶段,还需要有先进的治淮文化引领。

2019年9月18日,习近平总书记在黄河流域生态保护和高质量发展座谈会上发出了“建设造福人民幸福河”的号召。鄂竟平部长在2020年全国水利工作会议上的讲话中说:“坚持和深化总基调要把握一个总体目标。这个总体目标就是建设造福人民的幸福河。实现这一目标,就必须做到防洪保安全、优质水资源、健康水生态、宜居水环境、先进水文化,一个都不能少。”鄂竟平部长还进一步指出:“先进水文化,就是要宣传展示我国长期治水实践形成的灿烂文化,深入挖掘水文化内涵及其时代价值,讲好治水故事,营造全社会爱水节水惜水的良好氛围,进一步坚定文化自信。”

水利部淮河水利委员会领导为贯彻落实新时代党中央和水利部对水利改革发展的新要求和建设幸福淮河已经做出了规划,描绘了蓝图。淮委党组书记、主任肖幼同志2019年9月9日在淮河规划治理与展望座谈会上的讲话中指出:在治淮目标上,要统筹推进“安心淮河、清澈淮河、生态淮河、富庶淮河、共享淮河、智慧淮河”建设,力争到2025年基本建成较完善的现代化防洪除涝减灾体系,到2035年建成与基本实现社会主义现代化相匹配的流域现代水治理体系，到本世纪中叶全面实现流域水利现代化。

鄂竟平部长在2020年全国水利工作会议上的讲话中说："当前和今后一个时期，是水利建设新一轮高潮期、水利行业监管持续攻坚期、水利发展方式深刻转型期"的历史机遇。我们充分相信，伟大的治淮事业必将在以习近平为核心的党中央正确领导下，一定会在治淮已经取得巨大成就的基础上，牢牢抓住这一历史机遇。继续弘扬、充实和发展治淮文化，为实现淮委党组提出的新的奋斗目标和美好蓝图：为早日把淮河建成幸福河美丽河而努力奋斗，继续谱写新时代治淮文化的新篇章！

# 前途光明　道路曲折
## ——简述淮委南水北调东线工程前期工作历程

中水淮河规划设计研究有限公司原总工程师　王先达

1952年10月,毛泽东主席提出“南方水多,北方水少,如有可能,借点水来也是可以的”宏伟设想。此后,在水利(电)部领导下,淮委积极开展南水北调工程(重点是东线工程)的前期工作,为南水北调东线工程工作做出应有的贡献。

以姚榜义、郭起光、宁远为代表的淮委人,单独或参加编制了《南水北调近期工程规划报告》(1976年3月)(简称《76年规划》)及2个附件、《南水北调东线第一期工程可行性研究报告》(1983年1月)(简称《可研报告》)和《南水北调东线第一期工程设计任务书》(1984年11月)(简称《设计任务书》);《南水北调东线工程修订规划报告》(1990年5月)(简称《90年规划》)、《南水北调东线第一期工程可行性研究修订报告》(1992年12月)(简称《可研修订报告》)及4个附件、《南水北调东线第一期工程总体设计综合报告》(1994年6月)(简称《综合报告》)及4个附件,《南水北调工程东线论证报告》(1996年1月)(简称《东线论证报告》)及7个附件;《南水北调东线工程治污规划》(2001年)(简称《治污规划》)及3个专题报告,《南水北调东线工程规划》(2001年修订)(简称《01年规划》)及3个专题报告;《南水北调东线二期工程规划》(2019年)(简称《二期规划》)及1个附件。

### 一、探索阶段(1952~1961年)

本阶段淮委编制的1956年淮河流域规划和1957年沂沭泗流域规划提出了引江和引汉的任务:

(1)沿淮河入江水道、京杭运河逐级抽引长江水经洪泽湖、骆马湖到南四湖,灌溉淮河和沂沭泗河下游地区。

(2)从裕溪口抽引长江水入巢湖,过江淮分水岭入淮河,发展淮河中游地区农业灌溉。

(3)从丹江口水库引汉江水过江淮分水岭方城垭口到淮河流域,灌溉豫东平原和淮北平原。

## 二、以东线为重点的规划阶段(1972~1979年)

1972~1979年,南水北调工程前期工作以东线工程规划为重点。

1972年华北大旱,工农业用水发生严重困难,水资源危机初显。为解决华北地区缺水问题,1973开始建设引滦工程。水电部研究了引黄方案。由于黄河水量少,处理泥沙又十分困难,引黄只能作为解决华北缺水的过渡性措施和应急方案。从长远考虑应从长江调水。1973年7月北方17省(市)抗旱会议后,水电部责成黄委、淮办、十三工程局派员组成南水北调规划组(由淮办副总工程师姚榜义任组长),研究近期从长江向华北平原调水的方案。

规划组调查研究、分析比较了从长江中下游调水的三条线路:京杭运河引江线、巢湖引江线和丹江口水库引汉线(三峡水库建成后,可延长到三峡引水)。引汉线的优点是可以自流,主要问题是汉江水量少,能过黄河的水量不多(当时丹江口水库初期工程刚建成)。巢湖引江线作为济淮河的调水线比较适宜。京杭运河引江线引水口在长江下游,位置低,向北送水由低到高需要逐级扬水,年运转费较大,但综合考虑这条线路仍然比较现实。这条线引水口附近,长江年水量近1万亿 $m^3$,水源有保证;输水线路所经地区均属平原,没有艰巨复杂的工程;有洪泽湖等大型湖泊调节,可减小输水工程规模;有现有河道、水利枢纽、抽水站可利用,移民占地少;抽水站和河道结合排涝和航运,综合利用效益大;沿线地区煤碳储量丰富,水运方便,建火电厂条件好。经过比较,规划组认为,近期向天津和海河缺水地区调水,以采用京杭运河线抽江方案为宜。这条线与引汉线和巢湖引江线各有其供水范围,并无矛盾,均应举办。

1974年7月,水电部《南水北调近期规划任务书》提出,南水北调东线工程作为近期解决华北缺水的调水方案,供水范围为苏、皖、鲁、冀、津5省(市)。在各省(市)协作下,南水北调规划组于1976年3月提出了以京杭运河为输水干线的《76年规划》。规划调水的任务是增加和改善农田灌溉面积6400万亩(江苏1850万亩、山东1750万亩、河北2000万亩、天津250万亩),每年提供27亿 $m^3$ 工业、城市生活和航运用水。调水工程规模为抽引江水1000 $m^3/s$ 送过黄河 $600m^3/s$,到天津 $100m^3/s$,另在临清附近开挖一条黑龙港引江渠(250~125 $m^3/s$)。

1977年9月,交通部提出《结合南水北调近期工程发展京杭运河航运的规划报告(长江—天津段)》。此后,水电、交通、农林、一机等4部将两个规划报告联合上报国务院，国家计委向国务院报送对规划进行现场初审的报告。经国务院批准，1978年5月26日至7月8日，由水电部牵头，对规划进行了现场审查。审查肯定了以东线工程为南水北调近期工程，并以京杭运河为输水干线送水到天津市作为南水北调东线近期工程的实施方案。

《76年规划》提出后，社会上有一些不同意见。陈云同志写信给钱正英，提出应接受三门峡工程的教训，召开有不同意见人士参加的座谈会。1979年3月29日至4月11日，中国水利学会在天津召开了“南水北调规划学术讨论会”。会后，中国科协参加会议的同志认为，南水北调规划依据不足，有很多重大问题没有解决；有的科学家提出无水可调和调水不过黄河的问题；南水北调值得进一步探讨，千万不要急于上马。同期，于光远也给中央领导写信，认为南水北调会引起自然环境很大变化，要特别谨慎。中央领导同志要求认真研究这些意见。

1979年12月，水利部决定南水北调规划工作按西线、中线、东线工程分别进行；成立南水北调规划办公室（简称南办）统筹各线调水规划工作，并对整个南水北调进行综合研究。

南水北调工程前期工作进入东、中、西线规划研究阶段。

## 三、东、中、西线规划研究阶段（1980~1994年）

1982~1988年，淮委编制了《可研报告》和《设计任务书》，并接受了水电部、中咨公司、国家计委的审查、评估；1988~1994年，淮委参加了南办主持的《90年规划》《可研修订报告》《综合报告》的编制工作。

### （一）可研报告

1980年、1981年，海河流域连续两年严重干旱，水资源危机加重。国务院决定：密云水库不再向天津、河北供水，临时引黄济津，加快引滦入津工程建设。国家计划“六五”实施南水北调工程。

1981年12月，国务院治淮会议要求，在江苏省江水北调工程和扩大京杭运河的基础上，增建必要的工程，抽引长江水入南四湖。据此，1982年淮委编制了《可研报告》。11月，淮委主任李苏波给中央领导胡耀邦、赵紫阳写信，建议用分步实施、先通后畅的办法建设南水北调东线工程。12月，国务院总理赵紫阳批示：分期实施，先通后畅，似有道理。此事也请在充分证论基础上早下决心为好。

1983年1月，淮委提出《可研报告》。规划以京杭运河为输水干线，从江苏省扬州市附近抽引长江水，穿过洪泽湖、骆马湖、南四湖进入东平湖；工程规模为抽江 500 $m^3/s$，到东平湖 50 $m^3/s$；向沿线城市、工矿等供水 21 亿 $m^3$，灌溉农田 2100 万亩，使京杭运河长江—济宁段长年通航。

《可研报告》经水电部审查后报国务院、国家计委。在国务院常务会议听取水电部关于东线一期工程汇报后，1983 年 3 月 28 日国务院办公厅《关于抓紧进行南水北调东线第一期工程有关工作的通知》指出：南水北调工程是一项效益大而又没有什么风险的工程。决定“批准南水北调东线第一期工程方案，第一步要通水通航到济宁；要抓紧准备，争取今冬开工”。“南水北调东线第一期工程的设计任务书及各个建设项目的设计，水电部、交通部应立即着手编报，由国家计委审批”。

**（二）设计任务书**

在苏鲁两省配合下，淮委于 1983 年 4 月至 1984 年 11 月编制了《设计任务书》。1985 年 3 月，在国务院治淮会议上，淮委做了汇报。4 月，由水电部报送国家计委。与《可研报告》比较，《设计任务书》主要有以下变化：

（1）工程规模扩大，抽江由 500 $m^3/s$ 扩大到 600 $m^3/s$，进、出洪泽湖、骆马湖，进南四湖上、下级湖的规模也有增加，到东平湖仍为 50 $m^3/s$。

（2）长江—洪泽湖区间增设了一条输水分干线，洪泽湖—骆马湖由单线输水改为双线输水。南四湖—东平湖之间取消济宁梯级，长江—东平湖由 14 个梯级减为 13 个梯级。

（3）增加东平湖作为调蓄水库（调节库容 2.2 亿 $m^3$）。

（4）工程投资由 11.34 亿元调整为 15.08 亿元；1986 年，考虑物价上涨等因素，又调整为 27.21 亿元。

（5）年均增供水量 41 亿 $m^3$，年经济效益为 4.8 亿元，比《可研报告》分别增加 11.9 亿 $m^3$ 和 1.8 亿元。

受国家计委委托，1986 年 9 月起，中国国际工程咨询公司（简称中咨公司）聘请专家组对《设计任务书》进行评估，于 1987 年 12 月提出专家组评估报告。建议中咨公司转报国家计委批准《设计任务书》，进行初步设计。

1988 年 2 月，中咨公司提出《评估报告》。评估意见是：目前华北北部平原缺水问题已很突出，如按原报方案实施，2000 年难以送水到天津，势必将影响京津冀地区国民经济的发展。建议请水电部编制南水北调东线工程的全面规划和分期实施方案，并进一步根据投资体制改革的精神提出集资办法，补充提出送水到天津的工程方案后，再行审批。

1988 年 5 月，国家计委提出审查报告，同意中咨公司关于抓紧东线工程全面规划和分期实施方案的意见，要求本着“谁受益谁投资”的原则落实建设资金，而后再考虑《设计任务书》审批事宜。

国务院总理李鹏批示：同意国家计委的意见。南水北调必须以解决京津华北用水为主要目标，按照“谁受益谁投资”的原则，由中央和地方共同负担。

### （三）《90年规划》《可研修订报告》《综合报告》

按照国务院领导批示精神和水利部部署，由南办主持，淮委、海委、天津院参加，从1988年下半年开始，到1990年5月编制了《90年规划》（姚榜义任主编，郭起光任副主编。参编人员87人，其中淮委40人）。

规划提出，东线工程的供水区是黄淮海平原的东部（包括京津地区）和胶东地区，“是我国当前缺水最严重的地区”。其供水范围在《76年规划》基础上扩大到北京市和胶东地区（各供水5亿 $m^3$）。

规划以2020年为规划水平年，向沿线地区补充城市生活、工业、航运和农业用水。农业灌溉面积由《76年规划》的6400万亩减少到4245万亩（江苏1865万亩、安徽380万亩、山东1050万亩、河北950万亩）。输水工程规模为抽江1000 $m^3/s$，过黄河400 $m^3/s$，到天津180 $m^3/s$（没有安排天津到北京和东平湖到胶东地区的输水工程）。

规划仍以京杭运河为输水干线。与《76年规划》比较：

（1）在长江—洪泽湖区间，取消了卤汀河输水线，增加了淮河入江水道输水线。

（2）工程规模，抽江仍为1000 $m^3/s$，穿黄工程由600 $m^3/s$减至400 $m^3/s$，到天津由100 $m^3/s$增至180 $m^3/s$。

（3）黄河以南抽水梯级由15级减至13级（取消了泇口和济宁2个梯级）。

《90年规划》把缓解京津华北地区水资源危机放在首要地位，建议分二期建设东线工程，2000年以前建成第一期工程，送水到京津地区。

根据预测的2000年水平城市生活、工业、航运和农业用水量，确定第一期工程规模为抽江600 $m^3/s$，穿黄200 $m^3/s$，到天津100 $m^3/s$。按此规模，1990年11月提出了《修订设计任务书》。为使《修订设计任务书》各单项工程设计达到可研深度，落实工程投资，1991年4月开始东线第一期工程总体设计。淮委设计院和天津设计院分别完成了东平湖以南36项单项工程和东平湖及以北8项单项工程设计，总体设计综合组完成了供电方案等专项工程设计，于1994年6月编制了《综合报告》及4个附件。

在总体设计成果基础上，南办于1992年12月编制了《可研修订报告》及4个附件（陈春槐主编，姚榜义、郭起光、蔡敬荀为顾问。参编人员160人，其中淮委 58 人)。

《可研修订报告》安排了天津(九宣闸)到北京(玉渊潭)的输水工程。(注1)

1993 年 9 月,水利部主持审查了《90 年规划》和《可研修订报告》。审查认为"《90 年规划》的规划原则正确,总体布局和规划方案基本合理,可以作为南水北调东线工程建设的基本依据"。"同意抽江 600 $m^3/s$,过黄河 200 $m^3/s$,到天津 100 $m^3/s$ 作为推荐的第一期工程规模"。

审查后没有报送国务院和国家计委。

## 四、论证阶段(1995~1998 年)

本阶段,由淮委、海委组成的东线工作组编制了《东线论证报告》及 7 个附件。

由于对如何实施南水北调工程有不同意见,1995 年 6 月 6 日,国务院总理办公会议要求,成立南水北调工程论证委员会,开展南水北调工程论证,用 1 年时间拿出论证报告,由国家计委组织审查后报国务院。11 月,成立南水北调工程论证委员会及专家组、工作组。经过论证,于 1996 年 1 月提出《论证报告》及 8 个附件(东、中、西线及规划、线路、环评、投资、经济评价等论证报告)。1996 年 3 月成立南水北调工程审查委员会,开始审查《论证报告》。审查委员会综合、规划、工程、经济、环境等 5 个专题审查组于 7 月提出了各专题组审查报告。审查委员会于 1998 年 2 月提出《南水北调工程审查报告》(简称《审查报告》)。

《东线论证报告》在分析北方地区缺水形势后提出分三步实施《90 年规划》,并建设从东平湖到胶东地区的西水东调工程。

第一步,2000 年前后,在江水北调工程基础上(抽江 400 $m^3/s$,到徐州 50 $m^3/s$)扩大工程规模,并向北延伸,实现抽江 500 $m^3/s$,进东平湖 100 $m^3/s$,打通一条穿黄隧洞,建设输水 50 $m^3/s$ 的西水东调工程,以补充黄河以南输水沿线和胶东地区用水,并可应急向黄河以北地区补水。

第二步,2010 年以前,送水过黄河到天津(抽江 700 $m^3/s$,过黄河 250 $m^3/s$,到天津 150 $m^3/s$)。(注2)

第三步,2020 年以前,实现《90 年规划》目标,并扩大西水东调工程,向胶东地区送水 90 $m^3/s$。

《东线论证报告》受到论证委员会各专家组的肯定和支持。

《规划论证报告》提出 4 个供比选的南水北调工程近期实施方案,其中 3 个方案包括实施东线第一步工程,另一个方案包括实施东线第二步工程。

《线路论证报告》认为:“南水北调东线,利用原有京杭运河及其平行河道,具有较好的基础,有良好的地理环境和悠久的历史沿革,是一条很好解决苏、鲁、皖、冀部分缺水地区用水的输水工程。工程投资小,综合效益显著”。“东线工程的突出特点是便于分期实施,既可向北逐段延伸,也可先通后畅,逐步扩大规模”。“第一步有比较好的基础,对较快实施极具现实意义,故建议在国家财力许可的情况下,先实施抽江 500 $m^3/s$,进东平湖 100 $m^3/s$ 的方案”,并建议将穿黄探洞“完建成洞,必要时可以在北方特殊干旱年份向黄河以北相机补水”。

《环评论证报告》认为:“南水北调东、中、西三线工程对生态环境有不同程度的有利和不利影响,且不利影响并不制约工程的实施。”

《投资论证报告》认为,东线工程投资估算报告基本符合投资估算专家组的要求。

《经济评价论证报告》认为,三条线比较,“东线工程调 1 $m^3$ 长江水的投资最低”“经济上是合理的”。

《论证报告》“建议实施南水北调工程的顺序为中线、东线、西线”。“可相机实施东线调水工程不过黄河的第一步方案,主要供水目标为胶东地区”。

《审查报告》“同意《论证报告》关于三条调水线路按中东西顺序实施的结论,即首先集中力量建设中线调水工程,尽早缓解京津华北严重缺水状况”。同意《论证报告》首推的(丹江口水库)加坝调水 145 亿 $m^3$ 作为中线工程的建设方案。

《审查报告》提出,南水北调东线工程“解决苏北和山东缺水问题是十分必要的”,希望“创造条件适时进行建设”。

国务院没有批准《审查报告》和《论证报告》。

## 五、总体规划阶段(1999~2002 年)

1999~2001 年,北方地区再次发生连续的严重干旱,京津地区和胶东地区缺水程度加重。天津市被迫实施第六次引黄救急。社会各界迫切希望实施南水北调工程。2000 年 10 月,党中央《关于制定国民经济和社会发展第十个五年计划的建议》要求,“加紧南水北调工程的前期工作,尽早开工建设”。

1999 年 5 月,水利部成立南水北调规划设计管理局,组织有关单位和各方面专家开展南水北调工程前期工作。在总结南水北调工程前期工作基础上,2000 年 7 月,水利部提出《南水北调工程实施意见》。9 月 27 日,朱镕基总理听取水利部关于《南水北调工程实施意见》的汇报并指示,南水北调工程务必做到先节水后调水、先治污后通水、先环保后用水;一定要做好前期工作,关键在于搞好总体规划,全面安排,分步实施。随后,国家计委、水利部召开南水北调前期工作座谈会,要求南水北调工程沿线地区搞好水资源规划,做好节水、治污、供水、水资源配置、水价调整等工作,布置了南水北调工程总体规划工作。

2001 年,各单位陆续提出了《南水北调节水规划要点》等 12 个《南水北调工程总体规划》(简称《总体规划》)的附件和 45 个专题报告,并经水利部组织专家组审查通过。

2002 年 7 月,水利部完成了《总体规划》及 12 个附件。9 月和国家发展计划委员会联合呈报国务院。

这一阶段,淮委会同海委编制了《总体规划》附件 7《01 年规划》及 2 个专题报告,淮委、海委、中国环境规划院等 5 个单位编制了《总体规划》附件 2《治污规划》及 3 个专题报告。

## (一)治污规划

《治污规划》的目标是南水北调东线工程输水水质达到Ⅲ类标准。

规划治污范围涉及苏、皖、鲁、豫、冀、津 6 省(市),分为输水干线规划区、天津山东用水规划区和河南安徽规划区;在 3 个规划区内分别实施清水廊道工程、用水保障工程和水质改善工程。

规划实施节水为本、清洁生产、治污为先,配套截污导流、污水资源化和流域综合整治工程,形成"治理、截污、导流、回用、整治"一体化治理工程体系。

规划安排了城市污水处理、截污导流、工业结构调整、工业点源治理、流域综合整治等 5 类 369 项治理工程。

## (二)《01 年规划》

规划东线工程供水范围为黄淮海平原东部及胶东地区,面积约 18 万 $km^2$。东线工程除解决天津、济南等 25 个输水沿线城市用水外,还可增加江苏省江水北调地区农业用水,补充京杭运河航运用水和安徽省洪泽湖、高邮湖周边地区农业用水。

规划东线工程在江苏省江水北调工程基础上逐步扩大规模并向北延伸。采用的工程规模为抽江 800 $m^3/s$,过黄河 200 $m^3/s$,到天津 100 $m^3/s$,从东平湖向胶东地区送水 90 $m^3/s$。分三期建设。(注3)第一期工程规模为抽江 500 $m^3/s$,过黄河 50 $m^3/s$,送水到山东省德州市;从东平湖向胶东地区送水 50 $m^3/s$。

规划要求,东线工程的建设必须与治污项目的实施结合进行,在治污取得成效后逐步完成。

## 六、东线第一期工程建成、生效(2002~2013年)

2002年12月23日,国务院对《总体规划》做了批复。“原则同意《总体规划》”,“根据前期工作的深度,先期实施东线和中线一期工程”,“《规划》中涉及的建设项目,按照基本建设程序审批”。2002年12月27日,在北京人民大会堂、江苏省宝应县和山东省济南市等三地举行了南水北调工程开工典礼。朱镕基总理宣布南水北调工程开工!南水北调工程进入了实施阶段。之后,淮委等单位又编制了东线一期工程《项目建议书》《环境影响报告书》《可研报告》和单项工程的初步设计等。

经过11年建设,2013年11月建成了东线第一期工程,超额完成了《治污规划》安排的治污工程。建成后,水质稳定在Ⅲ类。截至2020年5月,在保证江苏省苏北输水沿线地区用水条件下,累计向山东省调引江水46亿$m^3$,很大程度上缓解了山东省的缺水状况。洪泽湖水位抬高,蓄水量增加,提高了安徽省洪泽湖周边地区用水的保障能力。

东线一期工程还结合当地防洪排涝,改善通航条件,提高航道等级;向南四湖、东平湖、济南市保泉、小清河等实施生态补水;开始向天津市、河北省应急供水等,综合效益显著。

东线一期工程建成后的实践表明,为了解决京津华北地区和胶东地区缺水问题,需要扩大东线工程的规模和供水范围。

## 七、开展南水北调东线后续工程论证,编制二期工程规划,把长江水送到京津冀地区(2012~2019年)

在南水北调东、中线一期工程即将建成之际,国务院要求加快开展南水北调东、中线后续工程论证工作。按照水利部部署,自2012年起,淮委会同海委编制了东线《补充规划任务书》《补充规划》《后续工程总体规划方案》《二期工程规划任务书》,于2019年提出了《二期规划》及附件。

规划以2017年为现状水平年,2035年为规划水平年。

考虑有关省(市)的需水要求和东线工程的地理位置、水源、水质和输水、蓄水能力等,规划东线工程的供水范围为苏、皖、鲁、冀、津、京等6省(市)。供水目标为补充输水沿线城市生活、工业、环境和农村生活用水,适当兼顾生态、湿地用水和农业用水。

在东线一期工程向苏、皖、鲁三省供水和中线一期工程及后续引江补汉工程向京、津、冀三省(市)供水的条件下,预测东线二期工程需调水量为 59.82 亿 $m^3$。其中,北京市 4 亿 $m^3$,天津市 9.49 亿 $m^3$,河北省(含雄安新区)15.23 亿 $m^3$,山东省 26.39 亿 $m^3$,安徽省 4.71 亿 $m^3$。江苏省不需要东线二期工程供水。

规划二期工程从长江引水,以京杭运河为输水干线,在一期工程基础上扩大工程规模,向北延伸供水到河北省和天津市,再用地下管道从天津市输水到北京市。采用的工程规模为抽引江水 870 $m^3/s$,送过黄河 275 $m^3/s$,到天津 90 $m^3/s$,天津—伊指挥营(京、冀交界处)44~38 $m^3/s$;从东平湖送水到胶东地区(山东半岛)125 $m^3/s$。年平均抽引长江水 164 亿 $m^3$,送过黄河 51 亿 $m^3$,送到胶东地区 24 亿 $m^3$。扣除输水损失后,年平均净增供水量 59.21 亿 $m^3$,其中,北京市 4 亿 $m^3$,天津市 9.43 亿 $m^3$,河北省(含雄安新区)14.85 亿 $m^3$,山东省 26.36 亿 $m^3$,安徽省 4.57 亿 $m^3$。基本上适应各省(市)2035 水平年的用水需求。

**说明**:1. 本文参照《总体规划》附件 10《南水北调工程方案综述》,把 1952~2002 年间南水北调工程前期工作分为 5 个阶段:探索阶段(1952~1961 年),以东线为重点的规划阶段(1972~1979 年),东、中、西线规划研究阶段(1980~1994 年),论证阶段(1995~1998 年),总体规划阶段(1999~2002 年)。1962~1971 年,南水北调研究工作处于停顿状态。

2. 姚榜义,1958 年以前在淮委工作,参加沂沭泗河流域规划。1958 年淮委撤销后调水利(电)部工作。淮办成立后,调任副总工程师。1978 年以后调任南办主任。

3. 郭起光,1980 年以前在北京院、海河院、十三工程局工作。1973 年起,参加水电部南水北调规划组(任副组长),编制《76 年规划》。1980 年调任淮委总工程师,曾主持编制《可研报告》和《设计任务书》。

**注**:1. 其依据是:1990 年 8 月,北京市致函南办,同意将北京市纳入东线工程供水范围;海委提出的天津到北京的输水线路。

2. 1993 年 9 月,水利部主持审查《90 年规划》和《可研修订报告》会上,北京市代表提出东线工程不必考虑北京市的用水要求。因此,《东线论证报告》没有安排天津、北京的输水工程。

3.《01 年规划》根据需调水量要求,提出分二期实施的方案。由于天津市对东线工程的水质存有疑虑,要求中线供水。因此,规划将一期工程分为二期实施,第一期工程过黄河后送水到山东省德州市;整个东线工程分三期实施。

# 淮河入海　百年梦圆

国务院政府特殊津贴专家
安徽省工程勘察设计大师　何华松

我是1982年自武汉水利电力大学(现武汉大学)治河工程专业毕业到淮河水利委员会规划设计研究院参加治淮工作的,直到2019年退休,历时38年。有幸参加了20世纪80年代多项治淮规划的编制和1991年后第二次大规模治淮建设高潮,目睹了淮河流域初步建成较为完整的水利工程体系。38年过去,弹指一挥间,值得回顾的场景一幕接一幕,令人难忘的事件一桩又一桩。其中,最让人刻骨铭心的是亲历了淮河入海水道工程的论证、立项、设计、建设过程。该工程无论从防洪安全的重要性、前期工作的长期性、方案论证的复杂性、工程布局的创新性、工程规模的宏伟性、建设管理的先进性、工程效益的显著性,还是从淮河入海的标志性,在治淮史上都具有里程碑意义。淮河入海,百年梦圆!故谨以此文,作为对新中国治淮70周年的纪念。

## 一、黄河夺淮,痛失尾闾

淮河原是一条出路通畅、直接入海的河流。黄河夺淮前,没有洪泽湖,淮河干流经盱眙、淮阴在云梯关入海,河深流畅。洪泽湖湖床高程,明代以前在6.0 m左右甚至更低,盱眙至老子山一带在7.0 m以下。钻孔发现淮阴码头镇西北老河床高程多在2.0 m以下。

淮河水系的巨大变迁、淮河尾闾淤塞最根本的原因是黄河的侵袭。公元前132年(汉元光三年)黄河开始较大规模地侵淮,后愈演愈烈。1194年(金明昌五年)到1855年(清咸丰五年)黄河长期夺淮,使淮阴以下的淮河故道,成为各泛道黄水入海的门户。黄水挟带的泥沙把淮阴以下淮河淤成“地上河”。同时,大量泥沙排入黄海,使河口海岸线向外延伸了50~70多km。由于淮河和沂沭泗水系的排水出路受阻,在盱眙和淮阴之间逐渐形成了洪泽湖。

洪泽湖的范围和蓄水量随着大堤的逐步加长加高而增大。堤防始建于公元200年,从老坝头到武墩筑土堤15 km,名为高家堰。唐、宋代都做了培修,又名捍淮堰。1415年(明永乐十三年),重新加修,使洪泽湖大堤有了雏形。

明代为了保证漕运畅通,采取“蓄清刷黄”“蓄水济运”的治理方略,大筑高家堰,抬高洪泽湖水位。但黄强淮弱,最终没有改变黄河泥沙淤积的总趋势,且把良田、村庄甚至城镇都淹到了水底下。1580年(明万历八年),为抗风浪冲刷,洪泽湖大堤改筑石工墙,到1751年(清乾隆十六年)基本告成,洪泽湖的规模也就基本定局了。

1851年(清咸丰元年),洪泽湖水盛涨,冲坏了洪泽湖大堤南端的溢流坝——礼河坝,使淮水沿三河(礼河)入高邮湖,经邵伯湖及里运河入长江。从此,淮河干流由独流入海改道经长江入海。但是,当时入江水道太小,又在运河堤上设置了所谓“归海五坝”,每当超过一定水位时,就开归海坝,使里下河地区多次被洪水淹没。

1855年(清咸丰五年),黄河北徙,近700年黄河夺淮的历史终于结束。但是过去深广的淮河下游河道已经淤积成了一条高出地面的废黄河。

地处淮河下游的苏北地区,绝大部分是平原洼地,高程低,地形平。洪泽湖、高邮湖、运河、灌溉总渠等大湖大河,均为地上行洪的“悬湖”“悬河”,湖、河洪水位比洼地高出数米至十多米,依靠堤防保护。

黄河夺淮,淮河被迫改道,加上淮河流域不利的自然条件,使自然灾害格外严重,积重难返,治理极为困难。由于本地区7、8、9月多暴雨,加上承受上游洪水及江海潮位顶托,台风侵袭,洪涝威胁十分严重。据历史记载,新中国成立前在将近400年中曾发生过大洪水9次(1569年、1593年、1670年、1696年、1866年、1883年、1906年、1921年、1931年);10年左右发生一次中等洪水,灾害频繁。

1593年(明万历二十一年),自阴历4月8日至8月连续阴雨数月,大暴雨10余次。7月下旬特大暴雨,雨若倾盆,鱼游城关,舟行树梢,“淮侵高家堰堤上数尺,决高良涧至70余丈,南奔之势若倒海”,“方数千里,滔天大水,芦舍禾稼,荡然无遗”,“浮尸遍野”。

1921年,全流域6~8月雨量总和超过了全年平均数。9月19日,三河口最大流量为14600 $m^3/s$,由张福河入废黄河的流量为559 $m^3/s$。里运河在8月以前启放归江草坝6处。8月后,开归海三坝,9月里运河东堤漫决10余处。归海坝下泄流量最大为4638 $m^3/s$,六闸下泄流量为8733 $m^3/s$。

1931年大水,江淮并涨,淮沂并发。全流域上、中、下游普降大雨。淮河入洪泽湖洪峰20000 $m^3/s$,洪泽湖最高水位16.25 m,高邮湖水位9.46 m,运河堤溃决,从淮阴到扬州,纵横三四百里,一片汪洋。仅里下河地区即淹没耕地1330万亩,倒塌房屋213万间,灾民350万人,淹死、饿死7.7万人。

## 二、淮河入海，百年之梦

面对淮河入海无路、入江不畅、灾害频繁的局面，自1855年以来，将淮河洪水直接排入大海，成为淮河流域亿万民众、仁人志士追求的梦想。从清末到中华民国，提出过一系列治淮、导淮的主张和计划，主要有“复淮入海”论、“导淮入江”论和“江海分疏”论，但都因政治腐败或者战乱频繁而未能付诸实施。孙中山先生曾在《建国方略》中提出了开辟入海水道根治淮河水患的设想。

新中国刚成立，1950年淮河发生洪水。在百废待兴的情况下，周恩来总理主持召开政务院治淮会议，中央人民政府政务院做出了《关于治理淮河的决定》，提出“应蓄泄兼筹，以达根治之目的”，决定“下游开辟入海水道，以利宣洩”。毛泽东主席发出了“一定要把淮河修好”的伟大号召。随后曾成立淮河下游工程局，专门进行入海水道定线测量，规划采用束水漫滩行洪方式，开一条大淮河专道排洪入海，从根本上解决淮河下游的洪水出路问题。

后来，1950年11月治淮委员会第一次全体委员会议决定“入海水道暂缓开辟”。1951年水利部第二次治淮会议认为入海水道可不再开辟，改自洪泽湖至黄海修筑一条以灌溉为主结合排洪的干渠，分泄流量700 $m^3/s$。根据这一安排，于1952年、1953年先建苏北灌溉总渠和三河闸等工程，安排设计入江泄量8000 $m^3/s$，总渠结合入海700 $m^3/s$。这样，初步确立了淮河下游洪水出路工程布局。

此后几十年间，国家几代领导人一直重视治淮工程建设，治淮工程技术人员、专家、学者对淮河入海水道建设方案不断进行研究和规划论证。总渠、三河闸建成后，1954年淮河发生大洪水，洪泽湖入湖洪峰15800 $m^3/s$，水位高达15.22 m，高邮湖水位9.38 m。三河闸设计流量8000 $m^3/s$，但超标准泄洪至10700 $m^3/s$，所有入江、入海河道大流量高水位强迫行洪，数百千米的江河堤防普遍出现了险工险情。经百万人上阵防汛抢险，才保住了里下河地区，也幸免了渠北分洪。洪泽湖、高宝湖及总渠以北等广大地区受淹受涝500万亩左右，付出了极大的代价。实践证明，洪泽湖出路远远不够，防洪标准太低。

淮委在1956年编制的《淮河流域规划(初稿)》中提出“洪泽湖以下加大排洪能力，以入江为主，入海为辅。整治入江水道加大入江泄量，在灌溉总渠与废黄河之间开辟入海水道，以保证苏北地区安全”。规划入江11000 $m^3/s$，总渠、废黄河共1100 $m^3/s$，计划增辟入海水道，设计泄洪4500 $m^3/s$。

1957年，提出了利用新沂河辅助淮河相机排洪3000 $m^3/s$的分淮入沂规划，代替入海水道的部分作用，并考虑二河闸留有余地，遇超标准洪水可分洪

5000 $m^3/s$。随后,实施了二河闸、二河、淮沭河等工程。

1969 年冬,开始按行洪 12000 $m^3/s$ 整治入江水道。1970 年冬,开始续建分淮入沂工程。至此,淮河下游初步具备了泄洪 13000~16000 $m^3/s$ 的能力。其中:入江 12000 $m^3/s$,总渠及废黄河 1000 $m^3/s$,另外,在淮沂不遭遇的情况下可分淮入沂 3000 $m^3/s$。

"75·8"洪水后,水电部于 1976 年提出了《治淮规划初步设想》,规划开辟入海水道。江苏省于 1978 年编报《淮河下游洪水治理工程规划》和《淮河入海水道工程初步设计》,规划入海水道规模按洪泽湖 1000 年一遇洪水标准设计,可能最大洪水校核,设计流量 14000 $m^3/s$,校核流量 17000 $m^3/s$,堤距 1300~2500 m,为漫滩行洪方式,在洪泽湖蒋坝水位超过 15.0 m 时启用,滩地居民不搬迁。

1987 年,淮委分析、论证了入海水道近远期规模,提出了《淮河下游入海水道可行性研究报告》。规划入海水道远期规模设计流量为 8000 $m^3/s$,堤距 1300~2500 m,漫滩行洪,在洪泽湖蒋坝水位超 15 m 时启用,滩地居民不搬迁。《淮河流域综合规划纲要》(1991 年修订)采用该方案。

至 20 世纪 80 年代,上述各种与入海水道相关的见解、方案,大都只限于设想或规划论证,在工程的线路、标准、规模、行洪方式等方面还有不同认识,一直未能付诸立项实施。但自 1855 年以来追求开辟一条淮河专道排洪入海的梦想从未中断。

## 三、中央决定,一锤定音

1991 年淮河流域发生较大洪水,淮河干流、淮河以南和里下河地区各站水位接近或超过 1954 年最高水位。经数十万军民的全力抢险和合理调度,保证了淮北大堤、洪泽湖大堤、里运河堤和重要工矿城市、铁路的安全。但是,由于淮河干流行洪区难以及时开启,行洪效果较差,造成洪水位长期居高不下,加上沿淮两岸地势低洼和抽排能力低,形成"关门淹"。全流域受灾面积达 462 万 $hm^2$,直接经济损失 340 亿元,京沪、淮南等铁路交通几度中断,损失十分严重。

大水后,如何进一步治理淮河,引起各界反思。在灾后的关键时刻,国务院及时召开治淮治太会议,做出了《关于进一步治理淮河和太湖的决定》,决定实施治淮 19 项骨干工程,掀起了第二次治淮建设高潮。其中确定:"'九五'期间建设入海水道,使洪泽湖大堤达到百年一遇的防洪标准"。中央政府的这一决定,一锤定音,使淮河流域盼望已久的淮河入海水道工程即将立项建设。1994年淮委规划设计研究院会同江苏省水利勘测设计研究院编制了《淮河入海水道工程可行性研究报告》,研究了淮河入海水道工程变“束水漫滩”行洪为“河道行洪”、降低启用水位的方案;1996年编报了《淮河入海水道工程项目建议书》,1998年7月由国家计委报经国务院批准;同年8月编报了《淮河入海水道近期工程可行性研究报告》,1999年4月由国家计委报经国务院正式批准,这项治淮的重大战略性工程终于立项兴建。

## 四、现场设计,破解难题

1991年淮河洪水后,我们对扩大淮河干流行洪通道进行了初步的方向性研究,于1992年提出《淮河中下游扩大行洪通道预可行性研究报告》。研究了入海水道挖深槽筑堤,变“漫滩行洪”为“河道行洪”,并适当降低启用水位的初步方案。

1993~1994年,由淮委主持,会同江苏省水利厅组织淮委规划设计研究院和江苏省水利勘测设计研究院成立联合设计团队,密切合作,共同进行淮河入海水道各设计阶段的设计工作。记得1994年正月初八我就和项目组部分技术骨干一道,冒着凛冽的寒风奔赴入海水道工程现场,进行查勘,掌握第一手资料并征求工程沿线淮阴、盐城各市县水利部门对建设入海水道工程的意见。随后,为破解工程设计中的一系列重点、难点问题,争取工程早日立项建设,两院决定,抽调各自的精兵强将、专业技术骨干常住工程现场,进行集中封闭设计。

现场封闭设计地点就选在工程重要节点附近淮安市周恩来总理纪念馆内的小招待所里。淮委院、江苏院分别由时任副院长的段红东、张建华同志带队,由我担任项目负责人(项目设总)。参加现场设计的主要技术骨干淮委院有张友祥、马东亮、杨锋、沈继华等20多位同志,江苏院有张亚中、臧梧华、杜选震等20多位同志。大规模现场集中封闭设计结束后,两设计院配合工程建设、施工,仍经常不定期到工程现场针对具体问题,研究解决方案,提出处理措施,绘制设计图纸。淮河入海水道工程属治淮的重大战略性工程,牵涉面广,立项前需要论证解决的问题重大,立项后需要攻关破解的问题繁多。主要有:

(1)洪泽湖入湖洪水到底有多大?这个账算不清,在工程标准、规模、方式等方面的不同意见就难达成共识。洪泽湖上承淮河水系15.8万$km^2$面积的洪水,同时又通过分淮入沂相机分洪,因此既要算清整个淮河水系的水账,还要研究淮沂遭遇,算清淮河加沂沭泗河水系的总水账。另外,还要算清入江水道区间洪水账和渠北排涝的水账。

(2)扩大洪泽湖出路哪条线路最合适?扩大洪泽湖泄洪出路,可供选择的线路有:废黄河线,即上自洪泽湖,下至海口,利用废黄河,开挖宽深河槽加大泄洪能力,长 219 km;二河—淮沭河—新沂河线,即利用扩挖滩地、河道加大泄洪能力,长 205 km;入江水道线,建三河越闸、下游切滩、整治归江河道加大泄洪能力,长约 150 多 km;渠北线,即沿总渠北侧开辟新河,与总渠成二河三堤,全长 163.5 km。需要比较各条线路的优缺点和现实可行性后最终选定。

(3)洪泽湖采用多高设计防洪标准合理?入海水道多大设计规模适当?近远期工程如何合理结合?这也是以前长期争论而未获解决的问题,以往提出的入海水道设计规模自 700 $m^3/s$、3000 $m^3/s$、4500 $m^3/s$、8000 $m^3/s$ 至 14000 $m^3/s$ 不等。国务院《关于进一步治理淮河和太湖的决定》确定入海水道近期工程使洪泽湖大堤达到百年一遇的防洪标准。鉴于洪泽湖为淮河中下游结合部的巨型综合利用平原水库,总库容达 169 亿 $m^3$,远期防洪标准还应达到 300 年一遇。为此,还需要根据洪泽湖设计入湖洪水、允许分淮入沂过程、洪泽湖的蓄泄关系、入江水道区间洪水、高邮湖的反控制条件等,结合洪泽湖和下游工程调度运用方式,采用先进的水动力数学模型,通过大量的分析计算,多方案反复比选,论证确定入海水道近远期规模,提出近远期工程合理结合的方式。

(4)采用何种河道工程总体布局才能统筹、协调、科学、合理?入海水道工程涉及洪泽湖泄洪、淮河下游广大地区防洪、渠北地区排涝、沿线的供水灌溉、南水北调东线输水、京杭运河航运、通榆河输水、城镇尾水排放、陆路交通、海口防潮和当地农业生产等。需要设计出一个科学、合理的河道工程总体布局来统筹协调上述在空间上相互交叉、功能上多有重叠、运用上时常矛盾的各种重要关系,以发挥综合效益。

(5)在关键交叉节点,枢纽工程应创新建筑物的布置形式,科学解决入海水道行洪与京杭运河、通榆河通航输水的矛盾。

(6)针对长达 51 km 的深厚淤土段,需要攻坚克难,研究有效解决在深厚淤土区修筑 1、2 级堤防和相关建筑物的安全、经济、合理的技术方法。

(7)新辟河道直接入海,需针对性地采用多项综合技术,解决河口风暴潮、咸水倒灌、海口建筑物淤堵、腐蚀等诸多复杂技术难题。

(8)在工程建设期,需要统筹解决好京杭运河黄金航道、通榆河和渠北排水等施工导航、导流问题。

(9)在经济发达、人口密集区的公益性河道工程中,需要结合城镇化进程,有针对性地创新移民安置方式,确保移民后的生产、生活条件不低于移民前。

(10)入海水道由“漫滩行洪”改为“河道行洪”后,需要优化洪泽湖的调度运用方式,大洪水时发挥效益,中小洪水时也起作用。

现场设计期间,为破解上述规划设计中的难题,两院设计人员奉献心智和汗水,经常加班加点至凌晨,克服了水质差、环境差和家中小孩年幼无人照料等诸多困难,不怕苦、不怕累,按时保质保量完成各阶段的设计任务,为工程建设得以顺利实施打下了良好的基础。

我当时也只有30多岁,年富力强,作为项目负责人(项目设总)承担完成了《淮河入海水道工程项目建议书》《淮河入海水道工程可行性研究报告》《淮河入海水道近期工程可行性研究报告》,作为分管总工程师参加并完成了淮河入海水道近期工程淮安和二河枢纽工程初步设计工作。在淮河入海工程现场设计期间,为了方案论证、审改图纸、撰写报告等,我和同事们常常日夜连轴加班工作。为提振精神,那时的我一天需抽两包多香烟。特别是晚上,常是右手拿笔写报告,左手夹烟一缕不绝,直到深夜报告完成方罢。让自己也难以理解的是,一俟入海水道立项建成后,我也决绝地将香烟戒掉了。

## 五、精心建设,铸造精品

为加强领导、精心组织好工程建设,江苏省人民政府专门成立了淮河入海水道工程建设领导小组,江苏省水利厅组建了江苏省淮河入海水道工程建设管理局负责河道工程、滨海枢纽、海口枢纽、淮阜控制、征地及移民安置等工程的建设管理,淮委组建了淮委淮河入海水道工程建设管理局负责淮安枢纽、二河枢纽的建设管理。

淮河入海水道工程建设管理创建了系统协调的实施管理机制,落实了项目法人制、招标投标制、合同管理制、建设监理制,建立了多层次的质量监督体制、工程投资控制体系,创立了征地拆迁移民安置监理和监测评估制度。

1998年10月,为加快建设步伐,给工程全面实施积累经验,江苏省政府决定实施淮河入海水道试挖段工程。1999年10月,开始全面建设。为实现时任国务院总理朱镕基同志要求淮河入海水道工程在2003年汛前具备行洪条件的目标,通过调整实施计划,加大建设强度,在严格执行基建程序的情况下,克服了淮安、滨海枢纽和淤土段河道堤防施工难度大的困难,提前两年半于2003年6月底完成主体工程建设任务,通过通水阶段验收,工程建设历时4年半。2006年10月完成了竣工验收。

建设过程中,工程建设管理、勘测设计、施工、监理、质量监督等单位,既分工负责又密切配合，在工程战线长、项目多、技术复杂、建设管理难度大的条件下，加强科技攻关、重视科学试验、推进科技创新，积极运用新材料、新技术、新工艺。创造性地采用多项国际领先的施工技术，成功地解决了工程建设中的重大施工难题，如超大粉砂基坑降水问题、混凝土防裂缝技术等。

通过精心建设，淮河入海水道工程取得了建设速度快、工程质量好、河道功能全、生态环境美、投资控制严、工程效益高的优良成效，铸造了治淮史上又一个里程碑意义的精品工程。

## 六、勇于创新，亮点纷呈

淮河入海水道近期工程设计先进合理，工程质量可靠，型式新颖美观，文化内涵丰富，既是一项大型综合性水利精品工程，又是一条绵延百多千米的人文景观。

工程的设计和建设者们，采用先进的科学技术手段，勇于创新，用自己的智慧和汗水，攻克了多项工程科学技术难题，成果丰硕，亮点纷呈。

### （一）淮河入海，百年梦圆，结束了800年没有独流入海尾闾的历史

自1194年黄河夺淮起，淮河失去了独立的入海尾闾；自1855年以来，淮河直接入海，成为流域亿万民众、仁人志士追求的梦想。

入海水道线路进行过废黄河线、分淮入沂线、入江水道线和渠北线等多条线路的综合比较，最终选择了现在的入海水道方案。该线路具有入海线路短、防洪调度主动灵活、兼顾渠北排涝、近期结合远期、经济合理等优点，避免了其他线路淮沂遭遇、江淮并涨、区间洪水反控制洪泽湖泄洪、原河道扩大工程规模难度大、不经济合理等缺点。

新华社2006年10月21日报道："淮河入海水道近期工程标志着淮河结束了800年没有入海通道的历史，有了完整意义的独立入海尾闾……"

### （二）流域模拟，系统演算，科学确定了入海水道近远期工程规模

洪泽湖上承淮河水系15.8万$km^2$面积的洪水，同时又通过分淮入沂相机分洪。还要统筹安排入江水道区间洪水和渠北排水出路。可以说几乎要将整个流域两个水系的全部洪水都算清楚了才能科学确定入海水道近远期工程的规模。

为此，我们将整个流域根据水文产汇流特性、洪水演算控制条件等，分为90多个分区进行洪水还原计算，求得各分区的理想流量过程。再根据大型水库、滞洪区、蓄洪区、行洪区、干支流河道、茨淮新河、怀洪新河、大型湖泊等控制运用办法进行全流域模拟分析，实现系统演算。对主要河段、大型工程等有详细水文、地形、工程资料的，采用水动力数学模型计算；对水文、地形、工程资

料少的,采用水文学模型计算。算得洪泽湖设计入湖洪水过程、允许分淮入沂洪水过程、入江水道区间洪水过程和渠北排涝水文成果。

根据洪泽湖设计入湖洪水、允许分淮入沂过程、洪泽湖的蓄泄关系、入江水道区间洪水、高邮湖的反控制条件等,结合洪泽湖和下游工程调度运用方式,统筹考虑淮河入江水道、入海水道、灌溉总渠(含废黄河)和分淮入沂的泄洪能力与条件,采用先进的计算手段,通过大量的分析计算,多方案反复比选,论证确定了洪泽湖设计防洪标准近期100年一遇、远期300年一遇;入海水道设计泄洪流量近期2270 $m^3/s$、远期7000 $m^3/s$。这些科学论证的合理成果,结束了在洪泽湖设计防洪标准、入海水道设计规模上的长期争论,从而达成共识,为工程立项建设提供了前提条件。

**(三)统筹谋划,精心布置,规划了功能齐全的工程总体布局**

为统筹协调防洪、排涝、供水、灌溉、航运、调水、城镇尾水排放、陆路交通、防潮和当地农业生产等交叉、重叠、矛盾的各种复杂关系,以发挥入海水道工程综合效益,现场设计者运用自己的智慧、经验、技术,统筹谋划,精心布置,科学地规划了功能齐全的入海水道工程总体布局。

入海水道工程布局之巧妙,我用72个字概括、总结为"二河三堤,泄洪排涝;进口合流,出口挡潮;立体交叉,各行其道;双泓布置,北泓南靠;节点控制,运用巧妙;高低分排,清污不扰;近远结合,最终达标;绵延百里,生态口道;功能齐全,协调高效"。

前两句是说:入海水道西起洪泽湖东侧二河闸,沿苏北灌溉总渠北侧与总渠呈二河三堤布置,东至扁担港注入黄海,承担了扩大淮河下游洪水出路、改善渠北地区排涝的重要任务。

三、四句是说:入海水道的进口二河枢纽,采用合流方案,建筑物好布置,且统筹协调了入海水道与二河泄洪、淮阴站南水北调输水等功能的发挥;出口海口枢纽在南北泓道上分别建南北海口闸,统筹协调了挡潮、泄洪、排涝、交通、防淤等功能的发挥。

五、六句是说:入海水道在沿线大多数重要交叉点,均采用立体交叉建筑物布置方式。京杭运河、通榆河交叉处分别有著名的淮安、滨海枢纽立交,在河道以上立交的有宁淮、淮扬、阜宁、204国道等桥梁,在河底以下立交的还有芦羊、陈涛、通济等地涵。通过布置大量、多层次立交工程,入海水道泄洪、排涝与航运、输水、引水、灌溉、陆路交通能做到各行其道,互不干扰。

七~十二句是说:别出心裁地将河道工程分3段布置,运西段单泓排滩面涝水;运东挖南北两泓,高片段南泓排运西水,北泓排运东高片水;低片段南泓排老管河以西来水,北泓排老管河以东低片水;运东北泓靠南泓北侧布置。在高低片节点处布置淮阜控制工程,调度巧妙。河道工程形成了“高水高排,低水低排,清污分流”的合理布局,既利于入海水道行洪,又方便滩地生产,还可相机向灌溉总渠排水。

十三、十四句是说:入海水道充分考虑了近远期工程的结合。两堤堤距一次性按远期工程要求布置,为洪泽湖防洪标准达300年一遇,入海水道远期扩大规模、设计行洪流量达7000 $m^3/s$ 留足滩地;在枢纽建筑物处留足远期扩建所需的布置空间;工程为入海水道淮安至滨海段通航提供了前提条件。

十五、十六句是说:淮河入海水道的环保建设解决了总渠沿线群众的吃水问题;水土保持及绿化工程的实施,有效治理了水土流失,美化了工程环境。从洪泽湖畔到黄海之滨几百千米既是输水长河,也是绿色长廊,同时还是许多野生动物和鸟类的天堂,成为苏北大地上一道靓丽的风景线。

十七、十八句是对入海水道工程总体布局功能和效果的总结。

**(四)突破常规,大胆创新,采用大型立交地涵技术解决了泄洪与航运交叉的矛盾**

入海水道在淮安与京杭运河交叉,在滨海与通榆河交叉。京杭运河是我国南水北调的重要通道,也是除长江之外的第二条水运“黄金通道”,Ⅱ级航道;通榆河是江苏省东部沿海地区江水东引北调的主要河道,也是苏北地区水运“大动脉”,Ⅲ级航道。

入海水道泄洪时水位大大高于京杭运河和通榆河水位(最大水位差3.93 m);入海水道不泄洪时,排渠北地区涝水,泓道中水位又远低于京杭运河和通榆河水位(最大水位差7.20 m)。为解决入海水道泄洪与京杭运河和通榆河通航、调水的矛盾,设计突破传统上的平交方案,大胆创新,创造性地采用“上槽下洞”的大型立交地涵技术。淮安枢纽立交地涵上部渡槽宽80.0 m,满足京杭运河通航要求;下部涵洞共15孔,单孔尺寸为6.8 m × 8.0 m,满足入海水道近期设计泄洪2270 $m^3/s$、强迫泄洪2890 $m^3/s$ 的要求;二期再扩建30孔,满足入海水道二期泄洪7000 $m^3/s$ 的要求。滨海枢纽立交地涵上部渡槽宽58.0 m,满足通榆河通航要求;下部涵洞共23孔,单孔尺寸为6 m × 6.5 m,满足入海水道近期设计泄洪要求;二期再扩建40孔,满足入海水道二期泄洪要求。

新颖的大型河道立交工程,科学地解决了入海水道泄洪、排涝与京杭运河、通榆河调水、航运的矛盾,提高了京杭运河、苏北灌溉总渠和通榆河的防洪安全保障,为入海水道中小洪水泄洪、灵活调度创造了条件。

国内外采用立交地涵形式解决河道交叉的水工建筑物,规模未见超过

600 m³/s 的。无论立交的河道规模还是航道规模，淮安、滨海枢纽都是当时亚洲乃至世界上设计规模最大、结构形式最新颖的大型河道、航道立交工程。

**(五)针对特点，攻坚克难，采用真空预压排水和淤土筑堤技术有效解决深厚淤土区筑堤难题**

入海水道自桩号57+000~108+000段为淤土地基段，淤土深度达到30~35 m，埋深2.0~0.9 m。根据淮河入海水道规划，在此区域内需填筑9.0 m高堤防和兴建10座穿堤建筑物。同时，该地区筑堤土料缺失，只能就近利用淤土进行筑堤，工程施工难度大，工程安全性难以保证。因此，淤土地基段筑堤安全性、穿堤建筑物的基础处理、建筑物与堤防的沉陷协调等成为入海水道堤防建设中的难题。

对于如此深厚的淤土地基，采用任何传统地基处理方法，其巨大的投资都是无法接受的。经多种方案比较后，首次采用了先进的真空-堆载联合预压加固技术进行地基处理。项目实施过程中，经过全面、系统和深入的研究，采用先进的勘探和土工试验方法、科学合理的计算理论和图形化技术、超常规的施工加载速率和超规范的安全控制指标，利用现代化的安全监测技术，依靠加设压载平台和控制施工速率来保证淤土筑堤的安全性。通过实践，为深厚淤土上筑堤工程的设计、施工和管理提供了成功的经验。

**(六)试验验证，多措并举，成功解决海口建闸防潮、防淤、防腐等复杂难题**

新辟河道直接入海，需解决河口风暴潮、咸水倒灌、海口建筑物淤堵、腐蚀等诸多复杂技术难题。在设计中就海口枢纽总布置进行多方案比选，通过二维水流数值计算和定动床模型试验验证后，最终确定在南北泓道上分别建南北海口闸的方案。通过调水冲淤、潮差冲淤、机船拖淤、南偏泓纳潮冲淤等措施来减少闸下淤堵。通过优化混凝土配合比、采用“双掺”技术，选用非泵送常态混凝土，改进混凝土施工工艺，采用低铝酸三钙水泥，全面采用新型无色有机材料GM-90I多功能有机硅保护剂保护，以及钢闸门综合防腐等多种措施，解决了混凝土及钢结构防腐蚀等复杂技术难题，取得了良好的效果，为海口建闸提供了成功范例。

海口枢纽具有泄洪、排涝、挡潮、防咸、减淤、连接南北交通和防腐等多种功能。

**(七)与时俱进，创新方式，圆满解决“经济发达、人口密集区”公益性河道工程移民问题**

入海水道采用河道行洪形式取代了历次规划的漫滩行洪形式，河道占地宽度由原规划的 2.5 km 缩小至 750 m 左右,减少了 20 多万亩,节约了大量耕地。

针对经济发达、人口密集、历史文化底蕴深厚和移民量大等特点,需要与时俱进地结合城镇化进程,有针对性地创新移民安置方式,确保移民后的生产、生活条件不低于移民前。基于参与式移民安置规划理论、移民环境容量分析方法、人口平衡模型等理论和方法,创建"三个指标"移民环境容量分析方法、参与式移民安置规划方法、种植业结构优化模型,创立了"业主+地方政府"的移民安置实施管理模式,提出了"农业+非农业"生产安置模式、"城镇化+中心村"搬迁安置模式,制订了详细、切实可行的移民安置规划方案、土地调整政策和安置区建设方案,做好移民监理与监测评估。通过移民,加速移民安置区城镇化和经济结构调整,探索出了河道工程移民安置的新理论、新方式,为其他河道工程移民安置提供了理论方法和实践经验。

**(八)科技攻关,精心施工,采用多项国际领先的技术解决了重大施工难题**

入海水道工程建设过程中,加强科技攻关,重视科学试验,推进科技创新,成功地解决了工程建设中一系列高难度技术课题,多项技术达国际、国内领先水平,主要有:

(1)超大粉砂基坑降水;

(2)混凝土防裂缝技术;

(3)"大尺寸、高强度、高密度"薄壁混凝土的施工技术;

(4)土质高边坡支护技术;

(5)在京杭运河黄金航道上建设水工建筑物的施工导航技术;

(6)振动沉模防渗板墙施工技术;

(7)土工织物充填袋建筑施工工法。

**(九)优化调度,早拉底水,统筹发挥工程在大小洪水中的防洪作用**

入海水道改变行洪方式后,需要优化洪泽湖的调度运用方式。受原漫滩行洪方案的限制,历次规划入海水道均采用在洪泽湖 15 m 高水位时才启用行洪的"太平门"调度运用方式。这次我们通过大量的洪水演算和分析,优化了调度方式,确定在洪泽湖水位 13.5~14.0 m 时启用入海水道行洪,可早拉洪泽湖底水,中小洪水发挥泄洪作用,大洪水泄洪效益更显著。

入海水道主要枢纽运行管理采用全计算机监控的综合自动化系统,由调度管理层与集中控制层组成,分闸门控制子系统、视频监视子系统和水闸安全监测子系统。系统可靠、安全、实用、先进、成熟、经济和开放,在 2003 年、2007

年淮河大洪水的泄洪控制中发挥了重大作用。

### (十)绵延百里,生态廊道,现代水利与传统文化交相辉映

淮河入海水道工程沿线历史文化厚重,人文景观丰富,自然环境优美。洪泽湖大堤、京杭大运河是我国古代著名的水利工程。淮安为历史文化名城,是周恩来、韩信、梁红玉和吴承恩等历史名人的故乡,有周恩来纪念馆、镇淮楼、韩侯祠等名胜,具有悠久的历史、丰富的人文背景和深厚的文化底蕴。

淮河入海水道的规划设计既继承传统,又创新了现代水利工程理念。在运用先进的现代水利工程技术设计建设水利精品工程的同时,注重工程造型的美观和文化内涵的丰富,使这项伟大的工程与当地的历史文化、人文景观、自然环境相协调、统一。

淮安枢纽位于淮安市南郊。为与淮安的历史文化和人文景观相协调,在淮安枢纽工程设计中特意将桥头堡设计成7层塔式仿古结构。为衬托主塔的建筑效果,主塔与附房之间采用廊桥连接,两桥头堡之间采用钢结构悬索桥连接,既便于工程管理,又可游览观光,成为整个淮安枢纽工程的亮点和淮安市的旅游胜地。

枢纽建成后,入海水道泄洪与京杭运河航运相得益彰,现代水利工程与古老的京杭运河交相辉映,也是淮河入海水道上一道亮丽的风景线。

就整个淮河入海水道而言,既考虑了工程本身功能的需要,又充分注重对周边环境的保护和改善,实现了工程与人文环境、自然环境的和谐。做到"河成、堤成、林成、绿化成",使江淮大地形成了一道连接湖海、绵延300多华里的绿色风景带。

## 七、洪水考验,效益显著

淮河入海水道近期工程是淮河防洪体系的重要组成部分,是治淮的战略性骨干工程。工程建成后,具有泄洪、排涝、灌溉、航运和改善生态环境等多种功能,使洪泽湖防洪标准从50年一遇提高到100年一遇,保障了淮河下游地区1000多万人口、2000多万亩耕地和多种重要基础设施的防洪安全,改善了渠北地区1710 $km^2$ 的排涝条件。工程在2003年、2007年两次流域性大洪水中投入运用,保障了淮河下游地区的防洪安全,并为整个淮河流域的防洪减灾发挥了重要作用,大大减轻了流域洪涝灾害损失。

2003年大洪水,洪泽湖最大入湖流量14500 $m^3/s$。7月14日8时,洪泽湖蒋坝水位14.37 m,为新中国成立以来第二高水位。根据国家防汛总指挥部命令,主体工程刚建成6天的淮河入海水道紧急启用泄洪,行洪33天,最大

行洪流量 1830 $m^3/s$,泄洪总量 44 亿 $m^3$,有效地减轻了洪泽湖大堤和入江水道的行洪压力,也使洪泽湖避免了周边圩区滞洪,直接免灾效益达 27.68 亿元,为战胜淮河大洪水发挥了关键性作用。2003 年,《淮河入海水道工程提前建成通水行洪》被同时评为"江苏省 2003 年十大新闻""江苏省 2003 年十大经济新闻",受到了社会各界和海外华人的好评。

2007 年 7 月 10 日,淮河入海水道再次奉命泄洪,至 8 月 1 日共安全行洪 22 天,最大行洪流量 2080 $m^3/s$,泄洪总量达 36 亿 $m^3$,为夺取 2007 年淮河流域防汛抗洪的全面胜利做出了重要贡献。2010 年春,淮河春汛来得早、洪量大。淮河入海水道首次小流量分洪运行 16 天,下泄水量 1.46 亿 $m^3$,最大流量 151 $m^3/s$,有效缓解了洪泽湖河水漫滩的防汛压力。

排涝期间,入海水道沿线各穿堤建筑物按要求开启排涝,涝水分别入南北泓;淮阜控制调节水位,调度涝水,做到高低分排、清污分开;海口枢纽高潮时关闭挡潮,低潮时适时开启排涝,并调节两泓水位,利用涝水冲淤。排涝紧张期间,海口南闸一般每天启闭各两次,相机排涝,及时挡潮。自 2003 年到 2006 年汛后,仅三年多就累计排泄涝水 42.6 亿 $m^3$,其中直接入海 33.2 亿 $m^3$,入灌溉总渠 9.4 亿 $m^3$。渠北地区排涝标准由 3 年一遇提高到 5 年一遇,保证了社会稳定和生产生活需要。

枯水季节,入海水道沿线各穿堤建筑物、调度闸、漫水闸、海口北闸等工程按需要关闭或节制用于灌溉;淮河入海水道实行清污分排,结束了苏北灌溉总渠 50 年来清污混流的历史,使工程沿线 140 多万人口从此喝上了甘甜的清水;淮安、滨海两大河道立交工程,确保了大运河黄金水道的正常通航和通榆河的南北通航、调水。

## 八、屡获大奖,入选经典

淮河入海水道近期工程屡获工程设计、施工、建设和科技进步大奖,主要有:

《淮河入海水道近期工程可行性研究报告》获得 2000 年度江苏省优秀工程咨询成果一等奖。

淮安枢纽工程获 2004 年第十一届全国优秀工程设计银质奖和 2004 年度水利部优秀工程设计金质奖。

二河枢纽工程获 2004 年第十一届全国优秀工程设计铜质奖和 2004 年度水利部优秀工程设计铜质奖。

淮河入海水道近期工程河道工程、滨海及海口枢纽工程获 2006 年度全国优秀工程设计金质奖和2007年度水利部优秀工程设计金质奖。

淮河入海水道近期工程获2006年度中国建筑工程鲁班奖(国家优质工程)、2007年度中国水利工程优质(大禹)奖、2007年第七届中国土木工程詹天佑奖,入选中国土木工程学会成立100周年"百年百项杰出土木工程"。

工程移民实践与研究、深淤土段筑堤关键技术研究获江苏省人民政府科技进步奖。

在淮河入海水道近期工程规划设计中得到充分应用,为确定淮河入海水道近期工程设计规模和主要规划设计参数做出贡献的"平原河流防洪安全水动力关键技术及工程应用"荣获2009年度国家科学技术进步二等奖。

特别值得庆贺的是,淮河入海水道工程还荣膺"新中国成立60周年百项经典暨精品工程"。要知道,百项经典暨精品工程的评选范围包括了全国各行各业,大多数行业入选工程都屈指可数,水利工程也仅有长江三峡水利枢纽、黄河小浪底水利枢纽、淮河入海水道工程、密云水库等六项工程入选。

随着时间的推移,原来规划的远期工程,今天也成了应该着手立项实施的工程了。在淮委和江苏省水利厅的坚强领导与组织下,中水淮河规划设计研究有限公司再次与江苏省水利勘测设计研究院有限公司通力合作,编制完成了《淮河入海水道二期工程可行性研究报告》,通过了水利部审查,并由国家发改委组织了评估。退休前,作为公司分管领导的我又有幸参加了这一设计工作过程。可以预期,入海水道二期工程立项建设也为期不远了。

填了首词,录于此,作为本文的结束。

### 沁园春·淮河入海水道工程

八百年前,黄水南奔,浊浪滔天。
叹河湖紊乱,田园水漫;
淮沂分隔,大地河悬。
束水攻沙,蓄清济运
几代先贤费力艰!
终难免,
致沙淤尾闾,出路南迁。

如今重理河川,绘一道长虹落世间。
看上槽下洞,洪槽上挠;
二河三堤,湖海相连。

# 治淮、南水北调工程设计与科学研究和“四新”应用

中水淮河规划设计研究有限公司原副总经理　胡兆球

## 一、前言

始于20世纪90年代初，伴随着中国全面改革开放和逐步深入，党中央、国务院决定淮河流域兴建治淮19项骨干工程和进一步治淮38项主要任务工程，以及跨流域的南水北调东线一期工程。主要建设内容有大型水库、河道疏浚、重要堤防、拦河枢纽、大型水闸、大型泵站、洼地排涝、中小河流治理工程等。围绕诸多国家重点水利工程建设前期规划设计，流域四省勘察设计院和淮委规划设计研究院（现改名为中水淮河规划设计研究有限公司）相互协调、分工合作。设计单位统筹安排、精心组织，广泛调研、深入研究。依据不同工程的水文气象、规划目标、地形地质、场地环境条件和规模标准、建筑物类别功能、工程的许多疑点难点问题等，通过总结沿用治淮前辈留下的成功工程经验，充分利用我国研发的水利科技成果，合理借鉴国外相关的先进科学技术，广泛联合相关高等院校、科研院所进行科学试验研究，积极开展水利及相关行业设计、施工新材料、新工艺、新技术、新设备（新产品）应用情况调研，并得到水利部、淮委、流域四省各级领导和专家、水利部水利水电规划设计总院的审查指导。在此基础上，编制完成一批安全可靠、先进合理、景观优美、生态良好的工程设计。笔者深感在工程设计过程中，水利科学研究和“四新”成果的应用，对水利工程设计的引领、指导和设计创新发挥着不可替代的作用。现仅就亲身经历已建成的治淮和南水北调东线一期工程简要地列举一二。

## 二、科学研究

### （一）淮干临淮岗洪水控制工程模型试验研究

根据治淮规划，决定在原临淮岗工程的基础上，复建临淮岗洪水控制工程。原临淮岗工程按综合利用水库兴建，主要任务是灌溉和防洪。工程于1958年开工，1962年因经济困难而停建。停工时已建成深孔闸、浅孔闸、船闸

及淮河主槽以南主坝、部分副坝和上下游引河等工程。

在原临淮岗水库工程已有建筑物和总布置的条件下，就如何充分合理、加固利用已有建筑物，增加新建建筑物，使临淮岗工程旧貌换新颜，安全可靠、先进合理。满足规划要求的平槽深孔闸泄量1090 $m^3/s$；滩槽深、浅孔闸泄量5000 $m^3/s$；河道设计深、浅孔闸泄量7000 $m^3/s$、姜塘湖进洪闸泄量2400 $m^3/s$；百年一遇洪水控制鲁台子流量10000 $m^3/s$，正阳关水位不超过26.40 m；以及通航的总体要求。实现淮河上、中游发生50年一遇以上大洪水时配合现有水库、河道堤防和行蓄洪区，使淮河中游防洪标准提高到100年一遇的目标。进行了宽阔平原河道枢纽工程总布置的科学试验研究。

水库、水闸、船闸、泵站等工程总布置是为满足特定的功能要求而对挡水、泄水、引水、通航等建筑物的空间相对位置和运用配合关系进行的总体设计。通过分析比较、科学研究、系统论证，确定几近合理的工程总布置方案是至关重要的。

研究首先采用淮干润河集至鲁台子河段二维数学模型分析计算，确定上下游河道水位衔接，为局部整体物理模型、各闸单体物理模型提供边界控制条件。

根据控制条件，采用局部整体物理模型试验研究深孔闸、浅孔闸、船闸、上下游引河相对位置和相互组合运用情况。姜塘湖进洪闸布置靠浅孔闸北部，距离较远，数模分析后泄洪时互相无影响，另行单独研究。

为满足规划要求和各方需求，在原临淮岗水库工程总布置基础上，设计考虑了临淮岗洪水控制工程总布置方案：自右岸开始老船闸加固后仍作城西湖与淮河之间通航使用，拆除老船闸左侧老深孔闸，闸址新建淮河船闸，新船闸左侧新建深孔闸，新开挖新深孔闸上下游引河，原引河与新挖引河连接为淮河船闸航道，向左至浅孔闸加固利用，淮河主槽以南主坝中部新建姜塘湖进洪闸，各闸之间和两翼由坝体连接的工程总布置方案。方案制订过程中，主管部门领导、相关技术人员与设计、科研人员进行过深入细致的研究探讨、协调磋商。试验研究单位在模型制作、河道加糙和水流测试方面采用了一些新技术、新方法，提高了试验成果的精度。通过水位衔接、空间流速分布、总体过流能力试验测试，显示工程总布置方案总体可行，仅局部存在影响通航、泄流和易引发冲刷、淤积的不良流速、流态问题，需优化调整。

主要问题有：①航道进口横向流速大；②深孔闸右导堤局部回流；③深、浅孔闸间上游横向偏流及下游死水区回流等。针对存在的问题，在局部整体物理模型上对航道上游入口形态、导堤合适高度、分流岛合理的平面形状及高程布置等进行了多次反复试验、优化调整。结果为实现减弱、消除了不良流速、流态;验证了平槽、滩槽、河道设计流量下深浅孔闸单独、共同泄水分流比及过流能力与设计计算基本一致;使得工程总布置更加完善,各建筑物的空间位置和联合运用更加合理。特别是深、浅孔闸间分流岛的布置,在上游使得两闸均进口水流平顺、下游消除回流顶托影响泄流的同时,利用挖河弃土填筑分流岛,既有利于两闸间连接坝体安全,又为枢纽绿化营造景观创造条件。

在二维数学模型和局部整体物理模型研究的框架下,又对姜塘湖进洪闸、深孔闸、浅孔闸的单体、断面开展了物理模型试验研究。确定了各闸进口翼墙、出口消能防冲布置形式,进一步验证过流能力,闸门运行时的开启、关闭顺序,洪水控制时闸门控泄的开启高度。为枢纽各闸调度运行办法提供了依据。

由于姜塘湖进洪闸启用前,闸下为姜塘湖湖区,面积大,且无水,与闸下为河道相比尾水上升慢;按规划要求:进洪流量 24 小时内须从 0 达到 2400 $m^3/s$。因此,要重点研究闸下消能防冲问题,如若措施不当,进洪时将造成闸下大范围的冲刷。初始设计方案试验后,海漫末端流速达 2.53 m/s,闸下冲刷不可避免。经研究,进行了辅助消力墩、消力坎、导流墩、平台小坎等多种措施比较试验。结果表明,采用在闸室尾部消力池斜坡始段增设 0.5 m 高平台小坎,可有效降低海漫末端流速,最大底部流速为 1.45 m/s,满足不冲流速要求。

通过模型试验研究,确定了安全、合理的工程总布置方案和具体布置形式,为工程设计建立了坚实可靠的基础。

### (二)蔺家坝泵站工程整体水工模型试验研究

蔺家坝泵站是南水北调东线工程的第九级泵站,设计流量 75 $m^3/s$,装机 4 台(其中 1 台备用),单机设计流量 25 $m^3/s$,并兼有郑集河以北洼地排涝功能。工程位于徐州郑集河口以南 1.5 km 处的顺堤河与湖西航道之间,抽顺堤河水至湖西航道入南四湖下级湖。泵站枢纽基本垂直于两河,呈"H"形布置。

泵站进水侧调水时,顺堤河水自南向北拐入泵站进水引渠;排涝时,顺堤河水自北向南拐入泵站进水引渠。顺堤河与进水引渠进口连接布置形态及其过流能力、流速、流态,将直接影响泵站正常稳定运行。

泵站出水侧为三级的湖西航道,无论调水与排涝泵站出水都会在航道内产生横向流、回流,而且泵站运行与航运时期也无法错开。应布置合适的出口连接和采取必要的措施,降低出口流速,控制三级航道内表面横向流速小于 0.3 m/s,以保证船舶正常安全运行。

针对上述问题开展了蔺家坝泵站工程整体水工模型试验研究。在工程设计布置基础上,开展了机组台数、编组组合及 4 台全开特殊组合多组次的水工模型试验测试。结果显示，设计布置的进水侧顺堤河与进水引渠进口连接合理，虽有偏流，但程度低，不影响泵站进流；设计布置的出口连接不满足要求，泵站出口和航道横向流速均偏大。经进一步分析探讨，反复研究布置方案和试验测试，最终采取综合措施：扩大出口断面、布置非对称导堤、设置两道非对称导流墩，降低了泵站出口流速和航道横向流速，试验测得泵站运行各种组合的表面横向流速均小于0.25 m/s，成功地解决了设计难题。

### （三）空间有限元结构应力与地基渗流分析研究

对重要的大型水闸、大型泵站，需要论证设计拟订的闸室、泵房结构布置方案的安全性、合理性。虽然当时的《水闸设计规范》尚未提出相应要求，但1997年的国标《泵站设计规范》有关条款已有明确规定。有必要对整体闸室、泵房结构采用先进的空间有限元计算方法和符合实际的力学模型，在各种组合受力条件下进行深入的分析研究，以获得闸室、泵房各部位应力大小和空间分布。使设计人员对拟定结构有更进一步的认识和把握，以便进行合理的优化调整。现行的《水闸设计规范》已将空间有限元分析计算列入相应条款中。

在临淮岗洪水控制工程49孔浅孔闸、姜塘湖进洪闸，入海水道淮安立交枢纽地涵涵首，南水北调东线蔺家坝泵站、台儿庄泵站及多座大型水闸、泵站设计过程中，都进行过整体闸室、泵房结构空间有限元静、动力分析和必要的温度、地基变形分析。通常根据分析计算结果，研究结构可能存在的问题和解决办法，如对应力集中和应力过大部位调整结构尺寸，以确保工程安全等，使设计人员全面认识、把握复杂结构的重点和薄弱部位。

根据工程砂土地基特性和运行条件，为保证工程渗流安全，设计中采用空间有限元对入海水道淮安立交枢纽、南水北调东线八里湾泵站地下防渗墙进行分析论证。经分析计算，淮安立交枢纽垂直防渗方案合理可行，满足规范要求；八里湾泵站垂直防渗四面围封修改为三面围封，取消进水侧防渗墙，三面围封防渗效果可靠，避免长期渗流作用下四面围封体内渗压提升抬高，造成防渗效果减弱。

### （四）筑坝土料膨胀性试验研究

临淮岗洪水控制工程已筑主坝坝基、坝身经检测，发现多处纵横裂缝，最大缝宽6 cm，结合地勘资料分析，与土料膨胀性有关。地勘资料表明，主坝坝基、坝身及周边料场土体均存在不同程度的膨胀性。

该工程为大洪水控制工程，正常情况下坝体不挡水，土坝处于干燥状态，土料膨胀性对工程的影响比常年蓄水的膨胀土坝更甚。为保证工程续建后能安全可靠运行，对膨胀土筑坝的主要工程性质和可行性进行试验研究。

试验研究主要内容包括:膨胀土的矿物化学成分及微结构特征;不同状态下的膨胀率、膨胀力、缩限与收缩特性;不同状态下与特殊条件下强度特性与变化趋势;不同应力下湿化后的应力应变关系,吸力与湿度、膨胀力的关系;膨胀土筑坝填筑标准、非膨胀土包盖保护膨胀土措施等。

通过试验研究得到结果:筑坝膨胀土属于弱膨胀土及弱偏中膨胀土,该膨胀土料可用于筑坝,但坝体应分区填筑,即内部填筑膨胀土、外部包盖非膨胀土填筑方式。建议膨胀土填筑压实度不小于0.97,在50 kPa压力下土的膨胀不会引起土的力学性质发生明显变化,同时考虑该地区大气影响的急剧带深度为2.0 m左右,故非膨胀土包盖厚度以2.5 m为宜。

以上成果为主坝设计提供了强有力的支撑,使设计方案编制的思路更加清晰,采取的措施更加安全可靠。

**(五)三洋港挡潮闸淤土地基灌注桩水平承载特性研究**

三洋港挡潮闸建基面以下地基为6~10 m深的高压缩性淤泥地层,强度低、变形大。尤其是挡潮闸下游翼墙面对海口,墙后填土地下水位变幅不大,墙前海水受潮汐控制变幅大,形成墙前墙后水位差最大达5.35 m。如此高的水头和如此差的地基,使挡潮闸下游翼墙稳定、地基基础设计遇到了难题。为解决这一难题,对国内、外类似工程进行了广泛调研,结果未能获得可取经验。

根据三洋港挡潮闸下游翼墙的实际情况,设计进行了沉井、开挖回填水泥土等多方案比较分析。针对水平荷载大、地基软弱各向变形大的特点,无论是采用哪种深基础方案,竖向承载力都可解决,难以解决的是水平承载力问题。经过进一步探讨与研究,设计大胆提出复合地基加灌注桩基础的设想,即在淤泥土中采用水泥粉喷桩加固成水泥土复合地基,在复合地基中打灌注桩。原状土中的灌注桩承受水平荷载后,由于淤泥土不能提供足够的水平承载力,灌注桩顶水平变位大,超过规范规定。加固后的复合地基承载力提高,水平承载力同时提高,可降低灌注桩顶变位,使其满足规范要求。

为实现复合地基加灌注桩基础的设想,分析研究方案的可行性,确定符合实际的合适相关参数,制定了研究内容和技术路线。主要包括:现场原位测试试验研究、三维立体仿真分析研究、理论计算方法对比分析研究。通过深入细致的综合分析研究,了解了在淤泥原状土和水泥土复合地基中不同桩径及桩顶自由、桩顶嵌固承台灌注桩的受力变形特性,获得了在合理布置的水泥土复合地基中顶部嵌固承台的灌注桩水平承载力可提高20%~30%的可喜成果,提供了可靠的设计参数,圆满解决了设计难题,也为类似工程设计提供了参考。

### (六)台儿庄泵站水泵装置模型试验研究

台儿庄泵站是南水北调东线一期工程第七级泵站,位于山东省台儿庄城区边,泵站设计流量125 $m^3/s$,装机5台(1台备用),单机31.25 $m^3/s$,设计扬程4.53 m,平均扬程3.73 m。选用立式轴流机组,肘形进水流道、直管式出水流道。

在选定合适的水泵转轮水力模型前提下,合理确定水泵装置,提高水泵装置效率,是台儿庄泵站设计中的一项十分重要的任务。由此采用数学和物理模型相结合的方法研究流道水力特性与线型,进行水泵装置的优化显得十分必要和重要。

当时大型泵站肘形进水流道的水力特性研究已趋成熟,线型也已确定;而直管式出水流道水力特性研究相对较少,恰恰出水流道的水力损失所占比例较大,对装置效率的影响突出。故此台儿庄泵站出水流道设计研究成为重点。

根据台儿庄泵站布置总体要求,直管式出水流道设计成泵段出口90°转弯后接扩散直管。据此对流道内流场应用Fluent软件进行计算流体动力学(CFD)建模计算,同时用有机玻璃制作透明的出水流道物理模型进行装置试验,相互对比验证。计算与试验结果基本一致,但存在流道内水流90°转弯进入扩散直管后,主流偏向流道上部,流道下部主流脱壁,出现较大范围的回流区(或称流道底部出现平轴水力旋涡),会增加流道水力损失、降低装置效率。优化流道线形、消除或减弱回流区成为流道设计研究工作的重中之重。

针对存在问题和泵站总体布置要求,经深入分析、探讨,在流道控制尺寸及泵房结构布置允许的条件下,对直管式出水流道立面进行优化修改,主要是适度加大90°弯管转弯半径和弯管出口高度等。修改后的出水流道,再次做CFD分析计算和物模装置试验,结果脱流回流区大大压缩,水头损失明显减小,成果令人满意。确定的出水流道线形也在南水北调东线一期八里湾等泵站设计中得到推广应用。

## 三、新材料、新设备(产品)、新工艺、新技术应用

### (一)“上槽下洞”的水利立交地涵枢纽

淮安枢纽是淮河入海水道与京杭大运河交叉工程,枢纽场址处入海水道泓道底高程约为1.0 m,京杭大运河河底高程约为4.5 m,根据航运的重要性和为今后发展考虑,航道底高程定为3.5 m。入海水道与京杭大运河平面为不完全垂直正交,交角为77°。为满足各方面要求,经全面综合比选,确定采用斜向立交方案,立面上层为80 m宽的京杭大运河通航航槽,下层为15(孔)×

6.8 m(宽)×8.0 m(高)的入海水道泄水涵洞,平面呈77°交角平行四边形,称作上槽下洞式水利立交地涵枢纽。创建了全国首个复杂的空间水利立交结构,对其过流能力、防止泥沙淤积、防渗排水、涵首稳定、结构计算、地基设计和局部构造都进行了专门分析论证和特殊处理,建成后已成为当地地标建筑。

### (二)水泥土搅拌桩

淮河流域特别是中下游平原洼地广泛分布第四系覆盖地层,水利工程大多建于土基之上。许多地方天然地基松散软弱,涵闸、泵站等水工建筑物往往无法避开。在涵闸、泵站地基基础设计时,如遇天然地基承载力低、整体滑动摩擦系数小、地基沉降量或不均匀沉降差大,或有振动液化可能,都要进行地基加固处理。根据天然地基土层分布、土体颗粒组成、土的物理力学指标(包括室内试验和现场原位测试指标)等地质条件,依照建筑物为满足规范对地基的要求,选择合适的地基加固处理方式。

通常对淤泥质黏土、中—轻粉质壤土、沙壤土、粉细砂等地质条件,在建筑物基底压力超过天然地基承载力不多时,一般采用水泥土搅拌桩加固,形成水泥土搅拌桩复合地基,梅花形或正方形布置,桩径0.5 m,间距1.0~1.5 m,水泥掺量12%~15%。如姜塘湖退水闸、南润段进退水闸、老王坡桂李闸、南四湖大沙河闸等数座闸站工程,均采用该方式加固处理,效果良好。

在堤防、中小水库大坝加固工程中,需要在堤(坝)身、堤(坝)基设置垂直截渗。当水位差较小、截渗墙深度不大时,一般选择水泥土搅拌桩截渗墙。水泥土搅拌机械有多头、单头等,采用连续搭接成墙技术建造截渗墙。依照地质条件、机械能力、墙体的技术参数(渗透系数、渗透破坏比降、无侧限抗压强度),一般设计水泥土搅拌桩截渗墙有效厚度0.2~0.3 m,深度10 m以内,水泥掺量15%左右。在淮干淮北大堤、南四湖湖西大堤及众多堤防和水库大坝加固工程中广为采用。

### (三)土工合成材料

土工合成材料因其性能稳定可靠、型式多种多样、施工简单、操作方便、价格合理等优点,起到了无可替代的作用,在水利工程设计中广泛采用,包括用于反滤、排水的土工织物和软式排水管,用于防渗、截渗的土工膜,用于防冲保护的膜袋,用于加筋减压的土工格栅等。

在临淮岗洪水控制工程主坝、淮北大堤等许多堤坝护坡中采用土工织物反滤排水;蚌埠闸、姜塘湖进洪闸、淮安立交地涵、二河闸等大型水闸及许多中小型水闸消力池反滤排水护底中设置土工织物;蔺家坝等大中型泵站进水池反滤排水护底中设置土工织物;石梁河泄槽和临淮岗主坝下游布置塑料管开孔外包土工织物的排水盲管;花园湖进洪闸、蔺家坝泵站等工程挡土墙后设置新型软式透排水管网等。

淮安立交地涵上槽底部水平铺设土工膜,江苏和山东堤防垂直插塑土工膜,进行水平、垂直防渗。淮北大堤加固河岸,水下采用土工膜袋混凝土护岸。临淮岗新建深孔闸岸、翼墙高填土中铺设土工格栅,形成加筋挡土墙,以满足稳定要求。

### (四)垂直联锁开孔砌块护坡

临淮岗洪水控制工程主坝上下游坡面均需防护,护坡量大面广。采用砌石护坡,单块砌石重量不小于 60 kg,块石总量约需 11 万 $m^3$,料石采购十分困难,质量也很难保证。且坝体沉降量较大,不宜采用现浇混凝土护坡。为解决这一难题,设计考虑用预制砌块护坡代替块石护坡方案。在研究风浪对块石护坡厚度和块石粒径大小的影响因素时发现,主要是风浪产生的浪压力与浮托力,需考虑增加砌块整体性联锁和在砌块上开孔消力,以减轻风浪影响。通过抗风浪试验定量研究砌块开孔率、联锁榫长和块体的厚度,最终得以确认定形。采用先进的工艺、技术也成功地生产出了垂直联锁开孔砌块,并用于主坝护坡。

垂直联锁开孔砌块技术已通过水利部国际合作与科技司组织的鉴定,鉴定结论为达到了国际领先水平。

临淮岗洪水控制工程主坝砌块护坡,在世界范围内首次将垂直联锁开孔砌块成功应用于水利工程中,并解决了设计过程中一系列的技术难题,为垂直联锁开孔砌块在水库、湖泊、河道等护坡工程中的广泛应用开了先河。此后在淮安立交地涵、二河闸、河南燕山水库、南水北调东线泵站多处工程中得到推广应用。

### (五)大掺量磨细矿渣混凝土

由于氯盐、硫酸盐的侵蚀及碳化等原因,一些近海的水工建筑物出现了混凝土多处开裂和钢筋严重锈蚀的现象,许多工程尚未到达使用寿命甚至仅运用几年就发生了破坏。

三洋港挡潮闸临近黄海,闸址周围水环境复杂,场区地下水、河水的 pH 值为 7.24~8.51,呈弱碱性,水化学类型属 $Cl^{-}-Na^{+}$ 型,场区河水对普通水泥有结晶类弱腐蚀性,地下水对普通水泥有结晶类强腐蚀性。必须采取措施提高混凝土抗有害离子的侵蚀,预防钢筋混凝土结构受氯离子侵蚀而减少使用寿命。

综合技术经济比较,近海水工高性能混凝土采用大掺量磨细矿渣应作为首选方案。即将炼矿剩渣磨细成粉料,大量掺入替代水泥形成混凝土。经多组次试验确定了大掺量磨细矿渣混凝土配合比,成功地用于三洋港挡潮闸钢筋混凝土结构。

大掺量磨细矿渣高性能混凝土与普通混凝土相比,相同标号下,强度有所提高,密实性大大提高,抗有害离子侵蚀、抗碳化、抗冻性等耐久性特别优良,其正常使用寿命至少延长1倍以上。

**(六)大型泵站新型机组**

南水北调东线一期蔺家坝泵站具有低扬程、大流量、年运行时间长的特点,是东线一期13个梯级、34座泵站中扬程最低的一座,水泵机组又是泵站的“心脏”,科学合理选用机组形式,确保水泵装置具有高效率、高可靠性,减少泵站运行能耗、降低调水成本有着重大意义。

针对蔺家坝泵站特点,设计选用齿联传动后置灯泡贯流机组。经了解,该型机组在国内属首次采用,国内水泵制造厂还没有设计、制造过类似设备,缺乏对该机组关键技术和部件的设计制造经验。在得到主管部门许可后,采取国际合作方式,在国外利用先进技术进行机组整体结构设计、水泵转轮水力设计,以及机组整体结构、机械式叶片调节机构、自润滑的无油润滑轴承、迷宫与空气围带相结合的主轴密封装置、星型齿轮传动箱等关键部件的加工制造,并获得技术转让;国内进行安装、调试和试运行。机组经过长时段运行,各项性能指标良好,实现了高效、安全、稳定的运行目标。蔺家坝泵站齿联传动后置灯泡贯流机组的成功运行填补了国内一项贯流泵的空白。

## 四、结语

已建治淮和南水北调工程设计,除重视科学研究和“四新”的应用,使得工程更加安全可靠、先进合理外,也非常注重水生态、水景观治水理念的实施。通过设计联合、协作,依照地域文化背景、工程地理位置、河道周边自然生态条件,建造了多座造型独特的标志性建筑,营造出生态良好、环境优美的亮丽水利枢纽旅游风景区。如蚌埠闸枢纽、临淮岗洪水控制枢纽、淮安立交枢纽、新沭河三洋港枢纽、淮干花园湖进洪闸枢纽、南水北调东线大型泵站枢纽等。

经过已建治淮和南水北调工程设计与科学研究和“四新”的应用,设计单位及大批设计人员的设计水平有了长足的进步,获得了很多经验,取得了丰硕成果,一些经验和成果也在不断地推广应用。希望后起的治淮科技工作者,特别是规划设计人员,认真加以总结、提高,去伪存真、去粗取精,遵循“节水优先、空间均衡、系统治理、两手发力”的新时代治水思路,使治淮和南水北调工程设计工作更上一层楼。

# 扎根基层，在灌溉试验工作中出彩

河南省豫东水利工程管理局总工程师　冯跃华

本人1999年从武汉水利电力大学水利工程系研究生毕业，分配到豫东水利工程管理局（简称豫东局）工作，2001年2月根据组织安排调到豫东局惠北水利科学试验站（简称惠北试验站）工作至今。现任豫东局惠北试验站党支部书记、站长。扎根基层19年，带领全站职工守初心、担使命，埋头苦干，在淮河流域灌溉试验研究和水利新技术推广方面取得了显著成绩。2011年12月被国务院授予“全国粮食生产突出贡献农业科技人员”，在人民大会堂我受到了温家宝总理的亲切接见。惠北试验站2003年6月被水利部列为全国100个重点灌溉试验站之一，2006年10月被水利部农水司授予“全国灌溉试验先进单位”，2015年4月被河南省水利厅工会授予“工人先锋号”。为淮河流域节水灌溉、流域水生态综合整治做出了贡献。

惠北试验站因位于淮河中游主要支流惠济河北岸而得名，是豫东局一个内设二级单位，地处河南省开封市祥符区兴隆乡，地理位置偏僻，人才匮乏，科研工作停滞不前，单位发展前景暗淡，急需科研带头人。本人临危受命，放弃局机关较为优越的办公条件和福利待遇，2001年到惠北试验站主抓水利科研工作。当时我的学历是豫东局最高的，无条件服从豫东局党委分配来到基层试验站，与局机关所属部门、单位相比，办公位置是最偏僻的，环境是最差的，干的工作也是最苦的。

自从投身于惠北试验站水利科研工作以来，从加强政治思想建设和技术培训入手，培养一支优秀的科研团队，积极服务“三农”，作为我的目标和追求。由于水利科研涉及水利、农学和气象等专业，需要具备较高的专业能力和综合素质的复合型人才才能够胜任，还要能承担高负荷的工作压力，而这些都成了我们这支团队努力和奋进的目标和动力。从来到惠北试验站的第一天起，我就敏锐地感到，这是一个充满着挑战和机遇的地方。灌溉试验工作重点不在舒适的办公室内，而在充满希望的田间地头，我经常和大家一道走进田间试验场所，示范大田试验和测坑试验技能，相互交流学习，使职工业务技能水平有了质的提高。惠北试验站科研示范基地灌排水设施和测坑护坡年久失修、损坏严重，严重影响科研试验正常开展。2005~2007 年，在没有专项资金的情况下，带领这支科研团队不等不靠，自己动手挖建灌排水渠 200 多米，整修完成作物需水量试验西测坑群及两侧排水护坡，完成办公区 200 多米倒塌围墙的重建工作。大家用辛勤的双手改善了试验条件和办公环境，保障了各项试验的正常开展，为单位节省建设资金 20 余万元。

经过多年的历练，团队的凝聚力进一步增强，持续改善科研试验条件，积累了丰富的水利科研实施和管理经验，取得了一批有价值的研究成果，也培养了一支出色的科研团队。自 2001 年以来，和中外科研院所合作开展了广泛的交流与合作，试验研究与科技推广成果丰硕，先后开展了 27 个大项、37 个专题的灌溉试验研究和技术推广工作，其中有 7 项研究成果荣获省部级科技进步奖，6 项获厅级奖。2001 年 3 月至 2005 年 12 月，在“不同尺度条件下灌溉水高效利用研究与应用”国际合作项目中，带领团队承担了 3 个子专题项目的野外试验工作，全面协调、指导野外观测试验、资料搜集和分析，该项目选点开封柳园口灌区，系统研究了灌区不同空间尺度、不同水文年度水分生产率等指标的变化规律及其提高的机制，揭示了不同尺度之间水分转换规律和节水灌溉的尺度效应；考虑不同灌水方法与技术、不同肥料技术，研究提出简便实用的水稻干湿交替节水灌溉与配套的施肥技术，在豫东引黄灌区广泛推广，项目获教育部 2006 年度科技进步一等奖。2006 年 1 月至 2016 年 12 月，与河海大学、武汉大学合作开展了“引黄灌区潜水蒸发调控机理研究”，项目紧密围绕国家农业节水的重大需求，针对引黄灌区存在大量无效潜水蒸发的问题，结合国家自然科学基金和河南省水利科技攻关项目，开展了 10 余年的引黄灌区潜水蒸发调控机理研究。主要研究了灌区潜水蒸发及其有效性的时空变化规律，改进 SWAT-MODFLOW 耦合模型和潜水蒸发有效性调控模式，提出了适宜井渠灌溉比、灌溉时间和地下水埋深，形成了地表水地下水联合应用井渠结合调控新模式，并应用于灌区续建配套与节水改造、灌溉用水管理中。2018 年 1 月，此项目获得 2016~2017 年度农业节水科技奖一等奖。

试验站承担着高强度的体力和脑力劳动。原节水试验基地有 40 亩试验大田，因单位经济困难，为节省开支，没有雇用试验辅助工，试验站职工首先要承担试验田的灌水、施肥、打药、除草等农事管理任务，在此基础上开展试验研究和科技推广工作。尤其在每年的盛夏酷暑时期，农作物快速生长，也是试验的关键时期，职工顶着炎炎烈日在玉米、大豆和旱稻试验田里，一边进行除草等农事活动，一边采集各项试验数据，如果没有科研团队的凝聚力，不可能很好地完成这些试验研究任务。

试验站科研团队结合各项试验研究,潜心摸索、积极推行各项措施,总结出了一套“农业综合服务心经”:乡村级协调,建立推广组织;优选农村技术骨干,先行示范推广;选择技术成熟、实用、效益显著的研究成果开展推广;加强农户技术培训,生产全过程指导;及时总结推广经验。在水利厅和中外专家支持下,从2002年至今,在惠北试验站或田间地头,先后举办了20多次各类农业节水技术培训班,让农民掌握先进适用的旱作、水稻农业节水新技术,助力淮河流域农业的发展和农业科技的不断进步,为淮河流域的脱贫攻坚贡献绵薄之力。

本人家住开封市西区,距工作单位较远,为了全身心投入到灌溉试验研究工作中,经常以站为家,工作时间“5+2”“白加黑”习以为常。“家”这个概念,在我的印象里既亲切而又陌生,由于一年四季忙于工作,能和家人一起度个周末都是一种奢望。心中装的是田间地头的试验工作是否正常进行,实验仪器设备能否正常运转。由于宝贝女儿有智力障碍,家庭生活的重担超出常人的几倍,赡养老人和抚养子女的责任被爱人一把揽了过去,在我们的二人世界里,爱人戏称自己是“老保姆”,语气中却带着义无反顾的支持与理解。我们开展的淮河流域节水高效试验研究工作是基层人员用家庭筑起的一道道防线,更形象地表述应该是——我们的水利事业很大一部分是用家人的臂膀扛起的。

从一腔热血、满身冲劲的青年,一直干到成熟稳重、满头白发的壮年,在基层工作19个年头,坚守自己的承诺:不忘初心、爱岗敬业、脚踏实地,全心全意为“三农”服务。“火车跑得快,全靠车头带”。多年的基层历练,锻炼了科研团队的试验研究能力,积累了丰富的基层技术推广经验,惠北试验站面貌焕然一新,农业灌溉试验工作跨入淮河流域领先、全国先进行列。埋头苦干、脚踏实地的工作得到了认可,获多项荣誉。面对这些荣誉,我清醒地认识到工作靠大家,成绩只能说明过去,我会继续努力带领团队做好本职工作,抓住发展机遇,扎扎实实推进灌溉试验研究及技术推广工作,百尺竿头更进一步,用好国家财政资金,提高科研成果质量,提高技术服务水平,更好地服务于淮河流域农业节水、水生态整治、灌区现代化建设,让水成为淮河两岸大地上跳动的音符、流动的乐章。

# 火热艰辛的治淮时代

扬州市水利局原局长　徐善焜(口述整理)

那是一个火热艰辛的治淮时代。

1950 年淮河大水,毛泽东主席号召“一定要把淮河修好”,全国人民纷纷拥护支持。我当时正是上海交通大学的三年级学生,还没毕业,就响应国家号召,与上海同济大学、圣约翰大学等几座大学水利系、土木系的三年级学生一起停止上课,打着背包就奔赴了淮河工地。那时,我们报到的地方是驻在淮安的淮河下游工程局,报到后的第一个任务是参加苏北灌溉总渠(简称“总渠”)的测量,我被分配到了几个测量队中的一个,江苏治淮就是从总渠测量开始的。

总渠没建成之前,我们都叫淮河入海水道。总渠的建设当时有个大问题,就是规划标准太低了,只有 800 $m^3/s$ 流量,这个事情因为种种原因走了弯路,所以当时淮河入海水道没建起来,熊梯云说“死不瞑目”!按照我们的大目标,淮河的防洪标准是要达到千年一遇的。

测量开始时,正是 1950 年的冬天,苏北下了很大一场雪,我们就在总渠 168 km 的河线上来回奔波,却激情满怀、热情高涨。冰天雪地中,白天我们扛着尺子来回跑几十里地测量,晚上就住在老百姓家的草房子里,点着煤油灯,睡着地铺,吃饭也没有桌子,大家就在屋子外面的地上围着菜盆子吃。那时没有大米,就吃山芋,吃得大家经常吐酸水。当时我们的测量队靠水边有鱼吃,但我们吃鱼都用勺子,当地老百姓看到就觉得稀奇,经常会盯住我们笑。他们不知道我们因为要经常在野外跑,带筷子不方便,所以就只能用勺子。白天测量的时候,手脚和耳朵都冻僵了,但是没人觉得苦。因为我们测量时一路看到的景象是,船民住的都是漏风的棚子,穿的都是破烂的衣服,小孩子出来大小便都光着屁股,而我们还有棉衣穿、还有棉帽戴,就感觉温暖幸福多了。测量时,我们要背着各种测量仪器不断向前跑,虽然饥寒交加,但一想到老百姓和国家的穷苦,就不觉得自己苦和累了,就想着要治好淮河、治好水灾,让我们的国家和人民早点摆脱贫困。后来当了淮阴水利局局长的周同揆当时也在测量队,曾是我的部下。

测量搞好后才能规划(设计),然后才能施工。

总渠开工前,准备施工的时候,就发现紧缺大量的施工人员,这时就在江苏全省各个城市贴广告,招收治淮学员。我就从测量队被抽调到了淮河下游局水利工程训练班(以下简称“水训班”)当老师,当时连我在内一共有10个老师。后来我们一共招收了两批学员,第一批学员是报考录取来的,第二批学员是两个月后从工地上分来的,这批学员都是工地上的施工人员。当时学员的年龄、学历层次都参差不齐,有十几岁、二十几岁的,学历有小学、初中、高中的,一共200多人,分了8个班,就开始了学习。学校里的行政领导有6个人,当时我被分配做了第三班的班主任,教学内容是根据工地上的施工需要制定的,我们就自己编代数、几何、三角、制图、测量教材等。那时我已经是上海交大三年级的学生,很多基础课早就学过了,所以编写教材的时候,就将以前学过的一些基础知识编写进去了。由于学员文化素质高低不一样,那些只有小学文化水平的学员就吃苦了,比如我的老伴王凤川,她当时是水训班三班班长,我经常看到她晚上在走廊的昏暗灯光下看书。我们俩就是那时认识的,后来又一起到了三河闸工地,直到结婚成家。

到了水训班以后,我们当了老师,待遇突然提高,从地铺转到了高铺(床上),一人一个房间,办公桌椅类的都有了,老师的吃饭也改成了中灶,不用再蹲地上了。待遇的突然提高,使我们都有了受宠若惊的感觉。那时学员们都是先排队唱歌,后吃饭。我年龄和他们差不多大,就在排队时教大家唱歌。这时大家也有大米饭吃了,有时还能打打牙祭吃点肉。我们除了上专业课,还上大课。大课就是思想政治课,就是开大会,领导给大家介绍治淮的情况。同时发动优秀的学员上台表态,谈学习心得,王凤川就代表三班上台讲过自己和学员们的学习心得。那时没什么娱乐场所,只有一个篮球场,但也很少有人去打篮球。这种情况下我就会组织大家自娱自乐,比如做“找朋友”“拾棉花”之类的游戏,主要唱革命歌曲,有时也会跳集体舞。

水训班1951年1月开学,大概8月时,我离开水训班,回上海交大补课,补一年大四的课程。后来到10月的时候,总渠和治淮工地急需大量的工程技术人员,就只好将我们教的这批200多名学员全派往了治淮工地,3年的课程缩短到了10个月。王凤川就被派往了总渠工地的运东闸。总渠动工是1951年11月,到1952年6月工程结束。

一年以后我从上海交大毕业,开始正式参加工作。毕业以后的我们,有的分到了今天的河海大学,有的被派往河南、安徽的治淮工地,那时我因为已经和王凤川建立了恋爱关系,组织上就照顾我,将我分到了江苏的治淮总指挥部，到了指挥部后我们就听了一场治淮动员报告。

1952年10月，三河闸开始动工，我就和王凤川被一起分到了三河闸工地。她当时在政治部宣传科，我被分到了水泥大队当副大队长，负责5万 $m^3$ 混凝土的施工。5万 $m^3$ 是什么概念呢？就是当时三河闸一共有63孔，一孔有20 m高，共700 m长，这么大面积的混凝土。我当时在学校从来都没有学习过关于混凝土的知识，连工地上的搅拌机都没见过，老师也不在身边，就紧张得要命。但组织上分配的任务我们必须完成，怎么办呢？我就向当时的施工人员学习。当时的三河闸工地，建闸前从全国招收了2000名左右的技术工人和技术干部，他们都是从淮河上游的治淮工地来支持我们的，其中可以说是人才济济、藏龙卧虎，比如从润河集工地和佛子岭水库过来的技术人员，我就向他们请教混凝土施工知识。这批技术人员当中的一些基层技术干部有着丰富的经验，我一有空就去向他们请教学习。比如那时浇筑混凝土没有现在的振动器，怎么办呢？就只好人工用竹竿捣，特别是靠近模板边缘的混凝土一定要捣实，否则木工的模板（壳子板）拿走后就会留下蜂窝麻面。当时闸孔有近20 m高，搅拌混凝土的机器在下面，距离闸孔还有40多米远，中间还有一条河，就要搭施工桥。按照我们大学学习的规矩，就要测量、放样、设计，再施工搭建。我把想法同工人们一说，工人们就说："不用那么麻烦了，搭这样的脚手架（桥）我们有经验，你放心好了。"后来，工人们一起动手，很麻利地就解决了运送混凝土的问题。那时的混凝土机有十几台，也有十几座这样的桥。每台拌土机下面都有十几辆手推车等着专门运送混凝土，混凝土装上车以后就从工人们搭好的带坡度的桥上推送进闸孔模板。现在想想，混凝土的问题还不算大问题，大的困难发生在建闸前打桩基。

建闸打桩基，是新中国成立前就设计的想法，但听说打了几个试验桩以后就没办法继续下去了。到我们建的时候，苏联专家指导我们，说根本不用打桩，就用混凝土建好平底板，然后在上面建就行，这样就大大缩短了工期，提高了进度。

还有一个大困难发生在建闸以后。当时遇到的最大问题是，三河闸不是建在河中央，而是建在岸上。建闸的时候还要保持上下游相通，上游没什么问题，下游就遇到了砂礓土和十几米的高墩，当地老百姓叫鸡爪山。砂礓土难挖，费工费力，后来就采取了建闸抽槽的办法进行施工，剩下的砂礓土打算等开闸放水时进行冲刷，那些没有挖掉的地方就等大水来冲，仅此一项工程就动用了4万6千民工。没想到后来苏联专家来了，一看就说："不行啊，不能这样做的。一定要把砂礓土全部挖掉，否则你们以后就是历史罪人！"（那时苏联专家只在我们遇到大问题的时候过来指导一下，总共在工地就几天时间）这样问题就大了，工地领导当时就请示了江苏省委，下决心全部挖掉。这样一来就又紧急动员了10万多人，加上原来的4万多人，一共有14万8千人进行了突击施工。这样的大事情是只有在中国共产党领导下、在毛主席的号召下、万众一心才能做到的事情！当时的民工都是从各县突发组织来的，大家纷纷推着小车，自带着芦席、粮食就浩浩荡荡地奔赴工地来了。所有的民工被分成了两组，人挨着人进行24小时施工奋战，晚上都点着马灯，工地上灯火连天，蔚为壮观。这是一场攻坚战，解决了三河闸的大问题。

这样的情形不仅感动了我们，也感动了国际友人，他们都想看看中国共产党的人海战术是个什么情形。所以，工程进行到一半的时候，就来了一个浩浩荡荡的车队，共有85位国际友人来到工地参观，而那时我们的工地只剩了4万6千人。我们呢，就用了红旗招展的一个开大会的场面来夹道欢迎，民工们照旧施工。当时我也在欢迎的队伍里，就听说了一件事，说国际友人的车队在来工地之前的晚上，有阶级敌人搞破坏，他们在路上放了好多三角钉，打算让车队的车都爆胎，结果被当地群众发现。发现以后，当地政府连夜发动群众清除，最后在车队到来之前全都清除了，保障了车队的安全抵达。这件事我印象很深，当时的欢迎场景我们看了都很激动。

1952年冬天有几次下大雪，当时工地上有20多厘米厚的积雪，我们就停工扫雪，不然连门都出不了。遇到不能开工的时候，我们就在工棚里组织大家开会、学习、唱歌，然后等太阳一出来就抓紧施工。如果去除天气原因，估计能提前几个月完成任务。我们当时的死命令是，要赶在1953年汛期来临之前结束工程，否则淮河和洪泽湖就要截流，就会影响淮河泄洪。三河闸工程于1953年6月结束，建成一共用了10个月左右时间。这项在国民党执政时期建了几年也没建起来、到共产党执政时期举全国之力建成的一个大闸，在当时是一个奇迹！

1953年6月，三河闸工程结束，1954年淮河就发了大水。1955年，我到淮委搞规划，1956年就开始搞分淮入沂了。1956年，淮阴连续下大雨，旱作物全面失收，惊动了钱正英部长，她要过来视察情况。当时我已到江苏省水利厅规划室，熊梯云当时是厅长，就带着我一起陪同钱部长去淮阴考察。考察过程中，我们就发现旱作物对水的抵抗能力不如水稻，水稻耐淹，不可能颗粒无收。后来我们就研究决定将旱作物改种水稻，但水稻没水怎么办呢？就计划把洪泽湖的淮河水向北调到淮阴经新沂河入海，其实就是要做淮水北调的工程，大家都很赞成。当时钱部长提出这个工程还要考虑结合泄洪入海，帮助洪泽湖解决洪水出路问题。后来我具体负责了这项工程的规划报告,报告做好以后领导很赞同。

以后我又负责搞了江都水利枢纽的规划及其配套工程,1983 年,我被提拔为扬州市(扬州由地区改市后)水利局第一任局长。60 岁后,我又受江苏省水利厅委托援外 4 年,用治淮技术解决了塞内加尔大西洋边挡潮水坝上游酸盐水质种稻难题,获得了该国总统授予的两枚勋章,65 岁回国。离休前(1992 年 10 月 1 日)荣获国务院特殊津贴。1990 年又荣获献身治淮工作 35 年纪念章。而这些荣誉的获得都要归功于党和国家对我的培养!

现在,我已到耄耋之年,回首往事,我觉得自己既是治淮的奉献者,也是治淮的受益者,在建设祖国、治理水患的艰辛历程中收获了事业,也收获了爱情。虽然“文化大革命”时期遭受了磨难,但我无怨无悔。治淮时代,是我们激情燃烧的时代!

# 大河润城

## ——青岛胶州市大沽河治理工程建设纪实

青岛胶州市水利局局长　刘中欣

胶州市管辖段大沽河治理工程分为水利、绿化、交通三大主体工程，总投资24.43亿元，其规模、投资、难度之大，在胶州历史上前所未有。历时3年多时间，经过胶州市广大干部群众、优秀的水利工作者共同艰苦奋战，大沽河胶州段治理工程圆满完成，共完成水利工程总量2179.11万$m^3$，完成绿化总面积2万多亩，完成57.3 km道路交通工程和77条“非”字形道路，实现了“洪畅、堤固、水清、岸绿、景美”的治理目标。在青岛市政府组织的13次观摩考评中，胶州市在青岛五区(市)中连连夺魁，风风光光地捧回“十三连冠”。

### 一、治理起因

大沽河发源于山东烟台招远市的阜山西麓，是山东省辖较大河流之一，是胶东半岛最大的河流，流经莱西、胶州等9个县(市)，河道全长179.9 km，流域总面积6131.3 $km^2$，属常年性河流。其中大沽河胶州段主河道全长41.5 km，流经胶莱、李哥庄、胶东、九龙等4个镇(办事处)，在九龙街道办事处码头村南流入胶州湾，流域面积433.6 $km^2$，全段防洪标准仅为20年一遇，为变“水患”为“水利”，胶州人开始了漫长的治水之路。

胶州大沽河堤防始于明万历十九年(1591年)，巡抚李公辅倡捐筑堤，延壕3000余丈，民获安堵，时人感其德，称为李公堤；清乾隆十六年(1751年)春，知州周於智又在原有堤防基础上，增筑堤防，绵延50余里；乾隆二十三年(1758年)，知州李瀚治导诸河入海，以息水患，增筑沽河堤长50余里；民国4年(1915年)知事易扬远修大沽河堤，南自李哥庄起，北至平度界沙梁止，历时300多年，从沽河铁路桥起向上游胶州段的大沽河防洪堤初具规模。

中华人民共和国成立后，对大沽河、南胶莱河、洋河等干支流本着“大弯就势，小弯取直，深挖河槽，高筑河堤”的原则，胶县人民政府于1952年春动员5000名劳力，对大沽河堤防全面复堤整修，右岸从胶济铁路至大麻湾，左岸从李哥庄至桃源河口均修筑了新堤，后经1956年、1959年、1976年、1982年全面大修培堤加固。20 世纪 90 年代，大沽河胶州段建设拦河闸(坝)共 4 座，分别是引黄济青拦河闸、贾疃橡胶坝、大麻湾拦河闸、南庄橡胶坝。2002 年，实施大沽河南庄拦河坝工程，该工程是大沽河综合治理重点工程项目，是大沽河主河道上最下游的一座蓄水建筑物，也是大沽河上唯一的一座拦水挡潮、防止海水倒灌的建筑物，工程竣工后增蓄淡水 760 万 $m^3$，增加农田灌溉面积 2533 $hm^2$。

大沽河在其流域的发展中有着不可磨灭的功绩，但也给两岸人民带来了不少的忧患。每年汛期，大沽河两岸市区的 20 多个乡(镇)都处于高度戒备状态，时刻准备防大汛、抗大灾。对于水资源紧缺的青岛市而言，既要防御大沽河汛期洪水的威胁，又要最大限度地利用好大沽河水资源发展经济，保障城乡人畜吃水需求，要想充分发挥好大沽河兴利除害的功能，需要对大沽河进行彻底的综合治理。但由于历史的原因，因资金匮乏，大沽河一直得不到治理。如何让大沽河更好地发挥防洪蓄水的功能，造福两岸人民，这是青岛市及胶州市的一项重要课题。

## 二、治理背景

2011 年的中央一号文件和中央水利工作会议，掀起了全国性的兴修水利的新高潮，青岛作为全国水利现代化试点城市，借大势，乘东风，启动了大沽河治理项目。2011 年 5 月 12 日，到任不久的中共山东省委常委、青岛市委书记李群在调研青岛市水资源情况时指出，大沽河流域覆盖青岛近一半的市域面积，是青岛市名副其实的母亲河，我们没有理由不爱护好、保护好这条母亲河，使其真正展现魅力。同时要求，将治理工程作为统筹城乡发展的重大项目列入全市工作重点，通过治理大沽河，带动周边居民整体致富，使大沽河流域成为全市城乡统筹发展的先行区和示范区。

2011 年 8 月 3 日，青岛市委、市政府下发了《关于实施大沽河治理的意见》，明确了大沽河治理的总体思路和目标。2012 年 2 月 8 日，青岛市大沽河治理工程在莱西市店埠镇于家小里屯村河段正式奠基开工，计划工期 3~5 年。2 月 10 日，青岛市第十一次党代会上确定了“全域统筹、三城联动、轴带展开、生态间隔、组团发展”的发展思路和空间战略格局。大沽河被作为重要的保护开发流域和“一轴三带”空间布局的核心中轴，规划建成贯穿全市南北的防洪绿色安全屏障、自然生态景观长廊、现代农业聚集带、滨河特色小城镇与新农村建设示范区，带动流域范围内 50 个镇(办事处)、2513 个村庄、240 万人口的发展，缩小长期困扰青岛发展的南北差距，从而拓展大青岛的城市空间。

## 三、治理历程

2011年11月11日,胶州市成立了以刘赞松市长为组长的大沽河治理工作领导小组,组建了以分管副市长丁继恕为总指挥的胶州市大沽河治理工作指挥部,并从胶州市城乡建设局、国土资源局、交通运输局、公安局等成员单位抽调60余人,成立了胶州市大沽河治理工作指挥部,内设综合协调组、规划组、路桥建管组、土地征迁组、景观建管组、法律保障组、水利工程建管组7个工作组,在胶东办事处葛家庄村前租用办公楼集中办公,具体负责水利、交通、景观等工程建设管理及法律服务、征地拆迁、政策解答、后勤保障等方面的工作。沿河李哥庄镇、胶莱镇、胶东街道办事处、九龙街道办事处4个镇(办事处)成立专门工作班子,协助指挥部做好规划对接、征地拆迁、工程建设等工作。胶州市大沽河治理工作指挥部推行全员考核制度,建立了科学有效、优胜劣汰的监督考核机制,做到了领导人人有担子,干部个个有指标,责任落实到人,形成事有专管之人、人有专管之责、时有限定之期,人人心系大沽河治理大局,个个为大沽河治理献计出力。

大沽河治理工程是一项重要的民生工程、民心工程,工程主要建设内容为:堤防填筑58.2 km,河道疏浚33.2 km,护岸工程60.8 km,新建改建24座涵闸和3处取水口,建设76处堤防路口。2011年5月,胶州市大沽河治理工程正式启动,开展前期普查、堤防放线等工作。2012年2月15日,胶州市大沽河治理工程标准段开工,10月15日,堤防工程8个标段全线开工。2013年7月1日,胶州市58.2 km堤防填筑全部完成,两岸实现全线贯通;2013年9月3日,胶州市大沽河治理工程在青岛沿河五区(市)率先完成所有堤防标段移交验收。水利工程仅用10个多月时间,防洪工程建设任务全部结束,共完成填筑堤防58.2 km,河道疏浚33.2 km,护岸工程60.8 km,新建改建24座涵闸和3处取水口,建设76处堤防路口,完成工程总量2179.11万$m^3$。

“风光”的背后,是一群群治河人亲笔书写的“当代大禹”三过家门而不入的动人故事。工程建设中,胶州市水利局明确时间节点,顺排工序、倒排工期,将任务目标细化到班组、个人,将任务时间细化到天、周、月,按工期、工作量一天一考核,一周一评比,全面提升和促进工程建设质量和进度。在2013年青岛市5月和6月“双月奋战”期间,胶州市全线以会战的机制、决战的姿态,采取大兵团作战、人海战术,大幅度增加机械和人力,在本地机械数量不足的情况下,从胶南等地协调了刮平机、压路机等特种施工机械,全天候靠立体作业,交叉施工,工程技术人员全天候在工地上,拼上、豁上、摽上,顶风雨、冒严寒、战酷暑,抓管理、保质量、促进度,水利工程全线日上阵机械最高峰达 3000 多台,现场工人数千人,创造了日开挖、填筑土方 20 万多 $m^3$ 的纪录。

在胶州市大沽河治理涉及的众多工程中,堤防工程既是防洪堤,也是公路路基,作为堤路合一的工程,显得尤为关键。为确保堤防工程施工质量,真正使大沽河满足 50 年一遇的防洪标准,胶州市水利局在工程建设之初就成立了堤防工程质检小组、安全生产文明施工小组,督促检查堤防工程质量及工作进度,确保安全文明施工。在此基础上,胶州市水利局制定了质量管理、安全管理、质量监督相关制度,同时,要求设计、施工、监理等有关单位都制定完善了质量管理相关制度。随着大沽河治理工程的不断深入,胶州市水利局确立了每周四例会制度,所有工程施工中遇到的问题全部拿到会上解决,使问题第一时间得到妥善解决。土样抽检试验和堤防工程碾压试验是堤防工程施工前的重要一环,试验结果直接关乎工程质量。为此,胶州市水利局高度重视,要求水利工程建管组组织专门力量制定了《青岛市大沽河堤防工程(胶州段)土样取样管理办法》,对检测项目、检测数量、取样方法、试样保管进行了规定,分别委托青岛市水利工程质量检测中心和地矿局进行了土样抽检试验,两次抽检的结果均为合格;为确保堤防工程碾压质量,使之满足相关技术标准和要求,水利工程建管组会同监理单位制定了《胶州市大沽河堤防工程碾压试验技术要求》,2012 年 3 月 21 日,胶州市进行了 10 次碾压试验,取样 12 组,检验结果全部为合格。

2012 年 7 月 16 日上午,水利部党组书记、部长陈雷到胶州大沽河标准段实地进行了视察,山东省水利厅厅长杜昌文,青岛市副市长、青岛市大沽河治理工作指挥部总指挥徐振溪陪同视察。在大沽河胶州段标准段堤防工程建设现场,胶州市水利局局长、胶州市大沽河治理工作指挥部副总指挥兼办公室主任李储程向陈雷一行汇报了大沽河治理标准段堤防工程建设工作。陈雷对大沽河标准段堤防工程建设工作取得的成绩给予充分肯定。他指出,大沽河治理工程是功在当代、利在千秋、惠及千家万户的民生工程,也是重要的水利工程。

2013 年 4 月,堤防施工将要填筑到顶部 1.5 m 公路路基时,根据青岛市交通部门的土质检测结果,河道原堤防拆除土方和滩地土方达不到交通部门道路填筑标准的要求,需将土质变更为砂砾土,共需砂砾土 171 万多 $m^3$,要求在 6 月底前必须完成 58.2 km 的更换砂砾土的任务。面对这个时间紧而又重的艰巨任务,这 171 万多 $m^3$ 方砂砾土胶州市都需要外购,运量达 10 万余车,受取土场限制，大部分砂砾土的运距达到50多km。胶州市水利局多次召开联席会议，公安、交通等部门协调配合，科学规划运输路线，保障了运输路线畅通；每天下午4时胶州市水利局召开工程例会，督促施工进度落后的标段加快工程进度，并多次约谈企业法人共同分析工程进度中存在的问题和解决办法，明确推进工程进度标准要求，为能够按时、保质保量完成工程建设任务，提供最大限度的帮助和支持。8个标段掀起了以"比质量创优质工程、比进度创施工记录、比安全创安全工地、比管理创先进单位"为主要内容的"四比四创"劳动竞赛，在建设中形成了你追我赶抢进度的奋战场面；胶州市水利局从局长到每一名工作人员，50多个日日夜夜靠在工地上，吃住在工地上，技术人员钉在一线，形成了争先恐后抓质量、抓进度的热潮，保质保量地完成了路基变更为砂砾土的艰巨建设任务。

胶州市水利局根据8个标段的工程量，成立了由局级领导担任组长的6个督导组，加强对各施工单位的督导检查，制定并印发了《施工单位考核办法》，对不符合要求的施工单位进行处罚；强化社会监督，成立由现任及退休村支部书记、主任组成的质量监督小组，明确职责，加强监督，保证工程建设质量。2016年12月23日，中国水利工程协会第三次全国会员代表大会在北京召开，青岛市大沽河堤防工程被评为2015~2016年度中国水利优质工程"大禹奖"，水利部部长陈雷亲自为青岛市水利局局长赵兴书颁奖。中国水利优质工程"大禹奖"由中国水利工程协会组织评选，是我国水利工程行业的最高奖项。大沽河堤防工程也是胶州市首个"大禹奖"工程，这个奖项是对胶州市大沽河综合治理工程建设者们最高的褒奖。

## 四、效益凸显

大沽河综合治理工程完工后，便在胶州的版图里开始了新的使命——贯穿南北的防护绿色安全屏障、旅游休闲健身的自然生态景观长廊、现代高效生态农业发展聚集带、滨河特色小城镇与新农村建设示范区。

大沽河治理前河道堤防薄弱，行洪存在安全隐患，且有多段沙质堤防，危及堤防安全；入海口虾池及河口淤积等阻水严重，行洪不畅，极易产生海水倒灌，河道防洪标准为20年一遇，远未达到国家规定的50年一遇的防洪要求。通过实施全面治理，堤防顶宽由原来的4 m增加到14 m，堤顶高程超高50年一遇洪水位线2 m，新建穿堤和引水涵闸27座，对河槽岸线采用生态护岸形式进行加固，防洪能力提高到50年一遇，有效保障了沿岸村庄群众生命财产安全，以及胶济铁路、沈海高速、青兰高速、引黄济青工程、城市供水工程等重要交通和供水设施。大沽河治理后，蓄水量由原来的 1310 万 $m^3$ 提高到 2710 万 $m^3$，有效灌溉面积达到 6 万亩，每年可提供城区供水 1140 万 $m^3$，每年可向少海引水 1000 万 $m^3$，相当于少海蓄水量近 30%。

大沽河综合治理工程是青岛市实施“全域统筹、三城联动、轴带展开、生态间隔、组团发展”空间发展战略的一项重大决策部署，是胶州市全域融入青岛“正品字形”核心区域的重要支撑，进一步拉开了胶州市城市空间发展框架，推动了区域产业发展，形成沿河经济带，成为促进全市经济社会发展的有力支撑，促进了沿线镇(办事处)与大沽河的融合，促进了胶州经济技术开发区、胶州临空区、大沽河省级旅游度假区、胶州主城区与大沽河的融合，促进了胶州市与青岛市的融合；胶州市积极转变大沽河沿岸产业发展模式，大力发展高端服务业，抢抓大沽河省级旅游度假区获批机遇，在沿岸科学布局总投资 100 亿元的服务业项目组团，打造一条集休闲旅游、康体保健、文化创意、养老服务、特色商业等功能为一体的服务业产业链；胶州市将大沽河两岸打造成由新城、新市镇、新社区三层级构成的城乡统筹、生态和谐的先行区和示范区。

# 治淮丰碑　防洪王牌
## ——淮河临淮岗洪水控制工程建设历史回顾

安徽省临淮岗洪水控制工程管理局高级工程师　陈富川

淮河临淮岗洪水控制工程(以下简称临淮岗工程)是淮河中游最大的水利枢纽,是控制淮河干流洪水的关键工程和提高淮河中游防洪标准的战略工程,为Ⅰ等大(1)型工程,100年一遇坝上设计洪水位为28.51 m(废黄河高程,下同),相应滞蓄库容为85.6亿$m^3$,1000年一遇坝上校核洪水位为29.59 m,相应滞蓄库容为121.3亿$m^3$。工程曾于1958年开工建设,到1962年因国民经济调整而停建。2001年12月2日正式开工,2003年11月23日截流,2006年11月6日建成,2007年6月20日通过竣工验收,工程总投资为22.67亿元,临淮岗工程建成之后,从根本上改变了淮河干流洪水长驱直下的被动局面,成为防御淮河百年一遇洪水灾害的一张王牌,结束了淮河中游无防洪控制性工程的历史,标志着流域整体防洪减灾达到新的水平。

临淮岗工程对完善淮河流域防洪减灾体系,促进流域水资源合理利用、调度,保障经济社会发展和稳定具有极其重要的作用,是淮河流域全面建设小康社会及促进人口资源环境与社会经济协调发展的重要保证。

### 一、历史背景

#### (一)淮河,新中国第一条全面治理的大河

淮河之所以成为新中国第一条全面治理的大河,这是因为淮河问题事关重大。从地理位置上看,淮河流域位于中国腹地,地处中原地带,历史上既是兵家必争之地,也是多次改朝换代的农民起义的策源地。一旦发生水旱灾害,极易引起社会动荡,严重影响社会安定,甚至造成政权更迭。这个特点表明,淮河流域的水患造成的贫穷和动荡,其影响是根本性的。

从经济和重要的战略地位上讲,淮河流域资源丰富,气候适宜,是全国粮、棉、油生产基地,历史上素有“江淮熟,天下足”之说。这一地区经济状况如何,对新中国成立初期人民生活的安定乃至全国的综合国力状况,有着重要的作用,而这一切,又与水利建设状况关系密切。

从特定环境讲,最直接的原因是1949年、1950年淮河流域连续发生了严重水灾。1950年淮河大水后,根据毛泽东主席的指示,政务院10月14日做出《关于治理淮河的决定》。1951年6月,毛主席发出了“一定要把淮河修好”的伟大号召,所以,新中国成立初期,党中央把治理淮河作为恢复战争创伤、重建幸福家园的起步。治淮,成为新中国社会主义建设事业开端的象征。

**(二)润河集,寻找控制淮河洪水的探索**

1951年1月19日,中华人民共和国水利部顾问、苏联水利专家布可夫,在治淮委员会副主任曾希圣,治淮委员会工程部部长汪胡桢、副部长钱正英等人的陪同下,从蚌埠沿淮河而上察看寿县正阳关以上的湖泊洼地,以规划开辟行、蓄洪区,寻找控制淮河洪水的关键。在淮河北岸颍上县润河集入淮口,布可夫说:“这是个有利的地形,它的对面是规划中的淮河最大的蓄洪区城西湖,再上一点是濛洼蓄洪区。如果在这里的淮河干流上建造一座大型节制分水闸,使两个湖泊成为有控制的蓄洪区,取得55亿 $m^3$ 的有效蓄洪量,可确保正阳关水位不会超过26.50 m,最大流量绝对不会超过1950年的6500 $m^3/s$。”根据布可夫的建议,经过反复讨论,治淮委员会制订出新的淮河中游控制洪水计划:在润河集建立大型节制分水闸,并组成润河集闸坝工程指挥部,由钱正英担任总指挥。

1951年3月29日,8万民工开进润河集,在淮河两岸同时进行多处施工。到7月25日,不到4个月,就使一座巨大的控制闸横跨在古老的淮河之上。1954年,淮河流域发生特大洪水,豫、皖、苏三省受灾面积431万 $hm^2$,其中安徽省淮河流域受灾面积173万 $hm^2$,受灾人口613万人。沿线水位均高出1950年水位,正阳关的最高水位达26.55 m,城西湖进洪闸被冲坏,被迫在城西湖蓄洪堤的南滩扒口进洪,城西湖蓄洪区失去控制,淮北大堤两处溃破,损失十分惨重。

这场大水,使治淮专家和淮河流域各省的领导认识到,人们低估了淮河洪水的能量。当初认为修建水库,开辟行、蓄洪区,再加上润河集分水闸,完全可以根治淮河水患,确保正阳关承载量不超过6500 $m^3/s$,可是在1954年大水中,在启用所有行、蓄洪区行洪滞洪,使用6座山谷水库拦洪错峰的情况下,正阳关最大洪峰流量仍为12700 $m^3/s$,几乎超过人们预想的一倍。

**(三)临淮岗,对根治淮河认识的升华**

淮河洪水60%~80%来自正阳关以上,正阳关是淮河洪水的汇集之地,素有“七十二水归正阳”之称。当时淮河上游已建的16座大型水库,总控制面积仅占正阳关以上约9万 $km^2$ 流域面积的1/5。这些水库和沿淮行、蓄洪区总库容量为140亿$m^3$,只占正阳关以上百年一遇30天洪水总量430亿$m^3$的1/3,而且这些水库分散在各支流上游,对干流洪水并不能同时充分发挥拦洪削峰作用,大量的洪水仍要在较短的时间内通过正阳关以下河道下泄。

为解决淮河中游洪水的威胁,治淮专家们进行了多种方案的比较和论证,提出了十几种方案,在对诸多方案的可行性和优劣性进行争论后,最后选定了在正阳关以上一带修建大型洪水控制工程的方案。1954年冬,淮委设计院派出专家查勘淮河中游河段,提出峡山口、临淮岗、润河集三个坝址的查勘报告。水利部在编制新的淮河综合规划时,由160名中苏专家组成了淮河勘查团,经过一年半的比较论证,于1956年正式选定安徽霍邱县临淮岗村作为大型洪水控制工程的坝址。

"临淮岗洪水控制工程"从此出现在新的治淮方略上。临淮岗洪水控制工程是一个闸坝控制的平原水库,枢纽部分主要布置在霍邱县姜家湖临淮岗周围。兴建的主要目标是控制行蓄洪区,提高防洪标准,同时兼收灌溉与航运之利,工程规模宏大,枢纽由深孔闸、浅孔闸、船闸与拦河大坝四部分组成。在位置布局上,从临淮岗起由南向北依次为船闸、深孔闸、连接段大坝、浅孔闸,最后是拦河大坝经姜家湖跨越淮河直达北岸岗地。坝顶高程31.6 m,最大坝高18 m,拦洪时库区库容120亿$m^3$。建成后将成为淮河流域仅次于洪泽湖的第二个巨型控制枢纽。在防洪标准、灌溉面积、发电装机、淹没耕地和人口及工程投资等几个指标上,临淮岗都是最优化的选择。特别是临淮岗村位于淮河巨大弯道的弓弦处,便于结合排洪、通航和适应河道裁弯取直的需要,开挖扩大原有的引河建成一座大型船闸。

临淮岗水库控制流域面积4.5万$km^2$,占淮河中游以上流域的30%,占正阳关以上流域面积的52%。它能拦蓄所有来洪,非支流水库所能比拟。临淮岗工程将从根本上改变淮河的状况,对淮河流域的自然、地理、水文、经济都将产生极为巨大的影响。因此,和长江的三峡工程、黄河的小浪底工程一样,这座水库从提出建坝设想时,就成为人们关注的重大问题之一。

一场以临淮岗水库为中心的治理淮河大争论在上、中、下游之间爆发了。1957年7月,中共中央委托中央农工部主持召开三省治淮会议,协商临淮岗洪水控制工程上马问题。这次会议虽然由中央农工部出面调解,但三省也未能就临淮岗规划方案取得一致意见,因而没有做出实质性结论。1958年,一年一度的治淮工作会议由蚌埠挪到北京召开,会议的焦点还是临淮岗工程。会议同样没有做出实质性结论,会后不久,政务院宣布撤销治淮委员会。

1958年7月,安徽省即开始筹备临淮岗水库工程的实施。临淮岗工程于

1958 年 8 月 13 日正式开工，首先实施的是临淮岗下游引河的开挖。在临淮岗工程开工不久，钢材储备即宣布告罄，因原润河集蓄洪工程已失去作用，故将润河集建筑物拆除，所取钢材、石料、混凝土块都及时供应给了临淮岗工程。城西湖万民闸的钢材也搬来用于临淮岗水库工程部分建筑物上，城西湖蓄洪大堤临湖面 3 万 $m^3$ 的护坡坝石也全被拆除用于临淮岗工程。

1960 年初，10 孔深孔闸及上下游 14 km 的引河完成通水。49 孔浅孔闸尚未完工，7.5 km 长的拦截淮河的大坝即将合龙，因急于使临淮岗工程提早受益，曾希圣决定在汛期到来之前的 6 月封闭淮河干流。在他的亲自指挥下，8 万民工由南北两岸同时进土，抛石合龙，很快封闭了淮河，使淮河全部来水经深孔闸改道下泄。7 月初，淮河水位暴涨，汛情紧张，曾希圣只得下令又将合龙后的堵口段炸开，以增加下泄流量。汛后，炸开的拦河大坝没有再堵闭，浅孔闸、船闸及拦河大坝继续施工，累计完成投资 6300 万元。

临淮岗工程建设期间，正值“大跃进”年代，因自然灾害和“左”的错误，国民经济发生严重困难。1961 年起对国民经济实行调整，治淮投资大幅度减少，物资缺乏。1962 年初春，中共中央召开了著名的七千人大会，共和国开始了第一次治理整顿，临淮岗洪水控制工程因工程经费及材料供应困难，拦河大坝和南北岗副坝需土方量尚多，再加上野鼠传染的出血热威胁民工生命等问题，临淮岗工程遂于 1962 年 4 月停工缓建。1966～1967 年，先后将临淮岗深孔闸和船闸暂时改为供城西湖使用，以利城西湖泄水及淮河通航。姜家湖内大坝被当地群众当作庄台使用，大量的投资默默地躺在那里不能发挥效益，在风雨中沉睡，令人扼腕叹息。

## 二、重建回顾

润河集分水闸拆除了，临淮岗水库工程停建了，淮河中游行蓄洪控制几乎恢复到 1951 年春天的状况。1968 年 7 月，淮河发生一次中型洪水，正阳关最高洪水位达 26.50 m，是当时新中国成立后第二高水位。1969 年，淮河再度发生一次中型洪水，似乎提醒人们不要忘记它的存在。

### （一）历次规划，临淮岗工程都被列为重要建设项目

1969 年 10 月，国务院召开了治淮规划小组第一次会议，明确要在“四五”期间完成淮河中游蓄洪控制工程。1971 年，国务院治淮规划小组在《关于贯彻毛主席“一定要把淮河修好”指示的情况报告》及其附件《治淮战略性骨干工程说明》中提出：把临淮岗水库工程改为特大洪水控制工程，设计洪水位 28.3 m。一般情况下，临淮岗闸门不加控制，利用蒙洼、姜唐湖、城西湖和城东

湖等蓄洪区分别滞洪,遇特大洪水,再使用临淮岗泄洪闸控制泄洪。与此同时,淮委和安徽省对提高淮河中游防洪标准做了许多方案比较,均肯定了临淮岗洪水控制工程的优越性和经济合理性。但由于河南省对临淮岗控制工程的洪水位、淹没范围等问题持不同意见,致使临淮岗工程未能如期续建。

1981年,第五届全国人大第四次会议期间,万里副总理主持召开了治淮会议。会议纪要中明确"对淮河中游临淮岗控制工程,由淮委进行论证比较,明年年内提出报告,经治淮领导小组审查后,报国务院决定。1985年前,先修建城西湖退水闸"。1984年,淮委提出了《淮河中游临淮岗洪水控制工程可行性研究报告》,可行性研究报告着重研究了续建临淮岗还是加高淮北大堤,淮河中游防洪标准提高为百年一遇还是200年一遇,共4个方案。从经济合理性和技术可靠性,以及上下游兼顾等方面综合比较,最后选定淮河中游防洪标准为百年一遇,建临淮岗控制工程方案。临淮岗工程百年一遇坝上洪水位28.3 m,千年一遇校核洪水位29.5 m,坝顶高程31.5 m。

1985年3月,受水利电力部委托,中国水利学会召开了临淮岗工程学术讨论会,多数与会代表认为淮委设计院编制的可研报告可满足决策要求。1986年,国务院在批转水利电力部关于"七五"期间治淮问题报告的通知中指出:"关于修建临淮岗控制工程问题,有关地区存在一些分歧,现经国务院反复研究,原则确定修建这项工程,由水电部组织有关单位提出正式设计方案,按建设程序报批。"

1991年淮河大水后,国务院关于进一步治理淮河和太湖的决定,要求"九五"期间研究建设临淮岗工程,并将其列为18项治淮重点骨干工程之一。时任国务院总理李鹏在接见治淮治太会议代表时强调指出:"从整个淮河防洪来讲,作为最后一道防线要达到百年一遇标准,这个工程(指临淮岗)是必须兴建的。"此后,淮委积极开展前期工作,于1995年编制了《淮河中游临淮岗洪水控制工程项目建议书》。1996年5月,李鹏总理在视察安徽时再次指出"淮河的防洪标准要提高到百年一遇,中游要抓紧建设临淮岗工程"。

1996年9月,水利部在北京组织召开了临淮岗工程项目建议书预审会,当时河南代表在会上提出了修建临淮岗工程是不必要的观点。资深专家姚榜义在预审会上发言,希望减少争论,早日把工程定下来。水利部的审查意见认为,续建临淮岗洪水控制工程十分必要。

**(二)重建,临淮岗半个世纪的渴望**

1998年5月,国家发展计划委员会印发了国务院批准的《国家发展计划委员会关于审批淮河中游临淮岗洪水控制工程项目建议书的请示》,同时要求水利部据此编制可行性研究报告报批。1998 年 8 月,水利水电规划设计总院受水利部委托,对临淮岗洪水控制工程可行性研究报告进行了审查。同年 9 月,水利部将临淮岗可研报告的审查意见报送国家发展计划委员会,审查同意可研报告的结论,认为从淮河防洪大局出发,要尽快续建临淮岗工程。

1998 年 8 月,中国国际工程咨询公司受国家计委委托,先期对临淮岗工程的淹没影响处理工程进行评估。中咨公司在 1998 年 9 月给国家计委的《关于临淮岗洪水控制工程影响补偿的评估报告》中,认为:临淮岗洪水控制工程建设的必要性和建设时机,目前还存在不同意见。希望认真研究、慎重决策。10 月 18 日,时任国务院总理朱镕基在该评估报告上做出重要批示,要求抓紧进一步进行可行性研究。12 月 7~12 日,中咨公司原副董事长罗西北一行专程赴安徽考察临淮岗工程。

针对中咨公司提出的问题,淮委和安徽省水利厅组织力量于 1998 年 12 月编制完成了《临淮岗洪水控制工程补充研究报告》,对提高中游防洪标准的方案(加高淮北大堤还是建设临淮岗工程)、工程调度运用、水资源综合利用等问题进行了深入研究,认为建设临淮岗工程十分必要和迫切,安徽省政府将该补充研究报告报送国家计委。1999 年 2 月,水利部向国家计委报送了该补充研究报告,原则同意补充研究报告的结论。

1999 年 3 月 29 日至 4 月 5 日,中国国际工程咨询公司对临淮岗洪水控制工程可行性研究报告进行评估。评估专家关注的问题包括:临淮岗工程在淮河防洪体系中的作用,正阳关设计洪量及调度安排,中游洪水控制工程能否建在峡山口,临淮岗工程的蓄水问题,临淮岗建成后是否会成为第二个洪泽湖,以及临淮岗工程的建设时机等。淮委和安徽省水利厅组织专家对这些问题进行了认真的解答和说明。同年 7 月 27 日,中咨公司总工任苏行专程到合肥就临淮岗工程调蓄洪水能力等问题与淮委和安徽省水利厅进行了沟通。

1999 年 8 月 23~25 日,中国国际工程咨询公司董事长屠由瑞、总工程师任苏行一行 5 人,最后考察拍板临淮岗洪水控制工程。他们认真听取安徽省委、省政府的汇报,实地观测了工程枢纽的布置,详细询问了移民规划的情况,他们也深切地感受到淮河儿女要上马临淮岗工程的迫切心情。国务院总理朱镕基、副总理温家宝在听取屠由瑞等人的汇报后决定上马临淮岗工程。国务院于 1999 年 12 月批准了该工程项目建议书,并在北京审查通过了近期工程可行性研究报告,决定争取在 2000 年初开工建设。

1999 年 12 月,实施临淮岗引河下段试挖工程。2000 年 6 月,国家计委正式批准临淮岗工程的可研报告,同意修建临淮岗工程,工程总投资 22.67 亿元。临淮岗洪水控制工程于1954年提出,1958年开工建造,后因故停工,在党的三代领导集体的亲切关怀下,在世纪之交,续建的条件和时机终于成熟了。

## 三、丰碑矗立

水利部、安徽省人民政府、河南省人民政府成立了临淮岗工程建设领导小组,协调和解决临淮岗工程建设过程中出现的重大问题。淮河水利委员会作为项目主管部门,负责临淮岗工程建设的管理和监督,并组建工程的项目法人,对项目建设的初步设计、施工准备、建设实施、生产准备直至竣工验收的全过程负责,对工程质量、进度和资金管理负总责,并直接组织实施主坝、副坝、49孔浅孔闸、14孔姜唐湖进洪闸工程建设。安徽省水利厅指定厅基建局组建建设单位,作为项目法人的现场建设管理机构,负责实施与引河有关的主体工程(引河、深孔闸、船闸)现场的建设管理。

工程自2001年12月2日正式开工,在上级主管部门的关心和支持下,经过各参建单位的共同努力,于2006年6月30日顺利通过了主体工程竣工初验,2006年11月6举行建成典礼,2007年6月20日通过验收。实现了国务院、安徽省政府确定的提前一年完成的目标,开创了治淮大型项目提前完成的先例,在全国水利史上也是奇迹。

临淮岗工程通过采用新型的总体布置形式、结构形式和新材料、新技术、新工艺,成功解决了废旧水工建筑物加固改造和各新建水工建筑物设计、施工、运行中的一系列复杂关键性技术问题。其主要设计水平及技术成果达到同期国际先进水平,共获国家及省部级以上奖励十余项,在技术创新方面有公认的突出成就,对推动水利工程建设行业技术发展具有重大影响,取得了良好的社会、经济效益。临淮岗工程获得中国建筑工程"鲁班奖"、中国水利工程"大禹奖";深孔闸、浅孔闸、临淮岗船闸工程分别获安徽省"黄山杯奖";临淮岗洪水控制工程总体布置研究获2006年安徽省科学技术一等奖;49孔浅孔闸加固改造工程设计获2005年度安徽省优秀设计二等奖;深孔闸大型水闸设计施工新技术研究获2005年度安徽省科学技术三等奖;混凝土砌块护堤技术获水利部科学技术三等奖;老闸加固外包薄壁混凝土防裂限裂研究及应用获安徽省科学技术三等奖;入选"百年百项杰出土木工程"。

淮河干流上最大的水利枢纽工程——临淮岗工程,历经停工40多年,横跨两个世纪,经过5年精心建设,于2007年6月通过竣工验收,千里淮河矗立起一座治淮丰碑,从此改变了淮河中游无防洪控制性工程的历史,昭示着沿淮人民的夙愿和几代治淮人的世纪梦想变成现实。当淮河发生百年一遇洪水时，运用临淮岗工程，可减少淹没面积 1290 $km^2$，一次性防洪减灾效益可达 300 多亿元。如此巨大的经济效益和社会效益，她当之无愧是淮河上最为重要的安全屏障。

## 四、效益发挥

2005 年 2 月，经安徽省机构编制委员会办公室皖编办〔2005〕20 号文批准同意，安徽省临淮岗洪水控制工程管理局正式成立，主要负责临淮岗洪水控制工程的管理工作，按照上级调度命令，实施防汛调度，承担管理范围内水行政执法职责。临淮岗工程建成后，管理运行单位以防洪为中心任务，坚持防灾与减灾并举，工程与非工程措施并重，优化工程运行调度，充分发挥工程综合效益，为建设美好安徽、促进流域社会经济发展谱新篇、立新功。

### （一）保障防洪安全

2007 年汛期，淮河流域连降大到暴雨，发生新中国成立以来仅次于 1954 年的全流域性大洪水，刚竣工验收的临淮岗工程经受了大洪水的考验。深孔闸、浅孔闸安全泄洪，姜唐湖进洪闸及时开闸进洪，姜唐湖退水闸两次倒进洪，大大减轻了淮河中下游的防洪压力，为夺取淮河流域防汛抗洪全面胜利发挥了重要作用。近几年来，淮河流域相继发生了多次中小规模洪水，特别是在 2017 年 10 月，淮河流域发生了历史罕见的秋汛，管理单位密切关注流域雨情、水情、工情和天气变化，强化应急值守和会商研判，全力做好淮河超警洪水的应对工作，充分发挥淮河骨干工程的“拦、分、蓄、滞、排”作用，减少灾害损失，实现从“控制洪水”到“洪水管理”的转变。

### （二）提供抗旱水源

从 2010 年始试验性蓄水以来，当淮河中下游地区出现旱情时，在安徽省防指的调度下向下游供水。2010 年 10 月至 2011 年 4 月，临淮岗上游沿淮地区遭遇秋冬春夏四季连旱，沿淮各灌溉工程从淮河累计抽水近 2.5 亿 $m^3$，有效保障了上述地区的粮食增产与农民增收。2012 年干旱期间累计向下游紧急供水 1.2 亿 $m^3$，2013 年先后两次向下游紧急供水 0.45 亿 $m^3$。2019 年淮河流域降水普遍偏少，旱情持续发展，根据上级防指调度指令，深孔闸按照上限控制上游水位，最大限度拦蓄来水，蓄水保水近 1 亿 $m^3$，精准调控下泄流量，解决了周边三县 83 万人、7.7 万 $hm^2$ 耕地用水需求，为淮南、蚌埠两地城市供水及工农业生产提供了宝贵水源，有力支援了淮河中下游地区的抗旱工作。

### (三)改善生态环境和航运条件

临淮岗工程蓄水后,在坝上约100 km河段形成近100 $km^2$永久水域,常年蓄水在1.6亿~4.5亿$m^3$,利用洪水强制回灌地下,缓解附近淮河以北地区地下水位急剧下降的局面,逐步改善乃至消除地下水漏斗区。临淮岗工程蓄水后,坝上水位较自然河道抬升3 m,增加航运水深1~2 m,通航水深达7 m,坝下通航水深达3.0 m以上,上下游通航条件改善,货运量大幅度增加,使淮河内河航运的优势更加凸显。

### (四)提高工程管理水平

临淮岗工程所辖的水闸之多、等级之高,在安徽省乃至全国都很少见,为了管好这个大型水利枢纽,全体干部职工在学习借鉴省内外经验的基础上,从实际出发,积极探索适合自己的管理模式,贯彻"精、准、细、严"要求,走出了一条具有特色的精细化管理之路,率先在全省水利系统实现国家级水管单位零的突破。临淮岗工程在调度运行过程中,注重发挥综合效益,保护水资源、修复水生态、改善水环境,实现了"堤防标准化、水闸景点化、单位花园化",船闸管理所、节制闸管理所创建省直机关"青年文明号",先后获得"国家级水利风景区""国家4A级旅游景区"称号。

## 五、展望未来

长虹卧波,千年水患今去也;绿柳舞风,万里福音已来兮。淮河的治理始终与时代同步伐、与改革同频率、与实践同发展。70年弹指之间,70年栉风沐雨,70年披荆斩棘,70年砥砺奋进,绘就了波澜壮阔、气势恢宏的历史画卷,书写了气壮山河、光彩夺目的淮河篇章,谱写了感天动地、可歌可泣的治淮赞歌。临淮岗,一座凝聚着几代治淮人心血和汗水的工程,一座确保淮河安澜、人民安康的工程,一座体现着治淮70年丰硕成果的工程。新时代赋予新使命,新时代呼唤新发展,在建设现代化水利枢纽,促进人与自然和谐相处的伟大进程中,我们将牢固树立新发展理念,积极践行"节水优先、空间均衡、系统治理、两手发力"的治水思路,贯彻落实"水利工程补短板、水利行业强监管"水利改革发展总基调,临淮岗这个治淮丰碑、防洪王牌工程,必将奋进新时代、谱写新华章。

### 参考文献

[1] 夏广义.临淮岗工程的回顾[J].治淮,1999(2):6-7.
[2] 马德俊.淮河梦——临淮岗洪水控制工程决策纪实[J].党史纵览,2000(3):14-17.

[3] 徐迎春. 临淮岗工程论证与决策[C]//淮河流域综合治理与开发科技论坛文集,2010:569-572.

[4] 陈富川. 淮河临淮岗工程洪水资源化调度试验研究[J]. 水资源研究,2013(3):18-20.

# 励精图治兴水　奋发有为治淮

## ——淮南70年治淮成就辉煌

淮南市水利局办公室主任　陶　春

淮南市位于安徽省中北部,淮水之滨,1987年被列为全国首批25个重点防洪城市之一。由于地处我国南北气候过渡带,特殊的地理位置和复杂的气候条件,造成淮南历史上水旱灾害频繁,治水一直是淮南经济社会发展中的一件大事。"兴淮之要,其枢在水"。通过全力推进治淮工程建设,有力保障了淮河安澜、淮南平安。

## 一、光辉的治淮历程

新中国成立以前,受黄河夺淮影响,淮南市主要干支流河道淤塞严重,堤防不完整,河道防洪能力很低,常常是大雨大灾、小雨小灾、无雨旱灾。新中国成立以来,治理淮河得到党和政府的高度重视,毛泽东提出"一定要把淮河修好",展开了史无前例的治淮热潮。淮南人民在党和政府的领导下,励精图治,艰苦奋斗,开拓进取,掀起了以除害兴利、开河疏水、挖沟筑坝、修渠建站为主体的大规模治淮热潮。治淮工程建设水平不断提高,防灾抗灾能力不断增强,为淮南市工农业生产提供了坚强的防洪保障,谱写了淮南当代治淮的新篇章。回顾70年治淮历程,淮南共掀起了三次大规模的治淮热潮。

1950年淮河发生大水,由于当时防洪工程残破不全,造成严重水灾。中央政府在百废待兴、百业待举的情况下,做出了治理淮河的重大决定。同年10月,中央人民政府政务院做出了《关于治理淮河的决定》,明确了"蓄泄兼筹"的治淮方针。1951年,毛泽东发出了"一定要把淮河修好"的伟大号召,淮南人民在党和政府的领导下,掀起了第一次大规模的治淮热潮。先后修筑了淮南境内淮北大堤、凤台城防堤、淮南市城市圈堤、西淝河左右堤等主要堤防,使淮河干支流重点河段堤防基本形成;增辟淮河中游董峰湖、上六坊、下六坊、石姚段、洛河洼、汤渔湖、寿西湖等7处行洪区,瓦埠湖1处蓄洪工程;开挖了茨淮新河淮南段河道;疏浚了西淝河、港河、架河、泥黑河、窑河等支流;建设了焦岗闸、西淝河闸、架河闸、青年闸、尹沟闸、窑河闸等一批控制工程;兴建了董峰湖、菱角湖、永幸河枢纽、架河、祁集、汤渔湖等一批重点排灌工程。淮南市以河道堤防、行蓄洪区、涵闸控制工程及排灌工程为主体的防洪工程体系基本形成。

1991年淮河大水，国务院召开治淮治太工作会议，发布《关于进一步治理淮河和太湖的决定》，要求坚持"蓄泄兼筹"的治淮方针，确定了治淮19项骨干工程，淮河流域掀起了第二次治淮高潮。淮南市抓住机遇，争取国债资金1.8亿元，掀起了新一轮治淮热潮。投资1 671万元对俗有淮河"瓶颈"之称的凤台峡山口河道进行了拓宽，大大提高了淮河中游的过洪能力。利用国债资金先后建设完成了淮南市城市防洪一期和二期工程、泥河排涝治理工程、凤台县董峰湖移民安置工程、行洪区安全建设等一批重点骨干防洪工程。通过建设，进一步提高了淮南市的综合防洪能力。

2003年淮河大水后，淮南再次抓住国家加大治淮投入的有利时机，持续开展了以防洪工程为重点的大规模水利基本建设，先后实施完成了孙庙保庄圩、史院保庄圩、城市圈堤黑李下段堤防加固、城市防洪三期、淮北大堤除险加固、淮河黑龙潭段河道切滩疏浚、泥河河道疏浚及沿淮行蓄洪区移民迁建等工程，累计完成投资8亿元。特别是近年来，投入4.91亿元建成高塘湖排涝站及西淝河泵站，高塘湖和西淝河流域"关门淹"问题得到根本性解决；投资2.29亿元开工建设谢家集区唐山镇保庄圩工程；2020年4月20日，淮河干流正阳关至峡山口段行洪区调整和建设工程初步设计报告获水利部批复，工程核定总投资60.6亿元，是目前安徽省进一步治淮投资规模最大的单项工程。治淮70年来，一批重点水利工程的先后建设并投入使用，极大地提高了淮南的防洪抗灾能力，为全市水利建设和经济社会发展提供了支撑。

## 二、辉煌的治淮成就

经过70年治淮建设，淮南市防洪工程体系得到了完善，防洪管理工作得到了加强，洪水调度和抗洪指挥能力得到了提高，先后战胜了1991年、2003年、2007年等多次流域性大洪水，取得了防汛抗洪和防灾减灾的显著成就，为淮南市的繁荣和发展做出了巨大贡献，书写了治淮强市、兴水富民的不朽篇章。

### （一）治淮70年，防洪除涝工程体系日益完善

一是淮河干支流防洪标准显著提高。2005年淮北大堤除险加固工程开始实施，淮南境内66 km淮北大堤全面进行了堤身加培、堤身内外填塘，护坡、护岸、穿堤建筑物加固重建，以及堤顶道路修复等工程处理，工程投资2.7亿

元,该项目的实施进一步提高了淮北大堤的防洪能力。目前,淮北大堤的防洪标准达到40年一遇,配合临淮岗洪水控制工程的运用,防洪标准可达到100年一遇。西淝河、茨淮新河等主要支流堤防按照确保堤的标准建设,防洪标准达40年一遇。经过70年建设,淮南市干支流的防洪标准已经具备抗御新中国成立以来最大流域性洪水的能力。

二是城市防洪保安能力显著提升。淮南市主城区紧临淮河南岸,受洪水威胁较大,城市的发展壮大与城市防洪工程建设息息相关。早在新中国成立初期就建设了黑张段、老应段、田家庵圈堤、窑河封闭堤等城市工矿圈堤,但由于当时国家经济困难,建设标准低,抗御洪水能力弱。随着城市化进程的加快,城市面积不断扩大,防洪保护区范围内受益人口、经济规模逐年增加,对城市防洪的要求越来越高,国家对城市防洪工程建设的投入也越来越大。1996年《淮南市城市防洪规划》经安徽省人民政府批准实施,防洪规划范围为淮河以南市区,规划防洪标准近期为防1954年洪水(约合40年一遇),远期防洪标准为100年一遇洪水。淮南市城市防洪工程按照规划要求,于1998~2005年分三期实施。淮南市城市防洪第一、二期工程于1998年10月开工,2001年12月完工,工程建设总投资7500万元。城市防洪三期工程(陈庄隔堤,主要防御高塘湖洪水对东部城区的威胁)2004年8月开工,2005年底完工,工程总投资1 108万元。淮南城市防洪堤防全长41.8 km,保护区内面积256 $km^2$、人口80万人。现状防洪标准达到40年一遇,配合淮河上游临淮岗工程运用,防洪标准可达到100年一遇。淮南市城市防洪工程的建设,为淮南市城市经济社会快速发展构建了安全屏障。

三是行洪区安全能力建设不断加强。认真贯彻"蓄泄兼筹"的治淮方针,淮南市沿淮建立了行洪区5处,分别为寿西湖、董峰湖、上六坊堤、下六坊堤、汤渔湖行洪区。5处行洪区总面积290.4 $km^2$,耕地面积30.44万亩,区内人口17.18万人,行洪堤总长97.97 km。党和政府十分关心行洪区内居民的生产生活,行洪区安全能力建设一直是治淮重点项目之一。1998年董峰湖行洪区实施了移民安置试点工程,1053人得以安居,2003年实施了行蓄洪区移民迁建工程,淮南市涉及董峰湖、上六坊、下六坊、石姚段四个行洪区,共移民安置818户、2707人;2008年底,总投资9.33亿元的石姚段、洛河洼行洪堤退建工程开始实施,工程建成后,石姚段、洛河洼行洪区将变为一般保护区,30 $km^2$的土地将免受行洪之苦,防洪能力进一步提升。在实施治淮工程建设的同时,2000年国务院颁布实施了《蓄滞洪区运用补偿暂行办法》,依法开展蓄滞洪区运用补偿工作,支持蓄滞洪区受灾群众恢复生产、重建家园。淮南市于2003

年、2007 年实施了行洪区运用补偿工作,得到了行洪区受灾群众的高度赞扬。治淮 70 年来,行洪区的安全能力建设不断提升,居民的生产生活条件明显改善,为行洪区的安全有效运用提供了有力保障。

四是沿淮低洼地综合治理彰显成效。一是 20 世纪 90 年代初实施了焦岗湖治理工程。投入资金 3418 万元对焦岗湖进行了治理,建成装机容量为 3200 kW 的禹王排灌站和 7 座涵闸、10 座大沟桥涵,建成枣林、毛家湖等 4 条圩堤长 30 km,使多灾易涝的焦岗湖地区除涝标准基本达到 5 年一遇标准。二是推动沿淮大型排涝泵站建设。1998 年,淮南市抓住国家加大对治淮投入的机遇,使停工近 20 年的泥河排涝治理工程得以开工复建,工程投资 8900 万元,泥河排涝泵站装机 4 台,总容量 12000 kW,流量 120 $m^3/s$,该工程建成发挥效益后,使泥河除涝标准达到 5 年一遇以上的标准。同时,加快推进西淝河洼地治理项目,投入 4.91 亿元建成高塘湖排涝站及西淝河泵站,高塘湖和西淝河流域"关门淹"问题得到根本性解决。三是实施了泥河河道疏竣和治理工程。该工程于 2005 年批准实施,工程投资 999 万元,主要对龚集站至刘龙集段河道进行疏竣,提高过洪能力。2009 年泥河河道整治工程列为全省七个中小河流整治工程之一,工程总投资 2690 万元。四是禹王大型泵站更新改造项目正在实施。该项目是 2009 年安徽省四个大型泵站更新改造项目之一,计划投资 9214 万元,主要对禹王站、新集站、毛集站和张集站进行更新改造,更新改造总装机 32 台(套)8229 kW,设计灌溉排水总流量合计 76.08 $m^3/s$,项目实施后,可有效解决焦岗湖和西淝河下游地区排涝和灌溉问题。

### (二)治淮 70 年,防洪减灾效益显著

新中国成立初期,淮河流域发生 1954 年大水,当时防洪工程体系虽初具规模,但防洪标准不高,抗御洪水能力较弱,淮南境内除老应段和田家庵圈堤外,其余堤防全部溃决,淮河南北一片汪洋,凤台县被淹耕地 207 万亩,占耕地面积的 90%以上,淮南市区被淹耕地 23.6 万亩,占耕地面积的 60%,倒塌房屋 30 万间,死亡 93 人,受灾严重。随着治淮工程的连续建设,淮南市防洪工程体系逐步完善,抗御洪涝灾害能力不断增强。1991 年淮河再次发生了流域性大洪水,淮南市防洪工程发挥了较好的防洪减灾效益,把灾害损失降到了最低限度。进入 21 世纪,淮河相继发生 2003 年、2005 年、2007 年流域性大洪水,在上级党委、政府及防指的正确领导下,淮南市委、市政府带领全市人民认真贯彻落实科学发展观,发扬伟大的抗洪精神,坚持以人为本,依法防洪,科学调度,慎重决策,充分发挥防洪工程重要作用,有效防控了洪水,使洪水始终处于可控状态,实现了对洪水的科学有效防控,确保了淮北大堤和城市圈堤的安

全,确保了行洪区安全有效运用,确保了各类防洪工程安全,确保了人民群众生命财产安全,最大限度地减轻了洪涝灾害损失,夺取了防汛抗洪工作的全面胜利。

在夺取历次抗洪抢险斗争胜利的同时,不难看出,防洪工程发挥的抗灾减灾效益显著。从2007年淮河大水与1991年、2003年洪水受灾情况来看,2007年淮南市区域经济总量远远超过1991年和2003年,但区域受灾人口、倒塌房屋、转移人口、农作物受灾面积及直接经济损失各项灾害指标都明显减少。1991年全市受灾人口111.3万人,人员伤亡856人(其中死亡26人),转移安置32.6万人,倒塌房屋17.1万间,农作物受灾面积120余万亩,直接经济损失17.6亿元。2003年全市受灾人口96万人,转移安置16.3万人,农作物受灾面积115万亩,倒塌房屋5.6万间,直接经济损失13.3亿元。2007年全市受灾人口70.48万人,转移安置4.9万人,倒塌房屋1.6万间,农作物受灾面积82万亩,直接经济损失8.9亿元。治淮成效的另一方面表现在工情上,从2007年与2003年抗洪抢险中险情发生次数、投入人力及物力数量等情况来看,都有明显的减少。2003年一般险情301处,其中重大险情65处。而2007年一般险情139处,没有重大险情发生;2003年上堤干群10万人,投入草袋256万条、编织袋315万条、木材1.2万 $m^3$,而2007年上堤干群只有5万人,投入草袋102万条、编织袋245万条、木材0.9万 $m^3$(以上数据不含寿县)。

实践证明,70年治淮工程建设为战胜历次洪涝灾害起到了决定性作用,保障了淮南经济社会发展、社会稳定和人民群众生命财产安全,取得了十分显著的防洪减灾效益。

**(三)治淮70年,支撑淮南经济社会发展作用突出**

淮南"因煤而兴",煤炭是淮南经济社会发展的重要基础产业,煤炭产业的兴起,带动了电力、化工等相关产业的发展。1952年淮南建市初期,煤炭产量仅250万t,发电量近3000万kW·h,煤炭和电力事业处在起步阶段,随着经济社会的不断发展,特别是改革开放40年来,淮南经济迅猛发展,煤炭、电力、化工等产业也进入了高速发展期,2010年实现"三大基地"建设目标,即1亿t煤基地、1000万kW火电基地、100万t化工基地。以煤炭为基础的电力、化工等高用水产业的发展,离不开水资源的强有力支撑。淮南经济社会的快速发速,对水资源的需求也日益增长,水已成为除煤炭之外支撑淮南快速崛起的又一战略资源。

随着经济社会的全面发展,治淮已不再只是传统意义的建设防洪除涝工程,水资源的配置、节约、保护和利用已成为治淮越来越重要的领域,水利的功能和所发挥的作用有了极大的拓展。从水利是农业的命脉,主要提供农业灌溉排涝服务,到水利是国民经济的基础产业和基础设施,为保障防洪安全、城乡供水安全服务。对水利的认识已从工程的层面上升到资源的层面,水资源是基础性的自然资源和战略性的经济资源,是生态环境的控制性因素,水利的功能拓展为在建设资源节约型和环境友好型社会中发挥基础性、导向性作用,以水资源的可持续利用支撑经济社会的可持续发展。70 年治淮不仅为淮南经济社会发展提供了安全保障,而且为淮南经济社会发展提供了丰富的水资源保障。如淮北大堤、淮南城市工矿圈堤等防洪工程建设,为淮南经济社会发展构筑了安全的防洪屏障,保护了淮南经济社会发展的丰硕成果。淮干蚌埠闸枢纽控制工程,可以有效控制淮河中游水量,在正常蓄水位的基础上每抬高 1 m,可增加蓄水库容 1 亿 $m^3$,对提高淮南地区城市居民生活和工业用水保证率,优化配置和利用区域水资源具有十分重要的意义。2018 年淮南水资源总量约为 25 亿 $m^3$,淮河过境水量约 232 亿 $m^3$。淮河是淮南市主要水源地,全市工业及生活用水 95%以上取自淮河过境水,工业用水量占全市用水总量的 58%,其中火电用水量占全市用水总量的 39%。万元 GDP 用水量 149 $m^3$,万元工业增加值用水量 63 $m^3$。可见,水资源对淮南经济社会的发展起着举足轻重的作用。

## 三、新时期治淮展望

新时期,新起点,治淮工作面临新的机遇和挑战,按照习近平总书记提出的“节水优先、空间均衡、系统治理、两手发力”十六字治水方针,淮南市立足当前,着眼长远,努力构建工程水利、资源水利、民生水利、生态水利“四大体系”建设,为淮南经济社会可持续发展提供强有力的支撑和保障。淮南市进一步加大治淮项目争取和实施力度,为淮南市防洪安全和经济社会发展提供了有力支撑和保障。

第一,加快建设工程水利,构建完善的综合防洪减灾体系。加快实施淮干正峡段行洪区调整和建设工程,积极争取汤渔湖行洪区调整改造项目;加大机电泵站技改力度,重视采煤沉陷区防汛工程建设与调整,开展行蓄洪区移民迁建,推动淮南市淮河岸线综合整治项目。通过综合治理,建成较完善的区域防洪除涝减灾体系。

第二,积极推进资源水利,构建水资源合理配置和高效利用体系。坚持开源与节流并举。开源方面:一是加强洪水资源化管理。积极建议上级有关部门在确保重要防洪工程安全和实施影响处理的前提下,逐步提高蚌埠闸、东淝闸、窑河闸蓄水位;增加临淮岗蓄水功能。二是实施调水工程。积极做好引江济淮淮南段工程建设,解决淮干水资源不足的问题。三是充分利用地下水以及塌陷区水资源。

第三,着力发展民生水利,构建民生水保障工程体系。积极推动大别山引水工程,着力解决淮南饮用水水源问题;实施农村安全饮水工程,到2020年底实现全市农村人口饮水安全工程“全覆盖”;继续实施小水库除险加固;坚持城乡统筹战略,加大污水处理厂管网建设力度,大力实施农村清洁工程,促进污染减排。解决农业发展用水、农村污水处理和沉陷区综合治理等问题,扎实推进新农村建设,加快形成城乡经济社会发展一体化新格局。

第四,同步打造生态水利,构建高质量的水生态环境体系。着力保护和修复水生态环境,确保水生态安全,把水环境保护、水生态建设、水文化展示与山南新区开发、老城区改造、行洪区退建有机结合起来,落实到山水园林城市、滨河滨湖城市、宜居宜游宜创业城市建设当中,让水激活城市的发展,让城市的发展带动水文化的兴起。利用得天独厚的天然湖泊、水体、湿地、采煤沉陷区形成的水域及城市水系,统筹规划,兴建涉水公园、涉水旅游景区、涉水民居,促进人与自然和谐发展。

回顾过去,70年治淮成就辉煌;展望未来,治淮事业任重道远。淮南人民将坚定信心、振奋精神,凝聚力量、继往开来,在新的征程上谱写治淮事业更加辉煌的篇章。

# 新中国治淮70年谱写华章<br>淠史杭60余载成就辉煌

六安市治淮指挥部办公室副主任　陆永来
六安市水利局原副总工程师　　　李纯宇

2020年是新中国治淮70周年,70年来治淮事业取得了显著成效。淠史杭工程的建设和稳定发挥效益,是淮河流域水利建设成就中浓墨重彩的一章。作为淠史杭建设管理的亲历者,我们愿借此机会对历史做一些回忆和思考,藉以启发、激励新时期的水利建设工作者。

1951年,毛泽东主席发出"一定要把淮河修好"的伟大号召,根据国家治淮工作安排,20世纪50年代,六安大别山区建设了佛子岭、梅山、响洪甸、磨子潭水库,主要承担淮河防洪任务,同时拦蓄了大量的山区径流。而从农业生产的自然条件上看,六安广大丘陵地区的土壤、光照、温度等条件非常适合农业生产,但水利供水条件很差,制约了农业和粮食生产水平,皖西人民迫切要求解决水利问题,以发展经济,提高人民生活水平。而且六安广大江淮丘陵地区又具备兴建大型灌区的地形和地质条件。当时的六安地委和淠史杭指挥部领导同志审时度势,秉承共产党为人民服务的根本宗旨,立足于时代和人民的需求,审慎地研究了建设条件和可行性,以革命的大无畏精神,做出了开工兴建淠史杭工程的伟大的历史性决定。

1958年8月,安徽省委、省政府在佛子岭召开全省水利工作会议,批准动工兴建淠史杭工程,9月4日,省委批准成立指挥部党委。建设初期,指挥部领导与主要工程技术人员几乎每天开会,重大问题向地委汇报研究决定,需要上级解决的问题及工程重大事项,由地委领导及指挥部负责同志向省里汇报请示。1959年10月,在北京召开全国大型水利工程会议,赵子厚书记携吴琳副指挥带200份材料和灌区图与会,得到国家计委和水利部领导的高度重视,当年即安排6000万元建设资金支持工程建设,开了国家投资之先河。自开工伊始到建成,淠史杭工程的建设都是在党的领导与国家的大力支持下进行的。

历史永远是人民群众创造的。习近平总书记说:社会主义是干出来的。回顾60年建设历程,淠史杭工程的兴建就是一部伟大的创业史,是皖西人民通过艰苦卓绝的奋斗建设起来的。工程具体实施过程中,从1958年8月19日开工,至1972年13条总干、干渠全部通水,历时14年,初步完成6亿 $m^3$ 土石方及大量建筑物的施工。初期正常施工,每年有40万民工参战,最多达80万民工同时施工。如今,站在清流远去的渠道旁,估计已经很少有人能够想象,在经济极度困难、物资十分匮乏、技术设备相对落后的20世纪五六十年代,多少人肩扛手抬、锹挖肩挑,凭着顽强奋斗的精神创造出如此宏伟而又美丽的人间奇迹。

广义的淠史杭工程包括安徽省淠史杭灌区和河南省梅山灌区。该工程地处安徽省中西部和河南省东南部,横跨长江、淮河流域,工程范围包括2省4市,17个县(区、市),总控制面积14107 $km^2$,设计灌溉1198万亩。其中,河南省梅山灌区位于商城、固始县境内,控制面积977 $km^2$,设计灌溉98万亩。

本文所述安徽省淠史杭灌区(也可称为淠史杭工程),是淠河灌区、史河灌区和杭埠河灌区的总称。控制面积13130 $km^2$,设计灌溉1100万亩,灌区人口1330万人。安徽省淠史杭灌区是以大别山区六大水库径流为主要补给水源,以灌溉为主的特大型综合利用水利工程。

衡量安徽省淠史杭工程总规模的指标有三个:一是渠首引水流量550 $m^3/s$,其中淠河灌区300 $m^3/s$、史河灌区145 $m^3/s$、杭埠河灌区105 $m^3/s$。二是设计灌溉面积1100万亩,其中淠河灌区660万亩,史河灌区285万亩,杭埠河灌区155万亩。自流灌溉851万亩,提水灌溉249万亩。三是灌区多年平均总年利用水量56.2亿 $m^3$,其中当地径流为基础(17.4亿 $m^3$,占31%),大别山区六大水库及渠首以上区间来水为主要补给水源(36亿 $m^3$,占64%,80%保证率条件下引用径流量52亿 $m^3$),河湖外水为补充(2.8亿 $m^3$,占5%)。按上述总规模指标而言,安徽省淠史杭灌区达到了国内首创、接近国际水平。

按国家规定,灌溉面积大于150万亩,属于大(1)型Ⅰ等工程。习惯上,大于500万亩,称为特大灌区。全国特大灌区共6处,前3处一般称为中国三个特大灌区。如按实灌面积排序,四川都江堰1134万亩、安徽淠史杭1000万亩、内蒙古河套860万亩。但安徽省淠史杭灌区是新中国成立后在党的领导下从无到有的新建工程,因此说工程达到国内首创水平。

据统计,目前全世界大型调水工程已达240个左右。如著名的美国中央河谷工程,供水规模与本工程相仿,从1937年至1976年40年间,灌溉面积才发展到1040万亩;另有美国加州调水工程,引水流量496 $m^3/s$,年供水能力28亿 $m^3$,接近本工程供水规模。因此说,淠史杭工程已经接近国际水平。

刘伯承元帅为淠史杭工程题词:“革命精神、科学态度”。如果没有科学态度，工程必定失败。六安地委和指挥部领导同志始终抱着尊重科学、尊重技术、重视实践的科学态度。所以，淠史杭灌区的效益现在基本达到设计规模，而且能持续稳定运行，就是因为在规划、建设中采取了科学态度，采纳了先进的水利科技理念。灌区的综合利用目的是以灌溉为主，兼有防洪、供水、发电、航运、养殖、旅游及生态效益。经过灌区60年的建设和运用，这个目标已基本实现。特别是在供水、旅游和生态效益方面，已远超建设初期的设想。客观地说，在航运和沟通三河方面还存在不足，但这是时代局限，是白璧之瑕。淠史杭灌区是极为宏大的系统性工程。如六大水库，即佛子岭、磨子潭、白莲崖、响洪甸、梅山、龙河口水库，总库容70.8亿$m^3$；三大渠首，即横排头、红石嘴和杭埠河灌区的梅岭、牛角冲进水闸，总引水流量550 $m^3/s$。灌区七个等级（总干、干、分干、支、分支、斗、农渠）固定渠道1.3万条，总长2.5万km；6万多座建筑物（节制闸、进水闸、冲沙闸、泄洪闸、倒虹吸、渡槽、跌水、地下涵、桥梁、水电站、电灌站等）；1200座中小型反调节水库和21万处塘坝。以上工程构成了蓄、引、提相结合，长藤结瓜式灌溉渠系网络。综观灌区工程的布局，既能充分结合皖西丘陵的地形地质条件，又圆满完成了规划灌溉范围内的输水和配水任务。建设初期，曾希圣书记代表省委提出要解决合肥市供水和皖东江淮分水岭地区农田灌溉的要求，已经实现。因此，灌区工程的规划布局是合理的，设计是先进的，系统是完整的，工程是安全的。可以自豪地说，诞生于20世纪50年代后期的灌区水利工程总体规划设计方案，是新中国水利史上的杰作之一，也是一个令后人惊叹的奇迹。因此，灌区总体规划和总体设计曾获得1986年安徽省科技进步一等奖。并于2016年4月被推评为中国百年百项杰出土木工程之一。

淠史杭工程的经济效益十分显著。效益一般要从投入和产出两方面进行评价。在投入方面，据统计，至1998年的40年间，灌区工程完成总投资11.6242亿元，其中国家投资4.5626亿元，世行贷款1.93亿元，自筹5.1316亿元。由此推算，灌区工程国家投资每亩仅40元，如包括水源工程等项目的分摊，每亩投资67元，远低于全国同时期灌溉工程北方每亩国家投资150元左右，南方大中型灌区每亩112~134元的平均水平。在效益方面，至2018年的60年间，全灌区共引水1655亿$m^3$，累计灌溉4.6亿亩，生产粮食1.91亿t，增产粮食约0.6亿t，城镇供水72亿$m^3$，并保证了灌区内500万农民的饮水安全，累计抗旱减灾效益达到1400亿元。淠史杭工程的效益费用比，即益本比为2以上。现在，淠史杭工程仍定位为基础设施，益本比为2，是效益很显著的基础设施工程。

安徽省淠史杭灌区60年的建设历程,大致分为三个阶段。20世纪70年代中期,达到低标准初步通水。1985年开始,引进世界银行外资进行续建配套,是按60年代规划设计标准实施的。自21世纪初起,随着新建白莲崖水库及各大水库除险加固的完工,完成了水源工程的达标建设。其间,灌区除险加固、续建配套和节水改造逐年进行,一直没有停止。如果以人的生命周期为比喻,现在淠史杭工程刚刚步入年富力强的壮年初期。我们完全可以看到,从现在开始到庆祝开工100周年的40年内,是淠史杭工程现代化建设和稳定发挥效益的最美好时期。当然,60年不是终点,而是起点,我们不能躺在已经取得的成绩上沾沾自喜,要以习近平新时代中国特色社会主义思想和党的十九大精神统领以后的建设管理工作。党的十九大指出,中国经济将由数量型发展转为质量型发展。因此,今后的建设管理工作要适应形势,要与时俱进,有新的发展。今后建管任务极为艰巨,大家要有清醒的认识,我们坚信,淠史杭工程将有更加光辉灿烂的美好远景。

三河平定,六地平安。回顾60年建设历史,淠史杭工程承载着皖西人民治水的梦想和对幸福生活的美好向往。2011年7月,时任国家水利部副部长的李国英同志视察淠史杭灌区时说:淠史杭灌区之所以能够建成这么大的工程,发挥如此大的效益,得益于中国共产党的领导,得益于社会主义制度的优越性,得益于广大农民群众的无私奉献,得益于科学的治水态度和有效的管理。值此亲爱的祖国治淮70周年,回顾淠史杭60余载成就辉煌,我们可以肯定地说,中国共产党的领导是淠史杭工程建设管理成功的根本保证。没有共产党的领导,就没有淠史杭的成功。因此,在今后的工作中,我们一定要坚持和加强党的领导。中国共产党的领导是我们事业成功和胜利的根本保证,这是我们的坚定信念。

# 长淮碧水赋华章

## ——洪泽湖水文化研究回顾

淮安市洪泽区运河淮河文化研究中心理事长
淮安市洪泽区委宣传部原副部长　　夏宝国

我生在洪泽湖区，喝淮河水读书，听治淮故事成长。工作在洪泽湖区，参加工作到退休，40 年中有 33 年在宣传文化岗位上度过。作为一名宣传文化工作者，亲身经历和耳闻目睹了洪泽湖水文化研究许多印象深刻而有意义的事，值此纪念治淮 70 周年之际，写下其中部分，表达对治淮人、对治淮伟大成就、对淮河、对母亲湖洪泽湖的崇高敬意，对曾为之奋斗的已逝者的深深缅怀。

### 治淮工程显神威　跟踪报道两个月

宣传治淮工程发挥作用，是洪泽湖水文化研究的重要内容，很有意义。对此，参加 1991 年抗洪救灾报道体会尤为深刻。当时我在洪泽县委宣传部新闻科工作。这年夏天，淮河流域发生了百年一遇的特大洪涝灾害。从当年的 6 月下旬至 8 月下旬，近两个月时间，我坚持在抗洪一线采写新闻，目睹耳闻很多动人事迹。特别是三河闸等水利枢纽在抗洪斗争中发挥了关键作用，使数百亿立方米洪水驯服地归江入海，为淮河流域抗洪救灾，为保卫洪泽湖大堤和里下河地区 2000 多万人民、3000 万亩农田和近 20 座中小城市的安全做出了重大贡献，尤感震撼人心。三河闸建成于 1953 年，是党中央、政务院于新中国成立初期决定兴建的大型水工建筑物，目前仍为全国第二大闸，设计最大行洪流量 12000 $m^3/s$。抗洪初期，我敏感地意识到，三河闸等洪泽湖水利枢纽在这次抗洪斗争中如何发挥作用，将是各级领导、水利系统干部职工和淮河流域亿万人民关注的重点。及时报道其作用，不仅可鼓舞抗洪一线的干群，也是用新的事实对新中国建立以来治淮工作的充分肯定，向世人昭示，在中国共产党的领导下，中国人民能够战胜前进道路上的艰难险阻，是对社会主义优越性的歌颂，有利于推动抗洪之后包括大江大河治理在内的水利建设，这是可遇不可求的大新闻，但抗洪初期就发出报道为时过早。于是我深入采访，积累资料，待到当年 7 月下旬，淮河流域抗御特大洪涝取得决定性胜利的时刻，发出了长消息《滔滔洪水滚滚东流 巍巍大堤岿然屹立(肩题) 洪泽湖水利枢纽为抗洪斗争作出重大贡献》,很快便被《人民日报》《新华日报》等上级新闻单位采用。《人民日报·海外版》将此稿置于四版(要闻版)头条显要位置,篇幅长达1000多字。得到全国上下和同行的一致好评。5年后一位从美国回来的朋友与我相遇,无意之中谈及此稿,他说当时他在纽约,看到《人民日报·海外版》这篇报道后,感到十分亲切,也很激动。这次抗洪期间,新闻科34篇新闻稿被省以上新闻单位采用,但此稿一直是我心中的重中之重,牢牢抓住不放。鉴于新闻科的突出表现,县委、县政府表彰其为抗洪救灾先进集体。现在看来,假如没有平时对水利问题的关注,没有对洪泽湖历史和新中国成立以来治淮重点工程的了解,没有对整个抗洪斗争宏观现状及人们关注重点的把握,没有讴歌治淮伟大成就的责任和热情,我对此就不可能这么敏感,也就不可能在许多上级新闻单位记者采访过之后还能捉住这条大鱼。这份热情,我长期保持。今年7月23日30日《中国水利报》水文化专版先后刊登了我创作的《淮河赋》和《三河闸赋》。《淮河赋》用了近半个版的篇幅,这篇文学作品创作前后花了两年时间,其主题就是讴歌淮河,讴歌治淮伟大成就,讴歌伟大时代精神。

## 四世同船庆回归 淮河儿女爱祖国

新中国治淮,改善了包括洪泽湖区在内的淮河流域人民的生存条件和生活条件,他们过上了幸福生活,这也是治淮的重大成就;过上了幸福生活,不忘关心国家大事,与祖国同呼吸、共欢乐,同样也是治淮成就的另一种表现。关注大事件,像全国党代会、香港回归、共和国华诞庆典等这些举世瞩目的重大历史事件本身的报道,是新华社、人民日报、央视、中央人民广播电台等大新闻单位记者的专利,这是对内对外宣传的必然要求,基层新闻工作者不可也无法与之相争,但也绝非无事可做。中央新闻单位也希望有来自基层富有地方特色的典型报道。采写这些报道的优势在基层新闻工作者,此时只要认真准备,深入采访,精心选材,选好角度,不仅可以在上级新闻单位的版面和节目中争得一席之地,还有可能出精品。对此,我在报道洪泽湖区广大干群欢庆香港回归这一百年盛事的过程中深有体会。为了搞好这次报道,我曾两次深入湖区和召开座谈会了解报道线索,为1997年6月30日这天能够采访到反映香港回归普天同庆的生动典型事例奠定了基础。其中洪泽县高良涧镇钱码村四组98岁的渔民董兴喜四世同船,董家将于6月30日上午9时升国旗庆香港回归的线索尤为令人振奋。这天上午,洪泽湖雨后初晴,杨柳依依,燕子翩翩。8时30分,我提前半小时到达董家船上采访。9时,董兴喜,这位旧社会饱受苦难的老渔民精神抖擞，健步走出船舱来到船头，率儿、孙、重孙贴对联，鸣鞭炮，升国旗，庆回归，并分别和晚辈在国旗下合影。董家后代有近百人，那天到场60多人，同时在船头容不下。董兴喜二儿子告诉笔者，平时即使过春节，也聚不到这么多人。董家庆回归的场面虽不及中英香港交接仪式那样庄严宏大，举世瞩目，但亲临其境同样激动人心，全国人民祝祖国统一强大和中华民族有强大的凝聚力由此可见一斑。采访结束，我将采访的材料分类，分别写出《洪泽万众欢腾庆回归》《盏盏渔火庆回归》《四世同船庆回归》《湖区渔民庆盛世，百岁寿星话太平》4篇消息和特写发出，都被上级新闻单位采用，其中《四世同船庆回归》登上《淮阴日报》1997年7月1日头版二条；以董家四世同船庆回归为主体的《湖区渔民庆盛事 百岁寿星话太平》，7月5日被《人民日报·海外版》以醒目标题刊登，长800多字。这是自1997年6月5日至7月5日香港回归中央新闻单位宣传报道中，江苏被《人民日报》采用的反映基层庆香港回归的为数极少的报道之一。1997年年度好新闻评比中，《四世同船庆回归》不仅在省、市、县年度好稿评比中获奖，还获得第十二届中国地市报新闻奖二等奖。一篇新闻稿夺得多枚奖牌，我从事新闻宣传多年，这是第一次。回头来看，此稿之所以获奖，是因为它在报道中含蓄生动地展示了治淮长效成果，展示了淮河、洪泽湖人民的精神风貌。

## 徒步调查一月半　文献参考三百篇

改革开放以来，洪泽湖水文化研究受到各方面重视，研究者不辞辛苦，呕心沥血，谱写华章。《中国水利报》副总编张卫东长期坚持洪泽湖水利史研究，推出了专著《洪泽湖水库的形成——及十七世纪以前的洪泽湖水利》，其历程堪称洪泽湖水文化研究的缩影。此课题得到国家科技支撑项目计划的支持，洪泽县文化部门积极配合，淮安市水利史学界范成泰先生（2017年11月10日逝世，享年83岁）等鼎力相助。2008年5月，南京大学出版社出版了张卫东的洪泽湖水利史研究成果《洪泽湖水库的形成——及十七世纪以前的洪泽湖水利》。中国水利史研究会会长周魁一先生为此书作序。周魁一先生在序言中高度评价该书是运用综合思维进行水利史研究的成功例证。作者曾在北京向张廷皓、谭徐明、许正中、张卫东等请教，诸位专家学者一致认为，此书的出版，在洪泽湖水文化史上具有里程碑意义，它标志着洪泽湖有了第一部水利史。2009年12月12日，《人民日报·海外版》发表了夏宝国采写的新闻《洪泽湖有了首部水利史》，其副标题是“洪泽湖是四百年前的三峡工程”。张卫东在与人民日报记者座谈时指出：经考证，洪泽湖不是自然形成的湖泊，而是淮河干流从明后期到清前期经过大规模修建形成的规模巨大的人工湖。它的多项工程在世界上都排名第一。在16世纪,它的拦洪主坝洪泽湖大堤已有60华里(约相当于今35 km),长度居世界第一;库容远远超过10亿 $m^3$,也居世界第一;面积1200 $km^2$,称雄一时。史学家认为,洪泽湖是400年前的“三峡工程”。水利史学界及其他社会各界对这一研究成果充分肯定,大力褒扬。

为了研究洪泽湖,张卫东曾徒步45天,从蚌埠闸到洪泽湖地区的重要水利工程进行详细考察,查阅了大量古今文献资料,仅在书中引用的就达322种之多,张卫东的导师、中国水利史研究会首任会长姚汉源先生曾花费40多天时间对这本书进行阅评推敲,对张卫东严谨治学的作风给予充分肯定,并提出了建设性的修改意见。张卫东对导师的意见极为重视,花费了许多精力对书稿进行修改,直到《洪泽湖水库的形成——及十七世纪以前的洪泽湖水利》交到南京大学出版社付印前还在反复推敲。这一课题从确立到论文通过,花了两年多时间,再成书出版历时23年。

水利史学家指出,洪泽湖水利史是洪泽湖文化最重要的内涵。洪泽湖形成的经验与教训对今天中国大江大河的治理在许多方面有启迪,值得借鉴吸取。袁国林任淮委主任时曾“按图索骥”,到盱眙禹王河和圣人山、古河等地实地考察,称赞张卫东提出的由此开河直达三河闸上游,分流淮水,颇有道理。张卫东“深感荣幸”。

## 锲而不舍十五年　大堤终圆申遗梦

洪泽湖大堤凭借洪泽湖是京杭运河的枢纽乘上中国运河申遗航母,这是展示淮河文化、运河文化,展示明清黄淮运综合治理和新中国治淮成效千载难逢的机遇。

洪泽湖大堤搭乘中国运河申遗航母并非一帆风顺。1999年,淮阴市(后改为淮安市)政协和盱眙县政协联合召开淮河文化研讨会。会上三河闸管理处副主任朱兴华(2017年11月5日逝世,享年77岁)首先提出洪泽湖大堤“申遗”的设想。2001年,朱兴华退休后,向淮安市委、市政府领导提出有关洪泽湖大堤“申遗”的书面建议。之后洪泽湖大堤列入江苏推荐的申遗六个项目之中。2003年淮安市荀德麟编纂出版了94万字的《洪泽湖志》。2006年5月,洪泽湖大堤被国务院公布为全国重点文物保护单位。2008年国家启动中国运河申遗,江苏规划不含洪泽湖大堤。洪泽县文化局(笔者时任局长)得知这一消息后,利用江苏省文物局会议在洪泽县召开的良机,向领导和专家汇报洪泽湖与京杭运河的关系,汇报明清依托洪泽湖“蓄清刷黄”济运的历史,阐明洪泽湖作为京杭运河的枢纽应该列进中国运河申遗范围。省局对我们的主动作为充分肯定,并向国家文物局建议,得到重视和采纳。2010年6月,洪泽县常务副县长陈继信率队到北京向国家文物局汇报洪泽县高度重视洪泽湖大堤文物保护和申遗工作,受到赞扬与好评。随后国家多次组织考察队来洪泽考察,我们都积极配合。为了给洪泽湖大堤申遗营造氛围,洪泽县文化局2010年编纂出版了《千秋诗文洪泽湖》,2011年底淮安市政协和洪泽县政协编纂出版了《百里文化长廊——洪泽湖大堤》。三河闸朱兴华和同事张友明编撰出版《千年古堰洪泽湖大堤》,洪泽县志办文史专家汤道言先生(2015年12月8日逝世,享年83岁)编撰出版《洪泽湖风情》。淮安市政协文史委主任季祥猛担任《百里文化长廊——洪泽湖大堤》主编,为确保此书尽快高质量出版,2011年深秋两个多月时间吃住在办公室,乒乓球台当睡床,夜以继日改稿编稿。出版经费不足,我们向领导汇报此书出版对洪泽湖大堤申遗有重要影响,领导很重视,缺口10万元资金一个星期就到位,保证2011年底及时出版。为了配合申遗,我们与南京大学在洪泽县联合举行洪泽湖国际罩鱼捉蟹大赛,17个国家42名留学生参加活动。同时我们与南京大学还在洪泽县联合举办国际书画展,20多名外国留学生的作品参展。新华社发了5张图片,向国内外宣传洪泽湖大堤,宣传洪泽湖良好生态。张庭皓、于冰等人推出的《大运河清口枢纽工程遗产调查与研究》,2012年5月由文物出版社出版。全书约55万字。此书强调,洪泽湖大堤(高家堰)是“蓄清刷黄”的关键,清口是洪泽湖的出口,也是运道由此入黄河之地,是淮黄交汇之处。洪泽湖大堤不仅是淮扬两府的屏障,而且也是关系到“黄河之内灌,运道之通塞”的重要工程,也诠释了“湖因运河而成,运河因湖而畅”。2012年12月,泗洪县武继羽编纂出版了138万字的《洪泽湖通志》。综上所述,都积极推动了洪泽湖大堤申遗,创造了良好氛围。

2013年9月24日,世界遗产组织专家组来洪泽湖大堤周桥桥段现场考察。为了这次现场考察,洪泽县做了多方面的精心准备,时任文化部部长蔡武、江苏省副省长曹卫星提前到现场调研指导。考察当天,洪泽文史专家、洪泽湖博物馆原馆长裴安年向世界遗产组织专家组汇报洪泽湖大堤的悠久历史和深厚文化。看了洪泽湖和洪泽湖大堤,听了汇报,专家组首席专家、韩国人姜东辰当场慨叹,不仅仅是中国运河,即使是洪泽湖大堤本身,也足够资格申报世界遗产。

2014年6月22日,多哈世界文化遗产大会一致通过,将中国运河列为世界文化遗产。洪泽湖大堤、张福河被列为遗产点,洪泽湖大堤在专家组向世界遗产大会提供的报告中被作为重点阐述。奋斗15年,申遗终于圆梦。消息传来,洪泽湖区一片欢腾,人们奔走相告。“黄淮运湖一堤连,兴利除害数千年”。洪泽湖大堤登上世界文化遗产高峰,彰显了洪泽湖水文化的不同凡响,昭示了淮河文化的博大精深。

## 石刻寻查四十载　出版亮相北京城

洪泽湖大堤石刻遗存是洪泽湖水文化内容的重要组成部分。洪泽湖大堤石刻遗存极为丰富,2015年底前,我们用了近35年时间调查发现约200处。2018年夏季,我们利用洪泽湖干旱,水位低的时机,在洪泽湖大堤西坡又调查发现100多处,其中多处有较高的文化价值和艺术价值。我们总共花了约40年的时间调查石刻文化遗存。朱兴华退休前花了约20年时间,想方设法,历尽千辛万苦收集重要石刻,藏于三河闸。他退休后,三河闸建设了一个治淮碑廊,陈列了30尊图案精美、内涵丰富的治水石刻,已成为洪泽湖水文化和旅游文化的独特风景。裴安年等为了抓紧调查石刻资源,曾顶着烈日在大堤上苦寻,一天晒卷了一顶太阳帽。申遗成功之后,洪泽文化工作者没有懈怠,将2015年前发现的石刻遗存拍成照片,制成拓片,精心选择,编纂成《洪泽湖大堤石刻遗存》,在中国文史出版社出版。由笔者任首席主编,2018年底由中国文史出版社出版的《运河枢纽高家堰历代诗文选编》,也收录了部分洪泽湖大堤精美石刻。2016年11月21日,洪泽湖历史文化研究会、洪泽县文广新局精心策划,在北京桂京商务酒店举行《洪泽湖大堤石刻遗存》首发式,同时召开了“世界文化遗产洪泽湖大堤北京专家研讨会”,与会专家对洪泽湖大堤的历史价值和文化价值给予高度评价。许正中、张廷皓、张卫东、吕娟、谭徐明、王英华等新闻单位领导和著名学者参加研讨。洪泽县参加这次研讨会的文史工作者有李梅娟、夏宝国、裴安年、严厚金等。

中国文史出版社关于《洪泽湖大堤石刻遗存》的审读意见指出:“洪泽湖大堤是中国大运河世界文化遗产的重要组成部分,是中国古代水利规划、坝工技术在18世纪前领先世界的重要历史见证。洪泽湖大堤石刻作为传承文明的重要载体,蕴含着丰富的历史信息和文化基因。本书编纂者历经多年的搜集整理,完成本书,用较为全面的拓片照片和文字,对这些内容丰富、镌刻精美、文物和史料价值十分珍贵的石刻做了详细介绍,为考证古代治水方法、技术应用、社会经济及民俗文化提供了翔实的史料。这是中国大运河遗产研究、洪泽湖文化研究取得的最新成果,具有重要的出版意义和研究价值。”时任《人民日报·海外版》副总编许正中指出:“水文化是中华文化的重要组成部分，洪泽湖文化在中国水文化和淮河文化中有重要地位。从北京到洪泽，洪泽湖文化研究取得了重要成果，功德无量。要加大宣传和推介力度，要促进成果转化，发展洪泽文化旅游。”

## 研究紧随新时代　成果转化绕中心

洪泽湖治淮工程贡献巨大，中央领导人高度关注。三河闸建设，毛泽东、周恩来亲自过问。刘少奇、胡耀邦、温家宝、乔石、习近平、赵乐际先后莅临洪泽视察，给洪泽湖区人民以巨大鼓舞，并激励了更多有识之士参与洪泽湖水文化研究。

多年来，洪泽湖水文化研究成果的转化与应用工作也在与时俱进，如洪泽湖博物馆的建立，洪泽湖大堤申遗成功，江苏省第一个非物质文化保护试验区在洪泽湖区建立，洪泽湖大堤被列为国家大运河公园建设重要组成部分，旅游名牌方特落户洪泽。

中央领导人的亲切关怀和多次莅临视察，体现了党中央、国务院对洪泽湖的高度重视。洪泽湖大堤申遗成功，为洪泽湖水文化在世界文化高峰赢得了一席之地。这些展示了洪泽湖水文化研究广阔的天地，坚定了洪泽湖区乃至淮河流域人民的文化自信，尤其可贵的是，还推动了社会各界进一步形成和增强了共识，即：洪泽湖是淮上之明珠、运河之枢纽、水利之经典、江淮之绿肺、御洪之屏障、旅游之名牌、文化之宝库、发展之动力。

70 年来，为了洪泽湖水文化研究，许多人殚精竭虑，毕生为之奋斗。不论是京城的学者，还是地方的文人，不论是淮委的领导，还是一般水利单位的职工，无论是退休之前还是退休之后，都是不用扬鞭自奋蹄。学界泰斗姚汉源先生皇皇巨著《水的历史审视》《京杭运河史》均有多处有关洪泽湖的深入研究成果，令我们倍感荣幸。地方文史专家武继羽几乎在双目失明的情况下完成《洪泽湖通志》，朱兴华、汤道言、范成泰等前辈直到生命的最后时刻，仍然惦记洪泽湖水文化研究事宜，为后来者树立了典范，我们永远铭记。

浩浩洪泽湖，承载着悠久的历史，激荡着奋斗的精神，滚动着文化的波涛。作为地方研究洪泽湖水文化的普通一兵，在今后的岁月中，一定不忘初心，竭诚尽智，为洪泽湖水文化研究奉献绵薄之力，以不负淮河和洪泽湖的养育之恩。

# “沂沭安澜”中国共产党初心使命的生动实践

江苏省连云港市水利局高级经济师　李　军

## 一、工程概况与治理背景

### (一)工程概况

沂河、沭河是淮河流域沂沭泗水系中的两条重要河流,皆发源于山东沂蒙山区,沂、沭两河平行南下,“分沂入沭”“东调南下”等工程使它们唇齿相依、脉络相通。

沂河发源于山东省沂蒙山区,全长357 km,流城面积1.15万$km^2$。自北向南在江苏邳州市的齐村进入江苏境内,经新沂市的华沂,从堰头苗圩入骆马湖,长45.5 km,汇水面积1048 $km^2$。沂河在山东省刘家道口辟有“分沂入沭”水道,分沂河洪水经新沭河直接入海;在江风口辟有邳苍分洪道,分沂河洪水入中运河。沂河上游为山洪河道,洪水暴涨暴落,下游水流平缓,泥沙淤积河床。沂河在华沂以下分为两支,西支为老沂河,现为内部排涝河道;东支为“导沂整沭”时开辟的河道——新沂河。

沭河发源于山东省莒县沂山,南流至临沭县大官庄,分东、南两支,东支系新沭河,南支为老沭河,沭河全长300 km,流域面积6400 $km^2$。山东实施“导沭整沂”工程时在沭河大官庄筑坝,坝的东端开挖溢洪道,建人民胜利堰控制洪水下泄老沭河。按照规划,沭河洪水大部分应从大官庄向东经新沭河下泄至石梁河水库,再经新沭河入海,一部分经人民胜利堰闸向南入老沭河,从沭阳县口头汇进新沂河入海。

### (二)治理背景

自1194年黄河南下夺淮河入海以后,致使沂沭泗流域水系尾闾紊乱,沂、沭两河同时失去入海通道,形成苏北鲁南的大片洪涝灾区。据史料统计,1368~1950年的582年时间里,“苏北鲁南”地区就发生各类洪涝灾害达102次之多,洪涝灾难频率平均每6年一次。《明史》记载,明万历二十一年(1593年),“沂水大水,费县夏淫雨四十余日,洼地淹没,次年,人相食”。《清史稿》

中,同样有过类似的记载。进入近代以来,沂沭泗河流域的洪涝灾害愈加肆无忌惮,几乎年年都会发生。1931 年,沂沭泗流域爆发特大洪灾,淹没土地达 266 万 $hm^2$,房屋倒塌 213 万间,灾民高达 350 万人,死亡 7.7 万人。从明清时期始,地方官吏曾多次建议浚修河道,终因朝野意见不一而未能实施。清后期到中华民国期间,有识之士也曾多次呼吁并提出治理方案,由于当时统治者昏庸无能,置沂沭两岸千百万百姓生死于不顾,任沂沭两河年年泛滥,治理遥遥无期。而抗日战争时期,全民忙于抗战,洪水灾害也没有得到治理。

1945~1949 年,苏北地区连续 5 年遭受严重水灾,1949 年鲁南、苏北地区有 80 万 $hm^2$ 农田失收,500 万人流离失所。由于沂、沭河两岸是八路军、新四军的抗日根据地,1946 年,鲁南地区解放,建立了民主政权,中国共产党和人民政府为减轻沂、沭河流域水灾,发出“一面开展对敌斗争,一面发展生产”的号召,并着手推进沂、沭河治理的准备工作。1947 年 3 月,拟订《导沭工程治理初步方案》,1948 年 9 月,中共中央华东局批准上述方案。在山东省开展谋划沂沭河治理之际,1949 年 8 月 10 日起,苏北行署也多次组队赴实地查勘,经苏北区党委、行署研究决定,并报华东局、党中央批准,确定先除害,后兴利,除害以防洪除涝为主,开辟新的行洪河道,使洪水归槽入海,原沂沭河水系尾闾 6 条河道(南六塘、砂礓、柴米、前沭、后沭、黄泥蔷薇河)专排涝水,实行洪涝分开。确定了“导沂整沭”“沂沭分流”的治理原则,选定自嶂山至滨海堆沟新河线排洪入海,采用“筑堤束水漫滩行洪”方案。在中国共产党和人民政府的领导下,沂、沭河进入了实质的全面治理阶段。

## 二、沂沭河治理实施过程

### (一)导沭整沂工程

沂、沭河治理在山东省称“导沭整沂”工程。1949 年 3 月,山东省成立导沭委员会,常驻临沭县陈家巡会,具体负责工程实施。1949 年 4 月 21 日,在中国人民解放军百万雄师横渡长江天险之际,山东省鲁中南行署调集 10 万民工,实施导沭经沙入海第一期工程,在山东省临沭县大官庄拦沭河建人民胜利堰,由胜利堰以上向东凿开马陵山,下游大沙河至临洪河旧道按两岸堤距 800~1000 m 筑堤,束水漫滩行洪 3800 $m^3/s$,开辟新河道至临洪口入海,较老沭河入海路线缩短 130 km。导沭整沂工程先后实施 10 期,历时 4 年多。前后动员民工 65 万人次,总计完成土方 2962.5 万 $m^3$、石方 313.47 万 $m^3$,筑堤 172.99 km,挖引河 14.2 km,建成建筑物 79 座,护岸 10.5 km,实做工日 3044.72 万个,支出以工代赈粮 7.9 万 t。

### (二)导沂整沭工程

沂、沭河治理在江苏省称为“导沂整沭”工程。1949年11月22日,中共苏北区委、苏北行署区联合发出命令,正式成立导沂司令部、政治部。司令部以下按总队(县级)、大队、中队、分队、小队建制。11月25日,导沂工程全面开工。动员淮北7个县及淮阴军分区特务团计24.56万人参加施工。1个月之间完成土方1100万 $m^3$。春节后动员淮北10个县32.94万人参加施工,农历正月十五日开工,1950年5月20日完成第一期土方工程。总计完成土方3800万 $m^3$。为力保第一年行洪安全,利用麦收后汛前的间隙时间,又动员25万民工对大堤及其他险工进行抢修,完成土方303.4万 $m^3$。

新沂河第一期主体工程有3项:第一,新筑嶂山至堆沟两岸大堤277 km。堤顶高程由口头20.0 m降至堆沟6.5 m,堤顶宽6.0 m,边坡1:3。第二,完成了嶂山切岭、颜集段裁弯切滩、中段引河切滩切堤、下游引河(中泓)开挖等工程。第三,修筑龙埝总沭河、前沭河、官田河、港河、万公河、盐河、小潮河坝等。其中小潮河坝4次堵筑未合龙,第5次方合龙堵筑成功,前后历时5个月。1951~1953年又经3个冬春的续建,导沂整沭工程基本达到设计标准。

经过1949~1953年初步治理,导沭导沂工程成就了一项史无前例的伟大水利工程,变千年水患为万年水利,也为淮河流域沂沭泗水系的下一步治理奠定了坚实的基础。此项工程的顺利实施,充分显示了中国共产党和人民政府执政为民的理念,凝聚了民心,开创了沂、沭河流域水利建设的新局面。

## 三、“导沭导沂”工程建设的时代意义

导沭、导沂工程的建设成功,是工程规划的科学性和社会动员的有效结合,是沂、沭河两岸人民千百年来的渴望。同时,最为重要的是在沂、沭河治理过程中,中国共产党所表现出“一切为了人民”的政治素养和治理国家的执政水平,在动员和管理群众从事治水事业中表现出的领导和组织能力,也是中国共产党初心使命的生动实践。导沭、导沂工程的实施,为党和政府在新中国成立后带领人民开展大规模治水运动积累了经验,其时代意义十分重大。主要体现在以下三个方面。

### (一)导沭导沂工程的实施,体现了中国共产党的执政能力

1.体现在执政决策上

“善治国者必先治水”。党和政府把治水放在执政为民的首位,治水不仅是为解除水患,同时也是为了变水害为水利,以便恢复与发展农业生产,进而为发展工业奠定基础。因此,就当时的农村社会状况而言,度过水灾、恢复生

产是民众最迫切的需要，体恤民情是共产党人赢得民心的最大法宝。于是，党和人民政府把握住民众的最现实需要，以“以工代赈”“治水结合救灾”为政策导向，带领鲁南苏北地区人民开展了大规模的治水运动。在沂、沭河治理过程中，进一步拉近了党和群众之间的距离，切实解决了民众的生活困难，最大限度地得到群众认同，为新政权在鲁南苏北的巩固奠定了良好基础，并借此建立起以中央政府为核心、群众为基础的具有共同奋斗目标的社会体系，沂、沭河治理也成为新中国伟大建设事业的组成部分。

2. 体现在方案决策上

1949 年 2 月，山东省人民政府提出了“治沂必先导沭”和“导沭经沙入海”的治理思路。1949 年 8 月 10 日起，苏北行署也多次组队赴实地查勘，提出了“先除害，后兴利，除害以防洪除涝为主，然后兼顾灌溉与航运”“沂沭分流”的治理原则，并决定开辟新的行洪河道，使洪水归槽入海，原沂沭河水系尾闾 6 条河道专排涝水，实行洪涝分开。党中央对沂、沭河治理给予了大力支持，充分信任和肯定技术人员的治理思路，大胆决策。由于党和政府的高度重视，治理方案的科学可行，使千百年来沂、沭河的彻底治理成为现实。

3. 体现在组织能力上

1949 年 3 月 18 日，中共鲁中南六地委做出《关于导沭入海的工作决定》，着手调配干部、调集民工、宣传发动等工作。1949 年 11 月 13 日，中共苏北区党委、苏北行署与中国人民解放军苏北军区，联合发出《苏北大治水运动总动员令》，以激发广大群众报名参加导沂工程的热情。这也是新中国成立以后，苏北地区发出的第一个社会动员的命令。对于治水工作的开展、民工的动员，起到了非常重要的作用。为了加强技术力量，充实壮大导沭工程技术队伍，上级党组织和政府从渤海水利干校、山东农学院水利系调配近百名学员参加导沭工程；另从徐州、临沂、新海连等地区招收了 90 余名具有中学文化程度的青年进行专业培训，培养了一批水利技术骨干。自 1949 年 4 月 21 日至 1953 年 12 月 7 日，山东省先后组织 65 万民工，进行了 10 期的“导沭”工程。1949 年 11 月 25 日至 1950 年 5 月 30 日，苏北行署组织了 30 万民工实施“导沂”工程。“导沭”“导沂”工程实行准军事组织体系，它是从战争时期支前民工和民兵组织承袭而来的，这种组织形式一直沿用到 20 世纪 90 年代大型水利工程建设，也体现了党在动员和管理群众从事治水事业中的领导和组织能力。

### （二）导沭导沂工程的实施，彰显了中国共产党的初心使命

早在 1934 年，在江西瑞金，毛泽东同志就审时度势，高瞻远瞩，提出“水利是农业的命脉”的论断。中国共产党从治水伊始就将治水患与兴水利、利人

民结合起来,“一定要把淮河修好”,“要使江河都对人民有利”。这是伟人的号召,也是党和政府的治水初心与使命。1949年11月,中共中央电告苏北区党委,这个地区历史上经常遭受洪涝旱灾害,群众生活很苦。现在解放了,应抓紧当前战争刚刚结束的有利时机,采取以工代赈的办法,积极着手治水。这是中共中央关于治理沂沭泗洪水的最早指示。1951年的《新沂河年鉴》中记述:“我们人民政府,对于受灾难的人民,负有拯救的严重责任。”“故在淮海战役甫胜利结束,山东即开始导沭工程,以期减轻水灾,……虽在国家财政经济困难的情况下,拨出大批粮食,来解决这一历史性的灾难。”导沭导沂工程是一项变水患为水利,造福于民的伟大工程,新沭河和新沂河的建成,扩大了上游沂、沭河洪水出路,提升了下游地区防洪标准,使沂沭河下游2000多万亩土地免受水淹,500多万人口摆脱洪水危害。导沭导沂工程是在中国共产党领导下消除水患的人民战争,充分证明了中国共产党不但是为人民谋解放,而且也是为人民谋幸福。

**(三)导沭导沂工程的实施,见证了水乳交融的党群关系**

导沭导沂工程建设期间,在党和政府的领导下,数十万民工吃住在工地上,住的是用秫秸和稻草搭起的草棚子,铺的是麦穰、山洪草和蓑衣,吃的是自带的煎饼、地瓜、窝窝头和咸菜。寒冬腊月,许多民工穿的是破袄头子单裤子,用的是极其简单的工具,尽管条件如此艰苦,广大民工却精神饱满、情绪高涨,不怕苦、不怕累,日夜奋战,还开展“谁英雄、谁好汉,导沭工地比比看”劳动竞赛。此时正值抗美援朝,民工们自发提出“工地是战场,工具作刀枪,多挖一方土,就是多打一个美国狼”的口号,苦干实干,支援朝鲜战场。在一次次劳动竞赛的高潮中,涌现出一大批治水英雄、劳动模范。在导沭导沂工程建设中,党中央高度重视,多次做出重要批示,并在新中国刚刚成立,财力极度困难的情况下,专门调拨大批粮食支援工程建设。时任华东军政委员会水利部副部长钱正英先后3次莅临现场指导。工程实施过程中,党员干部和技术人员与民工同吃同住同劳动,在遇到工程难题时,党员干部、技术人员和民工一道想办法、攻难关。山东枣庄市政协原秘书长吴茂滨在《百万建设者的丰碑》一文中记载,在导沭工程实施时,许多民工衣不遮体。为解决民工缺衣少穿的御寒问题,党、团员和干部就自发发起借衣互助活动,各尽所能,帮助缺衣少穿的民工解决困难。当党员干部们把棉衣披在缺衣民工身上时,全场暴发热烈掌声,民工感动得热泪盈眶,高呼共产党万岁,形成了水乳交融的党群关系,并将这种精神,变成了战天斗地的力量,大大加快了工程建设进度。

## 四、结束语

导沭导沂工程是中国共产党领导下进行系统治理的第一个水利工程。在极度困难的情况下,勤劳的苏北鲁南人民靠双手,硬是在坚硬的丘陵和泥泞荒芜的水漫之地,开挖出 85 km 长的新沭河和 185 km 长的新沂河,开创了苏鲁治水史上的一个奇迹。随后,又经过一系列的治理和重新规划,沂沭泗流域的"东调南下"防洪标准 20 年一遇、50 年一遇工程的实施,使沂、沭河的入海通道新沂河、新沭河先后经受了 1974 年大水、2000 年"8・30"大水、2012 年"7・8"大水及 2019 年 8 月中旬的超标准洪水的考验,为保障苏北鲁南地区人民群众的生命和财产安全发挥了重大作用。随着中国特色社会主义进入新时代,在新时代的治水大道上,沂沭儿女将深入贯彻习近平治水重要论述精神,持续推进"沂沭安澜",努力实现沂、沭河水生态的全新发展。

### 参考文献


[1] 新沂河年鉴[M]. 苏北导沂整沭工程司令政治部,1951.

[2] 陈吉馀. 沂沭河[M]. 上海:新知识出版社,1955.

[3] 赵筱侠. 科学规划、政治动员和社会效益的统一[J]. 淮阴师范学院学报,2015(2).

[4] 江苏省地方志编纂委员会. 江苏省志・水利志(1978—2008)[M]. 南京:江苏凤凰教育出版社,2017.

[5] 江苏省地方志编纂委员会. 江苏江河湖泊志[M]. 南京:江苏凤凰教育出版社,2019.

[6] 连云港市水利史志编纂委员会. 连云港市水利志[M]. 北京:方志出版社,2001.

[7] 灌南县水利志编纂委员会. 灌南县水利志[M]. 南京:河海大学出版社,2018.

# 风雨铸辉煌

## ——纪念新中国治淮70周年

山东省海河淮河小清河流域水利管理服务中心
屈建春　刘洪霞　臧志美　马玉彪

## 一、山东省淮河流域气候及概况

山东省淮河流域属暖温带半湿润季风气候区，位于山东省的西南部、南部和东部，位于东经114°36′～122°43′，北纬34°25′～37°50′，主要包括山东省黄河以南除大汶河、玉符河等黄河流域支流外的所有地区。流域的西、北部靠黄河，西南与河南、安徽省为邻，东濒黄海和渤海，南与江苏接壤，总面积11.21万$km^2$，占山东省总土地面积的71.4%。包括沂沭泗河上中游和山东半岛地区两大部分，其中沂沭泗河区面积为5.1万$km^2$，涉及山东省南部及西南部的菏泽、济宁、枣庄、临沂、日照五市和淄博、泰安两市的一部分；山东半岛地区面积为6.11万$km^2$，涉及济南、青岛、烟台、威海、潍坊、淄博市及东营、滨州市黄河以南的部分。在2000年以前，山东省淮河流域水系主要指沂沭泗水系；2000年以后，包括沂沭泗水系和山东半岛沿海诸河水系。新中国成立以来，山东省淮河流域水利工程建设的主要业务范围在沂沭泗流域。

## 二、历史沧桑，几多悲歌

长达700年的黄河夺淮后，淮河成为举世闻名的害河。掀开历史的画卷，新中国成立前山东省淮河流域呈现在我们面前的是一部血泪斑斑的画卷：洪、涝、旱、碱、蝗灾交替出现。从1368年至1948年的580年中，山东省淮河流域发生大水灾340次，旱灾近300次，真是“大雨大灾、小雨小灾、无雨旱灾、年年有灾”。涝时“人畜漂流，庐舍为墟”，旱时“土焦禾枯，赤地千里”。多少人铸铁牛、供女娲、拜禹王……多少人跪倒在南四湖边，向龙王祈求，向苍天控诉……直到新中国成立前夕，这里依然是水系紊乱，河不成形，堤防残破，水患横行，流域的广大民众依然是靠天吃饭，饥寒交迫，苦不堪言。可谓是“禹王脚下，几多悲歌”！

## 三、前赴后继，治淮辉煌

针对历史上黄河多次夺泗夺淮，沂沭泗河道淤积，洪涝灾害频繁发生的实际，早在新中国成立前夕，就进行了声势浩大的导沭整沂工程。在毛泽东主席“一定要把淮河修好”的号召下，山东省的“导沭整沂”水利建设拉开了治淮工程的序幕。山东治淮机构应运而生。新中国成立后，党中央、国务院和历届山东省委、省政府高度重视山东治淮工作，对流域进行了全面综合治理，大规模地进行了水利建设。伴随着新中国水利事业的发展，山东省淮河流域治理也从无到有、从小到大，创造了治淮辉煌。70 年来，在水利部和淮委的指导下，在山东省委、省政府领导下，从最初的肩扛手提到今日的现代化建设，几代治淮人前赴后继，坚持“蓄泄兼筹”的治理方针，秉承“建重于防、防重于抢、抢重于救”的原则，树立流域一盘棋的思想，充分发挥流域机构的职能作用，统一规划，综合治理，与本流域地方政府、各级水利部门紧密配合，严格基本建设程序，规划、设计、修建了一大批重点水利工程，并治理了流域内的大中型河道，数以千计的支流、河沟及水库，大大提高了防洪、排涝及灌溉效益，全力构建着蓄泄结合、排灌兼顾的水利工程体系，取得了山东治淮工程建设的显著成绩。

### （一）全面规划，综合治理洪涝灾害

70 年来，山东治淮工程建设管理严格执行国家有关规定，法规制度建设不断完备，建设管理逐步规范，制定了一系列工程建设的行业管理、项目管理、程序管理等方面的规章制度。建设管理体制改革得到深化，治淮工程建设管理水平不断跃上新台阶，在专业化队伍建设、制度建设和“四个安全”等方面大胆创新，通过管理创新和技术进步，治淮工程进度、投资得到了有效控制，工程建设顺利，工程质量较好并如期发挥了效益。治理洪涝灾害，主要是对南四湖及其流域的骨干河道和沂沭泗河道的治理，70 年来先后完成近 100 亿元的工程建设任务。

#### 1. 科学治理南四湖

南四湖是由南阳、独山、昭阳、微山四个相连的湖组成，位于山东省济宁市微山县，呈西北-东南方向展布，南北长 125 km，东西宽 5～25 km，面积 1280 $km^2$。四湖中微山湖面积最大，亦通称微山湖。南四湖是山东省最大的淡水湖，居全国淡水湖第六位。南四湖是一个浅水型湖泊，在正常蓄水位条件下平均水深仅为 1.5 m 左右，湖盆浅平，北高南低，比降平缓。承接 3.17 万 $km^2$ 流域面积的来水。经调蓄后在微山湖分别经韩庄运河和不牢河下泄入中运河，再南下排入骆马湖。湖区雨水丰沛，湖水常常泛滥成灾。山东省淮河流域对

洪涝灾害的治理重点是南四湖流域。现在，经过治理后的南四湖，已演变成一座行蓄洪、灌溉、航运、水产等综合利用的水库型湖泊，是省级自然保护区，以湿地生态系统和珍稀濒危鸟类为主要保护对象，湿地资源丰富，生态系统复杂多样。对南四湖的治理主要有以下工程：

（1）兴建南四湖二级坝枢纽工程。为了防止南四湖湖水泛滥，坚决不让1957年的特大洪灾重演，在修筑了鲁西南平原的洪水屏障——长达130 km的湖西大堤后，又以移山填海的英雄气概，1960年在湖腰建二级坝。用了将近20年的时间，兴建了由红旗一闸、二闸、三闸、四闸组成的总共312孔、长7360 m的南四湖二级坝枢纽工程，将南四湖拦腰切断，形成了上级湖和下级湖，使南四湖的调蓄能力达到了53.7亿 $m^3$，兴利库容11.2亿 $m^3$。

（2）南四湖二级坝湖腰扩挖。为加快洪水下泄速度，及时降低湖内洪水位和周边53条入湖河道的排水，按照流域规划和沂沭泗洪水“东调南下”工程的安排，先后进行了二级坝下湖湖腰扩大部分工程、二级坝闸上引河开挖和闸下东、西股引河开挖。

（3）南四湖清障行洪工程。南四湖湖内苇草等植物繁生，严重阻碍湖面行洪，湖区人民群众的生命财产经常受到洪水威胁。山东适时成立了南四湖清障行洪工程指挥部，从1999年1月开始，至2000年3月完工，投资7700万元，进行了第一期湖内疏浚和行洪清障工程，共完成土方674万余 $m^3$，大大改善和提高了南四湖上、下级湖的湖面行洪能力。

（4）南四湖湖内深槽开挖应急工程。2002年，针对湖水枯竭，湖区生态环境遭到严重破坏的局面，积极编报设计了投资上亿元的湖内深槽开挖应急工程，引江补湖应急，保护湖区生态，应急工程现已运营并初显社会效益。

（5）南四湖湖堤工程。为了提高南四湖的防洪能力，1999年4月，实施了湖东堤北起微山县留庄乡北沙河、沿南四湖东岸、向南经二级坝到新薛河口、全长45.6 km、按50年一遇防洪标准的微山县城及湖东工矿区防洪一期工程。随后又进行了一系列的相关工程。目前，二期工程也已实施完成，湖东、湖西大堤工程的全部完成，为沿湖人民生命财产安全提供了更强大的安全保障，为湖区经济社会的快速发展提供有力的水利支持。

（6）南四湖泄洪口扩大工程。南四湖流域洪水多次泛滥的主要原因是南四湖来水量大而出口泄量小。南下工程首要任务是解决南四湖31700万 $m^3$ 洪水的出路，保证洪水能畅通下泄。按淮河规划要求韩庄运河泄洪2500 $m^3/s$。山东流域机构按规划要求先后组织了韩庄节制闸的扩建工程和闸上喇叭口开挖工程。1994年8月，在上起微山湖出口的韩庄闸、下至鲁苏边界，全长42.6

km 的战线上进行了干流扩挖、节制闸扩建、涵洞加固等工程建设。治理后的韩庄运河，泄洪能力达到了 1900 $m^3/s$，扩大了南四湖的洪水出路，降低了南四湖水位，改善了周边地区的防洪、排水和湖区综合利用条件，也为南水北调工程的实施打下了良好基础。

（7）南四湖庄台新建工程。由于旧庄台地面高程只有 35.0 m 左右，夏季洪水、冬季冰凌都严重威胁着湖内 145 个村庄 17.5 万渔湖民的生命财产安全。“想人民之所想，急人民之所急”，先后投资 7850 万元，在湖内新建了 35 个庄台，共完成土方 1830 万余 $m^3$，基本解决了湖区人民的居住问题。

“渔歌互答，日出斗金”是南四湖治理后渔民美好生活的写照。

2. 科学治理南四湖湖西骨干河道

在对南四湖综合治理的同时，也对南四湖湖西骨干河道进行了治理工程。调整了湖西地区水系，开挖了大型骨干河道洙赵新河、东鱼河、梁济运河等，顺利完成了梁济运河挖河筑堤泄洪工程、韩庄运河扩大闸上喇叭口段工程、新薛河干流治理工程、郓城新河、琉璃河治理工程、洙赵新河二期（建筑物）治理工程、东鱼河二期（建筑物）治理工程、南四湖湖内浅槽先期工程和东鱼河生产桥等重点工程建设，完成投资 6 亿多元。

3. 科学治理沂沭泗河

对沂沭泗河的治理，主要是通过沂沭泗河洪水东调南下工程进行的。沂沭泗河洪水东调南下工程是淮河流域沂沭泗水系防洪体系中重要的骨干性工程，是综合解决鲁南苏北地区洪水出路的一项系统性工程。它由沂沭河洪水东调工程和南四湖洪水南下工程两部分组成，将沂沭河洪水通过分沂入沭水道和新沭河东调入海，共分两期。

（1）一期工程：沂沭泗河洪水东调南下工程。1971 年国务院治淮规划领导小组提出《沂沭泗地区防洪规划》，确定了沂沭泗流域防洪标准为：南四湖防御 1957 年洪水（约合 90 年一遇），沂、沭河防御 50～100 年一遇洪水，骆马湖、新沂河防御 100 年一遇洪水。其总体布局是：扩大沂、沭河洪水东调入海和南四湖洪水南下出路，使沂、沭河中上游洪水尽量就近由新沭河东调入海，腾出骆马湖、新沂河部分蓄洪、排洪能力接纳南四湖洪水，简称沂沭泗河洪水“东调南下”工程。规划中确定的项目，除中运河以外，在 20 世纪 70 年代大都开工兴建。1980 年国民经济调整时，除南四湖治理及新沂河扩大工程外，其他工程都列为停缓建项目。1991 年 9 月《国务院关于进一步治理淮河和太湖的决定》确定“续建沂沭泗河洪水东调南下工程”，并要求分期进行实施。1991 年冬，沂沭泗河洪水东调南下一期工程按 20 年一遇标准正式复工建设，到2002年底基本完成。山东省东调南下一期工程已基本建成,共完成投资12.27亿元。目前已建成的东调工程有:刘家道口枢纽中的彭家道口分洪闸、分沂入沭水道、分沂入沭调尾、沭河大官庄枢纽、新沭河治理,以及沂河临沂以下、沭河汤河口以下堤防加固。已建成的南下工程有:韩庄运河扩挖、南四湖湖内行洪道开挖及湖西堤加固等。通过上述工程的实施,东调南下骨干工程基本达到防御20年一遇洪水标准。

(2)二期工程:山东省治淮沂沭泗河洪水东调南下续建工程。该工程共投资42亿元,按50年一遇防洪标准建设。该工程2004年10月开始兴建,至2012年全面完成。山东境内的刘家道口枢纽、分沂入沭扩大、新沭河治理、沂沭邳治理、韩庄运河续建、南四湖湖东堤、南四湖湖内和湖西大堤加固等8个单项工程的顺利建成,进一步提高了山东省沂沭泗河中下游地区的防洪标准,形成了较为完善的防洪减灾工程体系,特别是在2012年汛期沂河发生近20年来的最大一场洪水中发挥了重要的防洪作用。

4. 科学治理水库

水库建设更是山东治淮工程的重头戏。多年来,积极发挥流域管理机构的作用,不断加强对水库建设的管理力度,先后在流域内新建水库、对大中型病库险库进行综合治理、对小型病险水库进行加固,并积极开展了水土保持综合整治,为发展山区流域经济,把沟河整治、山水拦蓄、退耕还林、封山育林、建设生态防护林等水土保持措施与流域经济融为一体,形成层次、立体开发,发展新的生态农业 。截至2016年,山东省淮河流域内水库共有5236座,其中大型34座(贺庄水库由中型水库升级为大型)、中型147座(雷泽湖由小(1)型升级为中型)、小型5055座。总库容150.4亿$m^3$、兴利库容81.67亿$m^3$。山区水库建设,不但在控制洪水、削减洪峰流量、防御洪水灾害中发挥了重要作用,而且在灌溉、发电、养鱼等水资源综合利用方面也发挥了重要作用。

### (二)新一轮治淮工作有序推进

1. 洙赵新河徐河口以下段治理工程已全面完成并发挥效益

洙赵新河是淮河流域沂沭泗水系的一条重要支流,起源于山东省菏泽市东明县宋寨村,流经菏泽市和济宁市8个县(区),于济宁市任城区刘官屯村东入南四湖的南阳湖,全长145.05 km。洙赵新河流域西靠黄河,东临南阳湖,北接梁济运河,南与万福河和东鱼河搭界,流域面积4206 km,是山东省和全国重要的能源基地和商品粮、棉基地。为提高防护区防洪除涝标准,实施洙赵新河徐河口以下段治理工程。工程自2014年4月开工建设,2016年9月全部完成建设任务,总投资67202.36万元。主要建设内容为对洙赵新河桩号

0+000~81+676 段进行治理。干流河道疏挖 43.158 km，支流削坡 3.00 km；干流复堤 27.638 km；支流复堤 9.80 km；河道险工段护砌 3 处，共长 800 m；治理排灌站共 57 座，其中改建 20 座、维修加固 36 座、拆除封堵 1 座；治理涵洞共 56 座，其中新建 1 座、改建 10 座、维修加固 44 座、拆除封堵 1 座；改建生产桥共 17 座；新建防汛交通道路 82.70 km；新建防汛过堤坡道 28 条；管理设施建设等。工程于 2017 年 6 月 26~29 日，顺利通过淮委组织的技术预验收和竣工验收。本次洙赵新河徐河口以下段治理工程的治理范围涉及济宁市微山、任城、嘉祥和菏泽市巨野、郓城、牡丹共 6 个县（区），通过疏挖河槽、整修加固洙赵新河堤防，治理沿岸建筑物，护砌险工段等措施，将治理段河道的除涝标准提高到 5 年一遇，防洪标准提高到 50 年一遇，保证洪水安全下泄，保护洙赵新河防护区内人民生命财产安全，维护流域社会安定和工农业的正常生产，促进流域经济社会更快更好地发展。2017 年 10 月，完成工程移交工作，工程全部交由运行管理单位管理。

2. 国务院确定的 172 项节水供水重大水利工程项目中的山东淮河流域三个项目进展顺利

（1）山东省淮河流域重点平原洼地南四湖片治理工程建设已近尾声。山东省淮河流域重点平原洼地南四湖片治理工程位于山东省淮河流域北部，主要分布于沿南四湖周边的滨湖洼地和湖西平原洼地，总治理面积 3958 $km^2$。行政区划涉及济宁、菏泽、枣庄三市的 20 个县（市、区）。工程主要建设内容为治理河道 56 条，总长 663.872 km；加固堤防长 144.25 km；疏挖干沟 69 条，长 285.72 km；新建、改建、维修加固桥、涵、闸、站等建筑物共 735 座，其中桥梁 185 座、涵洞 139 座、水闸 21 座、泵站 390 座。总投资 260031 万元，施工工期 36 个月。

工程于 2017 年 8 月开工建设，工程项目法人、代建、监理等单位要加强组织管理，强化过程管控，落实责任，加大人员和设备力量投入，全力加快工程进度，该工程将于 2020 年底基本完成工程建设任务。

（2）山东省湖东滞洪区建设工程正全力推进。山东省湖东滞洪区建设工程位于南四湖湖东堤东侧，滞洪总面积 252.69 $km^2$，滞洪总容量 3.72 亿 $m^3$，工程涉及济宁市微山、邹城和枣庄市滕州、薛城等 4 个县（市、区）。工程主要建设内容包括防洪工程和安全建设两部分，防洪工程主要建设内容为两城四村航道堤防加固 1.4 km，解放沟筑堤 0.67 km，新建涵闸 2 座，改建涵洞 1 座，建设灌溉渠道 400 m。安全建设主要内容为新建栾谷堆安全台，有效避洪面积 1.14 万 $m^2$；新建疗养院安全楼、枣林安全楼、新挑河安全楼、九孔桥安全楼,总建筑面积11.5万$m^2$,有效避洪面积4.19万$m^2$;修建撤退道路284.52 km,修建桥梁42座、涵洞129座、过路涵185座。工程概算投资62040万元,工期30个月。

2019年8月28日,湖东滞洪区建设工程正式开始建设。目前,各项工程建设正有序推进。工程建成后,将对确保鲁南、苏北地区防洪安全,充分发挥东调南下工程整体效益,完善淮河流域防洪体系,保障流域防洪安全和蓄滞洪区内群众生命财产安全发挥重要作用与积极意义。

(3)山东省淮河流域重点平原洼地沿运片邳苍郯新片区治理工程进入开工前的准备阶段。山东省淮河流域重点平原洼地沿运片邳苍郯新片区治理工程主要任务是通过新(改)建、维修加固涵闸、泵站、桥梁、倒虹吸等建筑物,使治理区形成一个完整的防洪排涝体系,提高流域内防洪除涝整体效益,彻底改变低洼易涝区涝灾严重、人民群众生活困难的局面,为地区经济社会可持续发展创造良好的条件。工程总概算291220万元,工程部分投资217967万元,移民环境投资73253万元。2020年4月8日,山东省发改委初步设计批复。目前正在开展开工前准备工作。

"一分耕耘,一分收获",经过流域人民艰苦卓绝的大规模治理,淮河流域已基本达到涝时可蓄可排,旱时可引江、引黄、引湖、引库、引河水进行灌溉,并结合机井建设、节水灌溉等农田基本建设工程,处理好灌溉用水与城乡生活用水的关系,建立了旱涝双保机制,初步建成了防洪、除涝、灌溉、航运、供水、发电等多方面利用的水利工程和非工程体系。

## 四、落实责任,全面抓好流域防汛抗旱工作

针对防汛工作,山东省淮河治理流域机构按照"分级管理,分级负责"的原则,落实防汛责任制,与地方政府共商防汛大计。根据《防洪法》《防汛条例》和本流域的大型河流尤其是对南四湖进行汛情分析,制订不同情况下洪水的防御措施和调度方案,以及南四湖湖区群众临时避险救护方案。分别制定了《山东省南四湖年度防洪预案》、流域内所有大型骨干河道的防洪预案等各类防洪预案。科学合理地调度洪水,确保了现状工程标准内洪水堤防不决口,超标准洪水有应急对策,尽可能减少洪灾损失,确保了流域安全度汛。1999年成立了山东省防汛抢险机动队三支队,并在2001年8月的东平湖抢险、2003年的黄河东明段抢险救灾和2012年强降雨沂河的洪水救灾中发挥了重要作用。

## 五、积极作为，前期工作引领工程建设

为满足山东省治淮工程建设的要求，山东省淮河流域机构将流域水利前期工作放在突出位置。尤其是“十一五”期间和近几年，加强协调组织工作，全力推进治淮前期工作。山东省的治淮前期工作，主要是由原山东省淮河流域水利管理局规划设计院完成的。局规划设计院始建于1963年，具有水利行业水利工程设计、工程勘察、水资源论证和评价、工程造价和咨询等6项乙级资质，2004年12月通过了GB/T 19001—2000-ISO9001:2000标准质量体系认证。多年来，获得多项省、厅级勘察设计奖、优秀可研奖。治淮70年来，先后完成了淮河流域沂沭河治理、南四湖流域治理、湖西地区防洪除涝、梁济运河治理、泗河流域综合治理、南四湖湖内清障、南四湖湖内浅槽开挖、南四湖湖内工程、洙赵新河、东鱼河治理工程、东鱼河生产桥等40余项水利工程的可研、设计和中小型水库除险加固设计等前期工作，及时满足了工程建设的需要。按照淮委和省政府部署，加快推进进一步治淮前期工作。先后完成了山东省洙赵新河徐河口以下段治理工程、山东省淮河流域重点平原洼地南四湖片治理工程、山东省南四湖湖东滞洪区工程等工程的可行性研究报告、初设等前期工作，同时做好淮河其他治理工程的有关督导工作。

## 六、科学规划，认真做好课题研究

### (一)规划编制

按照淮委和省水利厅部署要求，完成了山东省淮河流域重点平原洼地治理世行贷款项目及其除涝规划、山东省淮河流域综合规划修编、山东省泗河流域综合规划、山东省灾害防治规划、山东省淮河流域重点平原洼地治理规划、山东省小型农田水利工程建设“十一五”规划、流域“十一五”和“十二五”发展规划、山东省河道(湖泊)岸线利用管理规划和山东省淮河流域重点地区中小河流近期治理建设规划等十多项规划编制工作，编制完成了《山东省湖泊保护规划大纲》和《南四湖保护规划大纲》。现在正根据有关要求开展山东省淮河流域及半岛地区中长期供水规划和南四湖保护规划的编制工作。

### (二)重大课题研究

近几年，山东省淮河流域机构围绕南四湖，先后开展了南四湖健康生命维持系统及沂沭河洪水资源利用、南四湖流域水生态修复与水资源调控和考虑南水北调的南四湖多水源配置与调控技术研究等重点课题研究，并取得重要成果。各类规划和课题成果，为流域综合治理提供科学依据。

## 七、结合实际,积极探索治淮工程建设的新路子

### (一)山东省治淮探索条块结合的新路子

山东省治淮流域机构认真贯彻落实《水法》和《山东省实施〈水法〉办法》,积极发挥流域机构作用,积极推进流域管理。根据流域水利工作实际,探索流域管理(条)与区域管理(块)相结合的新路子,在南四湖流域治理中彰显成效。

### (二)积极探索流域巡查、稽查工作模式

水政执法和工程稽查山东省淮河治理部门积极作为,逐步加大落实拓展职能工作力度。全面推进南四湖管理,积极争取落实湖东堤工程维护经费,研究制订工程管理方案和考核办法,促进湖东堤工程的规范化管理;积极配合省有关部门并全过程参与了《山东省湖泊保护条例》的起草、修改和立法调研工作。认真落实水政执法巡查、稽查和挂牌督办"三项制度",积极做好流域大型河道的水政执法、工程稽查和安全生产督导等工作,组织安全生产和最严格的水资源管理制度及水利改革发展等重点任务的督导检查。

### (三)积极探索在欠发达地区中小型水利工程建设以地方自筹资金为主的新路子

在搞好工程建设的同时,积极探索适应新形势的建设管理模式,特别是针对在欠发达地区以地方自筹资金为主的中小型水利工程建设中,普遍存在的资金筹措难、质量与进度不易控制等问题,认真总结经验并积极推广,取得较好效果。

## 参考文献

[1] 沂沭泗河道志[M].北京:中国水利水电出版社,1996.
[2] 淮河流域水利手册[M].北京:科学出版社,2003.
[3] 山东水利年鉴(2007~2011卷)[M].
[4] 山东省志·水利志·淮河水利管理资料长编(1986~2005年)[M].

# 青岛市原胶南西水东调工程建设纪实

青岛西海岸新区城市管理局(水务局)　马步功

青岛市原胶南市(现合并为青岛西海岸新区)西水东调工程,是原中共胶南市委、胶南市人民政府为增加城市供水能力,缓解城市供水危机而决定兴建的现代化供水工程。该工程是胶南有史以来投资最多、规模最大、现代化程度最高的基础设施建设工程,也是带着胶南跨世纪发展的命脉工程。该工程主要由长35 km、直径800 mm的钢筋混凝土输水管道,日供水能力4万t的陡崖子泵站,设计供水规模8万t、一期工程日净水能力4万t的水厂和蓄水1万t的高位水池四大部分组成,工程概算总投资7482.5万元。

在上级领导的正确领导下,西水东调工程指挥部的全体成员和广大建设者团结一致,通力协作,奋力拼搏,历经100多天的昼夜奋战,于1998年6月30日高标准、高质量地完成了按常规需要一年才能完成的大工程,结束了胶南城区严重缺水的历史,创造了胶南水利工程建设史上的奇迹,展示了一代胶南人民的精神风采。

## 一

1998年以前,胶南市城区供水源主要有两个水源地,分别是铁山水库和风河地下水源地,两处水源每年共可为城区供水1700万 $m^3$,日供水能力可达到4.66万 $m^3$。随着城市规模的不断扩大,人民生活水平的不断提高,1997年城区日需水量已达到5.5万 $m^3$,年缺水近400万 $m^3$。根据城市发展规划和十年规划纲要,到2000年城区日需水量将达到10万 $m^3$,是现有供水能力的2倍多,年缺水近2000万 $m^3$。另外,胶南又是北方沿海地区缺水城市之一。由于降水量年际变化大,年内分配不均匀,干旱发生概率比较大,季节性干旱比较严重,十年九旱。

改革开放以来,胶南这座新兴的沿海开放城市,各项事业得到了蓬勃发展,综合经济实力明显增强。但随着城市人口的增长和国民经济持续快速发展,城区对水的需求量越来越大,水的供需矛盾日益突出,水资源短缺已成为制约经济发展的重要因素之一。

针对胶南干旱缺水的实际情况，根据市委、市政府领导的要求，1995年胶南市水利局组织工程技术人员多次专题研讨解决城区供水对策，提出了从陡崖子水库向城区调水方案(西水东调工程)，并经过认真的规划论证，提请市政府常务会议研究。胶南市委、市政府对实施西水东调工程高度重视，并以南政发〔1995〕98号文件，上报青岛市人民政府，请求给予立项支持。1995年11月22日，青岛市副市长李乃胜主持召开了胶南市开发陡崖子水库水源协调会，会议同意胶南市投资开发陡崖子水库水源，兴建西水东调工程，形成向胶南城区供水4万t/d的能力，以缓解胶南市“九五”期间城市供水严重不足的矛盾。但由于种种原因未能及早实施。

1997年，由于受“厄尔尼诺”现象的影响，胶南遭受了历史上罕见的特大干旱。全年降雨仅501 mm，其中1月至8月上旬，累计降雨量仅147 mm，由于长时间干旱无雨，加之气温高、风力大，地下水位普遍下降2~3 m，河流全部干涸断流，绝大部分机井、大口井和塘坝干涸无水，174座小型水库干涸近百座，5座中型水库，除陡崖子水库、吉利河水库外，其余水库水位均已达到死水位。农作物全部受灾，有164个村、9.4万人吃水发生困难，城区供水形势非常严峻。截至9月15日，城区主要水源地之一的铁山水库可利用水量仅能供132天，到1998年3月12日将无水可供。1998年3~7月这5个月的时间，城区供水只能靠从风河地下每天取水1.7万$m^3$维持。严峻的供水形势再次证明，实施西水东调工程已势在必行、迫在眉睫。

## 二

百年不遇的特大干旱，再次引发了各级领导的深思，也坚定了胶南人民实施西水东调工程的决心。1997年8月，胶南市委、市政府召开了有关部门负责人会议，专门研究实施西水东调工程的有关事项。市委书记、市长于风华同志明确指出，实施西水东调工程，关系到全市跨世纪发展和现代化进程，与市区的城市建设和居民生活息息相关，属造福子孙的百年大计。随后，他多次向青岛市委、市政府汇报，请求上级对实施该工程给予支持。青岛市委、市政府对实施西水东调工程也给予了高度重视。

1997年9月17日，青岛市市长秦家浩、副市长崔锡柱等领导带领有关部门的负责人到胶南现场办公，并当场表示对工程建设给予一定的资金支持。

西水东调工程决定兴建后，胶南市水利勘察设计院在青岛市水利局专家的指导下，迅速组织精干的工程技术人员进行勘察论证，提出了两个供水方案供领导决策。

1997年12月，针对城区供水日趋紧张的形势，市委常委会议专题研究决定了实施西水东调工程的有关事项。会议明确要求，西水东调工程要确保1998年6月底前实现竣工通水，工程质量要确保优良，资金上要尽最大限度节约，对工程施工队伍的确定、大宗工程材料的采购等，充分运用市场经济手段，实行招标竞标的办法，做到好中选优。

1997年12月，为加强对西水东调工程的领导，确保工程建设的顺利进行，胶南市委、市政府成立了胶南市西水东调工程指挥部。1997年12月19日，西水东调工程指挥部召开了第一次全体成员会议。会上，工程指挥孙本玉同志对实施西水东调工程做出了具体部署并对各成员单位明确了工作任务，要求各成员单位按照分工任务，落实领导责任，履行部门职责，不失时机地抓紧开展各项工作。

为选定一个切实可行、经济合理的供水工程方案，1997年12月16日，孙本玉同志主持召开了西水东调工程规划设计方案评审会，与会专家对西水东调工程的规划方案进行了认真评审，确定了工程的最佳实施方案，即陡崖子水库原水经放水洞流入一级泵站，经一级泵站将水提至碾头净水厂，原水经净水厂处理后由输水管道进入城区和峄山高位水池。

工程方案确定后，已进入寒冬腊月，为确保工程早日开工，胶南市水利局在时间紧、任务重、天气寒冷的情况下，迅速组织一批精干的工程技术人员，顶风冒雪，跋山涉水，开始了工程的实地勘察测量。当时，新春佳节即将来临，但参加工程勘察设计的工程技术人员，没有因春节将至而放松工作，而是以高度负责的精神，加班加点，昼夜奋战，仅短短的一个多月，就顺利完成了整个工程的勘察测量，以及陡崖子泵站、全长35 km输水管道、峄山高位水池三大工程的设计和预算工作任务，其中青岛市公用事业设计院完成了净水厂的设计任务。

1997年12月31日，市委、市政府在陡崖子泵站举行了西水东调工程奠基仪式。

1998年1月12日上午，西水东调工程指挥部召开了第一次办公会议。工程指挥孙本玉同志对工程建设方面的有关工作做出了具体安排：

工程的征借地任务由市土矿局负责，确保2月上旬前完成；工程的供电设施由市供电公司负责承建，确保5月底以前完成建设任务；工程的招标工作在2月10日前完成；泵站、净水厂、峄山高位水池三大工程必须确保6月20日前完成任务，并达到试运行条件；管道安装工程要于5月20日前全部安装完毕，6月20日前完成打压任务，6月30日整个工程实现竣工通水。

根据会议要求,各有关单位采取有力措施,加班加点,积极开展工作。

1998年1月22日,西水东调工程管道投标。经过激烈的竞争,最终济南水泥制品厂、新泰水利制管厂、临沂市兰山水利实业发展公司三家管道生产厂家以低廉的价格、可靠的质量中标。

1998年2月10日,西水东调工程的设计预算、标底审核和工程的征借地任务全部完成,整个工程已具备招标竞标条件。2月14日,工程指挥部在胶南电视台向社会发出西水东调工程招标公告。2月18日,经过激烈角逐,胶南8家施工企业中标。为了确保工程工期和质量,指挥部与各施工单位签订了施工合同。

1998年3月4日,孙本玉同志主持召开了由指挥部成员和各施工单位参加的第一次施工调度会议。这次会议也是战前的动员大会。会议明确指出:西水东调工程是一项救灾工程,也是造福子孙后代的利民工程。各部门、各单位要以对市委、市政府高度负责的精神,对胶南人民和胶南发展高度负责的精神,顾全大局,精心组织,通力协作,强化措施,科学施工,确保6月底高标准、高质量实现工程竣工通水。与会同志个个精神振奋,信心十足,纷纷表示,一定按照市委、市政府及指挥部的要求,加强领导,强化措施,确保完成工程建设任务。

## 三

1998年3月5日,西水东调工程正式开工建设,上千名建设者浩浩荡荡奔赴工地。

西水东调工程建设艰难。一是难在工程规模大,地形复杂。仅35 km管线就途经23条大小河流、20条路、19条沟,并且有1/3的管道沿河走势,鹅卵石多,地下水位高。二是难在工期紧、任务重、降雨多。1998年是多雨年份,1~6月,全市降雨达30多次,累计降雨近400 mm,连续的降雨,给整个工程的施工造成了很大困难。特别是管道安装工程,由于地下水位较高,致使大部分管线严重积水和塌方,给管道安装和沟槽开挖造成了极大困难。为加快工程建设步伐,确保工程质量创优,在整个工程建设过程中,工程建设指挥部严格按照市委、市政府的要求,肩负全市人民的重托,精心组织,加强领导,强化措施,落实责任,积极开展各项工作。针对工程建设中遇到的重重困难,指挥部召开数十次有市直有关部门负责人和施工单位负责人参加的调度会、协调会和现场办公会,及时克服和排除了工程建设中遇到的各种困难。为切实加强对工程建设的组织领导,指挥部实行了指挥及成员分工负责制,各位指挥及成员亲临施工第一线督导工作了解情况,解决问题,保证了工程建设的顺利进行。特别是指挥部技术施工组的同志，不怕吃苦，不怕受累，尽职尽责，昼夜驻靠工地，对工程施工加强技术指导，严把工程质量关。指挥部办公室、财务组的同志们，也放弃节假日的休息，以高度负责的精神，坚守工作岗位，认真履行职责，卓有成效地开展工作。

为了打好这场硬仗，各施工单位本着对市委、市政府和指挥部高度负责，对胶南人民和加快胶南发展高度负责的态度，发扬艰苦奋斗的优良传统，以“欲与天公试比高”的豪情壮志、只争朝夕的精神、倒计时的紧迫感，编制了科学周密的施工计划，组织了精干的施工队伍，调集了现代化的施工设备，冒雨奋战，昼夜突击。据统计，在工程建设期间，共投入挖掘机、推土机、装载机近百台，吊车及运输车近百辆，其他施工设备达100多台（套）。各项工程的主要负责人住在工棚、吃在工地。建设者们晴天一身汗、雨天一身泥，常常每天工作十几个小时。在管线上连续跟班的指挥员，累了，就在管线旁边打个盹；醒后，继续投入紧张的工作。战斗在一线的职工常常轻伤不下火线，发烧感冒吃几片药继续干，雨天披上雨衣坚持干……这支敢打硬仗、不怕吃苦、无私奉献的工程建设大军，在工地上奏响一曲曲感人的乐章。

百年大计，质量第一。当输水工程以神奇的进度向前不断延伸时，始终铭刻在建设者心里的不只是进度，而是整个工程必须保持一流的质量。为确保工程质量创优，指挥部和各施工单位层层建立了质量保证体系，即指挥部材料采购组严把购货质量关，材料验收员严把进货质量验收关，施工单位严把施工质量关，技术施工组严把工程技术关，青岛市水利工程监理公司严把整体工程质量关，对工程全方位监督，工程质量始终处于受控状态，每道工序都达到了设计要求。

重大工程来不得丝毫的马虎和懈怠。有一次，负责泵站建设的施工队，为了抢工程进度，将浇筑的吸水池模板提前拆掉，导致水池表面不平。面对质量与进度的矛盾，技术监理人员坚持“质量第一”的方针，不留半点情面，将池子不合格部分砸掉重建。

为了争创一流的水平、一流的质量，我们的建设者就是以如此认真的工作作风创造着未来。

## 四

大工程需要大协作。西水东调工程不仅是胶南历史上最大的基础设施工程，更是一项综合性的社会系统工程，它的建设成功，自始至终牵动着全市83万人民的心，得到了社会各界的鼎力相助。

资金不足是实施西水东调工程的最大困难。虽然青岛市政府在资金上给予2000万元的支持,但缺口仍然很大,而胶南市干部群众并没有因此而退却。工程刚破土动工,胶南人民就显示了积极参与的热情。短短两个月时间,全市各界就捐款365万元。

为确保工程建设的顺利进行,全市上下密切配合,全力以赴支持工程建设。工程沿途4个镇(街道)的干部群众顾大局、讲奉献,不惜牺牲自己的利益,全力支持工程建设。为了这一利民工程,他们识大体、顾大局,不讲价值,只讲奉献,一切为工程让路。

兴建西水东调工程,是市委、市政府立足当前实际,着眼跨世纪发展而做出的重大决策,充分体现了全市人民的共同心愿,属造福子孙后代的跨世纪工程。为此,胶南市委、市政府对工程建设给予高度重视,并把西水东调工程列为1998年全市要重点办好的实事之一。工程建设始终牵动着各级领导的心,青岛市委副书记徐世甫、副市长崔锡柱等领导同志多次到工地现场视察。胶南市委、市政府定期听取工程进展情况的汇报,帮助解决实际困难。市委书记于风华、市长王立志等领导经常亲临一线检查指导工作,极大地振奋和鼓舞了广大建设者们的精神和斗志。市人大常委会、市政协对工程建设也给予极大关注和支持,于1998年3月31日和4月23日先后组织人大代表和政协委员对工程进行了视察,并提出了一些很好的意见和建议,有效地推动了工程建设的顺利进行。

在市委、市政府的正确领导下,经过指挥部全体成员和广大建设者的昼夜奋战,1998年6月30日,西水东调工程建设任务全部完成。西水东调工程的成功建设,为胶南市在市场经济条件下,进行大规模工程建设树立了典范。

西水东调工程经过半个多月的试运行,于1998年7月17日,胶南市委、市政府在陡崖子泵站成功举行西水东调工程开闸送水仪式,并在第五水厂举行了隆重的竣工通水典礼。通水典礼结束后,与会领导和水利专家视察了整个西水东调工程,他们无不发出这样的惊叹:

——在工期这样短,任务这样重的情况下,完成投资7400多万元的现代化供水工程,真是一个奇迹。

在技术要求高,施工难度大的情况下,高标准、高质量地完成了按常规施工需一年才能完成的艰巨工程,在山东省水利工程史上实属罕见。

——为表彰和鼓励先进,1998年8月16日,胶南市委、市政府隆重召开了西水东调工程总结表彰会议,表彰了参与工程建设的先进单位和个人,要求全市广大干部群众,向受到表彰的单位和个人学习。学习他们不怕困难、吃苦耐劳的拼搏精神，学习他们顾全大局、无私奉献的敬业精神，学习他们锐意进取、艰苦奋斗的开拓精神，为把胶南市建设成繁荣富裕文明的现代化沿海开放经济强市做出积极贡献。

——再次回忆起这一民生工程，依然历历在目、感慨万分！

# 淮河历史变迁以及治理发展措施

平度市水利水产局　刘丰启　于　睿　张亚萍

## 一、淮河综述

### (一)淮河由来

淮河位于中国东部,介于长江与黄河之间,是中国七大江河之一。古称淮水,与长江、黄河和济水并称"四渎"。历史上的淮水是一条独流入海的河流。在商代的甲骨文和西周的钟鼎文里就有"淮"字出现。据传说,淮河边生存着一种叫"淮"的短尾鸟,"淮水"因此得名。

淮河发源于河南省南阳市桐柏县西部的桐柏山主峰太白顶西北侧河谷,干流流经河南、安徽、江苏三省,淮河干流可以分为上游、中游、下游三部分,全长1000 km,总落差200 m。洪河口以上为上游,长360 km,地面落差178 m,流域面积3.06万$km^2$;洪河口以下至洪泽湖出口中渡为中游,长490 km,地面落差16 m,中渡以上流域面积15.8万$km^2$;中渡以下至三江营为下游入江水道,长150 km,三江营以上流域面积为16.46万km。

淮河流域地跨河南、湖北、安徽、江苏和山东五省,流域面积约为27万$km^2$,以废黄河为界,整个流域分成淮河和沂沭泗河两大水系,流域面积分别为19万$km^2$和8万$km^2$。

### (二)淮河现状

淮河发源于河南省南阳市桐柏山老鸦叉,东流经河南、安徽、江苏三省,在三江营入长江,全长1000 km,总落差200 m。《桐柏县志》载:"淮,始于大复(大复峰,太白顶),潜流地中,见于阳口。"《大明统一志》载:"桐柏山,淮水出其下。"淮河的源头是由桐柏山58条支流汇成的。江河之源的认定,一般遵循"位高为源,位远为源"的原则。淮井定为淮河正源,具备三个原因:一是它在淮河58条支流中水位最高(1140 m)、距东海最远;二是秦始皇时便在这里建立了淮祠,是历代皇廷祭祀淮河之地;三是志载:清乾隆皇帝两次遣官到这里探源,时布政使江兰、河南巡抚毕源都是在这里探得淮水真源的。

1194年,由于金国朝野腐败,无人修堤治水,黄河在阳武县(今河南原阳)

决口,河水一路南侵,霸占淮河河道。这一世界罕见的河道侵夺事件,也叫"黄河夺淮"。

1855年,黄河在河南兰考县境内向北决口,经山东利津入渤海。在1194~1855年的黄河夺淮期间,黄河也多次从南岸决口黄水从淮河北岸支流涡河、颍河入淮河干流,直到明清才形成较稳定的河道。1938年抗日战争时期,国民党当局为阻止日军西进,在郑州附近的花园口炸开黄河南堤,黄河主流自颍河入淮,直到1947年花园口堵复上,黄河又泛滥达9年之久,淮河北岸支流又一次普遍遭到破坏。受黄河长期侵淮夺淮的影响,地形和水系发生了很大变化,古济河、钜野泽和梁山泊已消失;河床普遍淤高,且留下了废黄河河床;形成新的湖泊如洪泽湖、南四湖和骆马湖。因此,新中国成立前,淮河水系紊乱,排水不畅或水无出路,造成了"小雨小灾、大雨大灾、无雨旱灾"的局面。中游的水下不来,下游的水又流不出,是一条难治之河。

### (三)淮河水患

据历史文献统计,公元前252年至公元1948年的2200年中,淮河流域每百年平均发生水灾27次。1194年黄河夺淮初期的12、13世纪每百年平均水灾35次,14、15世纪每百年水灾74次,16世纪至新中国成立初期的450年中,每百年平均发生水灾94次,水灾日趋频繁。从1400~1900年的500年中,流域内发生较大旱灾280次。洪涝旱灾的频次已超过"三年两淹,两年一旱",灾害年占整个统计年的90%以上,不少年洪涝旱灾并存,往往一年内涝了又旱,有时则先旱后涝。年际之间连涝连旱等情况也经常出现。

据不完全统计,1662~1722年的60年中,淮河流域平均每两年一次水灾。1746~1796年的50年及1844~1881年的37年中,平均每三年一次水灾,1916~1931年的15年中有4次水灾。新中国成立前,淮河流域2亿亩耕地中经常受灾的有1.3亿亩,淮河流域人民的生活处在水深火热之中。历史上1593年、1612年、1632年、1730年、1848年、1850年、1898年、1921年、1931年曾发生过大洪水。

近半个世纪内,淮河流域又发生了多次大洪水:1950年淮河水系发生流域性洪水,1954年发生全流域大洪水,1957年沂沭泗水系和颍河、涡河发生区域性洪水,1963年发生了典型的淮河流域特大水灾,1965年里下河地区36天内平均雨量达769 mm发生了特大洪涝,1968年淮河上游发生大洪水,1969年淮河中游淮南地区发生大洪水,1974年沂河、沭河发生洪水,1975年洪汝河、沙颍河发生洪水,1991年淮河水系发生大洪水。当年,入梅早,且梅雨期长达58天。5月降雨偏多,河湖底水偏高,在6月12日至7月11日间,又先后发生几场大暴雨，暴雨覆盖面广，组合恶劣，暴雨中心吴店站一次雨量达1125 mm。淮河中游沿大别山部分地区最大30 d、60 d雨量超过1954年雨量，里下河地区60 d雨量达800~1300 mm，超过历史记录。受暴雨影响，淮河上、中游干支流洪水陡涨，洪峰叠加，许多水位站水位均接近1954年水位。该年30 d洪量蚌埠站为273亿 $m^3$，中渡站348亿 $m^3$。淮河干流先后发生三次洪峰，淮河支流除淮北的颍河、涡河洪水不大外，淮河以南的支流均接近或达到百年一遇的洪水标准。史河、淠河、池河等支流的最高洪水位都接近或超过历史记录。

## 二、应对措施

淮河流域暴雨洪水集中在汛期6~9月，6月主要发生在淮南山区；7月全流域均可发生；8月则较多地出现在西部伏牛山区、东北部沂蒙山区，同时受台风影响，东部沿海地区常出现台风暴雨。9月份流域内暴雨减少。一般6月中旬至7月上旬淮河南部进入梅雨季节，梅雨期一般为15~20 d，长的可达一个半月。淮河洪水按影响范围可分全流域性洪水和区域性洪水。全流域性洪水是梅雨期长、大范围连续暴雨所造成的。区域性洪水是局部河段或支流暴雨所造成的。

### (一)完善治淮政策

党和国家领导人十分重视和关心治淮。毛泽东主席四次对淮河救灾及治理做出批示，并于1951年发出了"一定要把淮河修好"的伟大号召；周恩来总理亲自部署召开第一次治淮会议；刘少奇、朱德、邓小平等党和国家领导人也多次视察淮河。1991年淮河大水，党和国家领导人江泽民、李鹏、朱镕基多次亲临现场视察，对淮河救灾和治理做出指示，国务院于1991年做出《国务院关于进一步治理淮河和太湖的决定》。50年来，党中央、国务院始终把淮河治理放在重要位置，两次做出重大战略性决策，十次召开治淮会议。

1950年8月，政务院召开第一次治淮会议。10月14日，政务院颁布了《关于治理淮河的决定》，制定了"蓄泄兼筹"(上游以蓄为主，中游蓄泄兼施，下游以泄为主)的治淮方针、治淮原则和治淮工程实施计划，确定成立隶属于中央人民政府的治淮机构——治淮委员会。由此掀起了新中国第一次大规模治理淮河的高潮。

1991年9月，针对淮河、太湖发生严重洪涝灾害所暴露出的问题，国务院及时召开治淮治太会议，并决定成立由副总理为组长、国务院有关部门和流域四省参加的国务院治淮领导小组，做出了《关于进一步治理淮河和太湖的决定》,提出要坚持“蓄泄兼筹”的治淮方针,近期以泄为主,基本完成以防洪、除涝为主要内容的近期19项治淮骨干工程建设任务,再次掀起治淮高潮。

1970年10月,国务院召集豫、皖、苏、鲁四省有关负责人研究讨论治淮工作,原则同意水电部编制的《治淮规划报告》。1971年2月,治淮规划小组向国务院提出《关于贯彻执行毛主席“一定要把淮河修好”指示的情况报告》。1981年,在第五届全国人民代表大会第四次会议期间,国务院召开了治淮会议,形成了1981年《国务院治淮会议纪要》。提出了淮河治理纲要和10年规划设想。并指出淮河流域是一个整体,上、中、下游关系密切,必须按流域统一治理,才能以最小的代价取得最大的效益。统一治理包括:统一规划、统一计划、统一管理、统一政策。要在统一规划下充分发挥地方的积极性。1985年3月,国务院在合肥召开治淮会议。会议主要审议淮委提出的《淮河流域规划第一步规划报告》《治淮规划建议》和“七五”期间治淮计划的安排。与会同志本着顾全大局、团结治水的精神,就规划和计划进行了认真的讨论,会议商议了“七五”计划期间兴建的一些重要治淮工程项目。

1991年后,国务院又分别于1992年、1994年、1997年召开了三次治淮会议,检查治淮进度,协调各方工作,进一步明确治淮目标和任务,解决治理中的问题,使治淮工程建设呈现整体推进、逐步生效的态势。1992年5月21日,国务院决定成立由副总理为组长、国务院有关部门和流域四省参加的国务院治淮领导小组。12月,领导小组第一次会议在北京召开。会议指出:1991年国务院治淮会议确定的淮河治理任务,“八五”期间要初见成效,“九五”期间基本完成;治淮的关键问题是团结治水、互谅互商。1993年是治淮的攻坚年,治淮骨干工程要全面展开,淮河流域的治理已进入一个新阶段。1994年,国务院第二次治淮治太工作会议在北京召开。会议检查了1991年国务院做出的《关于进一步治理淮河和太湖的决定》的执行情况,总结两年多来治淮治太取得的成绩和经验,安排部署1994年治淮治太任务,要求“八五”时期治淮工作要初见成效。1997年国务院在徐州召开第三次治淮治太工作会议。会议进一步落实1991年国务院做出的《关于进一步治理淮河和太湖的决定》,明确2000年基本完成在建重点骨干工程,2005年基本完成国务院确定的19项治淮工程,使淮河中下游防洪标准提高到百年一遇,沂沭泗河东调南下工程防洪标准达到50年一遇。

### (二)堤防加固

扩大淮河上中游行洪通道,加固淮北大堤等堤防,使王家坝、正阳关、蚌埠和浮山水位为29.3 m、26.5 m、22.6 m和18.5 m时,泄洪量达到7000 $m^3/s$、

9000 $m^3/s$、10000 $m^3/s$ 和 13000 $m^3/s$；修建临淮岗洪水控制工程，对大洪水拦洪削峰，处理设计标准下 20 多亿 $m^3$ 的超额洪水；开挖怀洪新河，使与已建成的茨淮新河衔接，分泄淮河洪水 2000 $m^3/s$，同时接纳豫东、皖北地区来水。

加固洪泽湖大堤，保证蓄洪；巩固入江水道，续建分淮入沭，使淮河下游入江入海达到 13000 $m^3/s$（相机可达 16000 $m^3/s$）的能力。建设入海水道工程，近期增加淮河入海能力 2270 $m^3/s$，远景达到 7000 $m^3/s$。建设沂沭泗河洪水东调南下工程，实施分沂入沭及其调尾工程，完善大官庄枢纽，扩大新沭河，修建刘家道口闸，使沂沭河洪水大部东调入海；扩大韩庄运河、中运河，加固骆马湖堤防，扩大新沂河，接纳南四湖、邳苍地区和沂沭河部分洪水入海；治理南四湖，加高加固湖西堤，修建湖东堤。

治理淮北洪汝、沙颍、汾泉、黑茨、涡、包浍、奎濉诸河；治理淮南白露、史灌、淠、池诸河；治理湖洼和支流。实施行蓄洪区安全建设，修建庄台、避洪楼、撤退道路、通信报警系统；改善生产生活条件；实行多种经营，减轻负担，加强计划生育，鼓励人口迁出。

同时，加强防汛指挥体系建设，建立流域协调制度，建设水情监测预报、通信预警、洪水调度等非工程防洪系统。

实现以上规划，近期淮河上游可防御 10 年一遇，中游可防御 100 年一遇，下游可防御略超过 100 年一遇洪水；沂沭泗水系中、下游可防御 50 年一遇洪水；主要支流可防御 10~20 年一遇洪水，排涝标准可达到 3~5 年一遇。

## 三、生态治理

### （一）恢复河道自然形态

对于尚存的天然河道，应该确保这些河道的自然形态。在基本满足行洪需求的基础上，尽量依照原河道形态，宜宽则宽、宜弯则弯、宜深则深、宜浅则浅，形成河道的多形态、水流的多样性。避免河道的自然功能受到破坏，满足不同生物在不同阶段对水流的需要，同时满足水系景观的多样性。

### （二）河流护岸生态治理

河岸生态系统是联系陆地和水生两大类生态系统的纽带，边缘效益显著，对河流变化极为敏感，所以它是河流生态修复的重点。在传统的水利工程设计思想影响下，河道的护岸、护坡工程主要考虑工程结构的安全性及耐久性，故多采用砌石、混凝土或钢筋混凝土等硬材料，这样就隔断了水生态系统和陆地生态系统的联系，改变了自然河岸的生态功能和结构，破坏了河流的生态过程，从而导致河流自身净化能力和恢复能力降低、水体污染严重、鱼类等水生物栖息地消失等一系列问题。为了实现生态修复,采用生态护岸。先将河道岸坡修理成型,然后采用格宾网护岸,即用金属丝编织成的六角形网眼网笼,内填块石,耐腐蚀、抗冲刷,柔韧性高,适应性强,具透水性,可种植植物。通过种植植物,利用植物与岩、土体的相互作用对边坡表层进行防护、加固,使之既能满足对边坡表层稳定的要求,又能恢复被破坏的自然生态环境,是一种有效的护坡、固坡手段。在网眼中种植芦苇、水竹、水菖蒲等水生植物;在正常水位以上种植簸箕柳、池杉等乔灌木;在岸边种植柳、杨、水杉、水松等护岸植物。生态护岸的植被有深根锚固、浅根加筋的作用,可以防止水土流失,降低坡体孔隙水压力,截留降雨、削弱溅蚀、控制土粒流失,可以改善环境功能,还能恢复被破坏的生态环境,促进有机污染物的降解,净化空气,调节小气候,并且改变了护坡硬、直、光的形象,给人们以绿色、柔和、多彩的享受。

### (三)建造湿地

作为河道河岸的重要组成部分,湿地可以起到保护河岸植被的作用,湿地的建造可以使用生物重建技术,确保河岸植被能够达到一定的规模。通过建造湿地,对河流水系能够起到有效的缓冲作用。

## 四、结语

水生态文明是生态文明的重要组成部分,为维护淮河良好的生态环境,加强河道管理,全力推进淮河水环境整治,对促进淮河沿岸社会经济可持续、健康发展具有十分重要的意义。采用河道治理与生态修复措施,可以促进社会经济的可持续发展,促进地区生态、环保、可持续发展。

## 参考文献

[1] 郭亚芬. 刍议北方地区河道生态治理现状及措施[J]. 中国科技博览,2018(9).

[2] 李振宇. “湿地河道”治水理念在现代城市生态和防洪中的应用[J]. 水利规划与设计,2018(1):137-139.

[3] 孙彦芳. 北方地区中小河流河道治理及生态修复浅议[C]// 2018(第六届)中国水生态大会.